Springer-Lehrbuch

Mehr Informationen zu dieser Reihe auf http://www.springer.com/series/1183

Joachim Hoffmann
Johannes Engelkamp

Lern- und Gedächtnis-psychologie

2., überarbeitete Auflage

Mit 56 Abbildungen

Joachim Hoffmann
Berlin
Deutschland

Johannes Engelkamp
Saarbrücken
Deutschland

Zusätzliches Material zu diesem Buch finden Sie auf http://www.lehrbuch-psychologie.de

ISBN 978-3-662-49067-9   ISBN 978-3-662-49068-6   (ebook)
DOI 10.1007/978-3-662-49068-6

Die Deutsche Nationalbibliothek verzeichnet diese Publikation in der Deutschen Nationalbibliografie; detaillierte bibliografische Daten sind im Internet über http://dnb.d-nb.de abrufbar.

Springer
© Springer-Verlag Berlin Heidelberg 2013, 2017
Das Werk einschließlich aller seiner Teile ist urheberrechtlich geschützt. Jede Verwertung, die nicht ausdrücklich vom Urheberrechtsgesetz zugelassen ist, bedarf der vorherigen Zustimmung des Verlags. Das gilt insbesondere für Vervielfältigungen, Bearbeitungen, Übersetzungen, Mikroverfilmungen und die Einspeicherung und Verarbeitung in elektronischen Systemen.
Die Wiedergabe von Gebrauchsnamen, Handelsnamen, Warenbezeichnungen usw. in diesem Werk berechtigt auch ohne besondere Kennzeichnung nicht zu der Annahme, dass solche Namen im Sinne der Warenzeichen- und Markenschutz-Gesetzgebung als frei zu betrachten wären und daher von jedermann benutzt werden dürften.
Der Verlag, die Autoren und die Herausgeber gehen davon aus, dass die Angaben und Informationen in diesem Werk zum Zeitpunkt der Veröffentlichung vollständig und korrekt sind. Weder der Verlag, noch die Autoren oder die Herausgeber übernehmen, ausdrücklich oder implizit, Gewähr für den Inhalt des Werkes, etwaige Fehler oder Äußerungen.

Produkthaftung: Für Angaben über Dosierungsanweisungen und Applikationsformen kann vom Verlag keine Gewähr übernommen werden. Derartige Angaben müssen vom jeweiligen Anwender im Einzelfall anhand anderer Literaturstellen auf ihre Richtigkeit überprüft werden.

Umschlaggestaltung: deblik Berlin
Fotonachweis Umschlag: © tomer turjeman/Fotolia

Gedruckt auf säurefreiem und chlorfrei gebleichtem Papier

Springer ist Teil von Springer Nature
Die eingetragene Gesellschaft ist Springer-Verlag GmbH Berlin Heidelberg

Vorwort zur zweiten Auflage

Als wir die Konzeption des vorliegenden Lehrbuches diskutierten, waren wir uns schnell darüber einig, dass es nicht eine weitere der vielfach vorhandenen überblickhaften Zusammenstellungen einschlägiger Forschungen zu Fragen der Lern- und Gedächtnispsychologie werden sollte. Wir wollten vielmehr versuchen, den notwendigen Überblick mit einer bestimmten Betrachtungsperspektive zu verbinden. Der Leser sollte nicht nur über einzelne theoretische Ansätze und Forschungsergebnisse informiert werden, sondern es sollte stets auch die Frage nach der Funktion der untersuchten Prozesse in den Interaktionen zwischen Organismus und Umwelt aufgeworfen und diskutiert werden. Dadurch finden z. B. im Teil „Lernen" Fragen nach dem Beitrag der verschiedenen Lernmechanismen zum Erwerb zielgerichteten Verhaltens und im Teil „Gedächtnis" Fragen nach dem Beitrag sensorischer und motorischer Informationen zur Ausbildung episodischen Gedächtnisbesitzes eine verstärkte Beachtung – nicht zufälligerweise Themen, zu denen wir jeweils intensiv geforscht haben.

Die funktionale Perspektive des Buches sollte es auch erleichtern, Beziehungen zwischen den behandelten Themen herzustellen und den umfangreichen Stoff in einem kohärenten Zusammenhang zu sehen. Die Darstellung sollte auch deutlich machen, welche Fragen durch die gegenwärtige Forschung noch unzureichend beantwortet werden, wo es also besonders lohnend erscheint, die Forschung voranzutreiben. Ob wir diese Absichten erreicht haben, bleibt nun dem Leser zu entscheiden vorbehalten. Wir hoffen jedenfalls, dass das Buch über die Wissensvermittlung hinaus Einsichten darüber vermittelt, warum die Lern- und Gedächtnismechanismen die Eigenschaften haben, die ihnen die aktuelle Forschung zuschreibt.

Bevor wir zu den einzelnen Kapiteln und Inhalten kommen, möchten wir denen danken, die am Entstehen dieses Buches mitgewirkt haben.

Die Kapitel zum Lernen und semantischen Gedächtnis, die von Joachim Hoffmann konzipiert worden sind, haben Wilfried Kunde und Albrecht Sebald kritisch durchgesehen und viele Hinweise für Überarbeitungen gegeben. Dafür danken wir herzlich. Dank gilt auch der Fritz-Thyssen-Stiftung und der Volkswagenstiftung, die durch die Vergabe eines Opus-magnum-Stipendiums Freiräume ermöglicht haben, die der Vorbereitung dieses Buches wesentlich zugutekamen.

Die Kapitel zum episodischen Gedächtnis, die von Johannes Engelkamp konzipiert worden sind, haben Silvia Mecklenbräuker und Dirk Wentura gegengelesen und kommentiert. Axel Mecklinger und Hubert Zimmer haben durch ihre kenntnisreichen Anmerkungen zum Kapitel „Episodisches Gedächtnis und Hirnforschung" zum Gelingen dieses Kapitels beigetragen. Ihnen allen möchten wir an dieser Stelle herzlich danken.

Schließlich danken wir Katrin Meissner, Marion Sonnenmoser und Joachim Coch vom Springer-Verlag, für eine außerordentlich kooperative Zusammenarbeit in allen Phasen der Entstehung dieses Buches und Christine Bier für Ihre Mitarbeit bei der Überarbeitung der Texte zur zweiten Auflage.

Joachim Hoffmann und Johannes Engelkamp
Berlin und Saarbrücken im Frühjahr 2016

Inhaltsverzeichnis

1	**Kapitelübersicht**	1
	Joachim Hoffmann, Johannes Engelkamp	
1.1	Lernen und Gedächtnis: zwei Seiten einer „Medaille"	2
1.2	Lernen und semantisches Gedächtnis	2
1.3	Das episodische Gedächtnis	5

I Lernen und semantisches Gedächtnis

2	**Lernen als Bildung von Reiz-Reaktions-Verbindungen**	9
	Joachim Hoffmann	
2.1	Lernen bei Tieren als Modell für menschliches Lernen	11
2.1.1	Der Behaviorismus: Lernen als Bildung von Reiz-Reaktions-Verbindungen bei Tier und Mensch	11
2.2	Klassische Konditionierung	12
2.2.1	Pavlov'scher bedingter Reflex	12
2.2.2	Klassische Erklärung bedingter Reflexe	13
2.2.3	Ausgewählte Eigenschaften bedingter Reflexe	13
2.3	Instrumentelle Konditionierung	16
2.3.1	Versuche von Thorndike	16
2.3.2	Skinner-Box	16
2.3.3	Effektgesetz („law of effect")	16
2.3.4	Ausgewählte Eigenschaften instrumentellen Lernens	17
2.4	Diskriminationslernen	19
2.4.1	Unterscheidung von verhaltensrelevanten und verhaltensirrelevanten Reizbedingungen	19
2.4.2	Positives und negatives Patterning	20
2.4.3	Bildung von Reizkategorien	21
2.5	Die Selektivität der Bildung von S-R-Verbindungen	22
2.5.1	Latente Hemmung der Ausbildung eines bedingten Reflexes	22
2.5.2	Blockierung der Ausbildung eines bedingten Reflexes	22
2.5.3	Erlernte Hilflosigkeit: Die Blockierung des Vermeidungslernens	23
2.5.4	Preparedness: angeborene verhaltensgebundene Aufmerksamkeit	24
2.6	Rescorla-Wagner-Modell elementaren S-R-Lernens	25
2.6.1	Modellbeschreibung	26
2.6.2	Modellerklärungen	28
2.6.3	Bewertung des RWM	28
2.7	Fazit	29
3	**Lernen als Bildung von Verhaltens-Effekt-Beziehungen**	31
	Joachim Hoffmann	
3.1	Anpassung instinktiven Verhaltens an die Umgebung	32
3.1.1	Struktur instinktiven Verhaltens bei Tieren	32
3.1.2	Modifikation instinktiven Verhaltens durch klassische und instrumentelle Konditionierung	33

3.2	**Verhaltens-Effekt-Lernen**	34
3.2.1	„Differential-outcome-Effekt"	34
3.2.2	Devaluationstechnik und die Determination des Verhaltens durch Effekterwartungen	35
3.2.3	Situationsabhängigkeit von Verhaltens-Effekt-Beziehungen	36
3.3	**Latentes Lernen: Verhaltens-Effekt-Lernen ohne Bekräftigung**	37
3.4	**Antizipationsbedürfnis und Erwartungen als Verhaltensziele**	38
3.5	**Fazit**	39
4	**Erwerb willkürlichen, zielgerichteten Verhaltens beim Menschen**	**41**
	Joachim Hoffmann	
4.1	**Der Primat des Verhaltens-Effekt-Lernens gegenüber dem Reiz-Reaktions-Lernen**	43
4.1.1	Willkürliches vs. unwillkürliches Verhalten	43
4.1.2	Blockierung des Lernens von Reiz-Reaktions-Beziehungen durch vorrangige Beachtung von Verhaltenseffekten	44
4.1.3	Ausbildung situationsabhängiger Verhaltens-Effekt-Beziehungen	46
4.2	**Situationsbezogene Gewohnheiten**	48
4.3	**Latentes Verhaltens-Effekt-Lernen**	50
4.3.1	Antizipationsbedürfnis: Ein Bedürfnis nach Vorhersage von Verhaltenseffekten	50
4.3.2	Unbeabsichtigtes (inzidentelles) Verhaltens-Effekt-Lernen	51
4.4	**Erwerb von Verhaltenssequenzen**	56
4.4.1	Serielles Wahlreaktionsexperiment	56
4.4.2	Wirkung statistischer, relationaler und raum-zeitlicher Strukturen beim Erlernen von Verhaltensfolgen	57
4.4.3	Wirkung von Reiz-Reiz-, Reaktions-Reaktions- und Aktions-Effekt-Beziehungen beim Erlernen von Verhaltensfolgen	60
4.4.4	Chunking: die Gliederung von Verhaltensfolgen in Teilfolgen mit erhöhter Vorhersagbarkeit der auszuführenden Handlungen	62
4.5	**Erwerb antizipativer Verhaltenskontrolle: Die ABC-Theorie**	63
4.6	**Lernen durch Imitation**	67
4.6.1	Bewegungsdeterminierte Imitationen	67
4.6.2	Zieldeterminierte Imitationen	69
4.6.3	Spiegelneuronen: neuronale Grundlagen imitierenden Verhaltens	71
4.6.4	Funktionen der Imitation	73
4.7	**Fazit**	75
5	**Das semantische Gedächtnis: Bildung und Repräsentation konzeptuellen Wissens**	**77**
	Joachim Hoffmann	
5.1	**Die Bildung von Konzepten als Zusammenfassung von Objekten nach gemeinsamen Merkmalen**	79
5.1.1	Experimente zur Konzeptbildung	80
5.1.2	Konzeptbildung als Reiz-Reaktions-Lernen	80
5.1.3	Konzeptbildung in Netzwerken	81
5.1.4	Konzeptbildungsalgorithmen	82
5.1.5	Kritik	83
5.2	**Die Bildung von Objektkonzepten in der Verhaltenssteuerung**	83
5.2.1	Die Klassifikation von Objekten nach funktionaler Äquivalenz	83
5.2.2	Objektkonzepte und Handlungskontexte	84

5.2.3	Taxonomien: die hierarchische Ordnung von Objektkonzepten	85
5.2.4	Basiskonzepte: Das bevorzugte Abstraktionsniveau der Objektidentifikation	86
5.3	**Eigenschaften der Repräsentation von Objektkonzepten**	88
5.3.1	Merkmalsrepräsentationen	88
5.3.2	Prototypen	91
5.3.3	Exemplarrepräsentationen	92
5.3.4	Hybridrepräsentationen	92
5.3.5	Die Repräsentation von Konzepten unterschiedlicher Allgemeinheit	93
5.4	**Spracherwerb und der Erwerb konzeptuellen Wissens**	94
5.4.1	Funktionen der Sprache	94
5.4.2	Das Erlernen von Wortbedeutungen	95
5.4.3	Die Differenzierung von Objektkonzepten im Spracherwerb	96
5.4.4	Spracherwerb und die weitere Strukturierung des semantischen Gedächtnis	97
5.4.5	Handlung – Sprache – Wissen	98
5.5	**Konzeptuelle Strukturen im semantischen Gedächtnis**	98
5.5.1	Methoden zur Erfassung von Strukturen im semantischen Gedächtnis	99
5.5.2	Handlungsschemata	101
5.5.3	Repräsentationen von typischen räumlichen und zeitlichen Beziehungen zwischen Konzepten (Frames und Skripts)	103
5.5.4	Elemente der Sprache als Gegenstand linguistischer Kategorienbildung	105
5.5.5	Sprachliche und nichtsprachliche Zugänge zum semantischen Gedächtnis	105
5.6	**Fazit: Das semantische Gedächtnis als Grundlage für die Wahrnehmung und das Handeln in einer vertrauten Welt**	107

II Episodisches Gedächtnis

6	**Einleitung zum episodischen Gedächtnis**	111
	Johannes Engelkamp	
6.1	**Was ist das episodische Gedächtnis?**	112
6.2	**Wozu dient das episodische Gedächtnis?**	112
6.3	**Wie wird das episodische Gedächtnis untersucht?**	113
6.4	**Was lernen wir aus Untersuchungen zum episodischen Gedächtnis?**	114
6.5	**Fazit**	116
7	**Mehrspeichermodelle: Unterscheidung von Kurz- und Langzeitgedächtnis**	119
	Johannes Engelkamp	
7.1	**Unterscheidung eines Kurzzeit- und Langzeitgedächtnisses**	120
7.1.1	Primär- und Sekundärgedächtnis bei James	121
7.1.2	Klassisches Mehrspeichermodell	121
7.2	**Kurzzeitspeicher im klassischen Mehrspeichermodell**	122
7.2.1	Eigenschaften des Kurzzeitspeichers	122
7.2.2	Kritik am klassischen Kurzzeitspeicher	123
7.2.3	Konsequenzen für das Mehrspeichermodell	124
7.3	**Kurzzeitspeicher als Arbeitsgedächtnis**	124
7.3.1	Architektur des Arbeitsgedächtnisses und seine Begründung	124

7.3.2	Phonologische Schleife	125
7.3.3	Erklärung vorliegender und weiterer Befunde durch die PL	126
7.3.4	Zur Funktion der phonologischen Schleife	127
7.3.5	Kritik an der phonologischen Schleife: ohne Einbeziehung von Bedeutung geht es nicht	128
7.3.6	Mehrwegemodelle der Wortverarbeitung als alternativer Ansatz	128
7.3.7	Visuell-räumlicher Kurzzeitspeicher	129
7.3.8	Abschließende Bemerkungen zu Baddeleys Modell vom Arbeitsgedächtnis	131
7.4	**Andere Konzeptionen des Arbeitsgedächtnisses**	131
7.4.1	Was ist ein Arbeitsgedächtnis?	132
7.4.2	Arbeitsgedächtnis als aktivierter Teil des Langzeitgedächtnisses	133
7.5	**Fazit**	134
8	**Prozessmodelle: Das Behalten von Episoden als Funktion von Enkodier- und Abrufprozessen**	137
	Johannes Engelkamp	
8.1	Behalten als Funktion itemspezifischer und relationaler Enkodier- und Abrufprozesse	139
8.2	Behalten als Funktion von itemspezifischen Enkodierprozessen	140
8.2.1	Ansatz der Verarbeitungstiefe	140
8.2.2	Weitere Fragen, die im Kontext des Ansatzes der Verarbeitungstiefe untersucht wurden, und Kritik an dem Ansatz	141
8.3	**Behalten als Funktion relationaler Enkodierprozesse: der Organisationsansatz**	143
8.3.1	Kategoriale Organisation	143
8.3.2	Wissensschemata	145
8.3.3	Elaborative Organisation	146
8.4	**Behalten als Funktion von Enkodieren und Abrufen**	147
8.4.1	Prinzip der Enkodierspezifität	147
8.4.2	Grenzen der Enkodierspezifität	148
8.5	**Enkodieren und Abrufen von itemspezifischer und relationaler Information**	149
8.5.1	Generierungs- Rekognitions-Theorien	149
8.5.2	Enkodierspezifität beim Free Recall und Wiedererkennen	149
8.6	**Die Erklärung spezifischer Behaltenseffekte durch itemspezifische und relationale Information**	150
8.6.1	Hypermnesie	151
8.6.2	Seriale Positionseffekte	151
8.6.3	Falsche Erinnerungen	153
8.6.4	Quellenkonfusion	154
8.7	**Itemspezifische und relationale Information beim Vergessen**	154
8.7.1	Vergessen als Interferenz	156
8.7.2	Abrufinduziertes Vergessen	157
8.7.3	Gerichtetes Vergessen	159
8.7.4	Konsolidierung und Vergessen	161
8.8	**Autobiografisches Gedächtnis**	161
8.9	**Spezifische Aspekte beim Wiedererkennen und freien Erinnern**	163
8.9.1	Erinnern versus Vertrautheit beim Wiedererkennen	163
8.9.2	Darbietungsfolge von Reizen als spezifische Form relationaler Information: die Item-Order-Hypothese	165
8.10	**Fazit**	167

9 Systemmodelle: Sensorische und motorische Prozesse beim episodischen Erinnern... 169
Johannes Engelkamp
9.1 Behalten als Funktion modalitätsspezifischer Prozesse............................... 171
9.2 Multimodale Ansätze außerhalb der Gedächtnispsychologie......................... 172
9.2.1 Multimodale Modelle in der Neuropsychologie... 172
9.2.2 Multimodale Modelle des Objekterkennens... 173
9.3 Ein multimodales Gedächtnismodell... 173
9.3.1 Grundzüge des multimodalen Modells... 174
9.3.2 Erwartete Effekte zum Behalten von Bildern und ihren Bezeichnungen.................... 175
9.3.3 Erwartete Effekte zum Behalten von Handlungsphrasen und deren Ausführung............ 176
9.3.4 Zum Vergleich von gesehenen und selbstausgeführten Handlungen...................... 176
9.4 Behalten von Bildern... 177
9.4.1 Bildüberlegenheitseffekt und Hypothese der dualen Enkodierung........................ 177
9.4.2 Effekt der Bildkomplexität im Free Recall.. 178
9.4.3 Effekt der Bildkongruenz beim Wiedererkennen.. 178
9.4.4 Interferenzeffekte durch visuelle Ähnlichkeit und Doppelaufgaben..................... 178
9.4.5 Kategorial-relationale Information beim Behalten von Bildern und ihren Bezeichnungen.. 182
9.4.6 Zusammenfassung zum Behalten von Bildern.. 182
9.5 Behalten von Handlungen.. 183
9.5.1 Tu-Effekt.. 183
9.5.2 Seriale Positionskurve nach Tun.. 184
9.5.3 Wiedererkennen nach Tun... 185
9.5.4 Motorische Ähnlichkeit beim Behalten von Handlungen................................ 185
9.5.5 Kategorial-relationale Information beim Behalten von Handlungen..................... 186
9.5.6 Behalten von Handlungen nach Sehen und Tun mit realen Objekten und ohne reale Objekte.. 186
9.5.7 Zusammenfassung zum Behalten von Handlungen...................................... 187
9.6 Implizites Behalten... 188
9.6.1 Implizites vs. explizites Behalten... 188
9.6.2 Weitere Befunde zum impliziten Behalten... 189
9.6.3 Erweiterungen des multimodalen Gedächtnismodells.................................. 191
9.7 Fazit... 193

10 Episodisches Gedächtnis und Hirnforschung: Systeme als funktional differenzierte Hirnstrukturen.. 195
Johannes Engelkamp
10.1 Zum Aufbau des Gehirns... 196
10.1.1 Bildgebung und ereigniskorrelierte Potenziale als Verfahren zur Untersuchung der Hirntätigkeit... 196
10.1.2 Welche Funktionen haben verschiedene Hirnteile?..................................... 197
10.2 Systeme als funktional differenzierte Hirnstrukturen................................. 200
10.2.1 Zwei zentrale funktionale Aspekte: Sprache und Gedächtnis.......................... 200
10.2.2 Der Hippocampus als Grundlage des episodischen Erinnerns........................... 201
10.2.3 Differenzielle Gedächtnisfunktionen von MTL, Hippocampus und Amygdala.............. 202
10.2.4 Die Rolle des MTL beim vertrautheitsbasierten Wiedererkennen....................... 203
10.2.5 Die Rolle des MTL bei semantischen und episodischen Gedächtnisleistungen............ 204

10.2.6	Die Rolle des Neokortex für episodisches Erinnern	205
10.3	**Fazit**	206

Serviceteil 209
Literatur 210
Stichwortverzeichnis 221

Autorenbiografien

Joachim Hoffmann
Joachim Hoffmann, Jahrgang 1945, promovierte nach dem Studium der Psychologie 1972 mit einer Arbeit zu Begriffsbildungsprozessen. 1982 wurde er zum Professor für Allgemeine Psychologie an der Humboldt-Universität Berlin berufen. Von 1983 bis 1988 leitete er den Bereich für Psychologie an der Akademie der Wissenschaften in Berlin. Von 1988 bis 1993 war er erst an der Freien Universität Berlin, dann in München am Max-Planck-Institut für Psychologische Forschung, an der Ludwig-Maximilians-Universität und an der Bundeswehruniversität tätig. 1993 übernahm er den Lehrstuhl für kognitive Psychologie an der Universität Würzburg, den er bis 2010 innehatte. Seine Forschung beschäftigt sich vor allem mit der Frage, wie Wahrnehmung, Gedächtnis und Lernen zur Verbesserung zielgerichteten Verhaltens beitragen. Joachim Hoffmann ist Autor mehrerer Bücher, u. a. „Das aktive Gedächtnis" (1983), „Die Welt der Begriffe" (1986), „Vorhersage und Erkenntnis" (1993), und Mitherausgeber des Bandes „Lernen" der Enzyklopädie der Psychologie (1996).

Johannes Engelkamp
Johannes Engelkamp ist Professor für Kognitionspsychologie im Ruhestand. Sein besonderes Interesse in der Forschung galt den Fragen: Welche Informationen werden durch Sprache vermittelt und wie werden sie verarbeitet und wie funktioniert das Erinnern?

Professor Dr. Johannes Engelkamp, geboren 1937, studierte ab 1962 Psychologie und Soziologie an der Freien Universität Berlin und erwarb dort 1968 sein Diplom in Psychologie. Ab 1969 war er wissenschaftlicher Mitarbeiter am Psychologischen Institut der Ruhr-Universität Bochum. Dort promovierte er 1972 und habilitierte 1974. 1975 folgte er einem Ruf an die Universität des Saarlandes, wo er bis zu seinem Ruhestand die Abteilung für experimentelle Kognitionspsychologie leitete. Seine zentralen Arbeitsgebiete waren Sprach- und Gedächtnispsychologie. Neben zahlreichen Veröffentlichungen in Fachzeitschriften zu beiden Gebieten liegen Überblicke in Buchform vor: u. a. „Psycholinguistik" (1974), „Dynamic aspects of language processing" (1983) zusammen mit Hubert Zimmer, „Das menschliche Gedächtnis" (1990). Eine Gesamtdarstellung der Kognitionspsychologie findet sich in dem „Lehrbuch kognitive Psychologie" (2006) zusammen mit Hubert Zimmer.

Johannes Engelkamp war Herausgeber bzw. Mitherausgeber der Zeitschriften „Psychological Research", „Sprache und Kognition" und „Psychologische Rundschau". Darüber hinaus hat er sich als Vorstandsmitglied sowie Präsident der European Society for Cognitive Psychology für die Zusammenarbeit der Kognitionspsychologen in Europa eingesetzt.

Hoffmann, Engelkamp: Lern- und Gedächtnispsychologie
Der Wegweiser zu diesem Lehrbuch

Definitionen: Fachbegriffe kurz und knapp erläutert.

Was erwartet mich? Lernziele zeigen, worauf es im Folgenden ankommt.

Griffregister: Zur schnellen Orientierung.

Zum Verständnis: die wichtigsten **Studien** ausführlich erläutert.

Kapitel 2 · Lernen als Bildung von Reiz-Reaktions-Verbindungen

Lernziele

- Warum können wir aus dem Studium der Lernprozesse bei Tieren etwas über elementares Lernen beim Menschen erfahren?
- Worin unterscheiden sich Lernsituationen und Lernprozesse bei der klassischen und instrumentellen Konditionierung?
- Inwiefern verbessern klassische und instrumentelle Konditionierung die Überlebens- und Fortpflanzungschancen von Organismen?
- Wie werden verhaltensrelevante von verhaltensirrelevanten Reizbedingungen unterschieden und ggf. in Kategorien zusammengefasst?

Definition

Instinkte sind Anlagen zur Ausbildung von Verhaltensmustern für die Befriedigung elementarer Bedürfnisse und deren Bindung an geeignete Auslösebedingungen (Schlüsselreize).

Instinktives Verhalten bezieht sich auf die Bewältigung elementarer Lebensanforderungen wie Fortpflanzung, Nahrungsbeschaffung, Aufzucht der Nachkommen usw. Bei jeder Spezies finden sich dementsprechend Verhaltensmuster etwa für das Anschleichen an Beutetiere, für die Paarung, für

Tab. 2.1 Übersicht Verstärkungspläne

	Quote	Intervall
fix	Beispielsweise wird jedes zehnte Verhalten bekräftigt.	Nach einer Bekräftigung werden weitere Bekräftigungen für z. B. 60 Sekunden ausgesetzt.
variabel	Verhaltensakte werden mit einer Wahrscheinlichkeit von 0.1 bekräftigt.	Die Bekräftigungspausen betragen im Mittel 60 Sekunden.

Case Study

Menschen sind sehr sensibel für typische Lokationen von Details in Konfigurationen

In einer Untersuchung von Hoffmann und Kunde (1999) hatten die Versuchspersonen so schnell wie möglich zu entscheiden, ob sich unter jeweils sieben auf einem Bildschirm dargebotenen Buchstaben ein F oder ein H befand (Targets). Die sieben Buchstaben waren entweder so angeordnet, dass sie eine Art Welle oder eine Art Vogel formten (Abb. 5.6). In beiden Konfigurationen kamen beide Targets gleichhäufig vor, jedoch war jeweils einer der beiden Targets auf allen sieben Positionen gleichhäufig vertreten, während das andere Target auf einer der Positionen besonders häufig, auf allen anderen sechs Positionen dagegen selten auftrat. Wenn beispielsweise das F in der Welle einen häufigen Ort hatte, dann hatte das H im Vogel einen häufigen Ort. Insgesamt kamen die beiden Konfigurationen an verschiedenen Stellen des Bildschirms und die beiden Targets in beiden Konfigurationen jeweils gleichhäufig und in zufälliger Reihenfolge vor. Trotz dieser zufälligen und damit unvorhersehbaren Verteilung aller sonstigen Bedingungen wurden die Targets an ihren jeweils typischen Lokationen schneller entdeckt als an den untypischen Lokationen. Im Beispiel das F an seinem typischen Ort in der Welle und das H an seinem typischen Ort im Vogel. In weiteren Untersuchungen wurde gezeigt, dass die Versuchspersonen vermutlich positionsspezifische Erwartungen für die beiden Targets an die Häufigkeiten anpassen, mit denen sie die Targets an den jeweiligen Positionen der beiden Konfigurationen erleben. Im Ergebnis wurde an allen Positionen jeweils dasjenige Target bevorzugt, das dort jeweils häufiger erlebt worden ist, und sie entdecken es dort dann auch schneller als ein anderes Target (Hoffmann u. Sebald, 2005; Kunde u. Hoffmann, 2005). Dies zeugt von einer besonderen Sensibilität für die Häufigkeiten, mit denen beachtete Details (hier Target-Buchstaben) an verschiedenen Orten innerhalb von globalen Konfigurationen zu sehen sind.

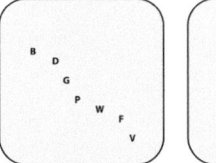

Abb. 5.6 Verteilung von jeweils sieben Buchstaben in Form einer Welle oder eines Vogels, unter denen jeweils nach dem Buchstaben F bzw. H zu suchen war. (Nach Hoffmann u. Kunde, 1999)

2.3 · Instrumentelle Konditionierung

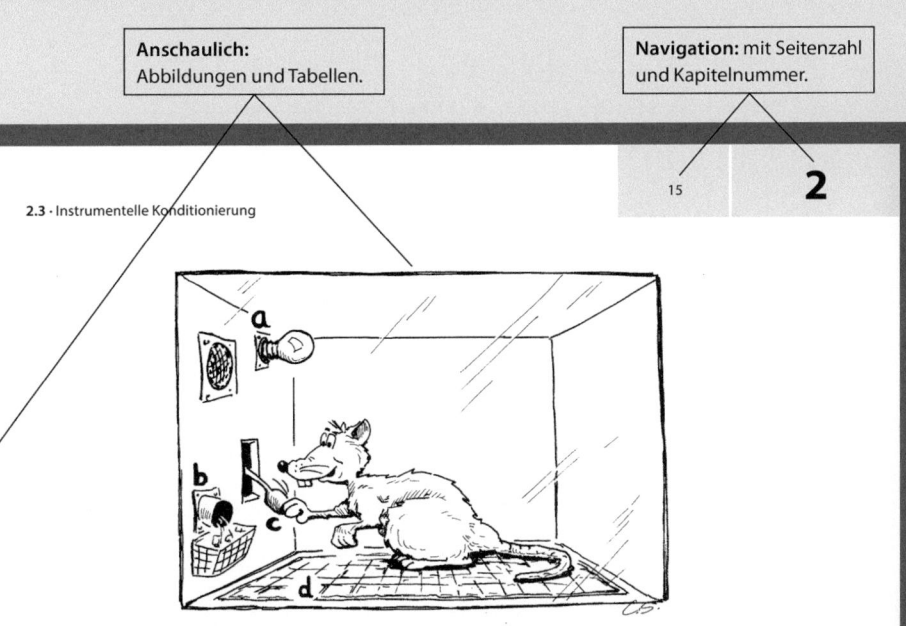

Abb. 2.3 Eine typische Skinner-Box mit den Möglichkeiten, (a) einen Lichtreiz darzubieten, (b) Futterkügelchen zu spenden, (c) eine Taste zu drücken und (d) einen leichten Stromschlag zu applizieren. © Claudia Styrsky

Satz nach einer Schilderung des Essens (Bower et al., 1979). Auf der Grundlage skripttypischen Wissens werden vermutlich Erwartungen über den Fortgang des Geschehens generiert, die, wenn sie verletzt werden, zu Verzögerungen in der Verarbeitung des Geschehens führen. In anderen Fällen werden fehlende Informationen durch das **skripttypisch Erwartbare ergänzt** (z. B. Hannigan u. Reinitz, 2001). Wenn wir etwa in einem Film sehen, dass eine Person ein Flugzeug besteigt, und nach einem »Schnitt« sieht man sie das Flugzeug an einem anderen Flughafen wieder verlassen, dann ergänzen wir automatisch, dass dazwischen ein Flug stattgefunden hat und sind dementsprechend nicht überrascht, wenn nachfolgend beispielsweise von freundlichen Stewardessen die Rede ist.

Ohne diese Fähigkeit, nicht mitgeteilte Informationen aus dem Gedächtnis zu ergänzen oder auch ungeordnete Mitteilungen skripttypisch zu ordnen, würden wir in normalen Unterhaltungen vermutlich ständig nachfragen müssen. Denken Sie etwa an einen Bekannten, der von einem Unfall berichtet. Aussagen über die Schäden, das Eintreffen der Polizei, über Zeugen, das Verhalten des Unfallpartners

Beispiel
Menschen, die die Bombenangriffe des Zweiten Weltkrieges erlebt haben, bekommen teilweise noch heute Herzrasen und Schweißausbrüche beim Klang einer Sirene. Gleichermaßen spürt jemand, der einmal einen heftigen elektrischen Schlag bekommen hat, noch nach Jahren ein Kribbeln in den Fingern, wenn er elektrische Drähte berührt, selbst wenn er sicher ist, dass die Sicherungen ausgeschraubt sind. Die Lernmechanismen, die diesen und ähnlichen Phänomenen zugrunde liegen, werden im Folgenden diskutiert.

Exkurs

Schemata können auch dazu führen, dass Schema-inkongruente Informationen gut behalten werden

Wenn beispielsweise im Bild einer Küche ein Oktopus auf dem Fußboden gesehen wird (Friedman, 1979), oder wenn in der Schilderung eines Restaurantbesuchs unvermittelt mitgeteilt wird, dass der Akteur im Wald spazieren geht (Cohen, 1996), dann werden auch solche zum Küchen-Frame bzw. zum Restaurant-Skript völlig unpassenden Informationen gut behalten und können nach längerer Zeit korrekt erinnert werden. Die den typischen Erfahrungen widersprechenden Informationen ziehen vermutlich wegen ihrer Inkonsistenz die Aufmerksamkeit auf sich und erfahren so eine besonders intensive Verarbeitung.

usw. werden selten in der Reihenfolge des tatsächlichen Geschehens berichtet. Unser Verständnis der Gesamtsituation wird davon jedoch kaum beein-

? Kontrollfragen
1. Was sind Anliegen und grundlegende Annahmen des Behaviorismus?
2. Unter welchen Bedingungen wird ein Reiz konditioniert?
3. Welche Zeitverhältnisse zwischen CS und US sind für die Ausbildung eines bedingten Reflexes besonders günstig? Was sagt dies über die Funktion bedingter Reflexe aus?

Weiterführende Literatur

Mazur, J. E. (2006). *Lernen und Verhalten*. München: Pearson.
Pearce, J. M. (1997). *Animal Learning and Cognition – an Introduction*. Hove: Psychology Press.

**Lernmaterialien zum Lehrbuch
»Lern- und Gedächtnispsychologie«
im Internet – www.lehrbuch-psychologie.de**

Für Dozenten – fertig zum Download:
- Tabellen und Abbildungen für die Lehre

Lerncenter:
- Glossar: Alle Begriffe im Überblick
- Memocards: Überprüfen Sie Ihr Wissen
- Verständnisfragen: Antworten auf alle Kontrollfragen des Buchs

Weitere Websites unter – www.lehrbuch-psychologie.de

- Zusammenfassungen der Kapitel
- Glossar mit zahlreichen Fachbegriffen
- Memocards: Überprüfen Sie Ihr Wissen
- Prüfungsfragen & Antworten: Wissen prüfen
- Dozentenmaterialien: Abbildungen und Tabellen

- Alle Kapitel als Hörbeiträge
- Memocards – Fachbegriffe pauken
- Glossar – im Web nachschlagen
- Prüfungsfragen & Antworten: Wissen prüfen
- Für Dozenten: Materialien für die Lehre

- Alle Kapitel als Hörbeiträge
- Videos – anschaulicher geht's nicht
- Glossar und Memocards – Fachbegriffe pauken
- Multiple Choice-Quiz zur Prüfungsvorbereitung
- Dozentenmaterialien: Vorlesungsfolien, Abbildungen und Tabellen

- Alle Kapitel als Hörbeiträge
- Glossar mit zahlreichen Fachbegriffen
- Memocards: Überprüfen Sie Ihr Wissen
- Verständnisfragen: Üben Sie für die Prüfung
- Dozentenmaterialien: Abbildungen und Tabellen

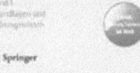

- Zwei Bände – alle Kapitel als Hörbeiträge
- Glossar mit zahlreichen Fachbegriffen
- Memocards
- Die Fragen aus dem Buch – mit Musterantworten
- Dozentenmaterialien: Folien, Abbildungen und Tabellen

- Glossar mit zahlreichen Fachbegriffen
- Memocards (auch Deutsch/Englisch): Überprüfen Sie Ihr Wissen
- Hörbeiträge kostenlos zum Download
- Prüfungsfragen & Antworten: Üben Sie für die Prüfung
- Dozentenmaterialien: Vorlesungsfolien, Abbildungen und Tabellen

Kapitelübersicht

Joachim Hoffmann, Johannes Engelkamp

1.1 Lernen und Gedächtnis: zwei Seiten einer „Medaille" – 2

1.2 Lernen und semantisches Gedächtnis – 2

1.3 Das episodische Gedächtnis – 5

1.1 Lernen und Gedächtnis: zwei Seiten einer „Medaille"

Dass wir über ein **Gedächtnis** verfügen, bemerken wir vor allem dann, wenn uns etwas nicht einfällt, etwa der Titel eines Filmes, die Telefonnummer der Auskunft oder wo wir am Mittwochnachmittag der vergangenen Woche gewesen sind. Die jeweilige Information ist uns dann entweder im Moment nicht erinnerbar oder vollständig vergessen. Gedächtnis bezeichnet nach diesem Verständnis die Fähigkeit, Informationen zu bewahren und nach einer Behaltensphase korrekt wiederzugeben. Wir denken dabei vor allem an Informationen, die sprachlich wiedergegeben werden können, wie eben eine Telefonnummer oder ein Ereignis.

Gedächtnis umfasst jedoch weit mehr als die Speicherung und Wiedergabe von sprachlich erinnerbaren Informationen. Bereits jede bewusste Wahrnehmung beruht auf Gedächtnis. Wenn Sie z. B. in einer Straße nach dem Haus suchen, in dem Sie als Kind nur kurz gewohnt haben, und es nicht finden können, würden Sie davon sprechen, dass Sie **vergessen** haben, wie das Haus ausgesehen hat. Gleichermaßen könnte es passieren, dass Sie vergessen, wie eine Meise, ein Messer oder ein Motorboot aussehen, und Sie würden dann ein Messer, eine Meise oder ein Motorboot nicht mehr (wieder-)erkennen können. Was für die Wahrnehmung gilt, gilt auch für gezieltes Handeln. Wenn Sie z. B. nach Jahren das erste Mal wieder auf Schlittschuhen stehen und feststellen müssen, dass sie kaum noch Schlittschuh laufen können, dann sprechen Sie davon, dass Sie das Schlittschuhlaufen verlernt haben. Genauso gut könnten Sie aber auch davon sprechen, dass Sie bzw. Ihr Körper sich nicht mehr daran **erinnern**, was zu tun ist, um Schlittschuh zu laufen. Leistungen des Gedächtnisses liegen also nicht nur unseren expliziten Erinnerungen zugrunde, sondern auch unserer bewussten Wahrnehmung und unserem zielgerichteten Handeln. Ohne Gedächtnis könnten wir nichts, was wir schon einmal erkannt haben, **wieder**-erkennen, und Dinge, die wir schon einmal gekonnt haben, könnten wir nicht **re**-produzieren. Wir könnten also in der Vergangenheit gemachte Erfahrungen nicht für die Gegenwart nutzen und müssten die Welt immer wieder neu erobern. Das wäre ein außerordentlich anstrengendes Leben.

Dass wir etwas **lernen,** erkennen wir daran, dass sich unser Verhalten aufgrund von gemachten Erfahrungen verändert. Dem **Lernen** liegen also Änderungen in verhaltenssteuernden Strukturen in der Folge individueller Erfahrungen zugrunde. Die Änderungen können elementares körperliches Verhalten, wie etwa das Ergreifen eines Gegenstandes oder das Laufen betreffen, und sie können sprachliches Verhalten betreffen. Wenn z. B. ein Kind immer besser die Balance beim Laufen bewahrt, handelt es sich genauso um Lernen wie – Jahre später – das Erlernen richtiger Antworten auf Fragen, wie etwa nach den wichtigsten Flüssen Europas. In beiden Fällen ändert sich das Verhalten aufgrund von gemachten Erfahrungen, einmal vom Stolpern zum sicheren Gang, das andere Mal vom „Achselzucken" zur korrekten Aufzählung der Flüsse.

Hatten wir aber nicht festgestellt, dass die Nutzung von in der Vergangenheit gemachten Erfahrungen auf einer Gedächtnisleistung beruht? Und jetzt sprechen wir im gleichen Zusammenhang von Lernen! Gedächtnis und Lernen beziehen sich nach diesen Überlegungen beide auf (Nach-)Wirkungen von in der Vergangenheit gemachten Erfahrungen auf das gegenwärtige Verhalten. Unter dem Thema Lernen wird behandelt, welche Erfahrungen zu welchen Veränderungen im Verhaltenspotenzial führen, und unter dem Thema Gedächtnis wird die Bewahrung und Reproduktion der vollzogenen Änderungen behandelt.

1.2 Lernen und semantisches Gedächtnis

Ein neugeborenes Menschenkind ist auf anrührende Weise hilflos. Abgesehen von einigen wenigen Reflexen wie dem Saug- und dem Greifreflex, ist das Neugeborene zu keiner geordneten Bewegung, geschweige denn zu einer zielgerichteten Aktion fähig. Während etwa ein Fohlen bereits Stunden nach der Geburt laufen kann, brauchen Menschenkinder zumeist ein Jahr dafür. Selbst die Fixierung eines Objektes mit den Augen gelingt erst nach Wochen, und gezielte Handbewegungen zum Ergreifen von Objekten stellen sich erst nach etwa drei Monaten ein. Wir Menschen müssen alles, das Stehen,

Laufen, Greifen, Springen, Stoßen, Ziehen usw. und schließlich auch das Sprechen und Schreiben erlernen. Man kann mithin feststellen, dass fast das gesamte Verhaltensrepertoire eines Erwachsenen das **Resultat von Lernprozessen** ist. Daraus folgt, dass uns ein genaues Verständnis der Lernprozesse auch zu einem Verständnis des im Ergebnis entstehenden Verhaltens führt. Lernmechanismen werden damit zu einem wichtigen Zugang zur Aufklärung von Strukturen und Mechanismen menschlicher Verhaltenssteuerung.

Wir haben Lernen als Änderung verhaltenssteuernder Strukturen im Resultat von Erfahrungen definiert. Jede (gute) **Lerntheorie** sollte also wenigstens zu drei Dingen verbindliche Aussagen machen: Erstens zu den Strukturen und Mechanismen, die der Generierung und Ausführung von Verhalten zugrunde liegen. Zweitens zu den möglichen Änderungen in diesen Strukturen und Mechanismen. Und drittens dazu, welche Erfahrungen zu welchen Änderungen führen.

In der Psychologie sind die theoretischen Vorstellungen zum Lernen weitgehend durch den **Behaviorismus** bestimmt worden. Der Behaviorismus entstand zu Beginn des vergangenen Jahrhunderts. Ihre Begründer hatten sich „auf die Fahnen geschrieben", psychologische Forschung auf streng naturwissenschaftliche Weise zu betreiben, bei der es einzig darum geht, gesetzmäßige Beziehungen zwischen objektiv messbaren Größen zu erkennen. Annahmen über innere Prozesse und Zustände, wie etwa Ziele, Wünsche oder Erwartungen, die nur der Selbstbeobachtung (Introspektion) zugänglich sind und somit nicht objektiv gemessen werden können, sollten als Erklärungskonzepte keine Rolle spielen (s. unten das Zitat von John B. Watson). Objektiv messbar waren zum damaligen Zeitpunkt jedoch nur die Reize bzw. Situationsbedingungen, unter denen man ein bestimmtes Verhalten beobachtete, und die Eigenschaften des jeweiligen Verhaltens selbst, etwa seine Häufigkeit oder Intensität. Zwangsläufig konzentrierte sich die Forschung auf die Entstehung und Veränderung von Reiz-Reaktions-Beziehungen. Untersucht wurden die entstehenden Strukturen von Reiz-Reaktions-Beziehungen und die Bedingungen unter denen sie verstärkt bzw. abgeschwächt werden. Damit werden wir uns in ▶ Kap. 2 beschäftigen.

> Psychology as the behaviorist views it is a purely objective experimental branch of natural science. Its theoretical goal is the prediction and control of behavior. Introspection forms no essential part of its methods, nor is the scientific value of its data dependent upon the readiness with which they lend themselves to interpretation in terms of consciousness. The behaviorist, in his efforts to get a unitary scheme of animal response, recognizes no dividing line between man and brute (Watson 1913, S. 158).

Nach den Vorstellungen des Behaviorismus ist Verhalten reizdeterminiert: In einer gegebenen Situation aktivieren vorhandene Reize jeweils das Verhalten, das aufgrund vorangegangener Erfahrungen mit ihnen assoziativ verbunden ist. Diese Sichtweise ignoriert einen grundlegenden Aspekt menschlichen Verhaltens: seine **Zielorientiertheit**. Wir verhalten uns, von wenigen Ausnahmen abgesehen, nicht, weil eine bestimmte Situation gegeben ist, sondern um eine bestimmte Situation herzustellen, etwa um ein Fenster zu öffnen, um Kaffee zu kochen oder um einen Brief zu schreiben. Unser Verhalten wird also in aller Regel nicht durch die gegebene Situation, sondern durch jeweils zu erreichende Ziele bestimmt.

Wenn unser Verhalten vorrangig durch die Ziele bestimmt wird, die wir erreichen wollen, dann müssen wir wissen, mit welchem Verhalten wir welche Ziele erreichen können. Ohne dieses Wissen könnten wir das Verhalten nicht bestimmen, mit dem ein aktuelles Ziel **erfahrungsgemäß** auch erreicht werden kann? Dementsprechend ist Verhalten vorrangig mit seinen Konsequenzen und weniger mit den gegebenen Reizen zu verbinden. Unter dieser Perspektive richtet sich das Forschungsinteresse nicht auf die Bildung von Reiz-Reaktions-Beziehungen, sondern auf die Bildung von (Re-)Aktions-Effekt-Beziehungen. In ▶ Kap. 3 werden wir zeigen, dass schon bei Tieren die Bildung von (Re-)Aktions-Effekt-Beziehungen gegenüber der Bildung von Reiz-Reaktions-Beziehungen Vorrang hat. In ▶ Kap. 4 behandeln wir dann die Mechanismen des Erwerbs zielorientierten Verhaltens beim Menschen.

Auch wenn unser Verhalten vorrangig durch Ziele bestimmt wird, hängt sein Erfolg doch stets auch von den gegebenen Bedingungen ab. Wenn Sie z. B. am Computer „Word" aufrufen wollen, dann müssen Sie darauf achten, dass der Cursor an der richtigen Stelle steht, bevor Sie die Maustaste drücken. Und so, wie in diesem einfachen Beispiel, müssen wir fast immer bestimmte Merkmale der Situation beachten, damit wir unsere Ziele auch erreichen: Wenn wir etwas Festes zerschneiden wollen, achten wir darauf, dass die Schneide des Messers scharf ist, und wenn wir eine präzise Skizze zeichnen wollen, achten wir darauf, dass der Bleistift angespitzt ist usw. In diesem Sinne bestimmt jedes zielgerichtete Verhalten Merkmale oder Situationsbedingungen, die zu beachten für den Erfolg wichtig sind. Merkmale dagegen, die für die Ausführung des Verhaltens keine Bedeutung haben, können unbeachtet bleiben. Zum Erlernen erfolgreichen Verhaltens gehört somit immer auch die Unterscheidung von **verhaltensrelevanten** und **verhaltensirrelevanten** Merkmalen. In ▶ Kap. 5 werden wir behandeln, wie diese Notwendigkeit der Unterscheidung von verhaltensrelevanten und -irrelevanten Merkmalen zur Bildung von **Konzepten** führt:

Konzepte abstrahieren von den konkreten Erscheinungen der im Verhalten als relevant erlebten Merkmale und repräsentieren damit Klassen funktional äquivalenter Erscheinungen, im Beispiel etwa die Klasse der Messer oder der Bleistifte. Da sich die Konzepte in den jeweiligen Verhaltenskontexten herausbilden, werden auch die zwischen ihnen bestehenden Beziehungen repräsentiert, etwa dass Messer auch zum Anspitzen von Bleistiften taugen. Allgemein gesprochen werden die in der Auseinandersetzung mit der Umwelt gemachten Erfahrungen in Form von Dreifachbeziehungen gespeichert, in denen festgehalten wird, mit welchem Verhalten welche Ziele unter welchen Bedingungen erreicht werden können. Zum Erwerb solcher Dreifachbeziehungen sind im Rahmen ihrer Verhaltensmöglichkeiten auch Tiere fähig.

Für den Menschen entsteht mit dem Erwerb sprachlichen Verhaltens eine neue Form der Speicherung verhaltensgebundenen Wissens: Durch die Benennung von Konzepten und der zwischen ihnen bestehenden Beziehungen werden konzeptuelle Strukturen auf eine Weise repräsentiert, die vollständig von den konkreten Erscheinungen abstrahiert. Das Wort „Messer" hat z. B. nichts mehr mit der konkreten Erscheinung eines Messers zu tun, es verweist nur noch darauf. Hinzu kommt, dass mit Wörtern und Aussagen Konzepte und Relationen vorgegeben werden, die den Verhaltenserfahrungen anderer entsprechen und die nun allein deshalb das Erlernen von Unterscheidungen erfordern, um die entsprechenden Wörter zu verstehen und korrekt zu verwenden. Warum etwa sollte ein Stadtkind Esel von Pferden zu unterscheiden lernen, wenn es nicht angehalten werden würde, die beiden Wörter etwa bei der Benennung von entsprechenden Bildern korrekt zu verwenden? Kurzum, wir werden in ▶ Kap. 5 auch herausarbeiten, wie mit dem Erwerb der Sprache konzeptuelle Strukturen gefestigt, verfeinert und neu gestiftet werden. In der Folge entsteht das **semantische Gedächtnis**, das unser mitteilbares und bewusstes Wissen über die Welt repräsentiert.

Wir haben argumentiert, dass sich Lernen und Gedächtnis auf gleiche Prozesse beziehen. Das ist nur die halbe Wahrheit, denn Lernen **setzt** Gedächtnis auch **voraus**. Damit aus Verhaltenserfahrungen Wissen darüber aufgebaut werden kann, welche Ziele unter welchen Bedingungen durch welches Verhalten erreicht werden, müssen Ereignisse über die Dauer ihres Geschehens hinaus bewahrt werden können. Ohne die Fähigkeit, sich an Ereignisse zu erinnern, würde es keine Vergangenheit und keine Zukunft geben, sondern nur das Hier und Jetzt, und Vergangenes könnte nicht mit Gegenwärtigem in Beziehung gebracht werden. Ohne Erinnerungen wäre es z. B. unmöglich, zu lernen, dass *nach* dem Einschalten des Herdes das Wasser zu kochen beginnt, weil zum Zeitpunkt des Kochens schon vergessen wäre, dass der Herd eingeschaltet wurde. Gleichermaßen könnten Zusammenhänge zwischen verlässlich aufeinander folgenden Ereignissen wie zwischen Blitz und Donner, nicht erlernt werden, weil der Blitz schon vergessen wäre, wenn der Donner zu hören ist. In der Konsequenz würde uns alles, was passiert, stets überraschen, weil wir weder die Wirkungen unseres Verhaltens, wie das kochende Wasser, noch sich ankündigende Ereignisse, wie den Donner, vorhersehen könnten. In diesem Sinne ist die Erinnerbarkeit des Vergangenen die Voraussetzung für die Vorhersagbarkeit des Zukünftigen.

Aus dem Gesagten ergibt sich, dass nicht nur die sich verändernden Verhaltensstrukturen zu bewahren sind, sondern auch Ereignisse wenigstens so lange

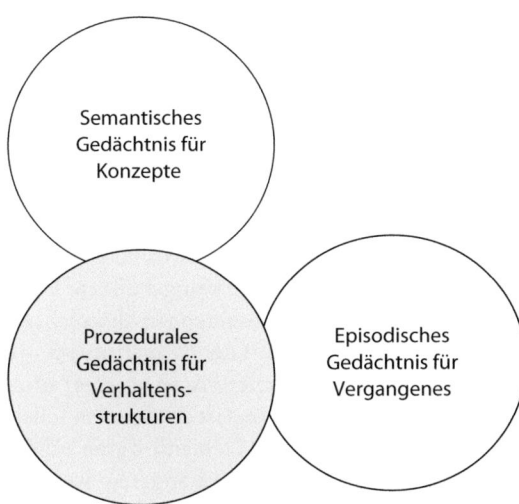

Abb. 1.1 Drei Gedächtnisse. Neben die Bewahrung der im Lernen entstandenen Verhaltensstrukturen tritt das semantische Gedächtnis zur Bewahrung des im Verhalten (inklusive des sprachlichen Verhaltens) erworbenen Wissens und das episodische Gedächtnis für die Speicherung vergangener Verhaltensepisoden. Semantisches und episodisches Gedächtnis werden auch als deklaratives Gedächtnis dem prozeduralem Gedächtnis gegenüber gestellt

zu speichern sind dass regelhafte Beziehungen zwischen ihnen erkannt werden können. Beiden Notwendigkeiten wird entsprochen (◘ Abb. 1.1): Auf der einen Seite stehen die Speicherung von erworbenen Strukturen zur Steuerung körperlichen und sprachlichen Verhaltens (das prozedurale Gedächtnis) und der daraus abgeleiteten konzeptuellen Strukturen (das semantische Gedächtnis). Auf der anderen Seite steht die Speicherung der erlebten Ereignisse in ihrer raum-zeitlichen Verankerung: das episodische Gedächtnis (▶ Kap. 6).

1.3 Das episodische Gedächtnis

Die Leistungen des episodischen Gedächtnisses lassen sich unter verschiedenen **Gesichtspunkten** untersuchen. Ein erster naheliegender Gesichtspunkt ist die Dauer des Behaltens. Details von Ereignissen werden oft nur kurzzeitig behalten. Es passiert z. B., dass wir die Wettervorhersage aus den Nachrichten oder den Namen von jemandem, der uns vorgestellt wurde, schon nach wenigen Minuten vergessen haben. Anderes bleibt uns dagegen ein Leben lang im Gedächtnis. Dieses Phänomen der unterschiedlichen Behaltensdauer hat zu der Annahme geführt, dass alle Informationen zunächst in ein Kurzzeitgedächtnis mit begrenzter Speicherdauer aufgenommen werden. Nur ein Teil der aufgenommenen Informationen wird in ein dauerhaftes Langzeitgedächtnis überführt, während die nicht überführten Informationen vergessen werden. In ▶ Kap. 7 werden wir solche Mehrspeichermodelle des Gedächtnisses diskutieren und uns mit ihnen kritisch auseinandersetzen.

Das Organ des Gedächtnisses ist das Gehirn. Im Gehirn kann nur das gespeichert werden, was im Gehirn stattfindet. Das bedeutet, es werden nicht die Ereignisse selbst im Gedächtnis gespeichert, sondern das, was die äußeren Ereignisse in unserem Gehirn anregen. In anderen Worten: Nur die in unserem Gehirn angeregten **Prozesse**, nicht die Reize selbst, können Spuren hinterlassen, die die Grundlage für Erinnerungen bilden. Dieser einfache aber zwingende Gedanke hat umfangreiche Forschungen zum Einfluss von Prozessen auf Gedächtnisleistungen stimuliert. In ▶ Kap. 8 werden wir diese Forschungen diskutieren. Wir unterscheiden dabei erstens Prozesse, die der Aufnahme (der Enkodierung) und Wiedergabe (dem Abruf) von Gedächtnisinhalten zugrunde liegen, zweitens Prozesse, die der Differenzierung einzelner Gedächtnisinhalte dienen, und drittens Prozesse, die der Verknüpfung von Gedächtnisinhalten dienen. In diesen sog. Prozessmodellen werden, wie wir später zeigen werden, Gedächtnisinhalte auf abstrakte Bedeutungen reduziert. Das heißt, die konkreten Sinneswirkungen der erlebten Ereignisse, etwa ihre visuelle Erscheinung oder die mit ihnen einhergehenden akustischen Reize usw., werden nicht in die Betrachtung einbezogen. Gegen diese Position wird in ▶ Kap. 9 unter dem Titel „Systemmodelle" Position bezogen. Die hier behandelten Forschungsansätze tragen der Tatsache Rechnung, dass im Gehirn selbstverständlich auch Sinneseindrücke verarbeitet und motorische Prozesse gesteuert werden, die jeweils spezifisch zur Spurenbildung beitragen. Das episodische Gedächtnis speichert so nicht nur abstrakte Konzepte (wie für das semantische Gedächtnis angenommen), sondern konkrete raum-zeitlich fixierte Ereignisse wie etwa, dass ich gestern einen Autounfall gesehen habe. Den episodischen Erinnerungen unterliegen dabei sowohl die Prozesse des Wahrnehmens (d. h. der sensorischen Reizverarbeitung) als auch des motorischen Handelns. Damit gewinnen die zu untersuchenden Gedächtnisprozesse und die Gedächtnisspuren an Komplexität. Hinzu kommt, dass viele Informationen über Ereignisse nicht durch eigenes Erleben, sondern durch die Sprache vermittelt werden, sei es, dass wir von ihnen hören oder von ihnen lesen. Die Forschung, die wir diskutieren werden, zeigt vor allem, dass sprachlich und bildhaft vermittelte Informationen die Gedächtnisbildung unterschiedlich beeinflussen, und sie zeigt, dass auch die Motorik (d. h. unsere Körperbewegungen) ihren eigenen Beitrag zur Bildung des episodischen Gedächtnisses leistet.

Im letzten ▶ Kap. 10 werden wir uns schließlich mit den an der Bildung, Nutzung und Reproduktion von Gedächtnisbesitz beteiligten Hirnstrukturen beschäftigen: Alle Gedächtnisphänomene beruhen auf neuronalen Aktivierungen in kortikalen Strukturen. Daraus folgt, dass es für all das semantische Wissen, das wir erworben haben, für all die Erinnerungen an Episoden unseres Lebens und für all die Prozeduren (Verhaltensprogramme), die wir gelernt haben, jeweils spezifische Aktivierungsmuster in den Teilen unseres Gehirns geben muss, die an der Entstehung der jeweiligen Erinnerung beteiligt gewesen sind.

Bei der Beschäftigung mit der Forschung zur Beteiligung der verschiedenen Hirnareale an der Gedächtnisbildung stehen die Strukturen im Mittelpunkt, die unsere episodischen Gedächtnisleistungen begründen und die die episodischen von semantischen Gedächtnisleistungen unterscheiden. Die Ergebnisse dieser Forschung unterstützen den Systemansatz, wie er in ▶ Kap. 9 dargestellt wird. Diese Forschung steht noch am Anfang. Es lassen sich aber jetzt schon Hirnstrukturen differenzieren, die in besonderem Maße an der Speicherung und/oder Reproduktion episodischen, semantischen und prozeduralen Gedächtnisbesitzes beteiligt sind.

Eine Erinnerung ist nach diesen Überlegungen als spezifisches Aktivierungsgeschehen in bestimmten Neuronenpopulationen zu denken. Erinnern ist der Prozess, der dazu führt, dass dieses Aktivierungsgeschehen eintritt. Wenn es vorbei ist, liegen die Erinnerungen nicht wie alte Fotos in irgendwelchen Winkeln des Gehirns herum, sondern die Neuronen, die eben noch die eine Erinnerung repräsentiert haben, sind im nächsten Moment schon wieder in neue Aktivitätsmuster und Erinnerungen eingebunden. Beim menschlichen Gedächtnis sollten wir also nicht an eine Festplatte denken, auf der Erinnerungen wie Files in geordneten Verzeichnissen abgelegt sind. Das menschliche Gedächtnis ist eher wie ein Kaleidoskop zu denken, in dem Elemente durch äußere und innere Bedingungen dazu angeregt werden, immer wieder neue Verbindungen anzunehmen. Verbindungsmuster, die schon einmal aufgetreten sind, stellen sich dabei bevorzugt wieder ein. Und je nachdem, wie lebhaft sie sind, haben wir nur ein vages Déjà-vu-Erlebnis, oder wir erinnern uns konkret an das Ereignis, das früher schon einmal zu diesem Muster geführt hat. Erich Kästner hat in seinem Buch „Als ich ein kleiner Junge war" ein schönes Bild für diese verteilte Anregung von Erinnerungen gefunden:

> Die Erinnerungen liegen nicht in Fächern, nicht in Möbeln und nicht im Kopf. Sie wohnen mitten in uns. Meistens schlummern sie, aber sie leben und atmen, und zuweilen schlagen sie die Augen auf. Sie wohnen, leben, atmen und schlummern überall. In den Handflächen, in den Fußsohlen, in der Nase, im Herzen und im Hosenboden. Was wir früher einmal erlebt haben, kehrt nach Jahren und Jahrzehnten plötzlich zurück und blickt uns an. Und wir fühlen: Es war ja gar nicht fort. Es hat nur geschlafen. Und wenn die eine Erinnerung aufwacht und sich den Schlaf aus den Augen reibt, kann es geschehen, dass dadurch auch andere Erinnerungen geweckt werden. Dann geht es zu wie morgens im Schlafsaal! (Kästner 2010, S. 63–64).

Lernen und semantisches Gedächtnis

Kapitel 2 Lernen als Bildung von Reiz-Reaktions-Verbindungen – 9
Joachim Hoffmann

Kapitel 3 Lernen als Bildung von Verhaltens-Effekt-Beziehungen – 31
Joachim Hoffmann

Kapitel 4 Erwerb willkürlichen, zielgerichteten Verhaltens beim Menschen – 41
Joachim Hoffmann

Kapitel 5 Das semantische Gedächtnis: Bildung und Repräsentation konzeptuellen Wissens – 77
Joachim Hoffmann

Lernen als Bildung von Reiz-Reaktions-Verbindungen

Joachim Hoffmann

2.1	**Lernen bei Tieren als Modell für menschliches Lernen** – 11	
2.1.1	Der Behaviorismus: Lernen als Bildung von Reiz-Reaktions-Verbindungen bei Tier und Mensch – 11	
2.2	**Klassische Konditionierung** – 12	
2.2.1	Pavlov'scher bedingter Reflex – 12	
2.2.2	Klassische Erklärung bedingter Reflexe – 13	
2.2.3	Ausgewählte Eigenschaften bedingter Reflexe – 13	
2.3	**Instrumentelle Konditionierung** – 16	
2.3.1	Versuche von Thorndike – 16	
2.3.2	Skinner-Box – 16	
2.3.3	Effektgesetz („law of effect") – 16	
2.3.4	Ausgewählte Eigenschaften instrumentellen Lernens – 17	
2.4	**Diskriminationslernen** – 19	
2.4.1	Unterscheidung von verhaltensrelevanten und verhaltensirrelevanten Reizbedingungen – 19	
2.4.2	Positives und negatives Patterning – 20	
2.4.3	Bildung von Reizkategorien – 21	
2.5	**Die Selektivität der Bildung von S-R-Verbindungen** – 22	
2.5.1	Latente Hemmung der Ausbildung eines bedingten Reflexes – 22	
2.5.2	Blockierung der Ausbildung eines bedingten Reflexes – 22	
2.5.3	Erlernte Hilflosigkeit: Die Blockierung des Vermeidungslernens – 23	
2.5.4	Preparedness: angeborene verhaltensgebundene Aufmerksamkeit – 24	

© Springer-Verlag Berlin Heidelberg 2017
J. Hoffmann, J. Engelkamp *Lern- und Gedächtnispsychologie*, Springer-Lehrbuch
DOI 10.1007/978-3-662-49068-6_2

2.6 **Rescorla-Wagner-Modell elementaren S-R-Lernens – 25**
2.6.1 Modellbeschreibung – 26
2.6.2 Modellerklärungen – 28
2.6.3 Bewertung des RWM – 28

2.7 **Fazit – 29**

2.1 · Lernen bei Tieren als Modell für menschliches Lernen

Lernziele

- Warum können wir aus dem Studium der Lernprozesse bei Tieren etwas über elementares Lernen beim Menschen erfahren?
- Worin unterscheiden sich Lernsituationen und Lernprozesse bei der klassischen und instrumentellen Konditionierung?
- Inwiefern verbessern klassische und instrumentelle Konditionierung die Überlebens- und Fortpflanzungschancen von Organismen?
- Wie werden verhaltensrelevante von verhaltensirrelevanten Reizbedingungen unterschieden und ggf. in Kategorien zusammengefasst?
- Von welchen äußeren und inneren Bedingungen sind klassische und instrumentelle Konditionierungen abhängig?
- Auf welchen Grundannahmen beruht das Rescorla-Wagner-Modell klassischen Konditionierens, und wo liegen seine Grenzen?

Beispiel

Menschen, die die Bombenangriffe des 2. Weltkrieges erlebt haben, bekommen teilweise noch heute Herzrasen und Schweißausbrüche beim Klang einer Sirene. Gleichermaßen spürt jemand, der einmal einen heftigen elektrischen Schlag bekommen hat, noch nach Jahren ein Kribbeln in den Fingern, wenn er elektrische Drähte berührt, selbst wenn er sicher ist, dass die Sicherungen ausgeschraubt sind. Die Lernmechanismen, die diesen und ähnlichen Phänomenen zugrunde liegen, werden im Folgenden diskutiert.

2.1 Lernen bei Tieren als Modell für menschliches Lernen

Der Schimpanse ist unter den Tieren der genetisch naheste Verwandte des Menschen. Das ist allgemein bekannt. Weniger bekannt ist, dass auch umgekehrt der Mensch der naheste Verwandte des Schimpansen ist. Nicht etwa Gorilla und Orang Utan sind seine Brüder und Schwestern, sondern wir Menschen, und die anderen Menschenaffen sind unsere gemeinsamen Cousins und Cousinen. Wir Menschen sind also lediglich besonders begabte Affen. Wie alle Tiere tragen wir das Erbe von Millionen Jahren Evolution in uns. In der Evolution wird bewahrt, was „fit" macht, wie es Charles Darwin genannt hat. **„Fitness"** bezieht sich in diesem Zusammenhang auf alles, was zu Fortpflanzungsvorteilen führt. Fortpflanzungsvorteile werden u. a. durch anpassungsfähiges Verhalten gewonnen. Dies gilt vor allem, wenn sich die Lebensbedingungen ändern. Tiere, die dann ihr Jagdverhalten, ihren Schutz vor Angreifern oder die Aufzucht ihrer Nachkommen schnell und effektiv den neuen Bedingungen anpassen, haben bessere Chancen, Nachkommen zu zeugen und aufzuziehen, als weniger anpassungsfähige Tiere. Daraus ergibt sich: Lernmechanismen, die eine effektive Anpassung des Verhaltens an Umgebungsbedingungen ermöglichen, werden bevorzugt an die nächste Generation weitergegeben und bleiben damit in der Evolution erhalten. Wir dürfen deshalb davon ausgehen, dass sich auch die **Lernmechanismen,** mit denen wir geboren werden, schon lange vor uns herausgebildet haben.

2.1.1 Der Behaviorismus: Lernen als Bildung von Reiz-Reaktions-Verbindungen bei Tier und Mensch

Wie bereits in ▶ Kap. 1 erwähnt war der **Behaviorismus** ein die Lernpsychologie beherrschendes Paradigma, das die Forschung zum Lernen auf Untersuchungen zur Entstehung und Veränderung von Reiz-Reaktions-Beziehungen reduzierte. Neben die Konzentration auf Reiz-Reaktions-Beziehungen trat die Überzeugung, dass die Gesetzmäßigkeiten ihrer Herausbildung universal sind und deshalb an Tieren gleichermaßen untersucht werden können wie an Menschen. Mehr noch, die Behavioristen waren der Überzeugung, dass die Gesetze der Bildung von Reiz-Reaktions-Verbindungen bei Tieren den Schlüssel für das Verständnis der geistigen Fähigkeiten des Menschen liefern. So schreibt etwa Edward L. Thorndike, einer der Pioniere der behavioristischen Bewegung:

> The main purpose of the study of the animal mind is to learn the development of mental life down through the phylum, to trace in particular the origin of human faculty …

◘ Abb. 2.1   Versuchsanordnung von Pavlov zur Untersuchung des Speichelreflexes. © Claudia Styrsky

> For the origin and development of human faculty we must look to [these] processes of association in lower animals (Thorndike 1898, S. 1).

Die Auffassung, dass sich Verhaltensanpassungen auf Assoziationen zwischen Reizen und Reaktionen zurückführen lassen, konnte sich auf zwei Beobachtungen berufen. Die eine Beobachtung wurde vom Physiologen Ivan Petrovitsch Pavlov aus St. Petersburg und die andere Beobachtung wurde von Edward Lee Thorndike aus Harvard berichtet.

2.2   Klassische Konditionierung

2.2.1   Pavlov'scher bedingter Reflex

Pavlov interessierte sich für die Physiologie der Verdauung und dabei insbesondere für die Anpassung der Speichelzusammensetzung an die aufgenommene Nahrung. Als Versuchstiere wählte er Hunde. Den Hunden wurde operativ eine Fistel gelegt, durch die der produzierte Speichel kontrolliert aufgefangen werden konnte (◘ Abb. 2.1). Jede Regung der Speicheldrüsen war nun unmittelbar messbar, und der Einfluss verschiedener Bedingungen auf das Speicheln konnte gezielt untersucht werden.

Pavlov beobachtete, dass die Hunde nicht erst zu speicheln anfingen, wenn sie Futter aufnahmen, sondern bereits, wenn der Wärter den Käfig betrat. Dass Hunden (und nicht nur ihnen) auch schon vor dem Fressen das Wasser im Maul zusammenläuft, ist allgemein bekannt. Pavlov erkannte jedoch das Erstaunliche an diesem Vorgang: Als Physiologe war ihm verständlich, dass durch Reizung von Rezeptoren im Maul der Hunde Erregungen ausgelöst werden, die durch bestehende neuronale Verbindungen unmittelbar die Tätigkeit der Speicheldrüsen anregen. Das war ein fester, von keinen weiteren Bedingungen abhängiger neurophysiologischer Vorgang, ein **unbedingter Reflex**. Wie aber konnte ein visueller Reiz, wie das Erscheinen des Wärters, ebenfalls die Speicheldrüsen anregen, obwohl direkte Verbindungen zwischen den visuellen Rezeptoren und den Speicheldrüsen nicht anzunehmen waren?

Um dieser Frage nachzugehen, untersuchte Pavlov die Bedingungen, unter denen ein neutraler, nicht futterbezogener Reiz, wie etwa der Ton einer Glocke, zum Auslöser des Speichelflusses wird. Dies geschah insbesondere dann, wenn der Glockenton wiederholt kurz vor dem Futter dargeboten wurde: Neben die unbedingte Reaktion der Speicheldrüsen auf das Futter trat nach mehrmaligem gemeinsamen Auftreten von Glockenton und Futter die bedingte Speichelreaktion auf den Glockenton. Weiterhin konnte gezeigt werden, dass die **bedingte Reaktion**

2.2 · Klassische Konditionierung

auf den Glockenton wieder schwächer wurde und schließlich völlig ausblieb, wenn dem Tier wiederholt der Glockenton ohne Futter dargeboten wurde. Es handelt sich beim bedingten Reflex also um eine nicht dauerhafte, wieder auflösbare Verbindung zwischen einem ursprünglich neutralen Reiz und einer ursprünglichen unbedingt reflektorischen Reaktion.

2.2.2 Klassische Erklärung bedingter Reflexe

Die ◘ Abb. 2.2 zeigt schematisch die **Grundstruktur eines bedingten Reflexes**. Ausgangspunkt des Lernvorgangs ist ein unbedingter Reflex, d. h. eine feste unwillkürliche Verbindung zwischen einem unbedingten Reiz (US) und einer unbedingten Reaktion (UR). Beispiele für in Konditionierungsversuchen verwendete unbedingte Reflexe sind das Speicheln auf die Gabe von Futter (Speichelreflex), das Schließen der Augen als Reaktion auf einen Luftstoß (Lidschlussreflex), die Verengung der Pupille auf Lichteinfall (Pupillenreflex) oder Fluchtverhalten bzw. Verhaltensstarre als Reaktion auf eine elektrische Reizung (Vermeidungsreflex). In einer Lernphase wird der unbedingte Reiz (US), der die unbedingte Reaktion (UR) auslöst, mit einem zu konditionierenden Reiz (CS) dargeboten. Als zu konditionierende Reize werden akustische oder visuelle Reize verwendet, die die Aufmerksamkeit der Tiere auf sich ziehen. In einer anschließenden Testphase wird allein der CS dargeboten. Der bedingte Reflex gilt als ausgebildet, wenn auf den CS eine ähnliche Reaktion eintritt wie zuvor auf den US. Dies wird konditionierte Reaktion (CR) genannt. Ein ausgebildeter konditionierter Reflex (CS→CR) kann auch wieder gelöscht werden (Extinction). Um dies zu erreichen, wird der CS wiederholt ohne US dargeboten. In der Folge lässt die Stärke der CR nach, bis sie schließlich völlig ausbleibt.

Als Physiologe beschrieb Pavlov die Ursachen für die Verhaltensänderung in physiologischen Termini. Er nahm an, dass das gemeinsame Auftreten von bedingtem und unbedingtem Reiz dazu führt, dass sich der „Punkt" des Zentralnervensystems (ZNS), wie er sich ausdrückte, der durch den unbedingten Reflex aktiviert wird, mit dem „Punkt" des ZNS verbindet, der durch den neutralen Reiz aktiviert wird.

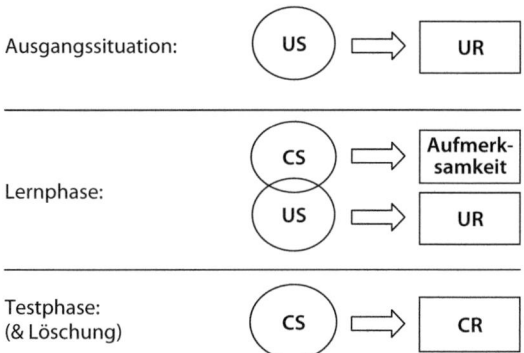

◘ **Abb. 2.2** Grundstruktur einer klassischen Konditionierung

In der Folge beginnt der neutrale Reiz die unbedingte Reaktion ebenfalls auszulösen. Die Verbindung wird umso stärker, je häufiger die beiden Aktivierungen gemeinsam auftreten, und sie schwächt sich ab, wenn die beiden „Punkte" nicht gemeinsam aktiv sind. Damit waren die Grundgesetzlichkeiten des Aufbaus und der Löschung bedingter Reflexe beschrieben, in denen Pavlov die Grundlage für die „feinste Anpassung tierischen Verhaltens an seine Umwelt" sah (Pavlov 1904).

Bezieht man diese Überlegungen auf die im ersten Kapitel besprochenen notwendig zu spezifizierenden Elemente einer Lerntheorie, dann wird angenommen, dass 1. (reflektorisches) Verhalten durch Reiz-Reaktions-Verbindungen determiniert wird. Der Lernvorgang besteht 2. darin, dass in bestehenden Reiz-Reaktions-Verbindungen der ursprüngliche Reiz durch einen anderen, neuen Reiz substituiert wird, wenn 3. die beiden Reize in einem raum-zeitlichen Zusammenhang (Kontiguität) wiederholt erlebt werden. Das ist die klassische Erklärung, die allerdings, wie wir sehen werden, unvollständig ist.

2.2.3 Ausgewählte Eigenschaften bedingter Reflexe

Generalisierung

Ist ein bedingter Reflex auf einen bestimmten CS hin erworben, wird die CR auch durch Reize ausgelöst, die dem verwendeten CS hinreichend ähnlich sind.

Ist z. B. eine Lidschlussreaktion auf einen Ton von 1000 Hertz (Hz) konditioniert worden, erfolgt der Lidschluss auch auf tiefere (etwa 800 Hz) oder höhere Töne (etwa 1200 Hz). Der bedingte Lidschlussreflex wird jedoch schwächer, je stärker der aktuell verwendete Ton vom konditionierten Ton abweicht (Generalisierungsgradient). Die Generalisierung bedingter Reflexe verweist darauf, dass nicht äußere Reize, sondern die von diesen Reizen ausgelösten neuronalen Aktivierungen konditioniert werden. In der Folge überträgt sich die Tendenz, die CR auszulösen, auf alle Reize, die eine hinreichend ähnliche Aktivierung im ZNS hervorrufen wie der CS. Die Generalisierung wird jedoch eingeschränkt, wenn dem CS ähnliche Reize ohne Zusammenhang zum US dargeboten werden. Die Tiere lernen dann zwischen den bekräftigten und den nichtbekräftigten Reizen zu unterscheiden (▶ Abschn. 2.4).

Der Einfluss der Zeitverhältnisse bei der Darbietung von CS und US

Im Hinblick auf die Zeitverhältnisse zwischen CS und US in der Lernphase lassen sich simultane, vorwärts gerichtete und rückwärts gerichtete Konditionierungen unterscheiden:
- Bei der **simultanen Konditionierung** werden der CS (z. B. ein Ton) und der US (z. B. Futter) gleichzeitig dargeboten.
- Bei der **vorwärts gerichteten Konditionierung** wird der CS vor dem US dargeboten.
- Bei der **rückwärts gerichteten Konditionierung** wird der CS nach dem US dargeboten.

Es wäre durchaus plausibel, anzunehmen, dass eine simultane Konditionierung zu den besten Resultaten führt, da hier der CS präsent ist, während der unbedingte Reflex abläuft, sodass er leicht mit ihm verbunden werden kann. Dies ist aber nicht der Fall. Es zeigt sich vielmehr, dass ein bedingter Reflex am schnellsten aufgebaut wird, wenn der CS kurz vor dem US dargeboten wird. Im Kontrast dazu werden rückwärts gerichtete Konditionierungen, wenn überhaupt, nur sehr schwer erworben.

Dies gibt einen Hinweis auf die Funktion bedingter Reflexe im Verhalten der Tiere: Der Erwerb bedingter Reflexe dient nicht dazu, unbedingtes Verhalten auf neue Reize zu übertragen (Warum sollten Hunde auch lernen, auf Glockentöne zu speicheln?). Es wird vielmehr gelernt, dass es Reize gibt, die das Auftreten von verhaltenswichtigen (unbedingten) Reizen ankündigen, sodass sich die Tiere darauf vorbereiten können (z. B. die Hunde auf das kommende Futter, indem sie schon beim Ton der Glocke vorsorglich zu speicheln beginnen). Da eine solche Verhaltensvorbereitung nur Reize erlauben, die *vor* dem kritischen US auftreten, werden diese Reize besonders schnell konditioniert.

Konditionierte Hemmung

Reize können auch die Tendenz erwerben, eine konditionierte Reaktion zu unterdrücken. Im Gegensatz zu einem **aktivierenden CS (CS+)** spricht man von einem **hemmenden CS (CS−)** oder einer konditionierten Hemmung. Um eine konditionierte Hemmung aufzubauen, ist zunächst eine konditionierte Reaktion auszubilden. Nehmen wir z. B. an, dass Hunde gelernt haben, auf einen Ton (CS_T) verlässlich zu speicheln. In weiteren Versuchen wird nun der konditionierte Ton zusammen mit einem weiteren Reiz, sagen wir einem Lichtsignal, dargeboten (CS_T + Licht), jedoch ohne den Hunden nachfolgend Futter zu geben. Die Hunde erleben damit, dass auf Ton Futter folgt, aber auf Ton + Licht kein Futter folgt. Dieser Erfahrung entsprechend, erlischt die Speichelreaktion auf den kombinierten Ton-Licht-Reiz (Extinction), während die Hunde auf den Ton allein weiterhin speicheln. Die Hunde haben offensichtlich gelernt, dass auf den Lichtreiz kein Futter folgen wird, sodass der Lichtreiz die vom Ton angeregte Speichelproduktion vermutlich hemmt. Diese Vermutung wird in einem **Summationstest** bestätigt. Im Summationstest wird der Lichtreiz mit einem weiteren CS_2 zusammen dargeboten, der ebenfalls verlässlich eine Speichelreaktion auslöst. Wenn allein der Lichtreiz die Tendenz zu speicheln hemmt, dann sollte er auch die Speichelreaktion auf den neuen CS_2 unterdrücken, obwohl er nie zusammen mit diesem Reiz erlebt worden ist. Das kann gezeigt werden. Die aktivierende Wirkung des CS_2 und die hemmende Wirkung des Lichtes summieren sich, was bei etwa gleichstarken Tendenzen zu einem Ausbleiben der CR führt. Generell gilt: Reize, die verlässlich das Nichteintreten eines US vorhersagen, obwohl er erwartet wird, erwerben die Tendenz, die jeweilige CR zu hemmen.

Bedingte Reflexe höherer Ordnung

Bei der Ausbildung eines bedingten Reflexes höherer Ordnung geht man ähnlich vor wie bei der Ausbildung konditionierter Hemmung. Zunächst wird ein erster Reiz verlässlich konditioniert (CS_1+) und dann mit einem weiteren Reiz kombiniert (CS_2), ohne dass nachfolgend der US dargeboten wird. Im Unterschied zur konditionierten Hemmung wird der neue Reiz jedoch nicht simultan mit dem ersten Reiz ($CS_1 + CS_2$), sondern kurz vor ihm dargeboten ($CS_2 \rightarrow CS_1$). Diese kleine Änderung führt zu einem vollständig anderen Lernresultat: Während bei simultaner Darbietung der neue Reiz zu einem hemmenden CS_2- wird, wird er bei vorausgehender Darbietung zu einem aktivierenden CS_2+, d. h., er erwirbt die Tendenz, eine konditionierte Reaktion hervorzurufen. Würde man z. B. wiederholt kurz vor einem Ton, der bereits verlässlich eine Speichelreaktion auslöst, einen Lichtreiz darbieten, würden die Tiere beginnen, auch auf den Lichtreiz hin zu speicheln, obwohl sie den Lichtreiz nie in Zusammenhang mit der Gabe von Futter erlebt haben. Die Tendenz, auf den Ton zu speicheln, wird auf den Lichtreiz übertragen. Man spricht von einem **konditionierten Reflex zweiter Ordnung**. Die Übertragbarkeit der CR auf einen Reiz, der einem bereits erworbenen CS verlässlich vorausgeht, unterstreicht die **Vorhersagefunktion** bedingter Reflexe: Auch Reize, die einen US nur vermittelt ankündigen, erwerben die Fähigkeit, eine CR auszulösen.

Kontiguität und Kontingenz

Die Existenz von Reflexen höherer Ordnung lässt bereits vermuten, dass es bei der Ausbildung bedingter Reflexe nicht notwendig darauf ankommt, dass CS und US in einem unmittelbar zeitlichen und räumlichen Zusammenhang auftreten (Kontiguität), sondern vielmehr darauf, dass ein Zusammenhang zwischen dem Auftreten des CS und dem Auftreten des US (Kontingenz) hinreichend verlässlich erlebt wird. Diese Vermutung wurde von Robert Rescorla (1968), einem der einflussreichsten Erforscher tierischen Lernens, experimentell überprüft: Die Versuchstiere waren Ratten. Den Ratten wurde ein zwei Minuten anhaltender Ton als CS und ein leichter Elektroschlag als US dargeboten, auf den die Tiere eine unbedingte Vermeidungsreaktion zeigen. Allerdings wurde auch in den Pausen zwischen den Tönen der Schlag gelegentlich verabreicht. Rescorla variierte nun systematisch die Wahrscheinlichkeit, mit der der Schlag mit dem Ton (p(US/CS)) und die Wahrscheinlichkeit, mit der der Schlag in den Pausen zwischen den Tönen verabreicht wurde (p(US/~CS)). Im Ergebnis erwarben die Ratten nur dann eine konditionierte Vermeidungsreaktion allein auf den Ton, wenn die Wahrscheinlichkeit einen Schlag zu erhalten in Anwesenheit des Tones höher war als bei Abwesenheit des Tones. Wenn der Schlag mit gleicher Wahrscheinlichkeit auftrat, egal, ob ein Ton zu hören war oder nicht, wurde der Ton nicht konditioniert. Für die Ausbildung eines bedingten Reflexes ist danach nicht das gemeinsame Auftreten von CS und US, die **Kontiguität**, entscheidend, sondern ihr (statistischer) Zusammenhang, die **Kontingenz**. In anderen Worten: Ein bedingter Reflex wird nur dann ausgebildet, wenn der bedingte Reiz die Vorhersagbarkeit des US erhöht. Damit wird erneut die Funktion bedingter Reflexe als vorbereitende Verhaltensanpassung auf vorhersagbare Ereignisse bestätigt.

Definitionen

Kontiguität zwischen CS und US ist bestimmt durch die Wahrscheinlichkeit, mit der beide Reize in einem raum-zeitlichen Zusammenhang gemeinsam auftreten (p(CS & US)).

Kontingenz wird durch den Anstieg der Wahrscheinlichkeit bestimmt, mit der der US unter der Bedingung eintritt, dass der CS eingetreten ist. Die stärkste Kontingenz besteht, wenn der US nur dann eintritt, wenn auch der CS dargeboten wird (p(US/CS) = 1 und p(US/~CS) = 0). Kein Zusammenhang besteht, wenn beide Wahrscheinlichkeiten gleich sind (p(US/CS) = p(US/~CS)). Ein negativer Zusammenhang besteht, wenn die Wahrscheinlichkeit für den US durch den CS gesenkt wird (z. B. p(US/CS) = ,40 und p(US/~CS) = ,80).

○ **Abb. 2.3** Eine typische Skinner-Box mit den Möglichkeiten, **(a)** einen Lichtreiz darzubieten, **(b)** Futterkügelchen zu spenden, **(c)** eine Taste zu drücken und **(d)** einen leichten Stromschlag zu applizieren. © Claudia Styrsky

2.3 Instrumentelle Konditionierung

2.3.1 Versuche von Thorndike

Etwa zu der Zeit, als Pavlov in Petersburg seine Studien bei Hunden durchführte, untersuchte Edward Lee Thorndike an der Universität von Harvard das Verhalten von Katzen. Die Katzen befanden sich in einem Käfig, der sich durch das Herunterdrücken eines Pedals öffnen ließ. Außerhalb des Käfigs wurde verlockendes Futter angeboten. Die hungrigen Katzen versuchten alles Mögliche, um an das Futter zu kommen. Wenn sie dabei zufällig das Pedal herunterdrückten, öffnete sich der Käfig, und es wurde ihnen kurz erlaubt, zu fressen, bevor sie erneut in den Käfig gesperrt wurden. Thorndike beobachtete nun, dass die Katzen von Versuch zu Versuch immer schneller das Pedal zum Öffnen bedienten, bis sie es schließlich ohne jede Umschweife taten. Umgekehrt drückten die Katzen das Pedal zunehmend seltener und schließlich überhaupt nicht mehr, wenn sich der Käfig dadurch nicht mehr öffnen ließ.

2.3.2 Skinner-Box

Burrhus F. Skinner wandelte das Vorgehen Thorndikes auf effektive Weise ab. Während bei Thorndike der Versuchsleiter nach jedem Versuch die Katze wieder in den Käfig zurückbringen musste, entwickelte Skinner einen Experimentierkäfig – die sog. **Skinner-Box** –, in dem die Tiere die zu konditionierende Reaktion, im Beispiel das Drücken des Pedals, ohne jedes Einschreiten des Versuchsleiters beliebig oft wiederholen konnten (○ Abb. 2.3). Eine Skinner-Box ermöglicht typischerweise aber nicht nur eine, sondern verschiedene Verhaltensweisen, wie etwa das Drücken eines Hebels, das Zerren an einer Schnur, das Kratzen an einer Sperre oder das Picken auf eine Scheibe. Darüber hinaus ist die Box mit Vorrichtungen ausgestattet, mit denen Belohnungen wie Futterkugeln oder Wassertropfen, aber auch ein leichter elektrischer Schlag als Bestrafung verabreicht werden können. Schließlich gibt es Vorrichtungen für die Darbietung von visuellen und/oder akustischen Reizen.

2.3.3 Effektgesetz („law of effect")

Die ○ Abb. 2.4 zeigt die Grundstruktur **instrumentellen Konditionierens**. Ausgangspunkt des Lernvorgangs ist die Ausführung frei gewählter Verhaltensweisen ($R_1 \ldots R_n$) unter den gegebenen Reizbedingungen eines Experimentierkäfigs. Während der Lernphase wird ein bestimmtes experimentell ausgewähltes Verhalten (R_i) bei bestimmten Reizbedingungen (S_i) mehr oder weniger verlässlich

2.3 · Instrumentelle Konditionierung

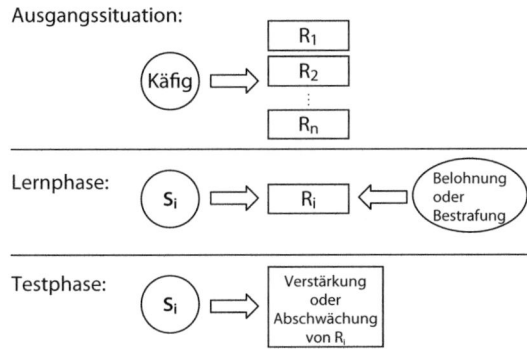

◘ Abb. 2.4 Grundstruktur instrumentellen Konditionierens

belohnt bzw. bestraft. Instrumentelles Lernen manifestiert sich in der Testphase im Anstieg von Häufigkeit oder Intensität, mit der belohntes Verhalten bzw. in der Reduktion von Häufigkeit oder Intensität, mit der bestraftes Verhalten unter den jeweils experimentell gesetzten Reizbedingungen (S_i) ausgeführt wird.

Thorndike beschrieb als Psychologe und Verhaltensforscher die Ursachen der Verhaltensänderungen nicht in physiologischen Termini (wie Pavlov), sondern in den psychologischen Termini von Belohnung und Bestrafung: Nach seinen Überlegungen wird die Verbindung zwischen einer Reizsituation (S_i) und einem Verhalten (R_i) verstärkt („reinforcement"), wenn das Verhalten zu einer Belohnung führt. In der Folge tritt das Verhalten umso wahrscheinlicher in der jeweiligen Situation auf, je häufiger seine Ausführung in dieser Situation belohnt wurde. Umgekehrt wird die Verbindung zwischen einer Situation und einem Verhalten geschwächt, wenn das Verhalten in der entsprechenden Situation zu keiner Belohnung bzw. zu einer Bestrafung führt („punishment"). In der Folge tritt das Verhalten in der Situation zunehmend seltener auf. Das ist das sog. **Effektgesetz** („law of effect") instrumentellen Konditionierens.

Bezieht man diese Überlegungen auf die zu fordernden Elemente einer Lerntheorie, dann wird (wie bei der klassischen Konditionierung) angenommen, dass (instrumentelles) Verhalten 1. durch Reiz-Reaktions-Verbindungen determiniert wird. Der Lernvorgang besteht 2. darin, dass die Stärke von Reiz-Reaktions-Verbindungen verändert wird, wobei 3. die Verbindungen durch nachfolgende Belohnung verstärkt und durch nachfolgende Bestrafung bzw. das Ausbleiben von Belohnung geschwächt werden. Auch diese Erklärung ist, wie wir sehen werden, unvollständig.

2.3.4 Ausgewählte Eigenschaften instrumentellen Lernens

Verstärkungspläne

Wenn ein hungriges Tier nach einem bestimmten Verhalten im Experimentierkäfig stets Futter bekommt (kontinuierliche Verstärkung), dann überrascht es nicht, dass das Tier das entsprechende Verhalten in diesem Käfig immer häufiger zeigt. Was aber passiert, wenn das Verhalten nicht immer, sondern nur gelegentlich verstärkt wird (partielle oder intermittierende Verstärkung)? Dieser Frage ist man in zahlreichen Untersuchungen nachgegangen. Dabei wird zwischen Quoten- und Intervallverstärkung unterschieden, die jeweils nach einem festen oder nach einem variablen Plan realisiert sein können (◘ Tab. 2.1):

- Bei einer **Quotenverstärkung** von z. B. 10 % wird entweder jedes zehnte Auftreten des kritischen Verhaltens (feste Quote) oder aber jedes Auftreten des kritischen Verhaltens mit einer Wahrscheinlichkeit von ,10 (variable Quote) verstärkt.
- Bei der **Intervallverstärkung** wird das kritische Verhalten nicht in Abhängigkeit von der Anzahl oder Häufigkeit seines Auftretens, sondern nur in bestimmten Zeitintervallen verstärkt. Bei einem festen 60-Sekunden-Intervall wird z. B. nach jeder Belohnung für 60 Sekunden jede weitere Belohnung ausgesetzt, unabhängig davon wie häufig das kritische Verhalten ausgeführt wird. Erst danach wird das nächste Auftreten des kritischen Verhaltens wieder belohnt. Bei variabler Intervallverstärkung variiert das Aussetzen der Belohnung zwischen kurzen und langen Intervallen, um aber im Mittel wieder einer vorgegebenen Zeitdauer, im Beispiel 60 Sekunden, zu entsprechen.

Tiere passen sich in der Regel schnell an solche partiellen Verstärkungspläne an: Bei festen Verstärkungsplänen treten typischerweise nach dem Erhalt

Tab. 2.1 Übersicht Verstärkungspläne

	Quote	Intervall
Fix	Beispielsweise wird jedes zehnte Verhalten bekräftigt.	Nach einer Bekräftigung werden weitere Bekräftigungen für z. B. 60 Sekunden ausgesetzt.
Variabel	Verhaltensakte werden mit einer Wahrscheinlichkeit von z. B. ‚10 bekräftigt.	Die Bekräftigungspausen betragen im Mittel z. B. 60 Sekunden.

einer Belohnung sog. Nachverstärkungspausen auf, in denen die Tiere das belohnte Verhalten nicht zeigen. Nach dieser Pause zeigen die Tiere bei einer festen Quote das kritische Verhalten schnell hintereinander bis sie die nächste Belohnung erhalten, um sich dann erneut eine Pause ‚zu gönnen'. Bei einem festen Intervall steigt dagegen nach der Pause die Verhaltenshäufigkeit nur langsam an, um erst in der Nähe des nächstmöglichen Belohnungszeitpunktes ein Häufigkeitsmaximum zu erreichen – erhöhte Aktivität lohnt ja zuvor nicht, da Belohnungen ausgesetzt sind. Im Gegensatz zur festen Verstärkung sind bei variabler Verstärkung Nachverstärkungspausen kaum zu beobachten. Die Tiere wiederholen hier das kritische Verhalten eher kontinuierlich. Dies entspricht der Erfahrung, dass nach jeder Belohnung das kritische Verhalten sofort wieder belohnt werden kann, auch wenn die Wahrscheinlichkeit dafür gering sein mag.

Die partiellen Verstärkungspläne führen im Vergleich zur kontinuierlichen Verstärkung auch zu einer höheren **Löschungsresistenz** (▶ Beispiel). Dies erscheint auf den ersten Blick paradox. Nach dem „law of effect" sollte kontinuierliche Verstärkung zu stärkeren S-R-Verbindungen führen als partielle Verstärkung, und stärkere Verbindungen sollten löschungsresistenter sein. Partielle Verstärkungspläne vermitteln aber auch die Erfahrung, dass auf eine Reihe unverstärkter Reaktionen immer wieder mal eine Belohnung folgen kann, sodass es sich durchaus lohnt, das Verhalten trotz ausbleibender Verstärkung beizubehalten. Partielle Verstärkungen halten gewissermaßen die Hoffnung auf eine Belohnung wach. Entscheidend für das Aufrechterhalten eines bestimmten Verhaltens ist auch hier wieder nicht die Häufigkeit, sondern die Erwartbarkeit von Belohnungen.

Beispiel

Die erhöhte Löschungsresistenz für Verhalten, das nur partiell verstärkt wird, sichert den Betreibern von Glücksspielautomaten hohe Renditen. Bei Glücksspielautomaten erfolgt die Bekräftigung durch einen Jackpot nach einer variablen Quote: Nach jeweils unterschiedlich langen Folgen von Spielen ohne Gewinn erfolgt eine Bekräftigung durch einen Jackpot. Die Erwartung eines Jackpot wird damit immer wieder neu genährt, sodass viele Spieler selbst einen defekten Glücksspielautomaten noch lange mit Münzen füttern würden, bis sie die Hoffnung auf einen Jackpot aufgeben. In einen defekten Getränkeautomaten wird dagegen wohl niemand lange Zeit Münzen einwerfen, bevor er aufgibt, da hier eine Belohnung (die Ausgabe des Getränkes) immer erwartet wird.

Konditionierte Verstärkung und die Ausbildung von Verhaltensfolgen

Zur instrumentellen Konditionierung von Verhaltensweisen werden zumeist Belohnungen eingesetzt, die elementare physiologische Bedürfnisse der Tiere unmittelbar befriedigen. In aller Regel erhalten hungrige Tiere Futter und durstige Tiere Wasser. Man spricht von **primären Verstärkern**. Als Verstärker können aber auch neutrale Reize dienen, wenn sie mit einem primären Verstärker assoziiert werden. Stellen Sie sich z. B. eine Gruppe von Ratten vor, denen zunächst wiederholt kurz vor der Fütterung ein Ton dargeboten wird. Anschließend wird in einer Skinner-Box das Drücken einer Taste von eben diesem Ton gefolgt. Im Ergebnis steigt die Rate des Tastendrückens an. Die Erklärung dafür liegt auf der Hand: Durch die Paarung mit dem Futter (US) wird der Ton klassisch konditioniert. Er kündigt nun als CS+ eine bevorstehende Fütterung an. Und diese Erwartung einer zukünftigen Belohnung reicht auch hier wieder, um vorangehendes Verhalten (hier das Drücken der Taste) zu verstärken. Man spricht deshalb von einem konditionierten oder **sekundären Verstärker**.

Belohnungserwartungen spielen eine wichtige Rolle beim Erwerb von **Verhaltensfolgen**, die erst am Ende eine primäre Verstärkung erfahren. Im Zirkus kann man oft Dressuren bewundern, in denen Tiere eine Folge ungewöhnlicher Verhaltensweisen zeigen, z. B. einen Hund, der auf eine Leiter klettert, einen schmalen Steg entlang balanciert, an einer Schnur zerrt, um eine Tür zu öffnen, die den Weg zu einer Rutsche frei gibt, die er herunterrutscht, um schließlich belohnt zu werden. In dieser Verhaltensfolge bewegt sich der Hund vom Fuß der Leiter hinauf auf das Podest, über den Steg bis vor die Tür mit der Schnur, durch die Tür vor die Rutsche und schließlich zum Ende der Rutsche, wo die Belohnung erfolgt. Jede der Zwischenstationen bringt das Tier verlässlich näher an die Belohnung und kann so als konditionierter Verstärker für den vorangegangenen Verhaltensakt wirken. Gleichzeitig liefert die jeweils gegebene Situation den (An-)Reiz für die Ausführung des nächsten Verhaltensschrittes.

Kontiguität und Kontingenz

Bei der klassischen Konditionierung kommt es, wie wir gesehen haben (▶ Abschn. 2.2.3 „Kontiguität und Kontingenz"), nicht auf die Kontiguität, sondern auf die Kontingenz zwischen CS und US an: Ein bedingter Reflex wird nur dann ausgebildet, wenn das Auftreten des CS die Erwartbarkeit des US erhöht. Bei der instrumentellen Konditionierung tritt an die Stelle des Verhältnisses von CS und US das Verhältnis von Verhalten (R) und Belohnung. Um auch hier den Einfluss der Kontingenz zu untersuchen, geht man ähnlich vor wie bei der klassischen Konditionierung: Es wird ein **Zeitfenster** festgelegt. Wenn innerhalb des Zeitfensters das interessierende Verhalten ausgeführt wird, erfolgt eine Belohnung mit einer bestimmten Wahrscheinlichkeit (p(B+/R)). Das Tier erhält aber auch dann gelegentlich eine Belohnung, wenn innerhalb des Zeitfensters das kritische Verhalten nicht ausgeführt wurde (p(B+/~R)). Durch die Variation dieser beiden Wahrscheinlichkeiten kann die Stärke des Zusammenhanges (die Kontingenz) zwischen dem Verhalten und dem Eintreten einer Belohnung beliebig justiert werden (▶ Definition in Abschn. 2.2.3 „Kontiguität und Kontingenz"). Im Ergebnis entsprechender Untersuchungen zeigt sich erneut, dass sich die Rate des jeweils beobachteten Verhaltens umso stärker erhöht, je stärker seine Ausführung die Wahrscheinlichkeit einer Belohnung erhöht, je größer die Differenz p(B+/R) − p(B+/~R) also ausfällt. Wenn dagegen beide Wahrscheinlichkeiten gleich sind, wird das Verhalten nicht konditioniert. Wenn z. B. Ratten mit gleicher Wahrscheinlichkeit Futterkugeln erhalten, egal, ob sie eine Taste drücken oder nicht, erhöht sich die Rate des Tastendrückens kaum. Warum auch? Das Drücken der Taste verschafft den Tieren ja kein zusätzliches Futter.

2.4 Diskriminationslernen

2.4.1 Unterscheidung von verhaltensrelevanten und verhaltensirrelevanten Reizbedingungen

Klassische und instrumentelle Konditionierung führen dazu, dass verhaltensrelevante von verhaltensirrelevanten Umgebungsreizen unterschieden werden. Der Erwerb gezielter Unterscheidungen, ist schon früh untersucht worden. Bereits Pavlov berichtete von einem Experiment, in dem Hunde nach der Darbietung eines Kreises gefüttert wurden, während sie nach der Darbietung eines Quadrates kein Futter bekamen. Anfänglich speichelten die Hunde auf beide Reize, aber nach einigem Training speichelten sie nur noch bei der Darbietung des Kreises. Die Hunde hatten gelernt, dass allein der Kreis eine bevorstehende Fütterung ankündigt. Auch beim **instrumentellen Konditionieren** lernen Tiere Reizbedingungen, unter denen ein Verhalten belohnt wird, von Reizen zu unterscheiden, unter denen das gleiche Verhalten zu keiner Belohnung führt. Wenn z. B. bei grünem Licht das Drücken eines Hebels den Futterspender aktiviert, aber keine Futterkugeln gegeben werden, wenn ein rotes Licht leuchtet, dann drücken die Ratten den Hebel nur noch bei „Grün", aber nicht mehr bei „Rot". Sie lernen auch, unter verschiedenen Reizen verschiedenes Verhalten zu zeigen. Wenn etwa bei grünem Licht nur das Drücken einer Taste und bei rotem Licht nur das Zerren an einer Schnur zur Belohnung führt, dann werden die Tiere nach einigen Versuchen bei „Grün" bevorzugt die Taste drücken und bei „Rot" bevorzugt an der Schnur zerren.

Dass Tiere zwischen Reizbedingungen zu unterscheiden lernen, unter denen ihr Verhalten zu unterschiedlichen Konsequenzen führt, ist wenig erstaunlich. In ihrer natürlichen Umwelt haben Tiere solche Unterscheidungen ständig zu treffen: Sie müssen zwischen Freund und Feind, zwischen eigenen und fremden Nachkommen, zwischen gefährlichen und sicheren Orten, zwischen erreichbarer und nichterreichbarer Beute, zwischen bekömmlicher und unbekömmlicher Nahrung usw. unterscheiden – und selbstverständlich tun sie das auch. Die Forschung zum Diskriminationslernen hat aber auch weniger selbstverständliche **Diskriminationsleistungen** offenbart. Zwei dieser Leistungen wollen wir im Folgenden behandeln.

2.4.2 Positives und negatives Patterning

Der Erfolg eines Verhaltens hängt oftmals nicht nur von einem, sondern von mehreren Situationsmerkmalen ab. Eine Amsel wird z. B. das Füttern ihrer hungrigen Küken aussetzen, wenn ein Bussard über dem Nest kreist. Das Verhalten wird hier durch die Kombination von zwei Merkmalen determiniert: vom Betteln der Küken und vom Bussard. Wie Tiere Verhaltensabhängigkeiten von solchen Reizkombinationen erwerben, ist in sog. „Patterning-Studien" untersucht worden. Das vermutlich erste Experiment dieser Art wurde von Woodbury 1943 berichtet. Hunde wurden mit Futter belohnt, wenn sie mit der Schnauze eine Sperre lösten. Die Belohnung wurde aber nur dann gegeben, wenn während des Versuchs entweder nur ein hoher oder nur ein tiefer Ton zu hören war. Waren beide Töne zu hören, erhielten die Tiere keine Belohnung (negatives Patterning).

Anfänglich lösten die Hunde die Sperre, egal ob nur einer der beiden oder beide Töne zu hören waren. Nach etwa 300 Versuchen nahm jedoch die Verhaltensrate in den Durchgängen mit beiden Tönen rapide ab. Die Hunde hatten nun gelernt, dass es sich nicht lohnt, die Sperre zu lösen, wenn beide Töne zu hören sind.

Die ◘ Abb. 2.5 stellt die Situation noch einmal formal dar. Es sind zwei Reize A und B gegeben. Eine Belohnung erfolgt nur dann, wenn einer der beiden Reize allein, aber nicht wenn beide Reize gemeinsam dargeboten werden (A+, B+, AB−; negatives Patterning). Beim positiven Patterning wird umgekehrt das Verhalten nur dann belohnt, wenn beide Reize, aber nicht, wenn nur einer der Reize dargeboten werden (A−, B−, AB+). Darüber hinaus gilt für beide Fälle, dass das Verhalten nie belohnt wird, wenn keiner der beiden Reize vorliegt.

Wie die Abbildung deutlich macht, führen positives und negatives Patterning bei gleich häufigen Merkmalskombinationen dazu, dass das Verhalten auf die beiden einzelnen Reize für sich genommen mit jeweils gleicher Häufigkeit belohnt und nicht belohnt wird. Nach dem „law of effect" sollte jede Belohnung zu einer Stärkung und jedes Ausbleiben von Belohnung zu einer Schwächung der jeweiligen S-R-Beziehung führen. Stärkung und Schwächung sollten sich im Verlauf des Trainings also gegenseitig aufheben. Dementsprechend sollte konditioniertes Verhalten bei keinem der beiden Bekräftigungsmuster beobachtbar sein. Dies ist nicht der Fall. Es ist vielmehr wiederholt gezeigt worden, dass Tiere die Merkmalskombinationen zu unterscheiden lernen. Sie reagieren bei positivem Patterning dann nur noch auf die Kombination der beiden Merkmale und bei negativem Patterning nur noch auf die Einzelmerkmale. Dieses Ergebnis verweist darauf, dass sich das Lernen nicht nur auf einzelne Reize, sondern auch auf **Reizkombinationen** („stimulus compounds") beziehen kann, die dann als eigenständige Einheiten mit Verhaltensweisen verbunden werden (positives Patterning) bzw. nicht verbunden werden (negatives Patterning). Mit anderen Worten: Reizkombinationen können, wenn sie verhaltensrelevant sind, zu eigenständigen Reizmustern integriert werden.

2.4 · Diskriminationslernen

Positives Patterning (A ∧ B)

	A	¬A
B	+	-
¬B	-	-

Negatives Patterning (A ⊻ B)

	A	¬A
B	-	+
¬B	+	-

+ Belohnung

◻ Abb. 2.5 Positives und negatives Patterning von zwei Reizen (A und B)

2.4.3 Bildung von Reizkategorien

Wenn unter natürlichen Lebensbedingungen zwischen Freund und Feind, zwischen essbarer und giftiger Nahrung, zwischen guten und schlechten Fluchtwegen usw. zu entscheiden ist, dann finden sich in den jeweiligen Kategorien Beispiele unterschiedlichen Aussehens, auf die dennoch gleiches Verhalten gefordert ist. Um diese Anforderung im Experiment nachzustellen, wurden als verhaltenskritische Reize Bilder in den Experimentierkäfig projiziert. In jedem Versuchsdurchgang wurde ein neues Bild gezeigt, und in Abhängigkeit vom Bild wurde ein bestimmtes zu konditionierendes Verhalten, wenn es auftrat, belohnt oder nicht belohnt. In einer viel zitierten Untersuchung von Herrnstein et al. (1976) an Tauben wurden z. B. 80 Bilder von natürlichen Szenen verwendet. Auf 40 dieser Bilder waren Bäume zu sehen, während die anderen 40 Bilder keine Bäume zeigten. Das Picken der Tauben auf eine Plastikscheibe wurde nur dann mit Futterkörnern belohnt, wenn ein Bild mit Bäumen zu sehen war. Bei Bildern ohne Bäume wurde das Picken auf die Plastikscheibe nicht belohnt. Nach einigem Training pickten die Tauben nur noch bei Bildern mit Bäumen. Dieses Verhalten wurde auch auf Bilder übertragen, die im Training nie dargeboten wurden. Die Tauben hatten offensichtlich gelernt, Bilder mit Bäumen von Bildern ohne Bäume zu unterscheiden.

Dieses Experiment hat viele weitere Untersuchungen angeregt, in denen die unterschiedlichsten **kategorialen Unterscheidungen** fast immer mit Erfolg getestet wurden. So lernen Tiere nur auf Bilder von Menschen, von Katzen oder von Blumen zu reagieren, so, wie sie es lernen, Autos von anderen Objekten, den Buchstaben A von anderen Buchstaben, Bilder von Monet von Bildern von Picasso oder moderne Musik von Barockmusik zu unterscheiden. Dabei wurden neben Tauben auch Affen, Chinchillas, Hühner, Wachteln, Papageien usw. untersucht. Diese überwältigende Evidenz für kategoriale Unterscheidungen bei verschiedenen Tierarten hat Herrnstein 1990 (S. 138) zu der Schlussfolgerung veranlasst, dass kategoriale Unterscheidungen auf jedem Niveau des Tierreiches gefunden werden können, wenn man nur kompetent danach sucht.

So beeindruckend die kategorialen Unterscheidungen sind, so schwierig ist es, zu bestimmen, worauf sie beruhen. Es ist verlockend, anzunehmen, dass die Unterscheidungen auf Konzepte verweisen, die denen menschlicher Konzeptbildungen entsprechen. Vielleicht ist es tatsächlich so, dass die Tiere abstrakte Konzepte wie „Baum", „Mensch", „Auto" oder „Barockmusik" bilden. Das muss aber nicht so sein. Es könnte auch sein, dass die Tiere lediglich eines oder mehrere Merkmale derjenigen Bilder abstrahieren, auf die sie eine Belohnung erleben, um dann das belohnte Verhalten immer dann zu zeigen, wenn auf einem Bild wenigstens eines dieser Merkmale zu sehen ist. Möglicherweise speichern die Tiere aber auch nur konkrete Erinnerungen an so viele belohnte Bilder wie möglich und reagieren auf ein neues Bild immer dann, wenn es einem dieser positiven Beispiele hinreichend ähnlich ist. Oder es wird ein Prototyp als Durchschnitt aller erlebten positiven Beispiele gespeichert, und die Reaktion auf ein aktuelles Bild hängt von seiner Ähnlichkeit zu diesem Prototyp ab. Untersuchungen haben für alle diese Alternativen Hinweise gefunden, was die Schlussfolgerung erlaubt, dass alle genannten Möglichkeiten kategorialer Unterscheidungen von den Tieren genutzt werden können (vgl. Güntürkün 1996, S. 105ff; Mazur 2006, S. 351ff; Pearce 1997, S. 118ff). Für menschliche Konzeptbildungen gilt übrigens das Gleiche, sodass die kategorialen Unterscheidungen bei Tieren durchaus als Vorläufer menschlicher Konzeptbildungen verstanden werden können (▶ Abschn. 5.3).

2.5 Die Selektivität der Bildung von S-R-Verbindungen

Nach der bisherigen Diskussion werden Reiz-Reaktions-Verbindungen zwangsläufig gebildet, wenn ein Reiz die Wahrscheinlichkeit für das Auftreten eines unkonditionierten Reflexes (klassische Konditionierung) bzw. die Wahrscheinlichkeit für die Belohnung eines Verhaltens erhöht (instrumentelle Konditionierung). Lernen erscheint damit ausschließlich durch äußere Umstände determiniert. Wenn dem tatsächlich so wäre, müsste unter gleichen äußeren Bedingungen jeweils gleiches Lernen beobachtbar sein. Dies ist jedoch nicht der Fall.

2.5.1 Latente Hemmung der Ausbildung eines bedingten Reflexes

Wenn in einem Experimentierkäfig ein neuer Reiz dargeboten wird, dann unterbrechen die Tiere gewöhnlich ihr Verhalten, um sich dem Reiz zuzuwenden. Diese Hinwendung zu einem neuen Reiz nennt man **Orientierungsreaktion**. Unter den natürlichen Lebensbedingungen der Tiere sichert die Orientierungsreaktion, dass Veränderungen der Situation bemerkt werden. Die Tiere sind damit davor geschützt, das Erscheinen etwa eines Feindes, aber auch das Auftauchen einer lohnenden Beute zu übersehen. Wird ein Reiz jedoch wiederholt dargeboten, ohne dass er für das Tier verhaltensrelevant ist, erlischt die Orientierungsreaktion (Habituation). Die Tiere integrieren dann den Reiz in ihre gewohnte Umgebung und beachten ihn nicht weiter. Verwendet man anschließend einen so habituierten Reiz in einem Konditionierungsexperiment, dann zeigt sich, dass er umso schwerer konditioniert wird, je schwächer die Orientierungsreaktion zu ihm ausfällt. Dieses Phänomen hat man **latente Hemmung** genannt: Die Konditionierung eines Reizes wird durch seine Nichtbeachtung gehemmt. Es lässt sich damit schlussfolgern, dass ein Tier einen Reiz beachten muss, um ihn konditionieren zu können. Über Reize, die die Tiere nicht beachten (die keine Orientierungsreaktion bei ihnen auslösen), wird nichts gelernt (vgl. Pearce 1997, S. 65ff).

2.5.2 Blockierung der Ausbildung eines bedingten Reflexes

Die Entdeckung der **Blockierung** geht auf ein Experiment zurück, das 1969 von Kamin berichtet wurde. Das Experiment wurde an Ratten durchgeführt und gliederte sich in **drei Phasen:**
- In der ersten Phase wurde einer Experimentalgruppe von Versuchstieren wiederholt nach einem Ton ein leichter elektrischer Schlag versetzt, was dazu führte, dass allein der Ton bereits zu einer konditionierten Vermeidungsreaktion führte.
- In der zweiten Phase wurde die Konditionierung mit der Experimentalgruppe fortgeführt und mit einer Kontrollgruppe neu begonnen. Allerdings wurde in beiden Gruppen zusätzlich zum Ton ein Lichtreiz dargeboten.
- In der dritten Phase wurde schließlich der in der zweiten Phase verwendete Lichtreiz alleine dargeboten, um zu prüfen, ob er eine konditionierte Vermeidungsreaktion auslösen würde. Dies war nur in der Kontrollgruppe der Fall. Die Experimentalgruppe zeigte keine spezifische Reaktion auf den Lichtreiz.

Für beide Gruppen war der Lichtreiz neu, sodass er sicherlich von den Tieren beachtet wurde. Beide Gruppen erlebten den Lichtreiz auch als zuverlässigen Prädiktor des elektrischen Schlages. Warum kommt es dann nur in der Kontrollgruppe zu seiner Konditionierung?

Der Unterschied zwischen den Gruppen bestand lediglich in der Vorerfahrung hinsichtlich des mit dem Licht dargebotenen Tones. In der Experimentalgruppe war der Ton bereits konditioniert, während er für die Kontrollgruppe, so wie der Lichtreiz, neu war. Erinnern wir uns: Ein konditionierter Reiz löst die konditionierte Reaktion aus, weil er das Eintreten des unkonditionierten Reizes (hier den elektrischen Schlag) verlässlich ankündigt. Für die Tiere der Experimentalgruppe kündigte in der zweiten Phase des Experimentes also bereits der Ton den elektrischen Schlag verlässlich an, die den Schlag damit erwarten konnten. Für die Tiere der Kontrollgruppe

2.5 · Die Selektivität der Bildung von S-R-Verbindungen

kam der Schlag dagegen überraschend. Das Ergebnis deutet damit darauf hin, dass eine bereits bestehende Erwartung des US (hier der Schlag) die Konditionierung neu hinzutretender Prädiktoren blockiert. Die neuen Reize werden nicht mehr in die Verhaltenssteuerung einbezogen. Warum auch – das Tier stellt sich ja bereits auf die zu erwartenden Verhaltensanforderungen (hier die Vermeidung des Schlages) ein. In den Worten von Kamin:

> … perhaps for an increment in an associative connection to occur, it is necessary that the US instigate some 'mental work' on behalf of the animal. This mental work will occur only if the US is *unpredicted* – if it in some sense surprises the animal (Kamin 1969, S. 59).

2.5.3 Erlernte Hilflosigkeit: Die Blockierung des Vermeidungslernens

Tiere lernen für gewöhnlich schnell, wie sie vorhersehbaren Gefahren ausweichen können, wenn sie dazu die Gelegenheit haben. Wird etwa Hunden durch ein Licht ein leichter elektrischer Schlag angekündigt, dem sie durch das Überspringen einer Barriere in einen anderen Teil des Käfigs entfliehen können, dann genügen wenige Versuche, um dieses Fluchtverhalten stabil an den Lichtreiz zu binden: Die Tiere fliehen dann unmittelbar nach dem Licht in den anderen Teil des Käfigs und vermeiden damit den Schlag (z. B. Solomon und Wynne 1953).

Damit dies gelernt wird, müssen die Hunde dem Schlag zu entfliehen suchen, denn anders können sie nicht erfahren, dass sie der Sprung über die Barriere vor dem Schlag bewahrt. Diese gewissermaßen natürliche Flucht vor einem schmerzhaften Reiz kann, wie Martin E. P. Seligman von der Universität Pennsylvania gezeigt hat, blockiert werden (z. B. Seligman 1975; Seligman und Maier 1967). In einem entsprechenden Versuch wurde zwei Gruppen von Hunden zunächst eine Reihe von leichten Stromschlägen verabreicht. Die Hunde der einen Gruppe konnten durch das Drücken eines Hebels den Stromschlag beenden. Die Hunde der anderen Gruppe erhielten die gleiche Anzahl von Stromschlägen in gleicher Dauer, ohne aber Einfluss darauf nehmen zu können. Anschließend wurden die Hunde beider Gruppen in die oben geschilderte Lernsituation mit dem zweigeteilten Käfig gebracht. Während alle Hunde der Hebelgruppe schnell lernten, den angekündigten Schlag durch einen Sprung über die Barriere zu vermeiden, lernten es zwei Drittel der anderen Gruppe nicht. Diese Hunde legten sich vielmehr hin und erduldeten winselnd den Stromschlag, ohne den Versuch zu machen, ihm zu entkommen. Seligman interpretierte dieses Verhalten als Ausdruck einer negativen Lernerfahrung, die zu einer, wie er es nannte, **erlernten Hilflosigkeit** führte: In der ersten Phase des Versuchs machten die Hunde die Erfahrung, dass sie, egal was sie taten, dem Schlag nicht entfliehen konnten. Dementsprechend bildeten sie die Erwartung aus, dass ihr Verhalten keinen Einfluss auf den schmerzhaften Reiz hat. Diese Erwartung führte dazu, dass die Tiere auch in anderen Situationen nicht mehr versuchten, schmerzhaften Reizen zu entkommen. Sie hatten in einer Situation erfahren, dass sie hilflos sind und übertrugen diese Erfahrung auf andere Situationen in denen sie sich durchaus hätten helfen können. Sie versuchten es nur nicht.

Instrumentelles Lernen setzt grundsätzlich eine allgemeine Verhaltensbereitschaft voraus: Nur wenn gegebene Verhaltensmöglichkeiten auch ausprobiert werden, kann ein Verhalten gefunden werden, das zur Belohnung bzw. zur Vermeidung von Bestrafung führt. Jede Erfahrung, die zu einer **Reduktion der allgemeinen Verhaltensbereitschaft** führt, bewirkt damit auch eine Verminderung der Gelegenheiten für instrumentelles Lernen und damit zu Hilflosigkeit im Sinne des Ausgeliefertseins an die jeweilige Situation. Das Phänomen der erlernten Hilflosigkeit verweist darauf, dass die Erfahrung, dass eigenes Verhalten keinen Einfluss auf Bestrafungen hat, zu einer solchen Reduktion von Verhaltensbereitschaft führen kann, was in der Folge die Chancen, neues Verhalten zu lernen, generell vermindert. Erlernte Hilflosigkeit als Folge des Erlebens von Situationen, in denen Bestrafungen oder auch nur aversive Reize nicht vermieden werden können, sondern erduldet werden müssen, ist bei vielen unterschiedlichen Arten experimentell gefunden worden. Auch bei Menschen ist das Entstehen erlernter Hilflosigkeit experimentell untersucht worden (▶ Exkurs).

> **Exkurs**
>
> **Erlernte Hilflosigkeit beim Menschen**
>
> In einer der ersten Untersuchungen zur erlernten Hilflosigkeit beim Menschen wurden Versuchspersonen lautem Lärm ausgesetzt (Hiroto und Seligman 1975). Es wurde ihnen gesagt, dass es eine Möglichkeit gäbe, den Lärm zu beenden. Tatsächlich konnte jedoch nur ein Teil der Versuchspersonen den Lärm durch Drücken eines Knopfes beenden; die anderen Versuchspersonen hatten dagegen keinen Einfluss auf den Lärm, den sie, egal was sie taten, erdulden mussten. In einer anschließenden Testphase wurden alle Versuchspersonen erneut mit lauten Tönen konfrontiert, die durch ein Lichtsignal angekündigt wurden und nun durch das Drücken eines Hebels abstellbar waren. Die Versuchspersonen, die zuvor den Lärm kontrollieren konnten, lernten schnell, den Hebel gleich nach dem Lichtsignal zu bedienen und so die unangenehmen Töne in etwa 90 % der Durchgänge zu vermeiden. Diejenigen Versuchspersonen aber, die in der Trainingsphase „hilflos" waren, zeigten eine deutlich beeinträchtigte Lernleistung: Sie bedienten den Hebel zur Vermeidung der Töne in weniger als durchschnittlich 50 % der Fälle. Interessant ist, dass bei weiteren Versuchen das Erdulden unkontrollierbaren Lärms zu einem Lerndefizit nicht nur bei der Vermeidung von Lärm, sondern auch bei der Lösung von Anagrammaufgaben führte. Dies deutet darauf hin, dass die Erfahrung der Unkontrollierbarkeit in einem Verhaltensbereich auf andere Verhaltensbereiche übertragen und damit zu einer generalisierten Hilflosigkeit führen kann. Es gilt wohl generell, dass uns unkontrollierbare Ereignisse frustrieren. Wenn unser Verhalten keinerlei Einfluss auf das Eintreten unangenehmer, aber auch auf das Eintreten angenehmer Ereignisse hat, also auf Bestrafungen und Belohnungen, dann tendieren wir dazu, weitere Anstrengungen sowohl zur Vermeidung von Bestrafung als auch zur Erlangung von Belohnung zu unterlassen und schmälern damit unsere Chancen, entsprechendes Verhalten zu erlernen. Die Erfahrung, positive wie negative Ereignisse durch das eigene Verhalten kontrollieren zu können, ermutigt dagegen, auch in neuen Situationen die Wirkungen des eigenen Verhaltens auszuprobieren und erhöht damit die Chancen, Neues zu lernen. Eine wichtige Erziehungsmaxime lautet demnach: Lasst Kindern die Freiheit, unterschiedliches Verhalten auszuprobieren, und gebt verlässliche konsistente Rückmeldungen über Erfolge und Misserfolge des Verhaltens.

2.5.4 Preparedness: angeborene verhaltensgebundene Aufmerksamkeit

Die beiden vorangegangenen Abschnitte haben gezeigt, dass die Ausbildung von Reiz-Reaktions-Verbindungen nicht allein von den äußeren Verhältnissen abhängt, sondern dass die Tiere Verhaltensweisen generieren und „mentale Arbeit", wie dies Kamin ausgedrückt hat, investieren müssen, damit Lernen stattfindet. Die mentale Arbeit bezieht sich vor allem auf die Ausrichtung der Aufmerksamkeit und dabei sowohl auf eine Beachtung der zu konditionierenden Reize als auch auf eine Beachtung der positiven wie negativen Verhaltenskonsequenzen. Weitere Beobachtungen haben nun gezeigt, dass die Generierung von Verhalten und die Ausrichtung der Aufmerksamkeit nicht unabhängig voneinander sind sondern dass vielmehr die Ausrichtung der Aufmerksamkeit durch das aktuelle Verhalten wesentlich mitbestimmt wird. Tiere sind genetisch darauf vorbereitet („prepared") in bestimmten Verhaltenskontexten auf bestimmte Reize zu achten. Eine frühe Demonstration dieses Zusammenhanges liefert ein **Konditionierungsexperiment** von Garcia und Koelling (1966).

Als unbedingte Reflexe wurden die Vermeidung eines leichten elektrischen Schlages bzw. die Vermeidung einer leichten Übelkeit verwendet. Die zu konditionierenden Reize (CS) waren der Geschmack von Zuckerwasser und ein visuell-akustischer Reiz (Licht mit Klickergeräusch). In der Konditionierungsphase tranken durstige Ratten vom Zuckerwasser, während gleichzeitig Licht mit Klickern dargeboten wurden. Beide CS wurden also gleichzeitig dargeboten. Kurz nach dem

Trinken wurde den Tieren entweder der elektrische Schlag versetzt oder es wurde eine Übelkeit provoziert. Dem zu vermeidenden Ereignis (US, Schlag oder Übelkeit) gingen also stets zwei unterschiedliche CS verlässlich voraus: Der süße Geschmack und der kombinierte Licht-Klicker-Reiz. In der anschließenden Testphase wurde geprüft, inwieweit die beiden CS im jeweiligen Verhaltenskontext konditioniert wurden, also inwieweit sie alleine eine Vermeidungsreaktion auslösten. Im Kontext eines zu vermeidenden elektrischen Schlages wurde nur der Licht-Klicker-Reiz, aber nicht der süße Geschmack des Wassers konditioniert. Im Kontext der zu vermeidenden Übelkeit wurde umgekehrt nur der süße Geschmack, aber nicht der Licht-Klicker-Reiz konditioniert.

Das Ergebnis entspricht der Lebenserfahrung der Ratten: Äußere Attacken wie ein Schlag gehen immer von Änderungen in der Umgebung aus, die sich zumeist durch visuelle und/oder akustische Reize ankündigen. Umgekehrt ist Übelkeit fast immer ein Resultat der Nahrungsaufnahme, die durch ihren Geschmack differenziert werden kann. Die Ratten sind dementsprechend darauf vorbereitet, zur Vermeidung von äußeren Attacken vor allem auf visuelle und/oder akustische Reize zu achten bzw. zur Vermeidung von Übelkeit vor allem auf Geschmacksreize zu achten, die dann jeweils auch bevorzugt konditioniert werden.

Vergleichbare Ergebnisse sind auch von anderen Tierarten berichtet worden: So werden z. B. bei Tauben Ton-Schlag-Verbindungen außerordentlich schnell, aber Farb-Schlag-Verbindungen überhaupt nicht konditioniert. Umgekehrt werden Ton-Futter-Verbindungen nur schwer, aber Farb-Futter-Verbindungen leicht konditioniert. Auch hier entsprechen die Ergebnisse den natürlichen Lebensumständen: Das Fluchtverhalten auf einen leichten elektrischen Schlag wird leicht auf Töne übertragen, weil sich attackierende Feinde in der Regel durch Geräusche ankündigen, und das Picken von Körnern wird leicht auf Farben übertragen, weil sich Körner etwa von ungenießbaren Kieseln in ihrer Färbung unterscheiden (Güntürkün 1996, S. 96ff; Seligman 1970). Insgesamt verweisen die Beobachtungen darauf, dass die Tiere dazu genetisch disponiert („prepared") sind, in elementaren Verhaltensbereichen wie Verteidigung, Flucht oder Nahrungsaufnahme ihre Aufmerksamkeit jeweils auf diejenigen Reize zu richten, die für den Verhaltenserfolg wichtig sind. Damit wird das Lernen von vornherein auf relevante Reiz-Reaktions-Zusammenhänge konzentriert. Man spricht auch von **Lerndispositionen** (Tinbergen 1952), die dafür sorgen, dass bestimmtes Verhalten an bestimmte Reize schnell, an andere Reize aber nur schwer gebunden wird.

Im Übrigen ist „preparedness" auch beim instrumentellen Konditionieren insofern zu finden, als zur Vermeidung von Bestrafungen bzw. zur Erlangung von Belohnungen jeweils bestimmte Verhaltensweisen leicht, andere dagegen schwer konditioniert werden. So führte z. B. Bolles (1973, zit. nach Alcock 1996, S. 31) einen Versuch zum Vermeidungslernen an Ratten in einem Laufrad durch. Die Ratten erhielten wiederholt nach einem Ton einen leichten elektrischen Schlag. In einer Gruppe von Ratten konnte der Schlag vermieden werden, wenn die Ratten sofort nach dem Ton im Laufrad wendeten. Die Ratten einer zweiten Gruppe konnten den Schock vermeiden, wenn sie sofort nach dem Ton aufhörten zu laufen und sich aufrichteten. Nur das Wenden, aber nicht das Aufrichten wurde als Vermeidungsreaktion gelernt. Durch ihre genetische Verhaltensausstattung sind Ratten offensichtlich darauf vorbereitet, einer zu erwartenden äußeren Attacke eher durch Wegrennen als durch Stillstehen zu entgehen.

2.6 Rescorla-Wagner-Modell elementaren S-R-Lernens

Das Rescorla-Wagner-Modell (RWM) ist der bis heute einflussreichste Versuch einer theoretischen Integration von Befunden zum **assoziativen Lernen** bei Tieren. Das RWM ist ursprünglich zur Erklärung der Bildung konditionierter Reflexe entworfen worden, kann aber ebenso auf das instrumentelle Konditionieren und das Diskriminationslernen angewendet werden. An die Stelle der Bildung von Assoziationen zwischen konditionierten und unkonditionierten Reizen (CS→US) tritt dann die Bildung von Assoziationen zwischen Reizen und (bekräftigten) Reaktionen (S→R).

2.6.1 Modellbeschreibung

Rescorla und Wagner (1972) gingen bei der Entwicklung des Modells davon aus, dass ein bedingter Reflex auf einer assoziativen Verbindung zwischen dem CS und dem US beruht. Das Modell sollte also Aufbau und Abbau von CS-US-Verbindungen im Resultat aufeinanderfolgender Konditionierungs- bzw. Löschungsversuche erklären. Es wurden drei Annahmen zugrunde gelegt:
- Die Assoziationsstärke (V_j) zwischen einem CS_j und einem US steigt schrittweise (inkrementell) an, wenn beide Reize zusammen erlebt werden (Konditionierung), und sie sinkt inkrementell, wenn der CS ohne US dargeboten wird (Löschung).
- Die insgesamt erreichbare Assoziationsstärke zu einem bestimmten US ist auf einen maximalen Wert (λ^{max}_{US}) begrenzt. Damit wird gewährleistet, dass die Assoziationsstärke zu einem US nicht endlos anwachsen kann.
- Werden ein CS_j und ein US zusammen erlebt, wird der Anstieg der Assoziationsstärke zwischen ihnen durch die Differenz zwischen der maximal erreichbaren Assoziationsstärke und der im aktuellen Versuch insgesamt gegebenen Assoziationsstärke ($\lambda^{max}_{US} - \Sigma V_j$) bestimmt. Zu Beginn des Lernens, wenn die Differenz zur maximalen Assoziationsstärke noch beträchtlich ist, werden also große Lernfortschritte gemacht, die mit der Annäherung an die maximale Assoziationsstärke immer geringer werden. Wird der US nicht dargeboten (Löschungsversuch), bestimmt sich die Reduktion der Assoziationsstärken nach der Differenz der aktuell insgesamt gegebenen Assoziationsstärke zum Wert Null ($0 - \Sigma V_j$). Die Nichtdarbietung des US führt also zu einer umso größeren Reduktion der Assoziationsstärken, je größer die Summe der Assoziationsstärken aller Reize im aktuellen Versuch ist.

Alle drei Annahmen lassen sich in der folgenden Formel zum Ausdruck bringen:

$$\Delta V_j = \alpha(\lambda_{US} - \Sigma V_j)$$

Legende:
- In der Formel bezeichnet ΔV_j die inkrementelle Veränderung der Assoziationsstärke zwischen einem CS_j und dem US in einem Konditionierungs- bzw. Löschungsversuch.
- Die Variable α dient der Anpassung an aktuelle Bedingungen und wird zumeist genutzt, um die unterschiedliche Assoziierbarkeit verschiedener CS_j zum Ausdruck zu bringen.
- Durch ΣV_j wird die Summe der Assoziationsstärken aller im jeweiligen Versuch dargebotenen Reize bezeichnet, die zum Ausdruck bringt, mit welcher Wahrscheinlichkeit das Eintreten des US aktuell erwartet wird.
- Für λ_{US} wird die maximal erreichbare Assoziationsstärke λ^{max}_{US} eingesetzt, wenn der US dargeboten wird, während bei Nichtdarbietung des US der Wert Null eingesetzt wird.

Die Differenz in der Klammer lässt sich somit als Abweichung der aktuellen Vorhersage (ΣV_j) vom tatsächlich eintretenden Ereignis (λ^{max}_{US} bzw. 0) interpretieren. Da es nach der Formel nur dann zu Veränderungen der Assoziationsstärken kommt, wenn diese Differenz ungleich Null ist, lässt sich der Grundgedanke des Rescorla-Wagner-Modells in der Aussage zusammenfassen:

> Organisms only learn, when events violate their expectations (Rescorla und Wagner 1972, S. 75).

Die Anwendung der Formel des RWM erlaubt präzise Vorhersagen des Lernverlaufs unter verschiedenen Bedingungen (▶ Exkurs).

2.6 · Rescorla-Wagner-Modell elementaren S-R-Lernens

Exkurs

Aufbau und Löschung eines bedingten Reflexes nach dem Rescorla-Wagner-Modell für nur einen und für zwei gleichzeitig dargebotene CS

Die ◘ Abb. 2.6 beschreibt Anstieg und Abfall der Assoziationsstärke eines CS_1 bei einem α von 0,2 und einem λ^{max} von 100. Im ersten Versuch beträgt V_1 Null, d. h. es besteht keine Association zwischen dem CS_1 und dem US. Nach dem RWM wird durch eine Bekräftigung die Assoziationsstärke um 0,2 × 100 = 20 Punkte erhöht. Bei der nächsten Bekräftigung beträgt die Erhöhung 0,2 × (100−20) = 16 usw. Das heißt, die Assoziationsstärken wachsen mit der Annäherung an den maximalen Wert immer langsamer. Wenn nach acht Versuchen der US nicht mehr dargeboten wird, sinkt die Assoziationsstärke entsprechend dem RWM zunächst schnell und nachfolgend immer langsamer, je näher sich die Assoziationsstärke dem Wert Null nähert.
In der Abbildung wird zudem der Lernverlauf für einen CS_1 unter der Bedingung, dass er alleine konditioniert wird, mit dem Lernverlauf unter der Bedingung verglichen, dass ein zweiter Reiz ($CS_1 + CS_2$) gleichzeitig dargeboten wird. Man sieht, dass entsprechend dem RWM der Lernverlauf für CS_1 verzögert wird, wenn ein zweiter Prädiktor in Konkurrenz tritt (▶ Abschn. 2.6.2 „Overshadowing"). Bei der ersten Bekräftigung steigen die Assoziationsstärken noch um 20 (0,2 × 100). Bei der nächsten Bekräftigung steigen die Assoziationsstärken aber nur noch um 0,2 × (100−20−20) = 12 usw.

	α × (λ − V)	ΔV	US	V					
0					9	0.2 × (0-83.22)	-16.44	-	66.58
1	0.2 × (100-0)	20	+	20	10	0.2 × (0-66.88)	-13.32	-	53.26
2	0.2 × (100-20)	16	+	36	11	0.2 × (0- 53.26)	-10.65	-	42.61
3	0.2 × (100-36)	12.8	+	48.8	12	0.2 × (0- 42.61)	-8.52	-	34.09
4	0.2 × (100-48.8)	10.24	+	59.04	13	0.2 × (0- 34.09)	-6.82	-	27.27
5	0.2 × (100-59.04)	8.19	+	67.23	14	0.2 × (0- 27.27)	-5.45	-	21.82
6	0.2 × (100-67.23)	6.55	+	73.78	15	0.2 × (0- 21.82)	-4.36	-	17.45
7	0.2 × (100-73.78)	5.24	+	79.02	16	0.2 × (0- 17.45)	-3.49	-	13.96
8	0.2 × (100-79.02)	4.19	+	83.22	17	0.2 × (0- 13.96)	-2.79	-	11.16

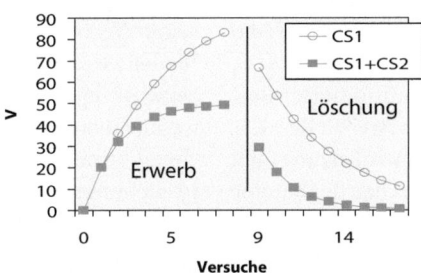

◘ **Abb. 2.6** Erwerb und Löschung eines CS nach dem RWM (für α=0,2 und λ_{max}=100). Die Tabellen zeigen die jeweilige inkrementelle Veränderung (ΔV) und die resultierenden Assoziationsstärken (V) für einen CS; links für acht aufeinanderfolgende Bekräftigungsversuche (US+) und rechts für neun nachfolgende Löschungsversuchen (US−). Die Grafik vergleicht den in den Tabellen dargestellten Verlauf der Assoziationstärke für einen Reiz (CS_1) mit einer Situation, in der ein weiterer Reiz gleichzeitig konditioniert wird ($CS_1 + CS_2$, in den Tabellen nicht dargestellt)

2.6.2 Modellerklärungen

Overshadowing

Da die insgesamt erreichbare Assoziationsstärke zu einem US begrenzt ist (mehr als eine 100 %ige Vorhersage ist nicht möglich), müssen Reize, die gleichermaßen den US vorhersagen, die Assoziationsstärke untereinander aufteilen. Wenn also z. B. eine bevorstehende Fütterung durch einen Ton und ein Licht stets gemeinsam verlässlich angekündigt wird, dann sollte jeder der beiden Reize eine weniger starke Assoziation zur unbedingten Reaktion ausbilden, im Beispiel also eine weniger starke Speichelreaktion auslösen, als wenn er nur alleine konditioniert worden wäre (▶ Exkurs „Aufbau und Löschung eines bedingten Reflexes nach dem Rescorla-Wagner-Modell für nur einen und für zwei gleichzeitig dargebotene CS"). Pavlov hat dieses Phänomen des Overshadowings, wie es später genannt wurde, als erster beobachtet, und es ist nachfolgend immer wieder berichtet worden: Werden mehrere Reize gleichzeitig konditioniert, dann „**überschattet**" die Assoziationsstärke jedes einzelnen Reizes die Assoziierbarkeit der anderen Reize.

Blockierung

Wenn ein erster Reiz CS_1 vollständig konditioniert wurde, dann entspricht seine Assoziationsstärke zum US der maximal erreichbaren Assoziationsstärke ($V_1 \cong \lambda^{max}$). Wenn ein so bereits konditionierter Reiz nachfolgend zusammen mit einem zweiten Reiz CS_2 wiederholt mit dem US angeboten wird, dann ergibt nach dem RWM die Differenz zwischen der Summe der Assoziationsstärken beider Reize ($\Sigma V_j = V_1 + V_2$) und der maximal erreichbaren Assoziationsstärke λ^{max} einen Wert von Null, sodass für den neu hinzukommenden Reiz CS_2 keine Assoziation aufgebaut wird. Ein bereits vollständig konditionierter Reiz **blockiert** so die Konditionierung jedes weiteren Reizes selbst dann, wenn dieser Reiz ein zuverlässiger Prädiktor des US ist.

Konditionierte Hemmung

Wird zusammen mit einem bereits konditioniertem Reiz CS_1 ein weiterer Reiz CS_2 immer dann präsentiert, wenn der US nicht dargeboten wird, erwirbt der zusätzliche Reiz CS_2 die Tendenz, die konditionierte Reaktion zu hemmen. Konditionierte Hemmung ergibt sich nach dem RWM aus folgendem Zusammenhang: Für den bereits konditionierten CS_1 ist eine hohe Assoziationsstärke anzunehmen, während die Assoziationsstärke des neu hinzukommenden Reizes CS_2 nahe Null zu kalkulieren ist, da mit ihm noch keinerlei Konditionierungserfahrungen gemacht wurden. Bei Nichtdarbietung des US ergibt sich somit eine relativ hohe Differenz zwischen dem Wert Null (für λ^{max}) und der Summe der aktuellen Assoziationsstärken und damit eine relativ hohe Reduktion der Assoziationsstärken beider Reize. Da die aktuelle Assoziationsstärke für den CS_2 nahe Null liegt, sinkt sie durch den Abzug unter Null und wird negativ. Die Darbietung eines Reizes mit negativer Assoziationsstärke senkt in Kombination mit beliebigen Reizen zwangsläufig die Summe der aktuellen Assoziationsstärken und muss damit die konditionierte Reaktion auch auf Reize hemmen, mit denen er noch nie gemeinsam dargeboten wurde – ein Effekt der, wie wir oben diskutiert haben, in Summationstests wiederholt bestätigt wurde.

2.6.3 Bewertung des RWM

Das RWM ist noch heute, mehr als 40 Jahre nach seiner Veröffentlichung, ein weithin akzeptiertes Modell assoziativer Lernprozesse (Miller et al. 1995). Seine Akzeptanz beruht vor allem darauf, dass einige wenige plausible Grundannahmen in einer einfachen Formel zum Ausdruck gebracht werden. Das ist nicht nur elegant, sondern es erlaubt vor allem, präzise und damit überprüfbare Voraussagen abzuleiten. Darüber hinaus wurden, wie wir im vorigen Abschnitt beispielhaft gezeigt haben, erstaunlich viele dieser Voraussagen durch experimentelle Untersuchungen bestätigt. Dies spricht dafür, dass das RWM grundlegende Eigenschaften assoziativer Lernmechanismen korrekt widerspiegelt: Dazu gehören vermutlich der inkrementelle Auf- und Abbau assoziativer Verbindungen, der asymptotische Verlauf des Lernfortschritts und schließlich die Feststellung, dass assoziative Bindungen zum gleichen US untereinander in Konkurrenz stehen.

Es gibt aber auch Beobachtungen, die das RWM nicht erklären kann. Dazu gehört das **Patterning**

(▶ Abschn. 2.4.2). Beim positiven wie beim negativen Patterning wird, wie wir gesehen haben, jeder der beiden zu konditionierenden Reize gleichhäufig bekräftigt und nicht bekräftigt. Das RWM sagt unter diesen Bedingungen voraus, dass die bei Bekräftigungen aufgebauten Assoziationsstärken bei Nichtbekräftigung wieder abgebaut werden und somit keine Konditionierung stattfindet. Die Tiere lernen aber, entweder nur auf beide Reize gemeinsam (positives Patterning) oder aber nur auf die Einzelreize zu reagieren (negatives Patterning). Um Patterning mit dem RWM erklären zu können, müsste man annehmen, dass neben den einzelnen Reizen auch Reizmuster unabhängige Assoziationen eingehen können. Bei zwei Reizen CS_1 und CS_2 würde dann auch deren gemeinsames Auftreten $CS_1 + CS_2$ als unabhängiger Reiz konditioniert bzw. nicht konditioniert werden können. Diese Zusatzannahme stößt allerdings schnell an Grenzen, denn die Zahl der möglichen Reizmuster steigt mit der Zahl der zu betrachtenden Einzelreize (n) nach der Formel 2^n exponentiell an (die Mächtigkeit des sog. Power Set). Bei der Vielzahl der unter natürlichen Bedingungen wirkenden Reize ist es äußerst unwahrscheinlich, dass alle möglichen Reizkombinationen unabhängig voneinander konditioniert werden.

Ein weiteres Beispiel, für das das RWM keine Erklärung liefert, ist die **latente Hemmung**: Die wiederholte Darbietung eines Reizes bereits vor dem ersten Konditionierungsversuch erschwert seine nachfolgende Konditionierung. Das lässt vermuten, dass der Reiz in die gewohnte Umgebung des Tieres integriert und demzufolge nicht mehr beachtet wird. Für eine solche Veränderung der Beachtung von Reizen bietet das RWM keinen Mechanismus an. Nach dem RWM sollte die Darbietung eines neuen Reizes allein überhaupt kein Lernen aktivieren: Ein neuer Reiz lässt per se nicht das Auftreten irgendeines unbedingten Reizes erwarten, und wenn dann auch kein unbedingter Reiz eintritt, wird die Erwartung bestätigt. Da nach dem RWM aber nur dann gelernt wird, wenn Erwartungen verletzt werden, sollte für einen einfach nur neu auftretenden Reiz nichts gelernt und seine spätere Konditionierbarkeit auch nicht beeinflusst werden.

Beide Beispiele beziehen sich auf die Wirkung zu konditionierender Reize und verweisen damit auf ein grundsätzliches Erklärungsdefizit des RWM: Das Modell bietet keinen Mechanismus zur Bestimmung der in das Lernen einzubeziehenden Reize an. Nach dem RWM ist die grundsätzlich treibende Kraft des Lernens die Verbesserung der Vorhersage des US bzw. der Bekräftigung – gelernt wird nur, so die Kernaussage, wenn Vorhersagen verletzt werden. Der Grad der Sicherheit der Vorhersagen und damit die resultierenden Reaktionsstärken werden dabei vollständig durch die Summe der Assoziationsstärken aller aktuell gegebenen Reize bestimmt. Der Frage aber, wie die Reize bestimmt werden, von denen Vorhersage und Verhalten abhängig gemacht werden, wird nicht nur *nicht* nachgegangen, sondern sie wird gar nicht aufgeworfen.

Für Konditionierungsexperimente, in denen die Reize durch den Experimentator kontrolliert werden, ist dies in der Regel kein Problem. Unter natürlichen Bedingungen stehen jedoch stets unabzählbar viele Reize für eine Konditionierung zur Verfügung, und es ist durchaus ein Problem, aus dieser Vielfalt die Reize zu bestimmen, die in das Lernen einbezogen werden: Sind z. B. nur für Einzelreize oder auch für Reizmuster Assoziationsstärken zu verändern? Sind auch Reize, die zur gewohnten Umgebung gehören, in das Lernen einzubeziehen? Aufgrund welcher Merkmale werden Kategorien von Reizen gebildet? Auf diese und verwandte Fragen hat das RWM keine Antwort. Die Frage nach der Differenzierung verhaltensrelevanter Reize ist von grundsätzlicher Bedeutung. Wenn Lernen als Bildung von Reiz-Rektions-Assoziationen und/oder von Assoziationen zwischen Reizen definiert wird, müssen die Reize, zu denen die Assoziationen aufgebaut werden, bestimmt werden können. Wenn sie nicht bestimmt werden können und wenn auch nicht die Faktoren bekannt sind, die auf ihre Auswahl Einfluss nehmen, kann Lernen nicht oder wenigstens nicht vollständig als Bildung von reizbezogenen Assoziationen beschrieben werden.

2.7 Fazit

Tierisches Verhalten passt sich auf dreierlei Weise an gegebene Umweltbedingungen an: Verhalten, das durch bestimmte Reize reflektorisch ausgelöst wird, kann erstens an neue Reize gebunden werden, wenn diese verlässliche Prädiktoren der ursprünglichen

Auslösebedingungen sind. Das ist klassisches Konditionieren. Zum zweiten werden neue Verhaltensweisen erworben, wenn diese verlässlich zu Bekräftigungen führen. Das ist instrumentelles Konditionieren. Ist das Erreichen der Bekräftigung von Situationsbedingungen abhängig, lernen die Tiere schließlich drittens zwischen den verhaltensrelevanten Situationen zu unterscheiden. Das ist Diskriminationslernen. Aus behavioristischer Sicht liegt allen drei Lernvorgängen die Bildung bzw. Modifikation von reizgebundenen Assoziationen zugrunde: CS-US-Assoziationen bei der klassischen Konditionierung und S-R-Assoziationen beim instrumentellen Konditionieren und beim Diskriminationslernen. Die reizgebundenen Assoziationen bilden sich jedoch nicht zwangsläufig. Ihre Ausbildung erfordert vielmehr eine aktive Beteiligung der Tiere: Eine aktive Exploration der Umgebung durch das Ausprobieren von möglichen Verhaltensweisen, eine aufmerksame Beachtung von möglicherweise verhaltensrelevanten Situationsbedingungen sowie eine kontinuierliche Aktualisierung von Erwartungen über das Eintreten von positiven wie negativen Bekräftigungen. Gelernt wird nur, wenn Erwartungen nicht bestätigt werden. Lernvorgänge werden danach wesentlich durch ein Streben nach Vorhersage von zu erwartenden Bekräftigungen getrieben. Allerdings geht es bei den behavioristischen Modellüberlegungen allein um eine Vorhersage des Grades von „Belohnung" und/oder „Bestrafung". Die konkreten Verhaltenskonsequenzen, also das, was mit dem Verhalten tatsächlich erreicht wird, spielt für das Lernen dagegen keine Rolle. Dies ist, wie wir im nächsten Kapitel zeigen werden, ein grundsätzliches Defizit aller behavioristischen S-R-Theorien.

❓ Kontrollfragen

1. Was sind Anliegen und grundlegende Annahmen des Behaviorismus?
2. Unter welchen Bedingungen wird ein Reiz konditioniert?
3. Welche Zeitverhältnisse zwischen CS und US sind für die Ausbildung eines bedingten Reflexes besonders günstig? Was sagt dies über die Funktion bedingter Reflexe aus?
4. Was beinhaltet das „law of effect" von Thorndike?
5. Was sind sekundäre Verstärker?
6. Was versteht man unter „positivem Patterning" und „negativem Patterning"?
7. Sind Tiere, wie z. B. Tauben, in der Lage, Konzepte zu bilden?
8. Unter welchen Bedingungen kommt es zu einer Blockierung der Ausbildung eines bedingten Reflexes für einen CS, der den US verlässlich prädiktiert?
9. Was wird im Zusammenhang mit der Ausbildung bedingter Reflexe unter „preparedness" verstanden?
10. Auf welcher Grundannahme beruht das Konditionierungsmodell von Rescorla und Wagner?

Weiterführende Literatur

Kiesel, A. und Koch, I. (2012). *Lernen, Grundlagen der Lernpsychologie.* Wiesbaden: VS Verlag für Sozialwissenschaften.
Mazur, J. E. (2006). *Lernen und Verhalten.* München: Pearson.
Pearce, J. M. (1997). *Animal learning and cognition – an introduction.* Hove: Psychology Press.

Lernen als Bildung von Verhaltens-Effekt-Beziehungen

Joachim Hoffmann

3.1	Anpassung instinktiven Verhaltens an die Umgebung – 32	
3.1.1	Struktur instinktiven Verhaltens bei Tieren – 32	
3.1.2	Modifikation instinktiven Verhaltens durch klassische und instrumentelle Konditionierung – 33	
3.2	Verhaltens-Effekt-Lernen – 34	
3.2.1	„Differential-outcome-Effekt" – 34	
3.2.2	Devaluationstechnik und die Determination des Verhaltens durch Effekterwartungen – 35	
3.2.3	Situationsabhängigkeit von Verhaltens-Effekt-Beziehungen – 36	
3.3	Latentes Lernen: Verhaltens-Effekt-Lernen ohne Bekräftigung – 37	
3.4	Antizipationsbedürfnis und Erwartungen als Verhaltensziele – 38	
3.5	Fazit – 39	

Lernziele

- Was zeichnet instinktives Verhalten aus?
- Inwieweit wird durch klassische und instrumentelle Konditionierung Instinktverhalten verändert?
- Worin besteht der Irrtum der behavioristischen S-R-Doktrin?
- Welche Beobachtungen und Befunde zeigen die Determination tierischen Verhaltens durch ihre erwartbaren Effekte?
- Was ist latentes Lernen, und inwiefern erweitert latentes Lernen das Verhaltensrepertoire?

Beispiel

Wir haben eine Perserkatze, die sehr verwöhnt wird. Wenn wir mit den Futtertüten rascheln, läuft unsere Sissi schnurstracks zu ihrem Fressplatz. Das ist konditioniertes Verhalten. Das Rascheln ruft das an die Fütterung gebundene Verhalten hervor. Wenn Sissi im Fressnapf aber nicht das gewohnte leckere Futter vorfindet, zögert sie erst und zieht sich dann mit allen Zeichen der Empörung zurück. Offensichtlich hat sie nicht nur auf das Rascheln reagiert, sondern zugleich auch eine konkrete Vorstellung von dem zu erwartenden Futter ausgebildet, die nun enttäuscht wurde. Tiere, so zeigt die Beobachtung, lernen nicht nur, bei welchen Reizen welches Verhalten zu Belohnungen führt, sondern sie lernen auch, was sie als Belohnung erwarten können.

3.1 Anpassung instinktiven Verhaltens an die Umgebung

3.1.1 Struktur instinktiven Verhaltens bei Tieren

Lernen, so hatten wir definiert, ist die Veränderung in Strukturen der Verhaltenssteuerung aufgrund individueller Erfahrung. Das Verhalten von Tieren wird weitgehend durch Instinkte bestimmt. Überlegungen zum Lernen bei Tieren sollten also von den Strukturen instinktiven Verhaltens ausgehen, um dann zu bestimmen, was an diesen Strukturen durch welche Erfahrungen verändert wird.

> **Definition**
>
> **Instinkte** sind Anlagen zur Ausbildung von Verhaltensmustern für die Befriedigung elementarer Bedürfnisse und deren Bindung an geeignete Auslösebedingungen (Schlüsselreize).

Instinktives Verhalten bezieht sich auf die Bewältigung elementarer Lebensanforderungen wie Fortpflanzung, Nahrungsbeschaffung, Aufzucht der Nachkommen usw. Bei jeder Spezies finden sich dementsprechend Verhaltensmuster etwa für das Anschleichen an Beutetiere, für die Paarung, für den Nestbau oder die Fütterung des Nachwuchses. Diese Verhaltensmuster sind in ihrer Grundform angeboren, werden aber durch Erfahrung an die Umgebung angepasst. So nehmen etwa junge Eichhörnchen eine Haselnuss sofort zwischen die Vorderpfoten und beginnen Nagefurchen anzulegen, auch wenn sie noch nie zuvor eine Haselnuss gesehen haben. Allerdings werden anfänglich mehrere Furchen angelegt, und erst mit der Zeit lernen die Tiere, sich auf eine Furche zu konzentrieren. Gleichermaßen beherrschen junge Möwen von Geburt an das Landemanöver, lernen aber später, gegen den Wind zu landen usw.

Die Aktivierung instinktiven Verhaltens wird durch die Stärke des jeweils zu befriedigenden Bedürfnisses kontrolliert (◘ Abb. 3.1). Auf die Stärke der Bedürfnisse haben innere wie äußere Faktoren Einfluss. Das Bedürfnis nach Paarung wird z. B. bei vielen Spezies sowohl durch Hormone als auch durch die jahreszeitlichen Schwankungen von Tagestemperatur und Tageshelligkeit beeinflusst (Paarungszeiten). Wenn das Bedürfnis steigt, steigt auch die Bereitschaft, das zugeordnete Verhalten auszuführen. Was dann noch fehlt, ist die passende Gelegenheit. Diese wird durch sog. **Schlüsselreize** signalisiert, nach denen die Tiere aktiv suchen. Dabei handelt es sich um Reize, die hinreichend verlässlich etwa einen Paarungspartner, ein Beutetier, einen geeigneten Platz zum Nestbau usw. anzeigen und damit den Erfolg des in Bereitschaft stehenden Balz-, Beute- bzw. Nestbauverhaltens

3.1 · Anpassung instinktiven Verhaltens an die Umgebung

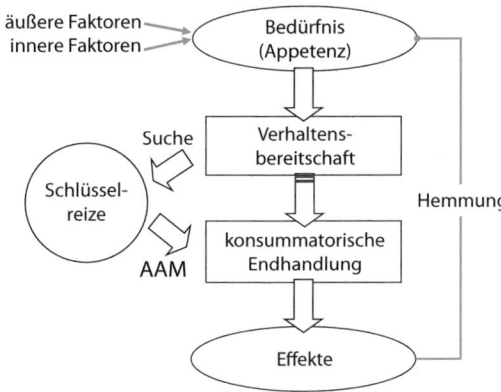

Abb. 3.1 Grundstruktur instinktiver Verhaltenskoordination

wahrscheinlich machen. Sind Verhaltensbereitschaft und Schlüsselreize gegeben, wird das Verhalten zwangsläufig ausgelöst (AAM, angeborener auslösender Mechanismus). Der Vollzug mündet in eine „konsummatorische Endhandlung", also in den Akt der Paarung, in das Schlagen der Beute, in Aktivitäten des Nestbaus usw. Treten die das Bedürfnis befriedigenden Effekte ein, ist der Instinkt vollendet. Das Bedürfnis wird gehemmt, und die Verhaltensbereitschaft erlischt, bis das Bedürfnis erneut ansteigt und der Reigen von vorne beginnt.

Eine besondere Situation entsteht, wenn Bedürfnis und Verhaltensbereitschaft groß sind, die aktuelle Situation aber keine Schlüsselreize bietet, um das Verhalten auszuführen. In einer solchen Situation zeigen die Tiere Unruhe und erhöhte Aktivität. Biologen sprechen vom **Appetenzverhalten**, das Tinbergen, einer der wohl scharfsinnigsten Verhaltensforscher, so beschrieben hat:

> So starr und invariant der Endinstinkt, so plastisch, so zielstrebig ist das Suchen nach den die Endhandlung adäquat auslösenden Außensituationen … das Tier sucht auf jede ihm mögliche Weise so lange, bis es etwas findet, das ihm die Signalreize bietet, die das eben diesen Trieb verzehrende Endverhalten adäquat auslösen (Tinbergen 1952, S. 97–98).

3.1.2 Modifikation instinktiven Verhaltens durch klassische und instrumentelle Konditionierung

Die Ratten, Tauben, Katzen, Hunde usw., die in Lernxperimenten gewöhnlich als Versuchstiere dienen, bekommen vor den Versuchen in der Regel kalorienreduzierte Kost bis sie auf etwa 70 % ihres Normgewichts abgemagert sind. Die Tiere sind demzufolge extrem hungrig, wenn die Versuche durchgeführt werden. Sie finden aber im Versuchskäfig zunächst weder etwas zum Fressen noch etwas zum Saufen. Sie befinden sich demzufolge in einem **Appetenzzustand** und versuchen auf jede ihnen mögliche Weise (Tinbergen), in eine Situation zu kommen, die es ihnen endlich erlaubt, das in Bereitschaft stehende Fressverhalten auszuführen.

Wenn in dieser Situation ein (beachteter) Reiz das ersehnte Futter verlässlich ankündigt, wird das in Bereitschaft stehende Verhalten an den neuen Reiz gebunden. Soweit es um unwillkürliches Verhalten wie z. B. Speicheln geht, handelt es sich um klassische Konditionierung. Es entsteht ein bedingter Reflex. Sobald willkürliche Verhaltensweisen hinzutreten, und sei es nur das Laufen zum Futternapf, wird die Grenze zur **instrumentellen Konditionierung** überschritten. Das Tier lernt nun, bereits verfügbare und/oder neue Verhaltensweisen einzusetzen, um die Signalreize zu finden, die das den Hunger befriedigende konsummatorische Fressverhalten und damit das Erlangen von „Belohnung" ermöglichen. In anderen Worten: Das hungrige Tier lernt sich so zu verhalten, dass es seinen Hunger letztlich stillen kann.

Die behavioristischen Theorien beschreiben die zugrunde liegenden Lernvorgänge als Bildung von Reiz-Reiz-(CS-US-) bzw. Reiz-Reaktions-(S-R-)Assoziationen: Das Verhalten der Tiere, so wird angenommen, wird von Reizen getriggert. Nach dieser Auffassung lernen Tiere z. B. einen Hebel zu drücken, *weil* ein bestimmter Reiz gegeben ist.

Betrachtet man hingegen tierisches Lernen als Modifikation instinktiven Verhaltens, dann *wollen* die Tiere ihren Hunger stillen. Sie lernen, einen Hebel zu drücken, nicht weil ein bestimmter Reiz gegeben ist, sondern *um* zu Futter zu kommen. Und nur, wenn der Experimentator den Erfolg des Hebeldrückens von Reizbedingungen abhängig macht, wird auch das Verhalten von diesen Reizen abhängig. Nach dieser Überlegung wird das Verhalten der Tiere nicht von aktuell gegebenen Reizen, sondern von dem Streben nach Befriedigung aktueller Bedürfnisse determiniert.

Aus behavioristischer Sicht haben Verhaltenseffekte lediglich eine belohnende oder bestrafende Funktion, um reizgebundene Assoziationen zu verstärken oder abzuschwächen (▶ Abschn. 2.2.3, „Das Effektgesetz (‚law of effect')"). Betrachten wir dagegen die tierischen Lernvorgänge als Modifikation instinktiven Verhaltens, wird das Erreichen von erwünschten Verhaltenseffekten zum zentralen Gegenstand des Lernens. Tierisches Verhalten ist fast immer darauf ausgerichtet, bestimmte, aktuell erwünschte Effekte zu erzielen, um aktuell bestehende Bedürfnisse zu befriedigen. Dass die behavioristischen S-R-Theorien diese Zielorientiertheit tierischen Verhaltens nicht berücksichtigt haben, hat der britische Lernforscher Anthony Dickinson „pervers" genannt,:

> The most perverse feature of such stimulus-response theories has always been the claim that knowledge about the instrumental contingency between action and outcome plays no role in the performance of the action (Dickinson 1994, S. 48).

In den folgenden Abschnitten behandeln wir Beobachtungen und Befunde, die deutlich zeigen, dass das Verhalten von Tieren in der Regel nicht von erlernten Reiz-Reiz- und/oder Reiz-Reaktions-Verbindungen determiniert wird, sondern von erworbenem Wissen darüber, was mit welchen Verhaltensweisen in der Umwelt erreicht werden kann. Wir werden herausarbeiten, dass es sich bei den das Verhalten von Tieren determinierenden Strukturen nicht um Reiz-Reaktions-, sondern um Verhaltens-Effekt-Beziehungen handelt, die gegebenenfalls durch Reizbedingungen modifiziert werden können.

3.2 Verhaltens-Effekt-Lernen

3.2.1 „Differential-outcome-Effekt"

Wenn ein Tier z. B. lernt, nur bei grünem, aber nicht bei rotem Licht einen Hebel zu drücken, weil nur bei Grün, aber nicht bei Rot das Hebeldrücken belohnt wurde (▶ Abschn. 2.4, Diskriminationslernen), dann liegt es nahe, anzunehmen, dass die Belohnung zu einer Verbindung zwischen „Grün" und „Hebeldrücken" geführt hat – eine scheinbar überzeugende Demonstration von Reiz-Reaktions-Lernen (S-R). Sobald man allerdings auf die Idee kommt, nicht nur verschiedene Reize, sondern auch verschiedene Belohnungen zu verwenden, stellen sich Ergebnisse ein, die mit S-R-Lernen allein nicht mehr zu erklären sind.

Aus Sicht des Behaviorismus war allein die Stärke der Belohnung für den Lernerfolg ausschlaggebend, sodass in der Regel auch nur die Stärke der Belohnung variiert wurde. Die Ergebnisse bestätigten die Theorie: Je stärker die Belohnung, umso stärker der Lernerfolg. Neue Einsichten konnte man erst gewinnen, als auch die Art der Belohnung variiert wurde, obwohl dies nach behavioristischer Auffassung keinen Einfluss auf das Lernen haben sollte. Es gilt wohl generell, dass eine theoretische Vorstellung dazu verführt, jeweils nur die Variablen oder Bedingungen zu untersuchen, die nach der Theorie von Interesse sind. Neue Einsichten gewinnt man aber eher dann, wenn der Einfluss von Bedingungen untersucht wird, die nach vorliegenden theoretischen Überlegungen keine Rolle spielen sollten.

Milton A. Trapold (1970) von der University of Minnesota war vermutlich der Erste, der in einem Experiment zur Diskrimination zweier S-R-Verbindungen verschiedene Belohnungen verwendete. In seinen Experimenten belohnte er Ratten, wenn sie bei einem Ton eine linke Taste und bei einem Klickergeräusch eine rechte Taste drückten. Ein Teil der Ratten (Kontrollgruppe) wurde für das Drücken beider Tasten mit Futterkugeln (bzw. Zuckerwasser) belohnt. Die anderen Ratten (Experimentalgruppe) erhielten dagegen bei der linken Taste Futterkugeln und bei der rechten Taste Zuckerwasser (oder umgekehrt).

Im Ergebnis lernten die Ratten mit unterschiedlicher Belohnung schneller, auf den Ton nur die rechte und auf das Klickern nur die linke Taste zu drücken als die Ratten mit gleicher Belohnung. Tiere lernen also schneller auf zwei Reizsituationen (S_1 und S_2) unterschiedlich zu reagieren ($S_1 \rightarrow R_1$ und $S_2 \rightarrow R_2$), wenn die Reaktionen auch zu unterschiedlichen ($S_1 \rightarrow R_1$-E_1 und $S_2 \rightarrow R_2$-E_2) anstatt zu gleichen Belohnungen (Effekten) führen. Dies ist der **Differential-outcome-Effekt**, der nach dieser ersten Untersuchung in verschiedenen Versionen und bei verschiedenen Tierarten überzeugend bestätigt worden ist (vgl. Urcuioli 2005).

Der Differential-outcome-Effekt zeigt, dass die mit verschiedenen Verhaltensweisen erreichbare konkrete Form der Belohnung von den Tieren gelernt wird, sodass verschiedene Belohnungen die Unterscheidbarkeit von Verhaltensweisen erhöhen und damit das Diskriminationslernen beschleunigen. Die Tiere binden belohntes Verhalten eben nicht nur an die jeweils gegebenen Situationsreize, sondern sie bilden auch Erwartungen darüber aus, welche konkreten Belohnungen (Effekte) sie mit dem jeweiligen Verhalten erreichen können.

3.2.2 Devaluationstechnik und die Determination des Verhaltens durch Effekterwartungen

Ein genaueres Bild darüber, wie Verhaltenseffekte in die Verhaltenssteuerung einbezogen werden, liefern Untersuchungen mit der sog. **Devaluationstechnik**. Bei dieser Technik wird zunächst ein bestimmtes Verhalten durch Belohnung (z. B. durch Futter) an eine bestimmte Situation gebunden. Nach der Konditionierung wird das als Belohnung verabreichte Futter entwertet (devaluiert). Das geschieht in der Regel dadurch, dass den Tieren, wenn sie von dem Futter fressen, etwas Lithium-Chlorid injiziert wird, was eine leichte Übelkeit auslöst. Das Futter wird ihnen auf diese Weise vergällt, sodass sie kaum noch davon fressen. Untersucht wird, inwieweit diese nachträgliche **Devaluierung (Entwertung)** der Belohnung das zuvor damit belohnte Verhalten beeinflusst.

Ein anschauliches Beispiel liefert ein Experiment von Colwill und Rescorla (1985). Das Experiment gliedert sich in drei Phasen (◘ Abb. 3.2). In der ersten Phase finden Ratten im Experimentierkäfig jeweils eine von zwei Verhaltensmöglichkeiten vor: Es gibt entweder eine Taste zum Drücken oder eine Schnur zum Zerren. Das Zerren an der Schnur wird mit Futterkugeln und das Drücken der Taste mit Zuckerlösung belohnt. Das ist die Vorgehensweise zur Erzeugung eines Differential-outcome-Effektes. Zusätzlich wird nun in der zweiten Phase eine der beiden Belohnungen im Heimatkäfig devaluiert. Nehmen wir als Beispiel eine Devaluierung der Futterkugeln an. In der dritten Phase werden die Tiere wieder in den Experimentalkäfig gesetzt, in dem sich jetzt sowohl die Taste zum Drücken als auch die Schnur zum Zerren befinden. Vor die Alternative gestellt, bevorzugen die Tiere das Drücken der Taste und vermeiden damit das Verhalten, das zu den inzwischen entwerteten Futterkugeln führen würde.

Betrachten wir die Situation zunächst aus der behavioristischen Perspektive des S-R-Lernens: Die Reizsituation „Experimentierkäfig" wird durch Belohnung gleichermaßen mit beiden Verhaltensweisen verbunden. Auf diese Verbindungen kann die Devaluierung im Heimkäfig keinen Einfluss haben, da hier weder die Reize des Experimentierkäfigs gegeben sind, noch die beiden Verhaltensweisen ausgeführt werden können. Dementsprechend sollten auch noch nach der Devaluierung beide Verhaltensweisen in etwa gleichstark durch die Situation des Experimentierkäfigs aktiviert werden. Es gibt aber eine deutliche Tendenz, jeweils das Verhalten zu meiden, das zu der inzwischen devaluierten Belohnung führen würde. Daraus lassen sich drei Schlussfolgerungen ziehen:

— Die Tiere haben den Zusammenhang zwischen den beiden Verhaltensweisen und den mit ihnen erreichbaren Belohnungen gespeichert, d. h. sie haben Verhaltens-Effekt-Assoziationen gebildet.
— Erinnerungen an die Belohnungen werden erfahrungsabhängig modifiziert (hier entwertet).
— Die Verhaltenswahl wird durch die mit dem Verhalten assoziierten und erinnerbaren Belohnungen determiniert.

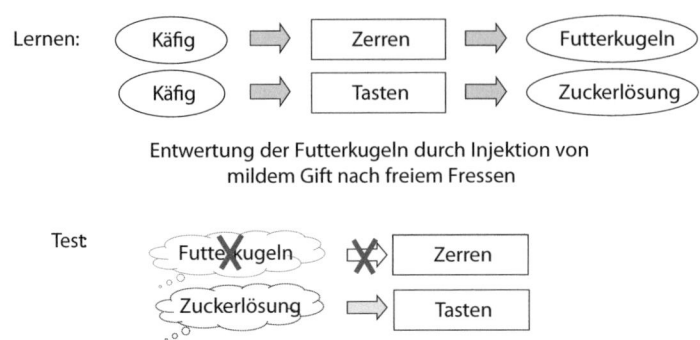

◘ Abb. 3.2 Veranschaulichung der Versuchsanordnung und des Ergebnisses eines Experimentes von Colwill und Rescorla (1985)

Die hungrigen Tiere scheinen angesichts des Experimentierkäfigs zu denken: „Oh, hier kann ich mir endlich wieder Futterkugeln und Zuckerlösung beschaffen. Von den Futterkugeln wird mir schlecht, also werde ich lieber Zuckerlösung organisieren. Um das zu erreichen, muss ich an der Schnur ziehen …" Ob die Tiere wirklich so „denken", kann man letztlich nicht wissen – sie verhalten sich aber so.

3.2.3 Situationsabhängigkeit von Verhaltens-Effekt-Beziehungen

In dem eben beschriebenen Experiment wurde das Verhalten, das zur devaluierten Belohnung führt, nicht vollständig vermieden, sondern hin und wieder doch noch ausgeführt. Das ist möglicherweise auf eine unvollständige Devaluierung zurückzuführen. Allerdings könnte es auch sein, dass der Experimentierkäfig die Tiere immer noch ein wenig dazu anregt, den Hebel zu drücken, obwohl sie „wissen", dass die zu erwartenden Futterkugeln Übelkeit hervorrufen. Es wäre gewissermaßen eine gewohnheitsmäßige Reaktion auf die gegebene Gelegenheit, an der Schnur zu ziehen, die trotz zu erwartender negativer Konsequenzen ergriffen wird. Kurzum, neben dem Einfluss der zu erreichenden Belohnungen war in diesem Experiment ein noch bestehender Einfluss der **Reizsituation** auf die Verhaltenswahl nicht auszuschließen.

Um Einflüsse von Reizsituation und Verhaltenseffekten im Zusammenhang beobachten zu können, haben Collwill und Rescorla (1990) das Experiment auf interessante Weise erweitert (◘ Abb. 3.3): Die Art der Belohnung der beiden Verhaltensalternativen wurde von einem Reiz abhängig gemacht. Bei einem Lichtreiz führten das Zerren an der Schnur zu Futterkugeln und das Drücken der Taste zur Zuckerlösung. Bei einem Tonreiz führten umgekehrt das Zerren an der Schnur zu Zuckerlösung und das Drücken der Taste zu Futterkugeln. Nachdem diese Zusammenhänge zwischen den beiden Reizen, den beiden Verhaltensweisen und den beiden Belohnungen wiederholt von den Tieren erlebt worden sind, wurde eine der Belohnungen im Heimkäfig devaluiert. Nehmen wir als Beispiel wieder eine Devaluierung der Futterkugeln an.

In der anschließenden Testphase wird nun zu verschiedenen Zeitpunkten entweder das Licht oder der Ton dargeboten. Die Verhaltenswahl der Tiere zeigt sich deutlich abhängig vom aktuellen Reiz: Beim Licht bevorzugen die Tiere das Drücken der Taste und beim Ton das Zerren an der Schnur. Sie neigen also dazu, jeweils diejenige Verhaltensalternative zu vermeiden, die erfahrungsgemäß bei dem jeweils gegebenen Reiz zur entwerteten Belohnung führen würde. Um eine solche reizabhängig gegensätzliche Bevorzugung der Verhaltensweisen realisieren zu können, müssen die Tiere gelernt haben, bei welchem der beiden Reize welche der beiden Verhaltensalternativen zu welcher der beiden Belohnungen führt. In anderen Worten: Es sind nicht nur **Verhaltens-Effekt-Beziehungen** gebildet worden, sondern diese wurden auch an die Reizsituationen gebunden,

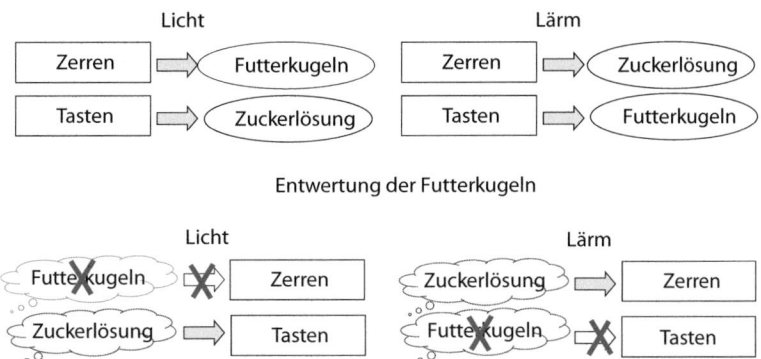

Abb. 3.3 Veranschaulichung der Versuchsanordnung und des Ergebnisses eines Experimentes von Colwill und Rescorla (1990)

in denen sie wiederholt erlebt worden sind. Kurzum, es wurden **situationsabhängige** Verhaltens-Effekt-Beziehungen (S-R→E) aufgebaut.

3.3 Latentes Lernen: Verhaltens-Effekt-Lernen ohne Bekräftigung

Wir sind in der bisherigen Darstellung davon ausgegangen, dass Belohnungen und Bestrafungen Voraussetzungen für tierisches Lernen sind. Das scheint so nicht richtig zu sein. Es ist das Verdienst von Edward C. Tolman, schon früh darauf hingewiesen zu haben, dass Tiere auch lernen, ohne belohnt oder bestraft zu werden (sog. latentes Lernen; Tolman 1932). Eine überzeugende Demonstration für ein **Lernen ohne Belohnung** liefert ein Experiment von Seward (1949):

In dem Experiment wird ein einfaches T-Labyrinth wie in ◘ Abb. 3.4 verwendet. Als Versuchstiere dienen Ratten. Den Ratten wird an zwei aufeinanderfolgenden Tagen die Möglichkeit gegeben, das „T" zu explorieren (Explorationsphase). Sie schnuppern hier und da, laufen vor und zurück und an der Gabelung mal nach rechts und mal nach links. Wenn sie nach links laufen, kommen sie z. B. in eine „helle" Kammer A, und wenn sie nach rechts laufen, kommen sie in eine „dunkle" Kammer B. Die Kammern sind nicht einsehbar, sodass sich von der Gabelung aus die Gänge nach links und rechts nicht unterscheiden.

Am dritten Tag werden die Ratten in einer der beiden Kammern, z. B. in der Kammer A, kurz gefüttert – gerade genug, um ihnen Appetit zu machen, aber bei Weitem nicht ausreichend, um den Hunger zu stillen. Nach der Fütterung werden die Tiere in die Startkammer gesetzt. Die Frage ist, wohin die Ratten laufen werden. Von den 32 untersuchten Ratten laufen 28 Ratten ohne Zögern nach links in die Kammer, in der sie kurz zuvor gefüttert wurden; nur vier Ratten laufen nach rechts.

Es liegt nahe, zu vermuten, dass die Ratten das Futter riechen können und deshalb den richtigen Weg wählen. Das wäre ein wenig interessanter Zusammenhang. Um diese einfache Erklärung auszuschließen, führte Sewart zwei Kontrollexperimente durch. Im ersten Experiment wurden 55 andere Ratten der gleichen Prozedur unterworfen, ohne dass sie zuvor das Labyrinth explorieren konnten. Von den 55 Ratten laufen 27 zur Kammer, in der sie gefüttert wurden und 28 Ratten laufen in die andere Richtung. Im zweiten Experiment konnten 48 Ratten das Labyrinth zwar explorieren, allerdings unterschieden sich diesmal die beiden Kammern nicht. Auch hier laufen nur 26 Ratten in die Kammer, in der sie gefüttert wurden, und 22 Ratten laufen in die andere Richtung. In beiden Kontrollexperimenten läuft also etwa die Hälfte der Ratten in die eine, die andere Hälfte in die andere Kammer. Dies entspricht einer zufälligen Wahl.

Die im ersten Experiment gefundene Bevorzugung des „richtigen" Weges muss also damit

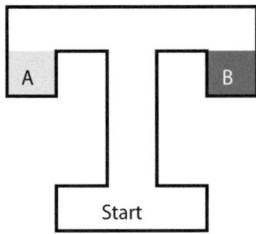

Abb. 3.4 Veranschaulichung der Versuchsbedingungen eines Experimentes von Seward (1949)

zusammenhängen, dass erstens der Gang nach links zu anderen Konsequenzen führt als der Gang nach rechts, und zweitens, dass die Ratten diese unterschiedlichen Konsequenzen während einer Explorationsphase erleben können. Was also haben die Ratten in der Explorationsphase gelernt? Reiz-Reaktions-Lernen (S-R) und Reiz-Reiz-Lernen (S-S) scheiden aus. Das Laufen nach links zur hellen Kammer wird in der Exploration genauso nicht belohnt wie das Laufen nach rechts zur dunklen Kammer. Beide Verhaltenstendenzen und beide Kammern sollten also (wie in den Kontrollexperimenten) gleich schwach an die Weggabelung gebunden sein. Bleibt als alleinige Möglichkeit, dass die Tiere die erlebten Beziehungen zwischen den Verhaltensalternativen (links oder rechts) und den daraufhin eintretenden unterschiedlichen Effekten (helle oder dunkle Kammer) gelernt (gespeichert) haben, und zwar ohne jede Belohnung oder Bestrafung. Als dann später eine der Kammern zu einem anstrebenswerten Futterplatz wurde, „wussten" die Tiere bereits, wie sie dieses Ziel erreichen können und verhielten sich dementsprechend.

Dieses und viele weitere Experimente zum latenten Lernen haben die erst später entwickelte Devaluationstechnik mit umgekehrten Vorzeichen vorweggenommen: Während bei der Devaluierung ein zunächst belohnender Verhaltenseffekt (etwa durch Übelkeit) entwertet wird, wird zum Nachweis latenten Lernens ein zunächst neutraler Verhaltenseffekt (etwa durch Fütterung) aufgewertet. Während die Devaluierung zur Vermeidung des Verhaltens mit dem entwerteten Effekt führt, bewirkt die Aufwertung eine Bevorzugung des Verhaltens mit dem aufgewerteten Effekt. Devaluierung und latentes Lernen vermitteln also gleichermaßen eine grundsätzliche Erkenntnis: Die Wahl des Verhaltens wird von

vorhersehbaren Effekten und nicht von der gegebenen Situation bestimmt.

Die Experimente zum latenten Lernen zeigen, dass Tiere Erfahrungen über die Effekte ihres Verhaltens auch dann speichern, wenn diese Effekte zu dem Zeitpunkt, zu dem die entsprechende Erfahrung gemacht wird, weder belohnenden noch bestrafenden Charakter haben. Es ist als ob die Tiere „wissen wollen" was sie mit ihrem Verhalten alles erreichen oder bewirken können. Darüber hinausgehend ist auch gezeigt worden, dass wiederholt auftretende Beziehungen zwischen aufeinanderfolgenden Reizen latent gelernt werden, d.h. ohne dass auch hier die Reize belohnenden oder bestrafenden Charakter haben (▶ Exkurs).

> **Exkurs**
>
> **Sensorische Vorkonditionierung**
>
> Rizley und Rescorla berichteten 1972 ein Experiment, in dem Ratten zunächst das Aufeinanderfolgen eines Licht- und eines Tonreizes wiederholt erlebten. Anschließend wurde in einem klassischen Konditionierungsexperiment allein der Ton mit einem leichten Elektroschock gepaart. In entsprechenden Testversuchen wurde schließlich gezeigt, dass die Tiere eine konditionierte Vermeidungsreaktion nicht nur auf den konditionierten Ton zeigten, sondern auch auf den Lichtreiz, der nie mit dem Schock zusammen dargeboten wurde. Das Ergebnis weist darauf hin, dass die Tiere in der ersten Phase des Experimentes die Aufeinanderfolge von Ton→Licht gelernt hatten, sodass in der Testphase der Ton die Erwartung des Lichtreizes und damit auch die Erwartung eines nachfolgenden Schocks hervorrufen und eine Vermeidungsreaktion aktivieren konnte. Im Unterschied zur Ausbildung eines bedingten Reflexes höherer Ordnung (▶ Abschn. 2.2.3) löst hier ein erster Reiz die Erwartung eines zweiten Reizes aus, ohne dass dieser bereits konditioniert und damit verhaltensrelevant wurde – ein Phänomen, dass sensorische Vorkonditionierung („sensory preconditioning") genannt wird.

3.4 Antizipationsbedürfnis und Erwartungen als Verhaltensziele

Die Existenz latenten Lernens weist darauf hin, dass tierisches Lernen nicht allein auf die Befriedigung von unmittelbar lebens- und arterhaltenden

Bedürfnissen wie Nahrungsaufnahme oder Fortpflanzung, ausgerichtet ist. Es scheinen sich darüber hinaus Lernmechanismen etabliert zu haben, die wenigstens in den lebenstypischen Verhaltensbereichen der Tiere dafür sorgen, dass Verhaltenserfahrungen auch dann gespeichert werden, wenn sie nicht unmittelbar zu einer Befriedigung oder Verletzung solcher Bedürfnisse führen. Der Vorteil eines solchen latenten Lernmechanismus liegt auf der Hand: Die Speicherung von verlässlichen Beziehungen vor allem zwischen dem eigenen Verhalten und seinen Effekten erweitert den Verhaltenshorizont der Tiere **auf Vorrat**. Indem sie lernen, was sie mit ihrem Verhalten prinzipiell erreichen können, erwerben die Tiere Verhaltenskompetenzen, die ihnen zwar nicht im Moment, aber möglicherweise in der Zukunft von Nutzen sein können: Wenn, wie in den geschilderten Experimenten, einer der gelernten Effekte (Kammer A) zu einem lohnenswerten Ziel wird (Futterplatz), kann das Verhalten zum Erreichen dieses Ziels unmittelbar aktiviert werden, so wie anderes Verhalten unmittelbar vermieden werden kann, wenn dessen Effekt plötzlich mit dem Risiko einer Bestrafung verbunden wird.

Möglicherweise wird jedoch auch das latente Lernen durch die Befriedigung eines Bedürfnisses getrieben, das allerdings nicht durch das Eintreten von nur Belohnungen, sondern durch das Eintreten beliebiger Effekte befriedigt werden kann. Hoffmann (1993b) hat in diesem Zusammenhang ein **Bedürfnis nach Vorhersage von Verhaltenseffekten (Antizipationsbedürfnis)** vermutet (▶ Abschn. 4.5). Tiere mit einem solchen Bedürfnis würden danach streben, Effekte ihres Verhaltens möglichst präzise zu antizipieren, sodass Abweichungen der eintretenden von den vorhergesagten Effekten zu einer Anpassung der Effektantizipationen und/oder des Verhaltens führen würden. Auf diese Weise würden die Tiere Konsequenzen ihres Verhaltens immer besser vorhersagen und damit ihr Verhalten auch immer präziser zur Herstellung bestimmter Konsequenzen einsetzen können. Ein solches Streben nach Antizipierbarkeit von Verhaltenseffekten erweitert den Umfang erlernbaren Verhaltens wesentlich. Lernen wird dann nicht länger nur durch explizite Belohnungen oder Bestrafungen stimuliert, sondern beliebige Verhaltenseffekte können dazu beitragen, ihre verhaltensbedingte Vorhersagbarkeit und damit auch ihre Herstellbarkeit zu verbessern.

Andere Autoren haben in diesem Zusammenhang von einem „Explorationsbedürfnis" (Berlyne 1950, 1958), von einem „Manipulationstrieb" (Harlow 1953), einem „Bedürfnis nach Meisterschaft" („instinct to master"; Hendrick 1943) oder direkt von einem Bedürfnis nach effektiver Verhaltenssteuerung („motivation of effectance"; White 1959) gesprochen. All diesen Konzepten liegt die Überlegung zugrunde, dass Tiere nicht nur agieren, um ihre unmittelbaren Bedürfnisse zu befriedigen, sondern dass sie auch danach streben, ihre Verhaltensmöglichkeiten per se zu vervollkommnen. Da damit Fortpflanzungsvorteile verbunden sind, haben sich Mechanismen latenten Lernens bevorzugt „fortgepflanzt" und sind so in der Evolution bewahrt und ausgebaut worden.

3.5 Fazit

Lernen bei Tieren besteht in der Anpassung und Erweiterung instinktiven Verhaltens. Instinkte repräsentieren das in der Evolution einer Spezies akkumulierte Wissen darüber, für die Befriedigung welcher Bedürfnisse, welche Verhaltensweisen in welchen Situationen erfolgversprechend sind. Lernen findet vor allem dann statt, wenn das durch ein aktuelles Bedürfnis aktivierte Instinktverhalten nicht ausgeführt werden kann, weil keine passenden Bedingungen vorliegen. Die Tiere versuchen dann auf jede ihnen mögliche Weise Situationen aufzufinden, die ihnen die Ausführung des auf Vollendung drängenden Instinktverhaltens ermöglichen. Sie lernen dabei, welche Situationen (Effekte) sie durch welches Verhalten verlässlich erzeugen können.

Die Bedeutung der Beziehung von Verhalten und Effekt ist im Behaviorismus völlig verkannt worden. Aus behavioristischer Sicht wurden vor allem Reiz-Reaktions- und nicht Verhaltens-Effekt-Beziehungen gelernt. Es ist zwar richtig, dass das Verhalten auch von Reizbedingungen abhängt, aber die Reize determinieren das Verhalten nicht. Entscheidend für die Wahl des Verhaltens sind nicht die gegebenen Reize, sondern Antizipationen von herzustellenden Situationen, die eine Befriedigung bestehender Bedürfnisse versprechen. Es wird jeweils das Verhalten aktiviert, das erfahrungsgemäß die antizipierte (angestrebte) Situation herstellt. Reize werden als

Signale für das Auftreten bzw. die Herstellbarkeit angestrebter Situationen gelernt.

Der Erwerb von Verhaltens-Effekt-Beziehungen ist nicht daran gebunden, dass die Effekte Belohnungen oder Bestrafungen sind. Es werden auch Verhaltensweisen zur Herstellung von neutralen Effekten gelernt. Dies deutet auf ein Bedürfnis zur Antizipation von Verhaltenseffekten, das durch jeden beliebigen Effekt befriedigt werden kann, wenn er nur verlässlich hergestellt wird. Die so erworbenen Verhaltens-Effekt-Beziehungen erweitern das vorgegebene instinktive Verhaltensrepertoire durch Verhaltenswissen, das die Tiere vorsorglich auf mögliche künftige Verhaltensanforderungen vorbereitet.

? Kontrollfragen
1. Von welchen Bedingungen ist die Ausführung instinktiven Verhaltens abhängig?
2. Wie wird instinktives Verhalten durch Lernen verändert und erweitert?
3. Was versteht man unter der Devaluationstechnik, und welche Schlussfolgerungen erlauben die mit ihr erzielten Resultate?
4. Wie kann gezeigt werden, dass Verhaltens-Effekt-Beziehungen situationsabhängig gelernt werden?
5. Was versteht man unter latentem Lernen?
6. Wodurch erhöht latentes Lernen die „Fitness" von Tieren?

Weiterführende Literatur

Dickinson, A. (1980). *Contemporary animal learning theory*. Cambridge: Cambridge University Press.
Dickinson, A., & Balleine, B. W. (2000). Causal cognition and goal-directed action. In C. Heyes & L. Huber (Eds.), *The evolution of cognition* (pp. 185–204). Cambridge, MA: MIT Press.
Hoffmann, J. (1993). *Vorhersage und Erkenntnis: Die Funktion von Antizipationen in der menschlichen Verhaltenssteuerung und Wahrnehmung*. Göttingen: Hogrefe.
Rescorla, R. A. (1991). Associative relations in instrumental learning: The Eighteenth Bartlett Memorial Lecture. *Quarterly Journal of Experimental Psychology, 43B*, 1–23.
Tolman, E. C. (1932). *Purposive behavior in animal and men*. New York: Appleton-Century-Crofts.

Erwerb willkürlichen, zielgerichteten Verhaltens beim Menschen

Joachim Hoffmann

4.1 Der Primat des Verhaltens-Effekt-Lernens gegenüber dem Reiz-Reaktions-Lernen – 43
4.1.1 Willkürliches vs. unwillkürliches Verhalten – 43
4.1.2 Blockierung des Lernens von Reiz-Reaktions-Beziehungen durch vorrangige Beachtung von Verhaltenseffekten – 44
4.1.3 Ausbildung situationsabhängiger Verhaltens-Effekt-Beziehungen – 46

4.2 Situationsbezogene Gewohnheiten – 48

4.3 Latentes Verhaltens-Effekt-Lernen – 50
4.3.1 Antizipationsbedürfnis: Ein Bedürfnis nach Vorhersage von Verhaltenseffekten – 50
4.3.2 Unbeabsichtigtes (inzidentelles) Verhaltens-Effekt-Lernen – 51

4.4 Erwerb von Verhaltenssequenzen – 56
4.4.1 Serielles Wahlreaktionsexperiment – 56
4.4.2 Wirkung statistischer, relationaler und raum-zeitlicher Strukturen beim Erlernen von Verhaltensfolgen – 57
4.4.3 Wirkung von Reiz-Reiz-, Reaktions-Reaktions- und Aktions-Effekt-Beziehungen beim Erlernen von Verhaltensfolgen – 60
4.4.4 Chunking: die Gliederung von Verhaltensfolgen in Teilfolgen mit erhöhter Vorhersagbarkeit der auszuführenden Handlungen – 62

4.5 Erwerb antizipativer Verhaltenskontrolle: Die ABC-Theorie – 63

© Springer-Verlag Berlin Heidelberg 2017
J. Hoffmann, J. Engelkamp *Lern- und Gedächtnispsychologie*, Springer-Lehrbuch
DOI 10.1007/978-3-662-49068-6_4

4.6 **Lernen durch Imitation – 67**
4.6.1 Bewegungsdeterminierte Imitationen – 67
4.6.2 Zieldeterminierte Imitationen – 69
4.6.3 Spiegelneuronen: neuronale Grundlagen imitierenden Verhaltens – 71
4.6.4 Funktionen der Imitation – 73

4.7 **Fazit – 75**

Lernziele

- Was unterscheidet willkürliches von unwillkürlichem Verhalten?
- Warum setzt willkürliches Verhalten das Erlernen von verlässlichen Verhaltens-Effekt-Beziehungen voraus?
- Unter welchen Bedingungen werden Verhaltens-Effekt-Beziehungen situationsspezifisch differenziert?
- Worin manifestiert sich ein Bedürfnis nach Vorhersage von Verhaltenseffekten?
- Unter welchen Bedingungen werden auch unbeabsichtigte Effekte mit dem Verhalten verbunden, das sie hervorgebracht hat?
- Welche sequenziellen Strukturen haben Einfluss auf das Erlernen von Verhaltensfolgen?
- Nach welchen Gesetzmäßigkeiten gliedern sich Verhaltensfolgen in Teilfolgen („chunks")?
- Welche Grundannahmen charakterisieren die Theorie der antizipativen Verhaltenssteuerung (ABC-Theorie)?
- Worauf beruht die Fähigkeit zur Imitation des Verhaltens anderer?
- Inwiefern erhöht die Fähigkeit zur Imitation die evolutionäre Fitness?

Beispiel

Im vorangegangenen Kapitel haben wir festgestellt, dass das Verhalten von Tieren vor allem durch Vorstellungen von zu erreichenden Situationen bestimmt wird. Was für Tiere gilt, gilt in besonderem Maße für uns Menschen. Wir tun zwar manchmal gewohnheitsmäßig das, was eine aktuelle Situation nahelegt, aber wir reagieren in aller Regel nicht auf gegebene Situationen, sondern agieren zielgerichtet, um etwas Bestimmtes zu erreichen. In ein und derselben Situation führen wir dementsprechend auch unterschiedliche- Verhaltensweisen aus. Vor dem Bildschirm des Computers sitzend, rufen wir nicht jedes Mal das Internet auf. Wenn wir einen Brief schreiben *wollen*, werden wir vielleicht „Word", und wenn wir Berechnungen vornehmen *wollen*, vielleicht „Excel" aufrufen. Es ist nicht die Reizsituation, die bestimmt, was wir tun, sondern es sind die Ziele, die wir aktuell verfolgen. Im Folgenden werden wir uns mit der Frage beschäftigen, wie wir lernen, was zu tun ist, um das, was wir erreichen wollen, auch zu erreichen? (◘ Abb. 4.1)

◘ **Abb. 4.1** Das Ziel ist alles. (Mit freundlicher Genehmigung von Hule Hanusic)

4.1 Der Primat des Verhaltens-Effekt-Lernens gegenüber dem Reiz-Reaktions-Lernen

4.1.1 Willkürliches vs. unwillkürliches Verhalten

Willkürliches Verhalten ist auf ein Ziel gerichtet. Es wird aktiviert, *um* eine bestimmte Situation herzustellen. **Unwillkürliches Verhalten** wird dagegen aktiviert, *weil* eine bestimmte Situation gegeben ist. Fast unser gesamtes Verhalten ist willkürlich. Wir agieren fast immer, um etwas zu erreichen, etwa um eine Straße zu überqueren, um ein Glas zu ergreifen, um ein Fenster zu öffnen usw. Im Gegensatz dazu ist unwillkürliches Verhalten nicht auf ein bestimmtes Ziel gerichtet. Es sind Verhaltensäußerungen, die als Reaktion auf äußere Reizsituationen oder innere Zustände auftreten. Unwillkürliches Verhalten liegt z. B. vor, wenn die Hand von einer heißen Herdplatte zurückzuckt oder wenn Trauer uns weinen lässt.

Die vorgeschlagene Unterscheidung von willkürlichem und unwillkürlichem Verhalten ist nicht so eindeutig, wie sie auf den ersten Blick scheint. Es lässt sich durchaus argumentieren, dass die Hand zurückzuckt, *um* sie vor einer möglichen Verletzung zu schützen und dass wir weinen, *um* die Trauer zu überwinden. Obwohl es sich um reflektorische Reaktionen auf Reize und Emotionen handelt, sind die Reaktionen nicht ohne Zweck und dienen in diesem

Sinne durchaus einem **Ziel**. Um also willkürliches von unwillkürlichem Verhalten deutlicher abzugrenzen, ist der willentliche Charakter des Ziels zu betonen: Willkürliches Verhalten ist auf das Erreichen eines konkreten Zielzustandes orientiert. Wenn man dieser Begriffsbestimmung folgt, ist willkürliches Verhalten dadurch bestimmt, dass es ausgeführt wird, um einen bestimmten Zustand herzustellen oder zu erreichen. Mit anderen Worten, der herzustellende oder zu erreichende Zustand muss bereits zu Beginn des Verhaltensaktes „gedacht" sein, damit man von willkürlichem Verhalten sprechen kann. Es ist der vorweg genommene antizipierte Zustand, das Ziel, das das auszuführende Verhalten bestimmt, und nicht die gegebene Reizsituation (auch wenn Situationen zur Bildung von Zielen beitragen können; ◘ Abb. 4.12). Willkürlichem Verhalten geht also *per definitionem* eine Vorstellung von dem voraus, was erreicht werden soll – ohne die Vorwegnahme eines angestrebten Zielzustandes handelt es sich nicht um willkürliches, sondern um unwillkürliches Verhalten. Um aber zu einem angestrebten Ziel das Verhalten bestimmen zu können, mit dem das Ziel (voraussichtlich) erreicht wird, müssen wir wissen bzw. erinnern können, welches Verhalten in der Vergangenheit eben dieses Ziel zu erreichen erlaubte. Daraus ergibt sich: Verhalten muss mit den **Effekten** verbunden werden, die mit ihm erreicht werden können, um es willkürlich ausführen zu können. Nur mit dem Wissen, welches Verhalten welche Effekte hervorbringt, kann umgekehrt das Verhalten bestimmt werden, das einen angezielten Effekt auch eintreten lässt. Der Erwerb willkürlichen zielgerichteten Verhaltens setzt damit das Erlernen von verlässlichen Verhaltens-Effekt-Beziehungen zwingend voraus. Und so ist auch das menschliche Lernen nicht primär auf die Ausbildung von Reiz-Reaktions-Beziehungen, sondern auf die Ausbildung von verlässlichen Verhaltens-Effekt Beziehungen ausgerichtet.

4.1.2 Blockierung des Lernens von Reiz-Reaktions-Beziehungen durch vorrangige Beachtung von Verhaltenseffekten

Bei Tieren wurde der Primat des Verhaltens-Effekt-Lernens vor dem Reiz-Reaktions-Lernen in vielen Untersuchungen gezeigt (▶ Kap. 3). Bei Menschen sind dagegen Untersuchungen zum Vergleich von Reiz-Reaktions- und Verhaltens-Effekt-Lernen selten. Die folgende Untersuchung von Stock und Hoffmann (2002) liefert ein Beispiel:

In dem Experiment wurden Studenten der Psychologie in einer Art Computerspiel vor die Situation gestellt, in aufeinanderfolgenden Versuchen für eine von vier möglichen Ausgangssituationen (Startsymbol) und für eines von vier möglichen Zielen (Zielsymbol) jeweils eine von vier möglichen Verhaltensweisen (eine von vier Tasten) zu wählen, mit der das Ziel in der gegebenen Ausgangssituation erreicht werden sollte (◘ Abb. 4.2a). Zunächst wurde das Startsymbol gezeigt, dann das Zielsymbol und dann waren die Versuchspersonen aufgefordert, eine von vier Tasten zu drücken, mit der das vorgegebene Ziel zu erreichen war. Unmittelbar danach erhielten sie eine Rückmeldung darüber, ob sie die richtige Taste gewählt hatten. Der zu lernende Zusammenhang war einfach: Für jede der vier Ausgangssituationen war genau eine der vier Tasten erfolgreich. Das heißt: Immer, wenn eine bestimmtes Startsymbol gezeigt wurde, wurde eine bestimmte Taste belohnt, egal, welches Ziel jeweils vorgegeben war. Zu erlernen war also eine Zuordnung von vier Verhaltensweisen zu vier Reizen, eine einfache Reiz-Reaktions-Beziehung.

Die kritische Variation betraf die Art der **Rückmeldung** darüber, ob die richtige Taste gewählt wurde. Einer Gruppe von Versuchspersonen wurde lediglich mitgeteilt, ob die gewählte Taste richtig oder falsch war. Bei einer zweiten Gruppe hatte dagegen die jeweils gewählte Taste den Effekt, dass einer der vier zu erreichenden Zielsymbole auf dem Bildschirm zusätzlich dargeboten wurde (Effektsymbol, vgl. ◘ Abb. 4.2a). War das Effektsymbol mit dem Zielsymbol identisch, war die richtige Taste gewählt worden. Eine Nichtübereinstimmung signalisierte dagegen die Wahl einer „falschen" Taste. Es war gewissermaßen, wie „im richtigen Leben": Das Resultat des ausgeführten Verhaltens zeigt an, ob das angestrebte Ziel erreicht ist oder nicht.

Der auf den ersten Blick unbedeutende Unterschied in der Rückmeldung führte zu einem dramatischen Unterschied im Lernen. Die Versuchspersonen mit der Richtig/Falsch-Rückmeldung erkannten schnell, welche Taste welcher Ausgangssituation zugeordnet war. Die Anzahl richtiger Tastenwahlen stieg dementsprechend zügig bis auf nahezu 100 %

4.1 · Der Primat des Verhaltens-Effekt-Lernens gegenüber dem Reiz-Reaktions-Lernen

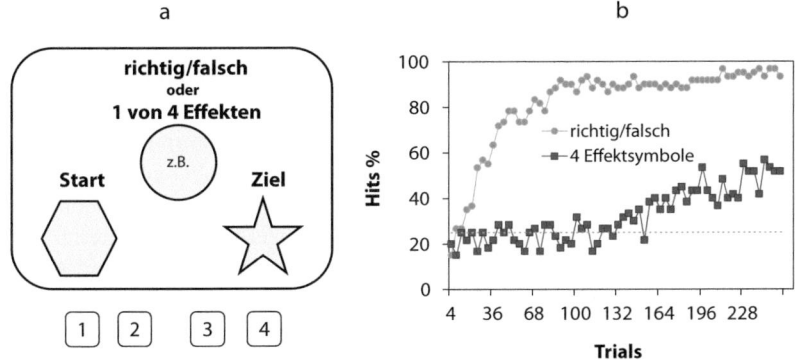

Abb. 4.2 a Bedingungen und b Resultate einer Studie von Stock und Hoffmann (2002)

an (Abb. 4.2b). Unter den Versuchspersonen der anderen Gruppe erkannten hingegen nur wenige den bestehenden Reiz-Reaktions-Zusammenhang und dies auch erst spät im Versuchsverlauf. Die Mehrzahl der Versuchspersonen verzweifelte an der Aufgabe und war am Ende überzeugt, dass der Versuchsleiter sie genarrt hatte und es überhaupt keine korrekte Lösung gab. Dementsprechend ergaben sich auch nach insgesamt 256 Versuchen nicht mehr als durchschnittlich etwa 50 % korrekte Verhaltenswahlen.

Wie ist dieser Unterschied zwischen den Gruppen zu erklären? Aus der Sicht des Reiz-Reaktions-Lernens ist kein Unterschied zu erwarten: In beiden Gruppen wird jede der vier Verhaltensweisen immer und nur in einer bestimmten Ausgangssituation durch Erfolg belohnt. Die entsprechenden Reiz-Reaktions-Beziehungen sollten dementsprechend in beiden Gruppen gleichermaßen schnell gelernt werden.

Betrachtet man die Situation aber aus der Perspektive des Verhaltens-Effekt-Lernens, ergeben sich andere Zusammenhänge. In der einen Gruppe können die Versuchspersonen lediglich die Rückmeldung „richtig" als Effekt anstreben. Sie machen dabei die Erfahrung, dass jede der Verhaltensweisen den erwünschten Erfolg mal eintreten und mal nicht eintreten lässt. Da dies nur an den wechselnden Ausgangssituationen bzw. wechselnden Zielen liegen kann, achten sie auf etwaige Zusammenhänge zwischen dem Erfolg ihres Verhaltens und der aktuellen Ausgangssituation bzw. dem aktuell vorgegebenen Ziel, und finden schnell heraus, dass jede der vier Tasten bei jeweils einer der vier Ausgangssituationen erfolgreich ist.

Die andere Gruppe hat dagegen anstelle von nur einem, vier verschiedene Verhaltenseffekte zu unterscheiden. Dementsprechend achten die Versuchspersonen darauf, welche der Verhaltensweisen welchen Effekt erzeugt. Es gab aber keine systematischen Verhaltens-Effekt-Beziehungen. Jede der vier Verhaltensmöglichkeiten war vielmehr erfolgreich, wenn eine bestimmte Ausgangssituation vorlag, unabhängig davon, welches Ziel vorgegeben war. Damit erzeugte jede der vier Verhaltensweisen jeden der vier Effekte in Abhängigkeit von der jeweils gegebenen Ausgangssituation. Das sind 4×4×4=64 Kombinationen, die bei der kurzen Dauer des Versuchs unmöglich zu lernen waren.

Wenn die Versuchspersonen dieser Gruppe über die Lösung aufgeklärt wurden, konnten sie kaum glauben, die einfache Reiz-Reaktions-Zuordnung nicht erkannt zu haben. Allerdings hatten sie auch nicht danach gesucht. Sie sagten vielmehr aus, dass sie, wenn sie mit einem Verhalten Erfolg hatten, sich zu merken versuchten, welchen Effekt das Verhalten erzeugt hatte, und übersahen dabei, dass jede der vier Tasten immer nur bei einer bestimmten Ausgangssituation Erfolg hatte. Die Beachtung der komplexen Verhaltens-Effekt-Beziehungen machte sie blind für die bestehende einfache Reiz-Reaktions-Beziehung.

Der deutliche Unterschied im Lernerfolg der beiden Gruppen bekräftigt den Primat des Verhaltens-Effekt-Lernens. Die Versuchspersonen haben in erster Linie nach einer Beziehung zwischen ihrem Verhalten und den eintretenden Effekten gesucht. Erst in zweiter Linie wurden Abhängigkeiten des Verhaltenserfolges von den jeweils gegebenen Reizen berücksichtigt. Und so wie in diesem Experiment gilt wohl generell: Wir versuchen uns vor allem die Beziehungen zwischen unserem Verhalten und den jeweils erreichten Effekten zu merken.

4.1.3 Ausbildung situationsabhängiger Verhaltens-Effekt-Beziehungen

Nun wäre es allerdings unangemessen, den situativen Bedingungen einen nur geringen Einfluss auf unser Verhalten zuzubilligen. Verhaltenskonsequenzen unterscheiden sich oftmals in Abhängigkeit von der gegebenen Situation: Bei trockener Straße bringt der Tritt auf die Bremse das Auto zum Stehen, während bei vereister Fahrbahn der Wagen ausbricht; ein Return im Tennis, der sonst immer gelingt, geht ins Netz, wenn der Ball angeschnitten ist, und die Effekte eines Klicks auf die linke Maustaste hängen davon ab, wo sich der Cursor gerade befindet. In all diesen und in tausend anderen Fällen alltäglichen Handelns *müssen* wir die aktuell gegebene Situation bei der Wahl unseres Verhaltens berücksichtigen, um die Effekte zu erzielen, die wir erzielen wollen.

Wenn die Einflüsse der Situation auf die Konsequenzen des Handelns offensichtlich sind, werden die entsprechenden Zusammenhänge in aller Regel schnell gelernt. Um etwa zu lernen, dass man beim Bremsen den Zustand der Straße berücksichtigen sollte, muss man nur einmal erleben, dass der Wagen bei Eisglätte ausbricht. Genauso offensichtlich ist es, dass die Position des Cursors bestimmt, was beim Klick auf die Maustasten geschieht, und auch beim Tennis kommt man bald dahinter, dass „angeschnittene" Bälle auf besondere Weise zurückgeschlagen werden müssen. Wenn die Zusammenhänge zwischen Situation und Verhaltenskonsequenzen aber weniger offensichtlich oder weniger drastisch sind, ist es durchaus fraglich, ob überhaupt und wie schnell sie im Verhalten berücksichtigt werden.

An der Universität Würzburg sind Joachim Hoffmann und Albrecht Sebald dieser Frage mit einer Reihe von Experimenten nachgegangen, die von den teilnehmenden Studenten **„Glücksspielexperimente"** genannt wurden (Hoffmann und Sebald 2000). Die Experimente entsprachen in der Tat einer Art Glücksspiel: Die Versuchspersonen konnten mit jeweils einer von vier Tasten auf einem Computerbildschirm ein virtuelles Glücksrad mit Spielkarten in Bewegung setzen (◘ Abb. 4.3a). Das Rad „drehte" sich hinter einer Schablone mit vier Fenstern, und wenn es zum Stillstand kam, sah man in allen vier Fenstern eine neue Spielkarte. Wenn dann im rechten oberen Fenster ein As zu sehen war, ertönte eine Fanfare, und das Punktekonto des Spielers wurde erhöht – ein „Treffer" war erzielt. War in dem Fenster hingegen kein As zu sehen, wurde eine abfallende Tonsequenz eingespielt, und Punkte wurden abgezogen – das war eine „Niete". Darüber hinaus war in der Mitte des Glücksrades entweder ein Glücksschwein oder ein Glückskäfer zu sehen. Es gab, wenn man so will, zwei Glücksräder, zwischen denen von Versuch zu Versuch zufällig gewechselt wurde.

Die wesentliche Variation bezog sich auf die Wahrscheinlichkeiten, mit denen die Tasten bei den beiden Glückssymbolen zu Treffern führten. Die Tabelle in ◘ Abb. 4.3b zeigt ein einfaches Beispiel. Zwei der vier Tasten führen bei beiden Glückssymbolen in 2 von 10 Fällen zu einem Treffer (20 %). Die beiden anderen Tasten führen insgesamt in 5 von 10 Fällen zu einem Treffer (50 %). Die Trefferrate ist jedoch vom Glückssymbol abhängig. Jeweils eine der Tasten führt bei einem Symbol immer (100 %), bei dem anderen Symbol dagegen nie zu einem Treffer (0 %). Den Teilnehmern am Experiment wurde lediglich mitgeteilt, dass sie jeweils das Glücksrad in Bewegung setzen sollten, um möglichst viele Treffer zu „landen" und Punkte zu gewinnen. Welche der Tasten sie jeweils wählen, war ihnen freigestellt. Registriert wurde, welche Taste bei welchem Glückssymbol gewählt wurde.

Man muss sich vergegenwärtigen, dass die Versuchspersonen weder von den Trefferwahrscheinlichkeiten wussten noch auf die beiden Glückssymbole hingewiesen wurden. Es war wieder wie „im richtigen Leben": Man will etwas Bestimmtes erreichen (hier einen Treffer erzielen) und hat verschiedene Optionen (hier vier verschiedene Tasten) mit möglicherweise verschiedenen Erfolgsaussichten, die man jedoch nicht kennt. Es bleibt einem nichts anderes übrig, als die Optionen zu probieren und zu sehen, was passiert. Wenn es gut läuft, kann man sich schließlich auf das Verhalten festlegen, mit dem man die besten Erfahrungen gemacht hat. Das „Glücksspiel" ist die Simulation einer solchen Entscheidungssituation im Kleinen. Auf diese Weise konnte

4.1 · Der Primat des Verhaltens-Effekt-Lernens gegenüber dem Reiz-Reaktions-Lernen

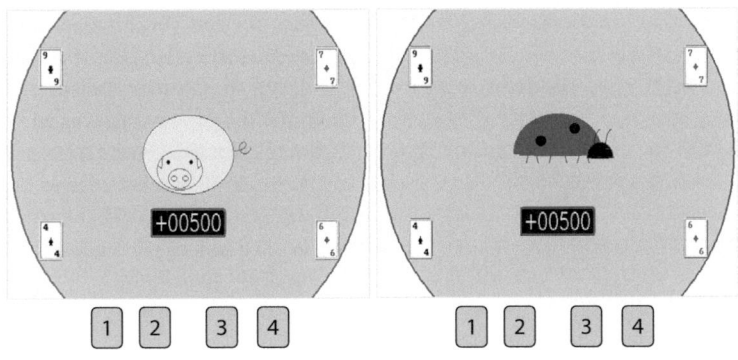

Situation	Taste 1	Taste 2	Taste 3	Taste 4
Glücksschwein	100%	0%	20%	20%
Glückskäfer	0%	100%	20%	20%
Gesamt	50%	50%	20%	20%

◘ **Abb. 4.3** Die Glücksspielexperimente: **a** Versuchsbedingungen und **b** Beispiel für situationsabhängige Erfolgsraten der vier Tasten, adaptiert nach Hoffmann und Sebald 2000

innerhalb einer Spieldauer von etwa einer Stunde untersucht werden, ob die Versuchspersonen die Abhängigkeit ihrer Trefferquoten von den Glückssymbolen bei der Wahl der Taste berücksichtigen.

Die ◘ Abb. 4.4 zeigt den Lernverlauf einer typischen Versuchsperson, die mit den in der Tabelle von ◘ Abb. 4.3b dargestellten Trefferwahrscheinlichkeiten das Spiel bestreitet. Betrachten wir zunächst, inwieweit die beiden Tasten mit der höheren Trefferwahrscheinlichkeit von 50 % (Tasten 1 und 2, im Folgenden: Treffertasten) vorgezogen werden (T1vT2). Zu Beginn des Spiels wird eine der beiden Treffertasten in etwa 50 % aller Fälle gewählt. Dies entspricht einer zufälligen Wahl. Das Bild ändert sich schnell. Bereits im dritten Block wird in über 90 % der Fälle eine der beiden Treffertasten gewählt. Ihre Bevorzugung geht dann zwar wieder etwas zurück, aber ab dem siebten Block werden, von wenigen Ausnahmen abgesehen, nur noch die beiden Treffertasten verwendet.

Die vier anderen Kurven zeigen ergänzend, inwieweit die Treffertasten in Abhängigkeit vom aktuellen Glückssymbol gewählt werden. Es wird deutlich, dass bis zum sechsten Block beide Treffertasten bei beiden Symbolen in etwa gleich häufig verwendet werden. Dies ändert sich abrupt im siebten Block. Jetzt wird jede der beiden Tasten nahezu ausschließlich nur noch bei dem Glückssymbol verwendet, bei dem es immer zu einem Treffer führt, die Taste 1 beim Schwein (T1/Schwein) und die Taste 2 beim Käfer (T2/Käfer).

Zunächst wird also die Verhaltenswahl von der Verlässlichkeit bestimmt, mit der die Tasten den angestrebten Treffer eintreten lassen. Das entspricht dem Verhaltens-Effekt-Lernen. Die Abhängigkeit der Verhaltens-Effekt-Beziehungen von Reizbedingungen bestimmt erst nachfolgend die Verhaltenswahl. Damit wird der Primat des Verhaltens-Effekt-Lernens gegenüber dem Reiz-Reaktions-Lernen bestätigt. Die Versuchspersonen berichten auch, dass sie die beiden verschiedenen Glückssymbole in der Mitte des Rades zwar bemerkt, zunächst aber nicht weiter beachtet haben. Irgendwann sind sie jedoch auf die Abhängigkeit der Trefferrate vom aktuellen Glückssymbol gestoßen und haben sich entsprechend verhalten. Bei dem Lernverlauf in ◘ Abb. 4.4 wurde diese Einsicht im sechsten Block gewonnen. Bei anderen Versuchspersonen geschah dies in früheren oder in späteren Blöcken, aber immer in Form einer plötzlichen **Einsicht**.

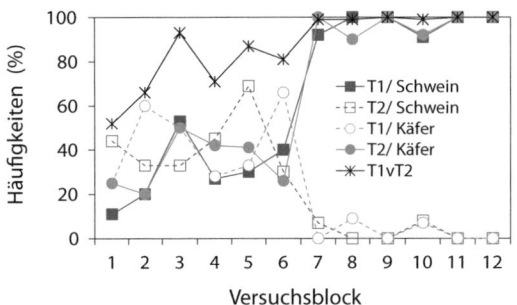

Abb. 4.4 Bedingungsabhängige Treffertastenwahlen einer typischen Versuchsperson im Glücksspielexperiment nach Hoffmann und Sebald (2000)

Im besprochenen Beispiel erzielten die Treffertasten bei einem der beiden Glückssymbole immer und beim anderen Symbol nie einen Treffer. Wenn man dieses Verhältnis geringfügig so verändert, dass die Trefferquoten sich nicht mehr 100 % zu 0 % sondern nur noch 80 % zu 0 % unterscheiden, dann nimmt der Einfluss der Glückssymbole auf die Tastenwahl deutlich ab. Die Versuchspersonen tendieren dann zwar immer noch dazu, die beim aktuellen Symbol jeweils erfolgreichere Treffertaste ein wenig zu bevorzugen, aber sie sind weit davon entfernt, die jeweilige Taste immer zu verwenden. Verringert man das Verhältnis der bedingungsabhängigen Trefferquoten noch weiter, etwa auf 80 % zu 20 %, werden die Tastenwahlen kaum noch vom Glückssymbol beeinflusst. Die Versuchspersonen könnten ihre Trefferquote auf 80 % erhöhen, aber sie tun es nicht.

Es wurde der Einfluss einer Reihe weiterer Faktoren auf die Berücksichtigung von Situationsbedingungen untersucht: So konnte gezeigt werden, dass Situationsmerkmale kaum berücksichtigt werden, solange das Verhalten hinreichend erfolgreich ist. Erst häufige Misserfolge lassen danach suchen, warum sich so oft kein Erfolg einstellt. In anderen Experimenten zeigte sich, dass nur Situationsmerkmale, die in einem plausiblen Zusammenhang zum Erfolg oder Misserfolg des Verhaltens gebracht werden können, die Chance haben, spontan berücksichtigt zu werden u.a.m. (Hoffmann und Sebald 2000).

Insgesamt ergibt sich, dass wir Menschen uns schwer damit tun, Situationsbedingungen in unserem Verhalten zu berücksichtigen, wenn ihr Einfluss auf den Verhaltenserfolg nicht offensichtlich und drastisch ist. Die Ursache dafür liegt auf der Hand: Wir sind immer und zuerst daran interessiert, zu kontrollieren, ob das, was wir erreichen wollen, auch erreicht wird. Unsere Aufmerksamkeit ist damit vor allem auf die Effekte unseres Verhaltens gerichtet und weniger auf die gegebenen Situationsbedingungen, es sei denn, es gibt zusätzlich Gründe, auch auf die Situation zu achten.

4.2 Situationsbezogene Gewohnheiten

Situationsmerkmale können auch aus **Gewohnheit** Einfluss auf das Verhalten gewinnen: Wenn ein und derselbe Effekt in ein und derselben Situation immer und immer wieder hergestellt wird, dann scheint sich die Wahrnehmung der Situation mit der Bereitschaft zu verbinden, das Verhalten auszuführen, das in dieser Situation so oft mit Erfolg ausgeführt wurde. Wenn etwa ein Busfahrer nach getaner Arbeit in seinem privaten Wagen nach Hause fährt und auf dem Weg dorthin an einer der Bushaltestellen anhält, dann ist sein Verhalten offensichtlich nicht durch seine Absicht, nach Hause zu fahren, bestimmt gewesen, sondern durch die Gewohnheit, dort zu halten (Heckhausen und Beckmann 1990).

Der gedankenverlorene Busfahrer ist keine Ausnahme. Wir ertappen uns alle gelegentlich dabei, etwas anderes zu tun, als wir eigentlich tun wollten. Man will ins Kino fahren und befindet sich plötzlich auf dem Weg zur Arbeit. Oder nehmen wir den schon von William James (1890/1981) bemühten zerstreuten Professor, der ins Schlafzimmer geht, um sich für eine Abendgesellschaft umzuziehen und sich mit dem Schlafanzug bekleidet im Bett wiederfindet (James meinte vermutlich sich selbst).

Typisch für solche Situationen ist, dass die Anfänge der intendierten Handlungen identisch mit denen von Gewohnheitshandlungen sind: Der Weg zum Kino ist anfänglich derselbe wie der Weg zur Arbeit, und das Umziehen beginnt – wie das Zu-Bett-Gehen – mit dem Entkleiden. Wenn dann das Ziel, mit dem die Handlung begonnen wurde – aus welchen Gründen auch immer –, in den Hintergrund tritt, bekommt die Situation die Chance, das Verhalten zu bestimmen. In der Konsequenz wird dann "gedankenverloren" das getan, was in dieser Situation schon so oft getan wurde, und wenn einem wieder in den Sinn kommt, wozu man eigentlich aufgebrochen ist, fragt man sich verwirrt, was man eigentlich tut.

Aber auch wenn man nicht gedankenverloren, sondern seiner Absichten klar bewusst ist, können Situationsreize ihnen gewöhnlich zugeordnetes Verhalten aktivieren. Stellen Sie sich z. B. vor, Sie sind Beifahrer und sehen bei hoher Geschwindigkeit die Bremslichter eines Autos vor Ihnen angehen. Unwillkürlich treten Sie auf die auf der Beifahrerseite nicht vorhandene Bremse. Sie reagieren „reflexartig" auf die Bremslichter mit dem Verhalten, das dieser Reiz üblicherweise fordert, wenn Sie selbst der Fahrer sind.

Reflexartige Reaktionen auf Reize, auf die man eigentlich nicht reagieren will, lassen sich auch experimentell provozieren. Betrachten wir zur Illustration ein klassisches Beispiel:

J. Ridley Stroop vom George Peabody College in Nashville kam 1935 auf die Idee, Versuchspersonen Farbwörter in farbiger Schrift darzubieten. Das Wort „Gelb" etwa in der Farbe Rot oder das Wort „Grün" in der Farbe Blau. Es kam aber auch vor, dass ein Farbwort in der Farbe geschrieben war, die es bezeichnete, also z. B. das Wort „Gelb" in gelber Schrift. Die besondere Anforderung an die Versuchspersonen bestand jedoch nicht darin die Worte zu lesen, sondern für jedes Wort so schnell wie möglich die Schriftfarbe zu benennen (Stroop 1935).

Für Wörter, die in jeweils der Farbe geschrieben sind, die sie bezeichnen, fällt dies leicht. Wenn aber z. B. auf das in roter Farbe geschriebene Wort „Grün" mit „rot" reagiert werden soll, ist es irritierend, „rot" sagen zu müssen, obwohl man „grün" liest. Dementsprechend sind bei Nichtübereinstimmungen zwischen Wörtern und Schriftfarben die Reaktionen der Versuchspersonen deutlich verzögert. Das ist der nach ihrem Entdecker benannte **„Stroop-Effekt"**.

Der Stroop-Effekt ist ein Beispiel für einen unwillkürlichen Einfluss von Reizen auf das Verhalten: Obwohl man das Farbwort ignorieren will, ruft es unwillkürlich die Tendenz hervor, es auszusprechen. Wenn aber eine andere Farbe zu nennen ist, interferieren die beiden unvereinbaren Verhaltenstendenzen, sodass die Reaktionen der Versuchspersonen verzögert werden. Das ist, so scheint es, ein überzeugender Belege dafür, dass Reize ihnen zugeordnetes Verhalten unmittelbar aktivieren können – ein Beleg also für **reizgetriebenes Verhalten** auf der Grundlage von bestehenden Reiz-Reaktions-Verbindungen.

Fraglich ist allerdings, ob die von den Farbworten ausgehenden Verhaltensaktivierungen tatsächlich unabhängig von Verhaltenszielen sind. Die Versuchspersonen sind ja darauf eingestellt, Farbnamen auszusprechen – das ist, wenn man so will, die generelle Verhaltensabsicht. Nun sind Farbworte für das Aussprechen von Farbnamen vertraute und hochgeübte Auslösereize – und eben das könnte der Grund dafür sein, dass die Wörter nicht ignoriert werden können. Die Wörter aktivieren nach dieser Überlegung nur deshalb unmittelbar den ihnen assoziierten Sprechakt, weil die Versuchspersonen Farbnamen aussprechen *wollen*.

Der Stroop-Effekt sollte dementsprechend nicht auftreten oder zumindest schwächer werden, wenn anstelle einer Benennung der Schriftfarbe andere Reaktionen gefordert werden. Das ist in einigen Experimenten getestet worden. Die Versuchspersonen sollten etwa so schnell wie möglich den Schriftfarben zugeordnete Tasten drücken oder Farbregionen auf dem Bildschirm anklicken, die mit der Schriftfarbe übereinstimmten (Durgin 2000; McClain 1983). In beiden Fällen verringerte sich der Stroop-Effekt deutlich. Die zu ignorierenden Wörter haben also nur dann einen nicht unterdrückbaren Einfluss auf das Verhalten, wenn die Versuchspersonen bereit sind, das den Wörtern assoziierte Verhalten auch auszuführen. Es handelt sich damit nicht um einen Beleg für reizgetriebenes Verhalten, sondern um den Ausdruck einer *gemeinsamen* Wirkung von Verhaltensabsicht und Reiz (Hommel 2004).

Die Modifikation der scheinbar nicht unterdrückbaren Wirkung der Farbwörter durch instruierte Handlungsabsichten zeigt, dass selbst bei hochgeübten Reiz-Reaktions-Beziehungen die Reize keineswegs die Potenz haben, das ihnen assoziierte Verhalten direkt zu aktivieren. Sie können aber das assoziierte Verhalten zur Ausführung bringen, wenn es intendiert ist und damit in Bereitschaft steht. Und so wie im Experiment ist es wohl auch im Alltag: Die Bushaltestelle veranlasst den Busfahrer nicht zwangsläufig, anzuhalten, sondern nur dann, wenn er Auto fährt und die damit verbundenen Verhaltensweisen in Bereitschaft stehen. Als Radfahrer wäre er wohl kaum an die Bushaltestelle heran gefahren. Genauso, wäre der Professor vermutlich nicht im Bett gelandet, wenn die Absicht, schlafen zu gehen, nicht wenigstens latent vorhanden gewesen wäre. Schließlich führt der Anblick eines Stuhls auch nicht zwangsläufig dazu, dass wir uns setzen. Wenn wir aber müde Beine haben, dann übt ein leerer Stuhl eine fast unwiderstehliche Anziehungskraft auf uns aus usw. Die Reize aktivieren also ihnen assoziiertes Verhalten nicht zwangsläufig wie bei einem Reflex, sondern nur dann, wenn das jeweilige Verhalten auch gewollt wird. Wenn überhaupt, könnte man von **vorbereiteten Reflexen** („prepared reflexes"; Hommel 2000) in dem Sinne sprechen, dass hochvertraute passende Reize in der Lage sind, intendierte Handlungen unmittelbar zur Ausführung zu bringen.

4.3 Latentes Verhaltens-Effekt-Lernen

4.3.1 Antizipationsbedürfnis: Ein Bedürfnis nach Vorhersage von Verhaltenseffekten

Es muss noch ein Thema besprochen werden, das wir schon bei der Behandlung des Lernens bei Tieren hervorgehoben haben: Die Frage, ob Verhaltens-Effekt-Beziehungen auch ohne Belohnung oder Bestrafung gelernt werden. Für Tiere hatten wir das bejaht und von latentem Lernen gesprochen. In dem geschilderten Experiment von Seward lernten z. B. Ratten unter anderem, dass in einem T-Labyrinth der Weg nach links in eine „helle" Box führt, ohne dass damit eine Belohnung verbunden war. Das Gelernte erwies sich später dennoch als nützlich: Als die „helle" Box zur Futterquelle wurde, konnten die Ratten zielstrebig dorthin laufen, denn sie kannten den Weg.

Wir haben dieses „Lernen auf Vorrat" als Ausdruck eines **Antizipationsbedürfnisses** interpretiert und darunter das Bedürfnis verstanden, die Konsequenzen eigenen Verhaltens antizipieren zu können. Tiere wollen nicht nur ihre elementaren Lebensbedürfnisse befriedigen, sondern sie wollen auch wissen, was sie mit ihrem Verhalten bewirken können. Was für Tiere gilt, gilt erst recht für Menschen. Auch wir wollen nicht nur unsere elementaren Bedürfnisse befriedigen. Auch wir wollen wissen, was wir mit unserem Verhalten erreichen können.

Ein Bedürfnis nach Vorhersagbarkeit der Konsequenzen eigenen Verhaltens manifestiert sich allenthalben. In Situationen, in denen wir Konsequenzen unseres Verhaltens nicht verlässlich vorhersehen können, fühlen wir uns verunsichert. Wenn man etwa das erste Mal ein neues Auto fährt, prüft man vorsichtig, wie die Kupplung reagiert; wenn die Bahn neue Fahrkartenautomaten aufgestellt hat, bedient man die Tasten mit Bedacht und achtet auf jede Konsequenz; und in einem fremden Land mit ungewohnten Bräuchen achtet man aufmerksam darauf, wie auf das eigene Verhalten reagiert wird. Erst nach und nach stellt sich Vertrautheit ein, und man handelt wieder zügig und selbstbewusst. Man hat dann gelernt, dass im fremden Land nicht die Frau, sondern der Mann zuerst begrüßt werden will, man weiß, wie die neue Kupplung zu handhaben ist, und Fahrkarten löst man fast ohne hinzusehen. Kurzum, man weiß wieder, was die eigenen Handlungen bewirken und setzt sie selbstbewusst ein, um das, was man will, auch zu erreichen. Man ist den Situationen nicht mehr ausgeliefert, sondern beherrscht sie.

Befriedigung durch die Vorhersagbarkeit von Verhaltenskonsequenzen lässt vermutlich auch kleine Kinder ein und denselben Verhaltensakt ständig wiederholen. Der Turm aus Klötzen wird immer wieder umgeworfen, oder das Kind wird nicht müde, einen Löffel immer wieder auf den Boden zu werfen. Und jedes Mal wird der Einsturz des Turmes oder der Fall des Löffels mit offensichtlicher Freude quittiert. Der Entwicklungspsychologe Karl Bühler (1918) hat in diesem Zusammenhang von einer „Funktionslust" gesprochen, die eben nicht der Befriedigung eines bestimmten Bedürfnisses, wie etwa nach Nahrung oder sozialer Nähe dient, sondern die Befriedigung vor allem daraus zieht, dass mit einer bestimmten Handlung ein bestimmter Effekt immer wieder verlässlich hergestellt werden kann.

Funktionslust stellt sich vermutlich bereits wenige Wochen nach der Geburt ein. So haben Untersuchungen gezeigt, dass bereits Säuglinge ab einem Alter von etwa zwei bis vier Monaten dazu neigen, verstärkt an einem Schnuller zu saugen, wenn mit der Saugstärke die Helligkeit eines Lichtes oder die Höhe eines Tones verlässlich ansteigen (Kalnins und Bruner 1973; Rochat und Striano

1999; Siqueland und DeLucia 1969; Verschoor et al. 2010). Diese Befunde weisen darauf hin, dass bereits bei Säuglingen die Tendenz besteht, ein Verhalten zu wiederholen oder zu intensivieren, das zu einem verlässlich wahrnehmbaren Effekt führt. Obwohl diese Befunde noch nicht zwingend bedeuten, dass willkürliches Saugen vorliegt, also dass die Säuglinge saugen *um* die Helligkeit oder die Tonhöhe *zu* kontrollieren, so weisen sie doch darauf hin, dass wir Menschen vermutlich **von Geburt an** sensibel für kontingente Beziehungen zwischen unserem Verhalten und den ihnen folgenden Effekten sind.

Es befriedigt auch uns Erwachsene, wenn wir durch unser Verhalten bestimmen können, was geschieht, und wenn wir sicher sein können, dass das Gewollte eintritt. Mit der Befriedigung dieses Bedürfnisses lernen wir, Effekte unseres Verhaltens verlässlich selbst dann vorherzusagen, wenn mit ihnen gegenwärtig kein anderes Bedürfnis befriedigt wird als eben das, Vorhersagen bestätigt zu bekommen. Wenn später so gelernte Verhaltenseffekte anstrebenswert werden oder zu meiden sind, ist das auszuführende oder zu meidende Verhalten bereits gelernt. Indem es uns also allein schon befriedigt, zu lernen, die Effekte unseres Verhaltens sicher vorherzusehen, bereiten wir uns auf mögliche, aktuell nicht absehbare zukünftige Anforderungen vor und erweitern in diesem Sinne unser Verhaltensrepertoire auf Vorrat.

So wie die sichere Vorhersage von Verhaltenskonsequenzen uns selbstbewusst handeln lässt, so führt umgekehrt Unsicherheit über zu erwartende Handlungseffekte dazu, dass Handlungen vermieden werden, deren Konsequenzen nicht vorhersehbar sind. Aus dem gleichen Grund besteht auch die Tendenz, Situationen zu meiden, in denen die Konsequenzen des Handelns weniger sicher sind. Beides begünstigt Einschränkungen des Verhaltens und damit auch Beschränkungen des Erlernbaren (▶ Abschn. 2.5.3, Erlernte Hilflosigkeit).

4.3.2 Unbeabsichtigtes (inzidentelles) Verhaltens-Effekt-Lernen

Intrinsisch motiviertes Lernen im Sinne des Erwerbs von Verhaltens-Effekt-Beziehungen auf Vorrat ist unstrittig. Lässt sich daraus auch schlussfolgern, dass der Aufbau von Verhaltens-Effekt-Beziehungen auf einem zwangsläufigen Lernmechanismus beruht, der Verhalten mit verlässlichen sensorischen Effekten verbindet, unabhängig davon, ob sie von aktuellem Nutzen für den Handelnden sind?

Wenn wir Verhaltensweisen ausprobieren, um ein bestimmtes Ziel zu erreichen, dann versuchen wir, uns das Verhalten einzuprägen, das zum Erfolg geführt hat. Wenn man z. B. am neuen Handy das erste Mal versucht, die Weckfunktion zu aktivieren, dann wird man sich die Tastenfolge zu merken versuchen, die man drücken muss, um die Weckfunktion aufzurufen. Man möchte sich ja das nächste Mal daran erinnern, was zu tun ist, um nicht erneut suchen zu müssen. Nehmen wir nun weiter an, dass man beim „Durchklicken" zur Weckfunktion auch am Menüpunkt „Klingeltöne" vorbeikommt. Merkt man sich nun zwangsläufig auch die Tastenfolge, die zu den Klingeltönen führt, obwohl man die Klingeltöne nicht aufrufen wollte? Werden also verlässliche Verhaltens-Effekt-Beziehungen auch für nicht angestrebte und nur beiläufig eintretende Effekte gelernt?

Um **unabsichtliches** oder **„inzidentelles" Lernen** von Verhaltens-Effekt-Beziehungen zu zeigen, sind Bedingungen zu schaffen, in denen Verhaltensalternativen konsistent zu Effekten führen, die von den Versuchspersonen weder angestrebt werden noch sonst wie beabsichtigt sind. Dies erreicht man, wenn man Versuchspersonen dazu bringt, verschiedene Verhaltensweisen wiederholt auszuführen, die jeweils von einem nebensächlichen, aber spezifischen Effekt gefolgt werden. Wenn sich die Verhaltensweisen dann auch mit diesen nicht intendierten, aber verlässlich eintretenden Effekten verbinden, sollten sie bei wiederholter Ausführung zusammen mit den jeweils intendierten Effekten antizipiert werden und Einfluss auf das Verhalten nehmen (Greenwald 1970).

Betrachten wir als typisches Beispiel eine Untersuchung, die von Wilfried Kunde an der Universität Würzburg durchgeführt wurde (Kunde 2001). Kunde ging von dem gut untersuchten Phänomen der **Reiz-Reaktions-Kompatibilität** aus: Wenn Reize und Reaktionen vergleichbare Eigenschaften haben, dann wird auf kompatible Reiz-Reaktions-Zuordnungen schneller reagiert als auf inkompatible Zuordnungen. Wenn z. B. auf laute und leise Töne mit einem starken oder schwachen Tastendruck reagiert werden soll, dann reagieren Versuchspersonen auf laute Töne schneller mit einem starken als mit einem schwachen und auf leise Töne schneller mit einem schwachen als mit einem starken Tastendruck (Romaiguere et al. 1993). Wenn nun, so die weitere Überlegung, auch den Reaktionen nachfolgende Effekt-Töne mit ihnen verbunden und vor ihrer Ausführung antizipiert werden, dann sollten für die Beziehungen zwischen den Reaktionen und ihren Effekt-Tönen gleiche Kompatibilitätsphänomene bestehen wie zwischen Reizen und Reaktionen, eben weil die Effekte bereits *vor* den Reaktionen antizipiert werden und damit repräsentiert sind. Im konkreten Beispiel sollte also ein geforderter starker Tastendruck schneller ausgeführt werden, wenn er von einem lauten Ton, und ein schwacher Tastendruck sollte schneller ausgeführt werden, wenn er von einem leisen Ton *gefolgt* wird als bei umgekehrt inkompatibler Aktions-Effekt-Zuordnung.

In dem entsprechenden Experiment waren die Versuchspersonen instruiert, auf farbige Reize so schnell wie möglich mit dem rechten Zeigefinger eine fest stehende Taste entweder stark oder schwach zu drücken. Nach kurzer Übung gelingt dies gut. Die Versuchspersonen entwickeln schnell ein Gefühl dafür, wie schwach bzw. wie stark gedrückt werden muss, um einen schwachen bzw. starken Tastendruck zu generieren. Die Herstellung dieses Druckgefühls wird zum instruktionsgemäß intendierten Effekt. Zusätzlich wird nach jedem Tastendruck ein leiser oder ein lauter Ton beiläufig dargeboten. Variiert wird die Zuordnung der Töne zu den Tastendrücken. Bei einer kompatiblen Zuordnung folgt auf einen schwachen Tastendruck stets ein leiser und auf einen starken Tastendruck stets ein lauter Ton. Bei einer inkompatiblen Zuordnung folgt auf einen schwachen Tastendruck stets ein lauter und auf einen starken Tastendruck stets ein leiser Ton (◘ Abb. 4.5a). Im Ergebnis reagieren die Versuchspersonen bei kompatibler Reaktions-Ton-Zuordnung schneller als bei inkompatibler Zuordnung. Dies war auch dann der Fall, wenn die Versuchspersonen auf ein neutrales Startsignal hin in jedem Versuch selbst entschieden, ob sie die Taste stark oder schwach drücken wollen. Das Ergebnis bestätigt, dass die beiläufig dargebotenen Effekt-Töne sowohl mit den reizbestimmten als auch mit den frei gewählten Tastendrücken verbunden und antizipiert worden sind, sodass sie vor der Ausführung des Tastendruckes bereits repräsentiert waren – wie sonst sollten sie die Initiierung und Ausführung des Tastendruckes beeinflussen können.

Die Wirkung von (Re-)Aktions-Effekt-Kompatibilitäten ist in weiteren Untersuchungen auch für Kompatibilitäten hinsichtlich der Lokation (rechts/links) und der Dauer (lang/kurz) sowie für sprachliche (Re-)Aktionen und Effekte bestätigt worden (Kunde 2003; Koch und Kunde 2002). Darüber hinaus konnte gezeigt werden, dass die Effekte nicht nur die Schnelligkeit der Initiierung, sondern auch die Ausführung der Reaktionen beeinflussen. Laute Effekttöne führen zu einer Reduktion und leise Effekttöne zu einer Erhöhung der Druckstärke, unabhängig davon, ob ein starker oder schwacher Tastendruck gefordert ist (Kunde et al. 2004; ◘ Abb. 4.5b). Dies spricht dafür, dass die Lautstärke des zu erwartenden Tones bei der Bestimmung des aufzubauenden Druckes in Rechnung gestellt wird: Soll ein schwacher Druck generiert werden, wird in Erwartung eines lauten Tones ein wenig schwächer gedrückt, als in Erwartung eines leisen Tones, und soll ein starker Druck generiert werden, wird in Erwartung eines leisen Tones etwas stärker gedrückt als in Erwartung eines lauten Tones.

Die Befunde dieser und vieler weiterer Studien bestätigen, dass Verhaltens-Effekt-Beziehungen auch für nicht intendierte, nur beiläufig auftretende Effekte gebildet und an der Auswahl und Ausführung des Verhaltens beteiligt sind. Es ist deshalb vermutet worden, dass willkürliche Verhaltensakte zwangsläufig mit allen ihren sensorischen Effekten verbunden werden, wenn diese nur hinreichend verlässlich und zeitnah dem Verhalten folgen (Elsner und Hommel 2001; Hoffmann et al. 2007; Hommel 2003; Ziessler 1998).

Andere Untersuchungen stellen die Zwangsläufigkeit des Verhaltens-Effekt-Lernens allerdings infrage. So haben Arvid Herwig, Wolfgang Prinz und

4.3 · Latentes Verhaltens-Effekt-Lernen

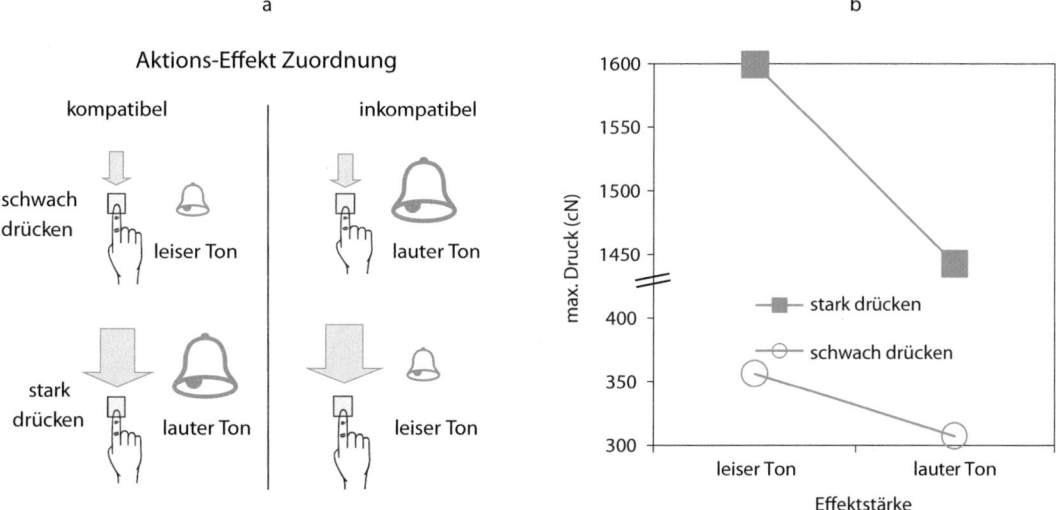

◘ **Abb. 4.5** a Versuchsbedingungen einer Untersuchung von Kunde (2001), b Ergebnisse einer Folgeuntersuchung von Kunde et al. (2004)

Florian Waszak (2007) am Max-Planck-Institut für Kognition und Neurowissenschaften in Leipzig Hinweise auf inzidentelles (Re)Aktions-Effekt-Lernen nur für frei gewählte, aber nicht für reizbestimmte Tastendrücke finden können (Herwig und Waszak 2009). Die Autoren interpretieren den Befund als Hinweis darauf, dass beiläufig auftretende Effekte möglicherweise nur mit explizit gewollten Verhaltensakten verbunden werden. Das Ergebnis steht allerdings in Widerspruch zu dem geschilderten Befund von Kunde (2001), der keinen Unterschied im Verhaltens-Effekt-Lernen für reizbestimmte Reaktionen und frei gewählte Aktionen gefunden hat (Pfister et al. 2011). In den beiden Untersuchungen wurden allerdings verschiedene Methoden verwendet, sodass zu klären bleibt, unter welchen Bedingungen die freie Wahl des Verhaltens Einfluss auf die Bindung nicht intendierter Effekte hat.

Tasten werden typischerweise nicht einfach nur gedrückt, sondern sie werden gedrückt, *um* etwa ein Radio ein- oder aus*zu*schalten oder einen Fahrstuhl heran*zu*holen usw. Solche entfernten – oder wie man auch sagt „distalen" – Verhaltensziele gab es aber in den Untersuchungen nicht. Das instruierte Verhaltensziel war zumeist das Drücken einer linken oder rechten Taste, stark oder schwach, lang oder kurz usw., sodass sich die intendierten Verhaltenseffekte allein auf das Fühlen, Sehen oder Hören des jeweils gewollten Tastendruckes beziehen konnten. Die beiläufig produzierten distalen Effekte, wie z. B. Töne, standen also in keiner Konkurrenz zu anderen, explizit angestrebten distalen Effekten. Das führt zu der Frage, ob beiläufige distale Effekte auch dann noch mit den vorangehenden Verhaltensakten verbunden werden, wenn sie neben und konkurrierend zu *gewollten* distalen Effekten auftreten.

Michael Ziessler von der Hope Universität in Liverpool sowie Dieter Nattkemper und Peter Frensch von der Humboldt-Universität in Berlin sind dieser Frage mit einer Versuchsanordnung nachgegangen, in der vier Tastendrücke jeweils die Darbietung sowohl eines Buchstabens als auch einer Ziffer auf dem Bildschirm auslösten (Ziessler et al. 2004; ◘ Abb. 4.6). Jeder der vier Tastendrücke hatte also zwei kontingente distale Effekte: einen bestimmten Buchstaben und eine bestimmte Ziffer.

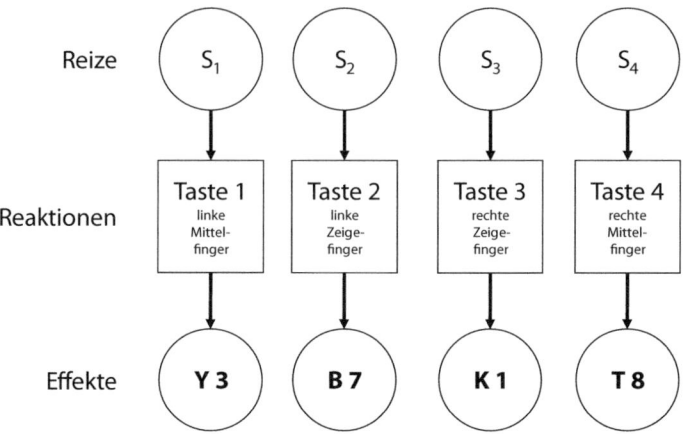

Abb. 4.6 Versuchsbedingungen bei Ziessler et al. (2004), vereinfacht: Die Versuchspersonen reagierten auf Reize mit dem Druck auf eine von vier Tasten. Jeder Taste waren ein Buchstabe und eine Ziffer als Effekt fest zugeordnet

Eine Gruppe der Versuchspersonen wurde aufgefordert, herauszufinden, das Drücken welcher Taste zur Darbietung welchen Buchstabens führte. Die anderen Versuchspersonen wurden aufgefordert, herauszufinden, welche Taste zu welcher Ziffer führt. Dadurch wurden einmal die Buchstaben und das andere Mal die Ziffern zu den kontrollierten und damit angestrebten Effekten der Tastendrücke. Selbstverständlich lernen die Versuchspersonen, welche Taste welchen Buchstaben bzw. welche Ziffer erzeugt. Die Daten ergeben allerdings keinen Hinweis darauf, dass daneben auch die gleichermaßen verlässlichen, aber nichtkontrollierten Beziehungen gelernt wurden: Wenn die Versuchspersonen die Ziffern kontrollierten, lernten sie nichts über die Tasten-Buchstaben-Beziehungen und umgekehrt, wenn sie die Buchstaben kontrollierten, lernten sie nichts über die Tasten-Ziffern-Beziehungen. Nach diesem Befund scheint die Kontrolle des Eintretens von explizit angestrebten Effekten die Bindung weiterer beiläufiger Effekte zu erschweren, wenn nicht sogar zu verhindern.

Die bisher vorliegenden Befunde ergeben weder ein vollständiges noch ein eindeutiges Bild von den Bedingungen, die für das Auftreten inzidentellen Verhaltens-Effekt-Lernens gegeben sein müssen. Es kann allerdings als gesichert gelten, das Verhaltensakte sich nicht nur mit den sensorischen Effekten verbinden, die explizit angestrebt werden, sondern auch mit kontingenten Effekten, die nur beiläufig auftreten. Dass ein Effekt explizit gewollt wird, ist also keine notwendige Bedingung für die Bildung von Verhaltens-Effekt-Beziehungen. Umgekehrt scheint aber die Existenz einer kontingenten Beziehung zwischen einem Verhaltensakt und einem nachfolgenden Effekt allein noch nicht hinreichend zu sein, um beide miteinander zu verbinden. Möglicherweise muss zusätzlich gelten, dass der Effekt auch beachtet wird, entweder, weil er gewollt wurde und sein Eintreten deshalb kontrolliert wird, oder weil er aus anderen Gründen beachtet wird, etwa weil er auffällig ist oder die Aufmerksamkeit zufällig auf ihn fällt (▶ Exkurs). In vergleichbarer Weise deuten die Befunde von Herwig et al. (2007) darauf hin, dass auch ein Verhaltensakt ein gewisses Maß an Beachtung benötigt, um mit nachfolgend beiläufig auftretenden Effekten verbunden zu werden, entweder dadurch, dass er unter gegebenen Alternativen ausgewählt werden muss, oder weil er aus anderen Gründen beachtet wird. Das erinnert an die von Kamin (1969) zitierte Schlussfolgerung, dass auch bei Tieren ohne „mentale Arbeit" keine Konditionierungen stattfinden (▶ Abschn. 2.5.2).

4.3 · Latentes Verhaltens-Effekt-Lernen

Exkurs

Das ideomotorische Prinzip

Die Auffassung, dass willkürliches Verhalten durch eine Vorwegnahme seiner sensorischen Effekte determiniert wird, ist nicht nur für zielgerichtete Handlungen, sondern auch für die konkreten Bewegungen in Anspruch genommen worden, die zur Realisierung der Handlung auszuführen sind. Die Vorstellung geht auf Überlegungen zurück, die bereits im 19. Jahrhundert von Gelehrten wie Johann Friedrich Herbert, Hermann Lotze, Emil Harleß oder William James entwickelt wurden (vgl. zur Geschichte des ideomotorischen Prinzips: Stock und Stock 2004). Einer der Ausgangspunkte dieser Überlegungen war die Selbstbeobachtung: Wenn wir uns selbst bei der Ausführung einer willkürlichen Bewegung, etwa beim Ergreifen eines Glases, sorgfältig beobachten, dann müssen wir feststellen, dass es keinen bewussten Zugang zu den Mechanismen gibt, die dafür sorgen, dass die Bewegungen unseres Körpers in Übereinstimmung mit unseren Zielen ablaufen. Wir haben nicht den geringsten Zugang zu den Prozessen, die unsere Muskeln so kontrahieren lassen, dass das, was wir wollen, auch geschieht. Wir vermögen vielmehr nichts anderes „ … als denjenigen Empfindungszustand wenigstens andeutungsweise in uns zu reproduzieren, welcher die geschehende Bewegung früher begleitete und von ihr erweckt wurde" (Lotze 1852, S. 302).
Die (Selbst)Beobachtung, dass einer willkürlichen Bewegung eine Vorstellung von ihrer Ausführung vorausgeht, wurde später von William James an der Harvard Universität aufgegriffen. In seinem berühmt gewordenen Buch *„Principles of Psychology"* wird der Gedanke als das „ideomotorische Prinzip" propagiert (James 1981, [1]1890). Bereits der Name verrät, dass es um die Frage geht, wie aus bloßen Ideen handfeste Motorik wird. James argumentierte wie Lotze, dass allein Erinnerungen an die sensorischen Konsequenzen einer Bewegung als Ursache für ihre willentliche Ausführung infrage kommen.
Die angenommenen Zusammenhänge lassen sich wie folgt beschreiben: Um eine bestimmte Bewegung wollen zu können, muss sie wenigstens ein erstes Mal ausgeführt werden, ansonsten, so schreibt James, „ … is it impossible to see how it could be willed before" (James 1981, [1]1890, S. 487). Dies entspricht unserer These, dass willkürlichem Verhalten stets die Antizipation eines Ziels vorangeht (man muss wissen, was man will, um es wollen zu können).
Jede Bewegung führt zwangsläufig zu den verschiedensten Reizwirkungen: Man fühlt, wie die Gliedmaßen ihre Lage verändern, man spürt Veränderungen in den Gelenkstellungen, und Bewegungen, die sich im Blickfeld vollziehen, kann man sehen. Neben die „körperbezogenen" Wahrnehmungen treten Wahrnehmungen äußerer Reize. Man hört etwa das Geräusch beim Umlegen eines Schalters oder das Ansteigen der Lautstärke, je stärker man an eine Tür klopft usw. Alle körperbezogenen und äußeren Reizwirkungen hinterlassen eine Erinnerungsspur in unserem Gedächtnis. Das ist das Einzige, was von einer ausgeführten Bewegung bewahrt bleibt.
Wenn dann später eine gleichartige Bewegung willentlich ausgeführt werden soll, steht konsequenterweise nichts anderes zur Verfügung als die Erinnerung an die von ihr hervorgerufenen Reizwirkungen. Und es ist diese Erinnerung bzw. Antizipation von früher erlebten sensorischen Wirkungen, die nun die Bewegung auf den Plan ruft, die zuvor zu diesen Effekten geführt hat. Das ist der Kern des ideomotorischen Prinzips: Eine Bewegung wird durch die Antizipation ihrer eigenen sensorischen Effekte aktiviert. Nachdem die ideomotorische Idee durch die Dominanz behavioristischer Vorstellungen für Jahrzehnte fast in Vergessenheit geraten ist, erlebt sie seit einigen Jahren eine Renaissance (Hoffmann 1993; Hommel 1998; Kunde 2006; Pfister et al. 2010; Prinz 1998), in deren Folge zahlreiche Untersuchungen zur Bildung von Verhaltens-Effekt-Beziehungen und zur Beteiligung der Effekte an der Determination des Verhaltens angeregt worden sind (▶ Abschn. 4.3.2). Wie es aber dazu kommt, dass Antizipationen sensorischer Effekte die motorischen Impulse aktivieren, durch die sie erzeugt werden, und wie die Motorik in der Bewegungsausführung an die stets veränderlichen Bedingungen angepasst wird, ist bei Weitem noch nicht abschließend geklärt (Butz et al. 2007).

4.4 Erwerb von Verhaltenssequenzen

Das bisher betrachtete willkürliche Verhalten führte mit jeweils einer Aktion zum Ziel. In den Experimenten waren zumeist Tasten zu drücken, was dann zur Darbietung von Tönen, von Symbolen, von Ziffern und Buchstaben usw. führte. Aus unserem Alltag kennen wir solche „Ein-Akt-Handlungen" z. B. vom Einschalten eines Radios, vom Heranholen eines Fahrstuhls oder vom Anlassen eines Motors. In den meisten Fällen erreichen wir unsere Ziele aber nicht durch eine einzelne Handlung, sondern durch eine Folge von Handlungen. Ob wir uns die Zähne putzen, einen Brief schreiben, den Tisch decken, Kaffee kochen, die Haustür aufschließen oder sonst was tun, fast immer sind mehrere Handlungsschritte auszuführen, um das jeweilige Ziel zu erreichen. Oft ist es so, dass einige Handlungen in einer festen Reihenfolge realisiert werden müssen, weil die eine Handlung erst die Voraussetzungen für die nächste Handlung schafft. Wenn wir etwa Kaffee kochen, dann muss zunächst ein Filter in die Kaffeemaschine gelegt werden, bevor der Kaffee aufgefüllt werden kann. Andere Handlungen können dagegen in beliebiger Reihenfolge ausgeführt werden, wobei zumeist aus Gewohnheit eine bestimmte Reihenfolge immer wieder gewählt wird. Beim Kaffeekochen kann etwa erst der Kaffee und dann das Wasser oder umgekehrt erst das Wasser und dann der Kaffee aufgefüllt werden, wobei jeder von uns seiner eigenen Routine folgt.

Das wohl augenfälligste Beispiel für regelhafte Einschränkungen in der Aufeinanderfolge von Handlungen liefert die Sprache. Für korrektes Sprechen (und Schreiben) gilt, dass die einzelnen Satzteile bzw. Wörter nicht in einer beliebigen Reihenfolge, sondern nach grammatischen Regeln zu ordnen sind. Eine Wortfolge wie z. B. „Die Mutter kauft frische Milch" ist grammatisch korrekt geformt. Eine Wortfolge wie „Milch Mutter frische die kauft" verletzt dagegen gleich mehrere grammatische Regeln: So sollen Artikel und Adjektiv jeweils vor dem Nomen stehen, und in einem Aussagesatz soll nach dem Subjekt (die Mutter) das Prädikat (kaufen) folgen. Kinder lernen es, grammatisch hinreichend korrekt zu sprechen, lange bevor sie in der Schule die entsprechenden grammatischen Regeln vermittelt bekommen. Allein durch die Wahrnehmung der Sprache der Erwachsenen und durch die Korrektur von Fehlern befolgen sie mehr und mehr die grammatischen Einschränkungen ihrer Muttersprache. Und gleichermaßen beiläufig lernen sie auch für andere, weit weniger komplexe Handlungsfolgen bestimmte Reihenfolgen einzuhalten, auch ohne dazu direkt belehrt zu werden. Der Erwerb von sequenziellen Strukturen im Handeln stellt sich somit als eine elementare Lernleistung dar.

4.4.1 Serielles Wahlreaktionsexperiment

Das Erlernen von strukturierten Verhaltensfolgen wird bevorzugt in seriellen Wahlreaktionsexperimenten (SWR-Experiment, im Englischen SRT, „serial reaction time") untersucht. In einem SWR-Experiment werden die Versuchspersonen aufgefordert, auf vorgegebene Reize mit einer jeweils vorgeschriebenen Reaktion so schnell wie möglich zu reagieren. Jede Reaktion löst die Darbietung des nächsten Reizes aus, auf den erneut so schnell wie möglich zu reagieren ist usw. Durch die vorgegebene Folge der Reize wird so auch eine Folge von willkürlichen Reaktionen bestimmt, wobei die Darbietung jedes neuen Reizes der Effekt der vorangegangenen Reaktion ist. Ein SWR-Experiment simuliert auf diese Weise natürliche Handlungsfolgen insoweit, als jede Handlung zu einer neuen Situation führt, auf die erneut zu reagieren ist. Es ist allerdings zu beachten, dass die Reaktionen auf die Reize vorgegeben sind. Was die Versuchspersonen tun, wird durch die Reize und nicht durch ein zu erreichendes Ziel bestimmt. Trotz dieser Einschränkung haben die Experimente mit dem SWR-Paradigma zu einer Reihe wichtiger Einsichten zum Erlernen von Handlungssequenzen geführt.

Um den Grad seriellen Lernens in einem SWR-Experiment zu bestimmen, werden zufällige Folgen mit Folgen verglichen, in denen die Reize und Reaktionen nach bestimmten Regeln aufeinanderfolgen (strukturierte Folgen, ◘ Abb. 4.7). Typischerweise verbessert sich die Leistung bei regelhaft strukturierten Folgen deutlich schneller als bei zufälligen Folgen. Man kann daraus schlussfolgern, dass die Versuchspersonen die strukturellen

4.4 · Erwerb von Verhaltenssequenzen

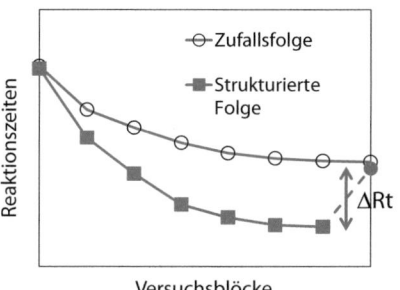

● **Abb. 4.7** Schematischer Vergleich des Lernverlaufs bei zufälligen und strukturierten Folgen. Der Reaktionszeitanstieg (ΔRt) beim Wechsel von der strukturierten zur zufälligen Folge indiziert den Umfang seriellen Lernens

Einschränkungen in der Abfolge von Reizen und Reaktionen gelernt haben. Ob dies tatsächlich der Fall ist, kann geprüft werden, indem eine strukturierte Folge am Ende des Versuchs und ohne jede Vorwarnung durch eine zufällige Folge ersetzt wird. Wenn dann Reaktionszeiten (und Fehler) wieder ansteigen, verweist dies darauf, dass die Versuchspersonen zuvor deshalb schneller und fehlerfreier reagieren konnten, weil sie gelernt hatten, die strukturellen Einschränkungen in der Aufeinanderfolge der Reize und Reaktionen zu nutzen. Das Ausmaß des Anstiegs kann dementsprechend als Maß für den Umfang **seriellen Lernens** interpretiert werden.

4.4.2 Wirkung statistischer, relationaler und raum-zeitlicher Strukturen beim Erlernen von Verhaltensfolgen

Abweichungen von einer zufälligen Aufeinanderfolge von Elementen können sich auf drei Eigenschaften der Elemente beziehen: a) auf die Wahrscheinlichkeit ihres Auftretens, b) auf Relationen zwischen den Elementen und c) auf den Ort und/ oder den Zeitpunkt ihres Auftretens. Alle drei Arten von sequenziellen Strukturen lassen sich an einer der meistzitierten Untersuchungen zum seriellen Lernen demonstrieren, die 1987 von Mary Jo Nissen und Peter Bullemer von der Universität Minnesota veröffentlicht wurde.

Im „**Nissen-und-Bullemer-Experiment**" reagierten die Versuchspersonen auf die Darbietung jeweils eines Sternchens an einer von vier horizontal angeordneten Positionen auf dem Bildschirm (● Abb. 4.8a). Jeder Position war eine von vier ebenfalls horizontal angeordneten Reaktionstasten räumlich kompatibel zugeordnet. Die Aufgabe der Versuchspersonen bestand darin, auf das Auftreten eines Sternchens so schnell wie möglich die ihm räumlich zugeordnete Taste zu drücken, wobei die beiden linken Tasten mit Mittel- und Zeigefinger der linken Hand und die beiden rechten Tasten mit Zeige- und Mittelfinger der rechten Hand zu drücken waren. Jeweils kurz nach dem Drücken der Taste wurde das nächste Sternchen dargeboten, auf das erneut so schnell wie möglich zu reagieren war usw.

Eine Kontrollgruppe von Versuchspersonen reagierte auf eine zufällige Folge der Reize. Jeder Reiz wurde gleich häufig dargeboten, und auf jeden Reiz folgte einer der drei anderen Reize mit jeweils gleicher Wahrscheinlichkeit. Eine Experimentalgruppe reagierte dagegen auf eine feste Folge von zehn Reizen, die in den Versuchsblöcken jeweils ohne Unterbrechung mehrmals wiederholt wurde. Wenn die Reize und die ihnen zugeordneten Reaktionen von links nach rechts mit den Buchstaben A, B, C, und D bezeichnet werden, wurde die Folge „… - D-B-C-A-C-B-D-C-B-A- …" zyklisch wiederholt. Die ● Abb. 4.8b zeigt die mittleren Reaktionszeiten der Versuchspersonen über den Versuchsblöcken. Die Versuchspersonen der Experimentalgruppe reagierten im Vergleich zur Kontrollgruppe erwartungsgemäß zunehmend schneller und dokumentierten damit, dass sie die Struktur der festen Folge für eine Leistungssteigerung nutzten.

Die von Nissen und Bullemer verwendete feste Folge (**N&B-Folge**) weicht zunächst statistisch von der zufälligen Folge ab (**statistische Struktur**). Während bei einer zufälligen Folge alle Reize/Reaktionen gleichhäufig sind, treten in der N&B-Folge die Reize/Reaktionen B und C jeweils dreimal und die Reize/Reaktionen A und D jeweils nur zweimal auf. Darüber hinaus folgen auf A nur D und C, auf D nur B und C sowie auf C nur A und B. Lediglich auf B folgen die anderen drei Reize (A, C, D) mit gleicher Häufigkeit. Betrachtet man schließlich die Wahrscheinlichkeit des Auftretens der Reize/Reaktionen in Abhängigkeit von jeweils zwei Vorläufern, verbleibt als einzige Unsicherheit die Nachfolge des Paares C-B, auf das entweder D oder A folgen

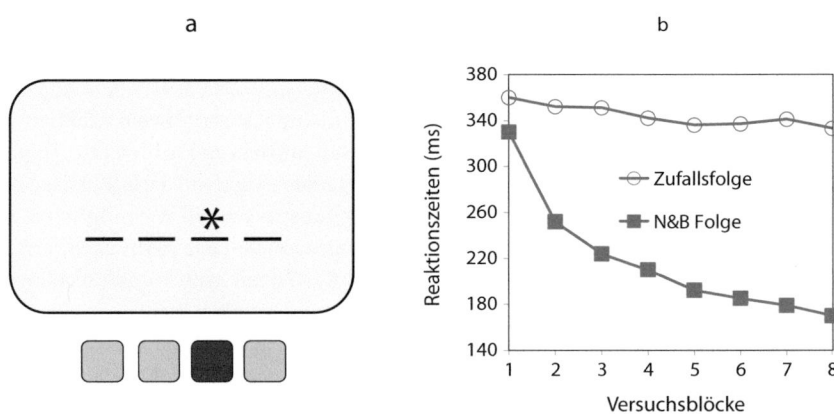

Abb. 4.8 **a** Bedingungen und **b** Ergebnisse eines Experimentes von Nissen und Bullemer (1987). (Mod. nach Nissen und Bullemer 1987; mit freundl. Genehmigung)

kann. Für alle anderen Paare gibt es immer nur einen Nachfolger.

Neben der statistischen Struktur besitzt die N&B-Folge auch eine **relationale Struktur**. Relationale Strukturen bestehen immer dann, wenn wenigstens in Teilen der Folge regelhafte Beziehungen zwischen aufeinanderfolgenden Elementen bestehen. Relationale Strukturen werden z. B. gerne genutzt, um sich Telefonnummern zu merken. Eine Telefonnummer wie etwa 17134268 lässt sich leicht merken, wenn man sie sich als unterbrochene Folge sich verdoppelnder Zahlen einprägt (17) 1 (34) 2 (68). Es muss dann nur noch die Zahl 17 und die Tatsache behalten werden, dass sie zweimal verdoppelt wird, unterbrochen durch die beiden Zahlen 1 und 2. In vergleichbarer Weise lassen sich sieben Elemente der N&B-Folge in vereinfachter Weise dadurch einprägen, dass man sich merkt, dass das Tripel D-B-C nach Einfügung von A in umgekehrter Reihenfolge wiederholt wird (D-B-C)-A-(C-B-D).

Schließlich besitzt die N&B-Folge auch eine **räumliche Struktur**. Da jeweils immer derselbe Reiz (ein Sternchen) an unterschiedlichen Positionen dargeboten wird, lässt sich die Folge als „Bewegung" des Sternchens von einer Position zur jeweils nächsten Position auffassen. In dieser Sicht erzeugt die Sequenz ein regelhaftes räumliches Bewegungsmuster: Nach alternierenden Links-Rechts Bewegungen (nach links$_{DB}$-nach rechts$_{BC}$-nach links$_{CA}$-nach rechts$_{AC}$-nach links$_{CB}$-nach rechts$_{BD}$) folgt eine kontinuierliche Bewegung „von rechts nach links"$_{DCBA}$.

Alle drei Strukturen sind gleichzeitig und nebeneinander vorhanden. Die von den Versuchspersonen gezeigte Leistungsverbesserung gegenüber einer zufälligen Folge kann also auf einer Nutzung sowohl der statistischen als auch der relationalen und/oder der räumlichen Struktur der N&B-Folge beruhen.

Die Frage, in welchem Ausmaß statistische, relationale und oder raum/zeitliche Regelhaftigkeiten beim Erlernen einer Verhaltensfolge genutzt werden, hat zahlreiche Untersuchungen angeregt, um ihren Anteil am Lernprozess zu dissoziieren. Jeweils eines dieser Experimente werden wir im Folgenden beispielhaft zur Illustration der Vorgehensweise kurz schildern. Grundsätzlich wurde versucht, die jeweils interessierende Struktureigenschaft bei möglichst weitgehender Konstanz aller anderen Struktureigenschaften kontrolliert zu variieren.

Statistische Strukturen

Ein Beispiel für die Untersuchung des Einflusses statistischer Strukturen auf das Lernen liefert eine Untersuchung von Reed und Johnson (1994): Die Versuchspersonen reagieren wieder auf vier Reize (A, B, C, D), die in einer festen 12er-Folge dargeboten werden. Die Folge der Reize/Reaktionen wird so gewählt, dass alle Reize/Reaktionen gleichhäufig vorkommen und auf jede/n Reiz/Reaktion einer der drei anderen Reize/Reaktionen einmal folgt. Für jedes der zwölf Paare von aufeinanderfolgenden Reizen/Reaktionen gibt es nur einen Nachfolger. In der Sequenz

(ABACDBCADCBD …) folgt z. B. auf AB immer A, auf BA immer C usw.

Nachdem die Versuchspersonen eine solche Sequenz mit festen Übergängen zweiter Ordnung („second order conditionals") trainiert hatten, wurde die Reihenfolge der Reize und Reaktionen ohne jede Ankündigung geändert. Die Versuchspersonen reagierten nun auf eine Sequenz, in der lediglich die Übergänge zweiter Ordnung verändert wurden. So wurde z. B. anstelle der oben genannten Trainingssequenz die Sequenz ABCDACBADBDC … dargeboten. Es kommen auch in dieser Sequenz alle Reize/Reaktionen gleichhäufig vor, und auf jeden Reiz/Reaktion folgt einer der drei anderen Reize/Reaktionen genau einmal. Allerdings folgt nun auf das Paar AB nicht mehr A, sondern C, und auf BA folgt nicht mehr C, sondern D usw. Der Übergang zur neuen Sequenz führte zu einem signifikanten Anstieg der Reaktionszeiten. Das Ergebnis zeigt, dass die Versuchspersonen die Übergänge zweiter Ordnung gelernt und für eine Beschleunigung ihrer Reaktionen genutzt hatten, sodass sie langsamer wurden, als diese Übergänge verändert wurden.

Relationale Strukturen

Die ◘ Abb. 4.9 zeigt relational hierarchisch strukturierte Folgen, die in Experimenten an der Universität Würzburg verwendet wurden (Hoffman und Sebald 1996; Kirsch et al. 2010; Koch und Hoffmann 2000). Als Reize wurden u. a. die Ziffern 1 bis 6 verwendet, denen von links nach rechts sechs Tasten zugeordnet waren, die mit den Zeige-, Ring- und Mittelfingern der linken und rechten Hand zu drücken waren. In der oberen, relational stark strukturierten Folge (123 321 456 654 123 234 345 456) sind jeweils Tripel von direkt nebeneinander liegenden Ziffern bzw. Reaktionen systematisch auf- oder absteigend geordnet (sog. „runs", z. B. 123 oder 321). Die untere, relational schwach strukturierte Folge (462 264 351 153 462 623 235 351) zeigt eine gleiche Ordnung zwischen den Tripeln, mit dem Unterschied, dass Reize und Reaktionen innerhalb der Tripel nicht mehr systematisch nebeneinanderliegen und somit keine „runs" bilden. Obwohl beide Folgen die gleiche statistische Struktur besitzen, führt die Aufhebung der „runs" zu einer deutlichen Verschlechterung der Lernleistung. Während bei der relational gut strukturierten Folge

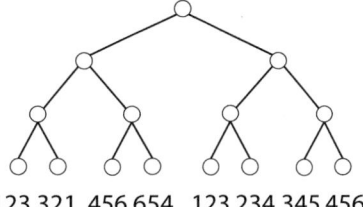

◘ **Abb. 4.9** Die hierarchische Struktur einer relational stark (oben) und einer relational schwach (unten) strukturierten 24-Elemente-Folge aus einer Untersuchung von Koch und Hoffmann (2000)

die Reaktionszeiten nach wenigen Versuchsblöcken von etwa 600 ms auf unter 300 ms absinken, kommt es bei der relational schlecht strukturierten Folge nur zu einer geringfügigen Verkürzung der Reaktionszeiten. Offensichtlich hat die systematische relationale Struktur der Tripel in „runs" ihr Erlernen begünstigt.

Räumliche Strukturen

Ein Experiment von Michael Ziessler (1995) demonstriert die Wirkung räumlicher Strukturen. Die Versuchspersonen reagierten auf eine ununterbrochen dargebotene feste 6er-Sequenz von vier Buchstaben ACACBD … In einer Bedingung wurden die Buchstaben, beginnend mit A, an sechs nebeneinander liegenden Positionen nacheinander von links nach rechts dargeboten (ACACBD …). In einer zweiten Bedingung begann die Darbietung mit dem Buchstaben C (CACBDA …). Nach jeweils dem sechsten Reiz (ganz rechts) sprang die Darbietung des nächsten Reizes wieder an die Position ganz links. Wenn der „Sprung" auf A fiel, wurden bessere Lernleistungen erzielt, als wenn der Sprung auf C fiel.

Eine genauere Auswertung der Reaktionszeiten zeigt, dass die Versuchspersonen im ersten Fall die Sequenz mehrheitlich in ein erstes Reiz-Reaktions-Paar (AC) gliederten, das einmal wiederholt wird, um von den verbleibenden beiden Reizen/Reaktionen gefolgt zu werden: AC-AC-BD. Im Gegensatz dazu führt der „Sprung" beim Reiz C zu keiner klaren Aufgliederung in Teilfolgen und damit auch zu schlechteren Lernleistungen. Der Befund zeigt, dass die räumliche Struktur der Reizdarbietung zu einer Gliederung der Verhaltenssequenz führt, die

die Bildung leicht zu behaltender Teilfolgen unterstützen, aber auch behindern kann (für vergleichbare Effekte zeitlicher Strukturen auf die Gliederung von Verhaltensfolgen vgl. Stadler 1993).

4.4.3 Wirkung von Reiz-Reiz-, Reaktions-Reaktions- und Aktions-Effekt-Beziehungen beim Erlernen von Verhaltensfolgen

Neben der Frage, inwieweit verschiedene strukturbildende Eigenschaften der aufeinanderfolgenden Elemente zum Erlernen von Verhaltensfolgen beitragen, werfen SWR-Experimente auch die Frage auf, inwieweit die Lernerfolge auf dem Erlernen von Reizfolgen, Reaktionsfolgen oder Folgen von Reaktions-Effekt-Beziehungen beruhen. Alle drei Folgen sind in einem SWR-Experiment typischerweise konfundiert. In der N&B-Sequenz (… -D-B-C-A-C-B-D-C-B-A- …) folgen z. B. auf den Reiz A nur die Reize D und C. Gleichermaßen folgen auf die Reaktion A' nur die Reaktionen D' und C', und die Reaktion A' triggert die Darbietung allein der Reize D und C. Alle drei strukturellen Regelhaftigkeiten können **erlernt** werden, und es ist dem Lernerfolg nicht anzusehen, ob er auf dem Erwerb von Reiz-Reiz-, Reaktions-Reaktions- oder Reaktions-Effekt-Beziehungen beruht. Auch hier haben Untersuchungen gezeigt, dass alle drei Beziehungen für das Lernen genutzt werden. Wir werden wieder jeweils eines dieser Experimente beispielhaft kurz schildern.

Das Erlernen von Reizfolgen

Zur Demonstration des Erlernens von Strukturen in Reizfolgen betrachten wir ein Experiment von Remillard (2003). Die Versuchspersonen hatten auf einen von zwei Reizen mit jeweils einer von zwei Reaktionen zu reagieren. Die Reize (z. B. die Doppelbuchstaben „ox" oder „xo") wurden auf einem Computerbildschirm dargeboten, und als Reaktionen war z. B. auf „ox" eine linke und auf „xo" eine rechte Taste zu drücken. Die Aufeinanderfolge der Reize/Reaktionen war zufällig, d. h., wie beim Wurf einer Münze betrug in jedem Versuch die Wahrscheinlichkeit für jede/n der beiden Reize/Reaktionen 0,5. Allerdings wurden die Reize jeweils auf einer von sechs horizontal angeordneten Positionen dargeboten, und die Aufeinanderfolge der Darbietungspositionen war nicht zufällig, sondern statistisch strukturiert. Für jede der Darbietungspositionen gab es eine wahrscheinliche (0,67) und eine unwahrscheinliche (0,33) Nachfolgeposition.

Im Ergebnis zeigte sich, dass die Versuchspersonen nach einigem Training zunehmend schneller auf die Reize reagierten, die auf der jeweils wahrscheinlicheren Nachfolgeposition dargeboten wurden. Offensichtlich hatten sie die statistische Struktur der Positionsfolge gelernt und richteten ihre Aufmerksamkeit bevorzugt auf die jeweils wahrscheinlichere Nachfolgeposition. Dementsprechend konnten sie auf den dort erscheinenden Reiz schneller reagieren als auf einen Reiz an der jeweils weniger wahrscheinlicheren Nachfolgeposition. Bei einer zufälligen Folge der Reaktionen wurden also statistische Regelmäßigkeiten in der Folge der Reizpositionen gelernt.

Das Erlernen von Reaktionsfolgen

Während Remillard ein Beispiel für ein Erlernen einer Reizfolge (Folge von Darbietungspositionen) in einem SWR-Experiment liefert, verweist eine Untersuchung von Nattkemper und Prinz (1997) auf ein Erlernen der Reaktionsfolge. In dem Experiment reagierten die Versuchspersonen auf acht Buchstaben mit vier Reaktionen. Auf jeweils zwei Buchstaben war mit dem Zeige- oder Mittelfinger der linken oder der rechten Hand eine Taste zu drücken. So verlangten z. B. die Buchstaben V und T eine Reaktion mit dem linken Mittelfinger, die Buchstaben W und H eine Reaktion mit dem linken Zeigefinger usw.

Die Versuchspersonen reagierten auf eine sich wiederholende feste Folge der acht Buchstaben. In die feste Folge wurden allerdings „Abweichler" eingestreut, d. h. ein regulärer Buchstabe der Folge wurde durch einen anderen Buchstaben ersetzt. In der festen Folge WTNMHVFX … konnte z. B. der reguläre Buchstabe T an der zweiten Stelle durch die Abweichler H oder V ersetzt werden. Bei dem Abweichler V handelt es sich im betrachteten Beispiel um einen reaktions-kongruenten Abweichler, da V die gleiche Reaktion verlangt wie das reguläre T. Der reaktions-inkongruente Abweichler H verlangt hingegen anstelle einer Reaktion mit dem linken Mittelfinger auf das T eine Reaktion mit dem linken Zeigefinger. So wie im Beispiel veränderten also kongruente Abweichler lediglich die feste Buchstabenfolge, während inkongruente Abweichler auch die feste Reaktionsfolge veränderten. Lediglich inkongruente Abweichler führten zu einer Erhöhung von Reaktionszeiten und Fehlern. Eine Veränderung lediglich der festen Abfolge der Buchstaben führte also zu keinerlei Irritationen, während Veränderungen der festen Abfolge der Reaktionen zu einer Leistungsverschlechterung führten. Offensichtlich hatten unter den gegebenen Bedingungen die Versuchspersonen Regelhaftigkeiten nur in der Abfolge der Reaktionen, aber nicht in der Abfolge der Buchstaben gelernt.

Das Erlernen von Effektfolgen

Um den Einfluss von (Re-)Aktions-Effekt-Beziehungen auf das Erlernen von Verhaltensfolgen zu demonstrieren, wurden u. a. SWR-Experimente durchgeführt, in denen die Reaktionen der Versuchspersonen nicht nur die Darbietung des jeweils nächsten Reizes triggerten, sondern zusätzlich einen weiteren Effekt erzeugten. Ein Beispiel gibt eine Untersuchung von Hoffmann et al. (2001). In diesem Experiment wurde die oben beschriebene N&B-Folge verwendet. Die Versuchspersonen reagierten also mit jeweils einem von vier Tastendrücken auf eine sich kontinuierlich wiederholende 10er-Folge von vier Reizen (… -D-B-C-A-C-B-D-C-B-A- …).

Im Vergleich zu dieser Standardbedingung führten in einer Experimentalbedingung die Reaktionen der Versuchspersonen zu einer zusätzlichen Darbietung jeweils eines der vier Töne des um eine Oktave erweiterten C-Dur-Akkordes (c, e, g, c'). Es gab damit, wie bei einem Klavier, feste Beziehungen zwischen dem Drücken einer Taste und dem damit jeweils erzeugten Ton. Im Ergebnis führte die zusätzliche Darbietung der Töne zu einer deutlichen Verbesserung der Lernleistung. Das Produzieren einer festen Folge von Tönen, einer Melodie also, machte es den Versuchspersonen leichter, die N&B-Folge zu lernen. Allgemein formuliert: Die Erzeugung einer festen Folge von Effekten wird leichter gelernt als die gleiche Verhaltensfolge als Reaktion auf vorgegebene Reize (▶ Exkurs).

Exkurs

Serielles Lernen: Bewusst explizit oder unbewusst implizit?

In Untersuchungen zum seriellen Lernen wurde oft gefunden, dass strukturelle Regelhaftigkeiten zwar zu Leistungsverbesserungen in Reaktionszeiten und Fehlern führen, die Versuchspersonen aber weder Angaben zu den manipulierten Regelhaftigkeiten machen konnten noch in der Lage waren, die regelhaften Folgen aus dem Gedächtnis zu reproduzieren. Aufgrund dieser Diskrepanz wurde vielfach angenommen, dass sich das Verhalten unbewusst an die jeweils gegebenen sequenziellen Strukturen anpasst, dass es sich also im Gegensatz zum expliziten Lernen um implizite Lernprozesse handelt (Reber 1989, 1993).
Diese Schlussfolgerung wurde von einigen Autoren als möglicherweise voreilig infrage gestellt. Sie machten geltend, dass den Versuchspersonen, die die von den Versuchsleitern implementierten Strukturen nicht erkannt haben, möglicherweise andere Regelhaftigkeiten aufgefallen sein könnten, die aber nicht erfasst wurden (z. B. Hoffmann 1993; Perruchet und Amorim 1992; Shanks und St. John 1994). Wenn z. B. durch Variationen in der statistischen Struktur u. a. auf einen Reiz B häufiger als jeder andere Reiz wieder B folgt, dann können die Versuchspersonen zwar keine Aussagen über die Manipulation der statistischen Struktur machen, es kann ihnen aber aufgefallen sein, dass B häufig wiederholt wird. Oder die Versuchspersonen erkennen zwar nicht manipulierte Regelhaftigkeiten in der Aufeinanderfolge der Reize, während damit zusammenhängenden Strukturen in der Aufeinanderfolge der Reaktionen ihnen durchaus bewusst sind.
Kurzum, die Frage, inwieweit die Leistungsverbesserungen auf bewusst erkannten Strukturen oder auf unbewusst bleibenden zwangsläufigen Anpassungen beruhen, ist methodisch schwer zu entscheiden und deshalb auch noch nicht abschließend geklärt (Shanks 2010). Gesichert ist aber, dass die Versuchspersonen sequenzielle Strukturen erwerben, auch ohne nach ihnen explizit zu suchen. In diesem Sinne handelt es sich um unbeabsichtigtes (inzidentelles) Lernen, das als Ausdruck eines Bedürfnisses gewertet werden kann, die jeweils nachfolgend geforderten Reaktionen bzw. nachfolgend erforderlichen Verhaltensschritte vorhersehen zu können.

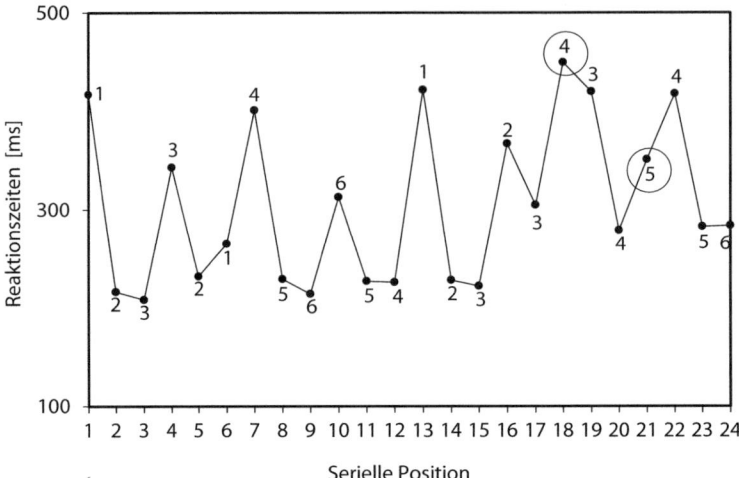

Abb. 4.10 Zeitprofil über den seriellen Positionen der in Abb. 4.9 dargestellten, stark strukturierten Folge. Die Kreise markieren Reaktionszeitanstiege, die vermutlich auf die Bildung abweichender „chunks" bei wenigstens einigen Versuchspersonen hinweisen (Adaptiert nach Koch und Hoffmann 2000; mit freundl. Genehmigung)

4.4.4 Chunking: die Gliederung von Verhaltensfolgen in Teilfolgen mit erhöhter Vorhersagbarkeit der auszuführenden Handlungen

Die vorangehend beispielhaft geschilderten Experimente bestätigen, dass der Erwerb von Verhaltensfolgen auf der Nutzung von Regelhaftigkeiten beruht. Regelhaftigkeiten erlauben die Vorhersage oder Antizipation von kommenden Verhaltensanforderungen. Und in dem Maße, in dem künftige Verhaltensanforderungen vorhersagbar sind, kann man sich auf sie vorausschauend einstellen, sodass sie, wenn sie dann eintreten, schneller und sicherer bewältigt werden können als wenn sie unerwartet eintreten.

Für die **Vorhersage künftiger Verhaltensanforderungen** werden, wie wir gesehen haben, erhöhte Wahrscheinlichkeiten in der Aufeinanderfolge genauso genutzt wie Wiederholungen relationaler Beziehungen oder Regelhaftigkeiten in der Aufeinanderfolge von Orten und Zeitpunkten. Es werden Vorhersagen über das Eintreffen von Reizen, auf die zu reagieren ist, genutzt, wie auch Vorhersagen über die als nächstes auszuführende Handlung oder die als nächstes zu erzeugenden Effekte. Es zeigt sich somit auch bei der Ausführung von Verhaltensfolgen, dass die Antizipation künftiger Verhaltensanforderungen ein elementares Bedürfnis ist, zu dessen Befriedigung alle verfügbaren Informationen herangezogen werden.

Wenn in einer Verhaltensfolge mehrere unmittelbar aufeinanderfolgende Handlungen gut vorhersehbar sind, werden sie zu Teilfolgen zusammengefasst. Man spricht auch von der Bildung von **„chunks"** (Servan-Schreiber und Anderson 1990). Die entsprechende Teilfolge („chunk") kann dann aufgrund der Vorhersagbarkeit ihrer Elemente schnell und fehlerfrei ausgeführt werden.

Dort, wo in einer Verhaltensfolge die kommenden Anforderungen weniger sicher vorhersehbar sind oder wo sich verschiedene Handlungsmöglichkeiten eröffnen, zwischen denen nicht schon vorab entschieden werden kann, stockt hingegen der Fluss des Handelns, und es treten vermehrt Fehler auf. In der Konsequenz ergeben sich typische **Zeitprofile** bei der Ausführung der Folge: Zu Beginn jeweils eines neuen „chunks" steigen Reaktionszeiten und Fehler an, während nachfolgend die Elemente des „chunks" schnell und weitgehend fehlerfrei ausgeführt werden.

Die ◘ Abb. 4.10 zeigt als Beispiel die mittleren Reaktionszeiten über den Elementen der in

4.5 · Erwerb antizipativer Verhaltenskontrolle: Die ABC-Theorie

Abb. 4.9 dargestellten relational stark strukturierten Reiz-/Reaktionsfolge (123 321 456 654 123 234 345 456) im fünften Versuchsblock, zu einem Zeitpunkt also, zu dem die Folge bereits gut gelernt ist. Zu Beginn der Tripel von jeweils drei aufeinanderfolgenden Reizen/Reaktionen („runs") steigen die Reaktionszeiten in der Tendenz systematisch an. Dies spricht dafür, dass die Mehrzahl der Versuchspersonen die Gesamtfolge in „chunks" von jeweils drei Elementen gegliedert haben, die schnell hintereinander ausgeführt werden können: (123) (321) (456)(654) (123)(234)(345)(456). Es ist interessant, dass dieses Zeitprofil in der zweiten Hälfte der Folge weniger konsequent realisiert ist. Hier bietet die Folge neben den Tripeln auch Quadrupel von sich jeweils wiederholenden Paaren als mögliche „chunks" an: (23-23) (34-34) oder (45-45), und es ist naheliegend, dass ein Teil der Versuchspersonen solche Quadrupel als „chunks" gebildet hat und damit die Reaktionszeiten an der 18. und 21. Position erhöht worden sind.

4.5 Erwerb antizipativer Verhaltenskontrolle: Die ABC-Theorie

In den vorangegangenen Kapiteln haben wir Experimente und Einsichten zu elementaren Mechanismen des Erwerbs zielorientierten Verhaltens diskutiert, die wir jetzt in Form von Thesen zu einer einheitlichen theoretischen Vorstellung integrieren wollen – zu einer Theorie des Erwerbs antizipativer Verhaltenskontrolle (**ABC-Theorie**, Anticipative Behavioral Control; Hoffmann 2003, 2009; Hoffmann et al. 2007). Die ◘ Abb. 4.11 veranschaulicht die beteiligten Komponenten und Lernmechanismen, die in den folgenden Thesen näher erläutert werden.

- **These 1**

Willkürliches Verhalten ($V_{willk.}$) ist auf das Erreichen aktuell konkreter Ziele orientiert. Es wird somit ausgeführt, um einen bereits vorab repräsentierten (antizipierten) Effekt ($E_{ant.}$) herzustellen. Willkürlichem Verhalten geht also *per definitionem* eine Vorstellung, eine **Antizipation**, von dem voraus, was man erreichen will.

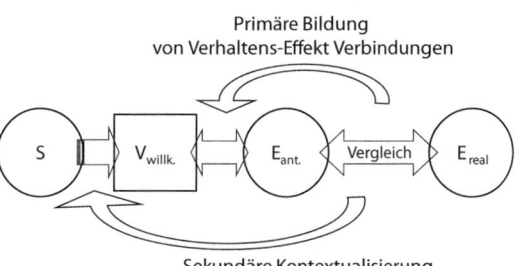

◘ Abb. 4.11 Grundstruktur der Lernmechanismen zum Erwerb antizipativer Verhaltenskontrolle

- **These 2**

Der Erfolg willkürlichen Verhaltens wird kontrolliert, indem die tatsächlich eintretenden Effekte (E_{real}) mit den antizipierten Effekten ($E_{ant.}$) verglichen werden. Von solchen Vergleichen bemerken wir in der Regel nur dann etwas, wenn die Effekte unseres Verhaltens mit den Erwartungen nicht übereinstimmen. Wir sind dann überrascht, und gelegentlich fährt uns sogar der Schreck in die Glieder. Stellen Sie sich etwa vor, beim Betreten einer Treppe würden die Stufen dem Druck Ihres Fußes nachgeben oder bei schneller Fahrt würde der Tritt auf das Bremspedal nichts bewirken. Ob nun Überraschung oder Schreck eintritt, beides beweist, dass wir konkrete Erwartungen haben, zu welchen Effekten unser Verhalten führen wird, denn hätten wir keine Erwartungen, könnten wir weder überrascht sein, noch erschrecken, wenn ungewohnte Effekte eintreten.

- **These 3**

Im Resultat der Vergleiche von antizipierten und realen Effekten werden Repräsentationen, die der Verhaltensausführung zugrunde gelegen haben, mit Repräsentationen von Verhaltenseffekten verbunden (primärer Lernprozess). Die so entstehenden **Verhaltens-Effekt-Verbindungen** sind vermutlich bidirektional: Das Verhalten aktiviert Vorstellungen (Repräsentationen) der Effekte, die erfahrungsgemäß eintreten, und umgekehrt aktivieren Wahrnehmungen oder auch Vorstellungen von Effekten Repräsentationen des Verhaltens, das sie erfahrungsgemäß erzeugt.

Die Stärke und Dauerhaftigkeit der sich bildenden Verhaltens-Effekt-Verbindungen hängt vermutlich von verschiedenen Faktoren ab, die noch wenig untersucht sind. Es ist z. B. anzunehmen, dass erfolgreich hergestellte Effekte besonders stark mit vorangegangenem Verhalten verbunden werden. Auf diese Weise merkt man sich, welches Verhalten sich für die Herstellung welcher Effekte als geeignet erweist, z. B. was man tun muss, um ein Fenster zu öffnen. Aber auch aus Misserfolgen kann gelernt werden: Wenn ein bestimmtes Verhalten zwar nicht zu den angestrebten, aber konsistent zu anderen Effekten führt, können die so erlebten Beziehungen ebenfalls dauerhaft gespeichert werden. Wenn man z. B. beim Versuch, ein Fenster zu öffnen, die Erfahrung macht, dass eine ganze Drehung des Fenstergriffes zwar nicht zum Öffnen, aber zum Ankippen des Fensters führt, dann merkt man sich auch diesen Zusammenhang. Schließlich können Verhaltensakte auch mit **beiläufigen Effekten** verbunden werden, vorausgesetzt, die Effekte werden beachtet und in hinreichend raum-zeitlicher Nähe zum Verhalten häufig genug erlebt.

- **These 4**

Fast immer hängt das, was wir tun, nicht nur vom Ziel ab, das wir verfolgen, sondern auch von der Situation, in der wir uns befinden. Dementsprechend werden auch **situative Bedingungen** (S) in Verhaltens-Effekt-Beziehungen integriert, vorausgesetzt, sie werden genügend beachtet (sekundäre Kontextualisierung von Verhaltens-Effekt-Verbindungen).

Situative Bedingungen werden in der Regel nur dann beachtet, wenn ausbleibender Verhaltenserfolg dazu nötigt, nach möglichen Ursachen für Misserfolge zu suchen. Daneben finden situative Bedingungen vermutlich auch dann Beachtung, wenn bestimmte Verhaltens-Effekt-Beziehungen stets in ein und derselben Situation realisiert werden. Dies ist vor allem bei Gewohnheitshandlungen sowie bei hochtrainierten Verhaltensweisen der Fall.

- **These 5**

Den Thesen 3 und 4 liegt die Annahme zugrunde, dass Verhaltenseinheiten mit Effekten und Situationen verbunden werden, die die Verhaltensausführung kontingent begleiten. Die Einbindung von Situationsbedingungen ist dabei von ihrer Beachtung abhängig. Verhaltenseffekte finden zwangsläufig Beachtung, wenn sie mit angestrebten Effekten verglichen werden. Demgegenüber werden situative Bedingungen nur gelegentlich beachtet. In der Konsequenz haben Effekte eine deutlich höhere Wahrscheinlichkeit, gebunden zu werden, als situative Bedingungen. In diesem Sinne ist die Bildung von Verhaltens-Effekt-Beziehungen im Vergleich zur Einbeziehung situativer Merkmale der primäre Lernprozess.

- **These 6**

Beide Lernprozesse führen gemeinsam zum Aufbau von **Situations-Verhaltens-Effekt-Tripeln**, in denen Erfahrungen darüber gespeichert werden, welches Verhalten für das Erreichen welcher Ziele unter welchen Bedingungen erfolgversprechend ist. Den Lernvorgang zum Aufbau der Tripel muss man sich vermutlich als einen kontinuierlichen Prozess vorstellen, bei dem jede Ausführung willkürlichen Verhaltens zu einer Stärkung und/oder Schwächung von Verhaltens-Effekt- und Situations-Verhaltens-Beziehungen führt. Sind zur Erreichung von Zielen mehrere Tripel so miteinander verkettet, dass die Effekte der jeweils vorangehenden Handlung die Situationsbedingung für die folgende Handlung erzeugen oder werden Handlungen in immer wieder derselben Reihenfolge ausgeführt, verketten sich die Repräsentationen von Situations-Verhaltens-Effekt-Tripeln zu „chunks", die dann als Handlungseinheit aufgerufen und ausgeführt werden können.

- **These 7**

Maßgeblich für die Verhaltensbindung von Effekt- und Situationsmerkmalen ist die **Kontingenz**, mit der die Verbindungen erfahren werden. Auf diese Weise werden von den beachteten Effekten nur diejenigen dauerhaft gebunden, die hinreichend verlässlich eintreten. Gleichermaßen werden von den beachteten Situationsbedingungen nur diejenigen integriert, die hinreichend häufig eine Verhaltens-Effekt-Episode begleiten. Sich ständig ändernde Effekte und ständig ändernde Situationsbedingungen werden dagegen nicht dauerhaft gespeichert. In der Folge entstehen Repräsentationen, die von variierenden Effekten und variierenden Situationsbedingungen abstrahieren und nur noch die Beziehungen speichern, die hinreichend oft bzw. hinreichend verlässlich eintreten. Dies ist, wie wir später noch ausführlich diskutieren werden, eine der Grundlagen

4.5 · Erwerb antizipativer Verhaltenskontrolle: Die ABC-Theorie

für die Strukturierung der Wahrnehmung und die Bildung von Konzepten.

Die beschriebenen Lernvorgänge führen im Kern zu Verbindungen zwischen den neuronalen Repräsentationen, die der Verhaltensausführung zugrunde liegen, und neuronalen Repräsentationen der das Verhalten begleitenden sensorischen Wirkungen. In den entstehenden Strukturen wird gespeichert, welches Verhalten sich für das Erreichen welcher Effekte (Ziele) unter welchen Bedingungen in der Vergangenheit bewährt hat. Wenn solche als „herstellbar" gespeicherten Zustände oder auch nur ähnliche Zustände erreicht werden sollen, wird auf dieses Wissen zurückgegriffen (◘ Abb. 4.12).

- **These 8**

Ausgangspunkt für die Initiierung willkürlichen Verhaltens ist stets eine mehr oder weniger konkrete **Antizipation** eines erwünschten Zustandes, eines zu erreichenden Ziels. Die Ursachen können sehr unterschiedlich sein. Wenn z. B. der Blutzuckerspiegel sinkt, der Magen knurrt und sich das Gefühl von Hunger regt (innere Faktoren), werden **Erinnerungen** an in der Vergangenheit erlebte Möglichkeiten, den Hunger zu stillen, wach. Vergleichbare Erinnerungen können aber auch dadurch wachgerufen werden, dass die Stunde schlägt, zu der wir gewöhnlich zu Mittag essen, dass wir einen Hinweis auf ein Restaurant sehen, dessen Küche wir schätzen (situative Hinweise), oder dadurch, dass wir aufgefordert werden, essen zu gehen (Aufforderungen) usw.

Wodurch und wie konkret auch immer die Erinnerung an einen erwünschten Zustand wachgerufen wird – wenn die Vorstellung stark genug ist, aktiviert sie, sofern erinnerbar, mit ihr assoziierte Verhaltensweisen. In anderen Worten: Die Erinnerung bzw. Antizipation eines herzustellenden Zustandes aktiviert die Bereitschaft, das Verhalten auszuführen, das erfahrungsgemäß (erinnerbar) den gewünschten Zustand herzustellen erlaubt.

- **These 9**

Wenn mit dem aktivierten Verhalten keine situativen Bedingungen gespeichert sind, wird es unmittelbar ausgeführt. Dies gilt für alle Verhaltensakte, die voraussetzungslos ausgeführt werden können. Körperbezogenes Verhalten ist von dieser Art. Wir können uns stets und überall an der Nase kratzen,

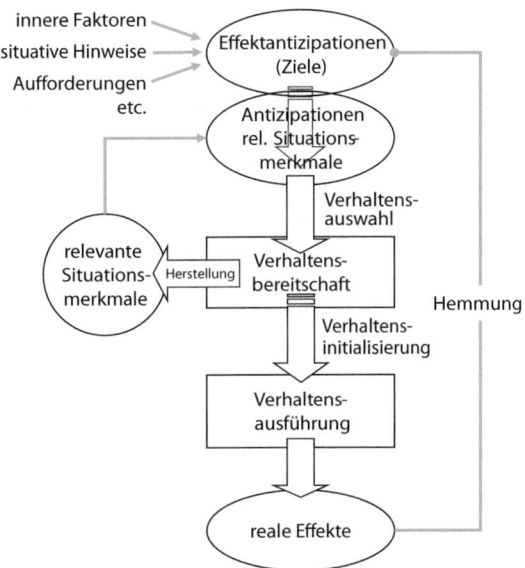

◘ **Abb. 4.12** Grundstruktur der Aktivierung willkürlichen Verhaltens

durchs Haar fahren und die Handflächen reiben. Wir brauchen dazu nicht mehr als die freie Beweglichkeit unserer Glieder. Auch das Sprechen ist an keine situativen Bedingungen gebunden, es sei denn, wir verfolgen ein kommunikatives Ziel, das einen Gesprächspartner voraussetzt. Selbstgespräche können wir aber immer und überall führen.

- **These 10**

In den meisten Fällen sind mit dem aktivierten Verhalten jedoch situative Bedingungen als notwendige Voraussetzung des Verhaltenserfolges assoziiert (relevante Situationsmerkmale). Werden die gespeicherten Bedingungen wahrgenommen, wird das in Bereitschaft stehende Verhalten initiiert. Weist dagegen die Situation nicht die entsprechenden Merkmale auf, wird die Herstellung der noch fehlenden Voraussetzungen zum neuen Verhaltensziel, das nun wiederum das ihm assoziierte Verhalten aktiviert usw., bis alle antizipierten und erwünschten Zustände hergestellt und damit aufgehoben werden. Mehrere Verhaltensschritte können dabei bereits verkettet gespeichert sein und als einheitlicher „chunk" aufgerufen und ausgeführt werden. In aller Regel vollzieht sich also willkürliches Verhalten als eine Sequenz von Verhaltensschritten zur Schaffung von

Voraussetzungen, die letztlich das Erreichen des ursprünglich verhaltensauslösenden Zieles erlauben.

Nehmen wir als alltägliches Beispiel die Vorstellung vom Genuss einer Tasse Kaffee. Wenn kein Kaffee da ist, muss er gekocht werden. Dazu ist unter anderem Wasser in die Kaffeemaschine zu füllen, ein Filter einzulegen, Kaffee hinzuzufügen usw. Jeder Verhaltensschritt wird durch Vorstellungen von den jeweils zu erreichenden Effekten und den dazu notwendigen Bedingungen aktiviert, bis schließlich mit dem ersten Schluck vom frisch gekochten Kaffee die Erwartung aufgehoben wird, die das Verhalten ursprünglich in Gang gebracht hat.

Die **ABC-Theorie** integriert Einsichten in die Struktur und den Erwerb willkürlichen Verhaltens: Zuerst und vor allem anerkennt die ABC-Theorie die einfache Tatsache, dass fast alles Verhalten willkürliches Verhalten ist, das nicht durch gegebene Reize, sondern durch Antizipationen zu erreichender Zustände aktiviert wird. Dies ist eine grundsätzliche Abkehr von allen Vorstellungen reizgetriebenen Verhaltens. Der Primat des Verhaltens-Effekt-Lernens gegenüber dem Reiz-Reaktions-Lernen ist der konkrete Ausdruck dieser Abkehr.

Darüber hinaus liefert der Primat des Verhaltens-Effekt-Lernens die Grundlage für das Verständnis einer praktisch unbegrenzten Erweiterung des durch Lernen erschließbaren Verhaltensraumes. Aus der Perspektive reizgetriebenen Verhaltens, kann lediglich gelernt werden, in welchen Situationen mit welchem Verhalten mehr oder weniger Befriedigung erzeugt wird – welches Verhalten also gut oder weniger gut ist. Eine weitere Ausdifferenzierung von Verhaltenszielen ist nicht möglich. Verhaltens-Effekt-Lernen begründet hingegen eine grundsätzlich neue Lerndynamik: Jeder sensorisch unterscheidbare Effekt wird zu einem möglichen Verhaltensziel, und das Erreichen jedes dieser Ziele wird zu einer potenziellen Quelle der Befriedigung.

Die beliebige Ausdifferenzierung von anzustrebenden Verhaltenszielen lässt den durch Lernen erschließbaren Verhaltensraum „explodieren". Wenn z. B. am Anfang zunächst nur das Bedürfnis besteht, aufkommenden Hunger zu stillen, führt Verhaltens-Effekt-Lernen dazu, dass verschiedene Formen der Bedürfnisbefriedigung unterschieden werden. Dies ist bereits bei Tieren der Fall. Nehmen wir das Beispiel der geschilderten Untersuchung von Colwill und Rescorla (1985). Dort lernten Ratten nicht nur, dass sowohl das Drücken einer Taste als auch das Zerren an einer Kette zu einer Belohnung führen, sondern sie lernten auch, dass man sich mit der Taste Futterkugeln und mit der Kette Zuckerwasser beschaffen kann. Gleichermaßen unterscheiden wir Menschen Hunderte von Möglichkeiten, unseren Hunger zu stillen. Jede dieser Möglichkeiten wird als potenzielles Verhaltensziel gespeichert. Gleichzeitig lernen wir, was zu tun ist, um jedes dieser Ziele zu realisieren. Und so gilt generell: Als Tiere begannen, Verhaltens-Effekt-Beziehungen zu bilden und „wissen wollten", was sie mit ihrem Verhalten alles erreichen können, erwarben sie einen deutlichen Fortpflanzungsvorteil gegenüber Artgenossen, die nur „fressen wollten", um eine Formulierung von Konrad Lorenz zu verwenden. Und so hat sich Verhaltens-Effekt-Lernen vermutlich schon früh in der Evolution als eine Grundform organismischen Lernens etabliert.

Die ABC-Theorie bietet auch eine Erklärung für die in vielen Fällen offensichtliche Situationsabhängigkeit des Verhaltens. Dies ist kein Widerspruch zur Determination des Verhaltens durch antizipierte Zielzustände, sondern ergibt sich aus der Tatsache, dass Verhaltens-Effekt-Beziehungen häufig an situative Bedingungen gebunden sind. Diese Bindungen erlauben die Aktivierung von Verhaltensweisen durch Situationen, in denen das entsprechende Verhalten gewöhnlich ausgeführt wird. Damit liefert die ABC-Theorie eine Erklärung für bedingt reizgetriebenes Verhalten, also etwa dafür, dass der Anblick eines Stuhls uns zum Hinsetzen veranlassen kann, wenn wir hinreichend müde sind.

Darüber hinaus (und vielleicht noch wichtiger) liefert die Integration situativer Bedingungen eine Grundlage für Mechanismen der **Verhaltensplanung**: Von einem Ziel ausgehend können die Bedingungen erinnert werden, die erfahrungsgemäß notwendig sind, um das Ziel zu erreichen. Umgekehrt können von einer Situation ausgehend die Ziele erinnert werden, die erfahrungsgemäß in dieser Situation erreichbar sind. Und so kann sowohl vom aktuellen Ziel als auch von einer gegebenen Situation ausgehend nach einer Kette von Tripeln im Gedächtnis gesucht werden, mit denen die gegebene in die gewünschte Situation überführt werden kann.

Zusammengefasst lässt sich der Erwerb willkürlichen zielgerichteten Verhaltens vielleicht so charakterisieren: Es werden Tripel von Situationsmerkmalen, Verhaltensweisen und Verhaltenseffekten gebildet, die Erfahrungen darüber repräsentieren, wie gegebene Situationen durch eigenes Verhalten verändert werden können. Darauf kommt es an: Es wird nicht gelernt, wie auf Situationen zu reagieren ist, sondern wie mit eigenem Verhalten bestehende Zustände verändert werden. Mit diesem Wissen emanzipieren sich Organismen vom Diktat der Gegenwart und gewinnen die Fähigkeit, Zukunft zu gestalten.

4.6 Lernen durch Imitation

Wer schon einmal IKEA-Möbel zusammengeschraubt hat, weiß, wie schwierig es sein kann, den Bauanweisungen zu folgen. Wohl dem, der dann einen „IKEA-Spezialisten" zur Seite hat, der vormachen kann, wie es geht. Etwas nachzumachen, was ein Anderer uns vormacht, fällt uns leicht. Es gelingt so selbstverständlich, dass uns gar nicht bewusst wird, dass das Nachmachen des Verhaltens eines anderen, die Imitation seines Verhaltens, ein anspruchsvoller und erstaunlicher Vorgang ist.

Um **Verhalten zu imitieren**, muss das Verhalten des Modells zunächst wahrgenommen und bis zum Beginn der eigenen Bewegung gespeichert werden. Von der gespeicherten Repräsentation des Verhaltens müssen dann schließlich eigene Verhaltenskommandos abgeleitet werden, die dazu führen, dass sich der eigene Körper in ähnlicher Weise bewegt wie das zuvor gesehene Modell.

Verhalten hat viele wahrnehmbare Aspekte: Wenn es sich um willkürliches Verhalten handelt, ist zunächst das Verhaltensziel als Resultat oder Effekt des Verhaltens wahrnehmbar – wir sehen, wie ein Anderer etwa ein Objekt ergreift, eine Kerze anzündet oder eine Konservenbüchse öffnet usw. Darüber hinaus kann man wahrnehmen, welche Instrumente ggf. wie benutzt werden, welche Körperteile bewegt werden, und schließlich wird auch die konkrete raum-zeitliche Dynamik der ausgeführten Körperbewegungen wahrgenommen. Alle diese beobachtbaren Aspekte des Verhaltens sind imitierbar. Je nachdem, ob die Aufmerksamkeit vorrangig auf das Ziel oder auf die Bewegungsausführung gerichtet ist, lassen sich zieldeterminierte und bewegungsdeterminierte Imitationen unterscheiden.

4.6.1 Bewegungsdeterminierte Imitationen

Eine genaue Imitation gelingt selten, und wer es versteht, die typischen Bewegungen von Prominenten täuschend echt zu imitieren, kann damit öffentlich auftreten und Geld verdienen. Üblicherweise wird jedoch eine lediglich **ähnliche Bewegung** imitiert. Bereits dies ist eine erstaunliche Leistung – woher wissen wir, welche Muskeln wie zu bewegen sind, um die gesehene Bewegung mit dem eigenen Körper nachzuvollziehen?

Die Wahrnehmungen eigener und fremder Bewegungen sind grundverschieden: Wenn Sie z. B. jemanden beobachten, der einen Apfel greift, dann sehen Sie, wie sein Arm sich streckt, wie die Hand sich öffnet und sich die Finger um den Apfel schließen usw. Wenn Sie selbst nach einem Apfel greifen, spüren Sie über Ihren Muskelsinn und die Sehnen, wie sich Arm und Finger strecken, um dann wieder gebeugt zu werden usw. Auf der einen Seite stehen visuelle Wahrnehmungen von Ereignissen in der äußeren Welt, auf der anderen Seite stehen Empfindungen des eigenen Körpers. Wie gelingt die „Übersetzung" von der visuellen Wahrnehmung einer Modellbewegung in genau die eigenen Körperempfindungen, die herzustellen sind, um eine vergleichbare Bewegung selbst zu produzieren? Es gibt eine Reihe von Beobachtungen, die vermuten lassen, dass diese Fähigkeit zur Übersetzung äußerer Wahrnehmungen in innere Bewegungsempfindungen angeboren ist.

Frühkindliche Bewegungsimitationen

Andrew N. Meltzoff und M. Keith Moore von der Universität Washington berichteten 1977 erstmalig über Experimente, mit denen geprüft wurde, ob bereits 12 bis 21 Tage alte Säuglinge über die Fähigkeit verfügen, Gesten eines Erwachsenen zu imitieren (Meltzoff und Moore 1977). In einer festgelegten Zeiteinheit wurde jeweils die Aufmerksamkeit des Säuglings geweckt und eine der folgenden vier Gesten mehrmals direkt vor seinem Gesicht ausgeführt: Zunge herausstrecken, Mund öffnen, Lippen spitzen und bestimmte Fingerbewegungen. Das anschließende Verhalten der Säuglinge wurde gefilmt und Beurteilern vorgeführt, die entscheiden sollten, ob überhaupt und wenn ja, welcher der vier Gesten die Bewegungen des Säuglings am ehesten entsprechen. Es stellte sich heraus, dass die Säuglinge überzufällig häufig die Tendenz zeigten, die zuvor gesehene Bewegung wenigstens andeutungsweise nachzuvollziehen. Da die Beurteiler nicht wussten, welche Bewegung jeweils zuvor gezeigt wurde, kann man sicher sein, dass ihr Urteil nicht durch gezielte Erwartungen verfälscht wurde.

Es ist allerdings kritisiert worden, dass man bei einem Alter von mehreren Tagen nicht ausschließen kann, dass die Säuglinge für zunächst zufällige „Nachahmungen" von der Mutter durch besondere Zuwendung belohnt wurden, sodass die Tendenz zur Imitation nicht angeboren, sondern durch Bekräftigung erworben wurde. Um diesem Einwand zu begegnen, haben Meltzoff und Moore die Experimente an 40 Neugeborenen mit einem durchschnittlichen Alter von 32 Stunden wiederholt. (Meltzoff und Moore 1983, 1989). Das älteste Kind in der Studie war 72 Stunden und das jüngste Kind 42 Minuten alt. Die Ergebnisse bestätigten, dass bereits unmittelbar nach der Geburt die Fähigkeit zur Imitation von **Gesichtsbewegungen** vorhanden ist.

Man muss sich vergegenwärtigen, dass es sich bei diesem Ergebnis um einen statistischen Befund handelt: Die Tendenz zur Imitation ist lediglich überzufällig erhöht, d. h. nicht alle Kinder zeigen gleichermaßen und auch nicht immer und auch nicht für jede Geste die Tendenz zur Imitation. Überzufällige Imitationen bei Neugeborenen sind allerdings in vielen Labors bestätigt worden (z. B. Heimann 2002), sodass es als gesichert gilt, dass die prinzipielle Fähigkeit zur Imitation von Bewegungen angeboren ist.

Da bei den Studien an Neugeborenen vor allem Imitationen von Bewegungen im Gesicht untersucht wurden, die kein anderes Ziel als die Bewegung selbst haben, kann man davon ausgehen, dass es sich um reine Bewegungsimitationen handelt. Hinzu kommt, dass die Neugeborenen ihr eigenes Gesicht nicht sehen und damit ihre Gesichtsbewegungen nicht visuell kontrollieren können, was bei Neugeborenen vermutlich ohnehin ausgeschlossen werden kann. Wenn sie trotzdem die Tendenz zeigen, eine gesehene Gesichtsbewegung nachzuahmen, dann muss es neuronale Mechanismen geben, die den visuellen Reizen zwangsläufig die motorischen Kommandos zuordnen, die das eigene Gesicht auf ähnliche Weise in Bewegung bringen (▶ Abschn. 4.6.3).

Unwillkürliche Bewegungsimitationen bei Erwachsenen

Obwohl mit zunehmendem Alter zieldeterminierte Imitationen vorherrschen (▶ Abschn. 4.6.2), bleibt eine Tendenz zur unwillkürlichen Imitation von beachteten Bewegungen auch im Erwachsenenalter erhalten. Wir alle kennen das Phänomen, dass uns als Zuschauer eines Fußballspiels das Bein unwillkürlich zuckt, wenn der von uns beobachtete Stürmer auf das Tor schießt, oder dass wir uns unwillkürlich zu der Seite neigen, zu der unser Filmheld einem Hindernis ausweicht. Man spricht in diesem Zusammenhang auch von **ideomotorischen Bewegungen**. Das sind unwillkürliche Bewegungen des eigenen Körpers, mit denen beachtete Bewegungen in der Umgebung andeutungsweise imitiert werden (Prinz 1987). Der unwillkürliche Charakter solcher ideomotorischen Nachahmungsbewegungen ist überzeugend in einer Serie einfallsreicher Experimente gezeigt worden, in denen die Tendenz zur Nachahmung gesehener Bewegungen mal in Übereinstimmung und mal in Gegensatz zu Bewegungen gebracht wurde, die von den Versuchspersonen willkürlich auszuführen waren (für einen Überblick vgl. Prinz 2005). Wenn die Tendenz zur Nachahmung tatsächlich nicht unterdrückbar ist, sollte die willkürliche Ausführung einer ähnlichen Bewegung erleichtert, aber die Ausführung einer anderen Bewegung behindert werden.

In einem dieser Experimente waren die Versuchspersonen aufgefordert, auf einen imperativen Reiz hin entweder den Mittelfinger oder den Zeigefinger ihrer rechten Hand anzuheben (Brass et al. 2000). Als imperativer Reiz wurde den Versuchspersonen auf einem Bildschirm eine Modellhand gezeigt. Der zu hebende Finger konnte durch ein Kreuz auf dem Fingernagel (räumlicher Cue) oder durch eine simulierte Aufwärtsbewegung des zu hebenden Fingers bestimmt werden (Bewegungs-Cue; ◘ Abb. 4.13a). Unter Experimentalbedingungen wurden beide Cues gezeigt, wobei die Versuchspersonen instruiert waren, nur einem der beiden Cues zu folgen und den jeweils anderen Cue zu ignorieren. Das heißt, sie sollten entweder den Finger heben, der durch das Kreuz indiziert war, oder den Finger,

4.6 · Lernen durch Imitation

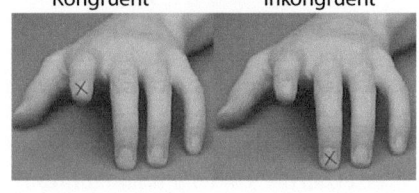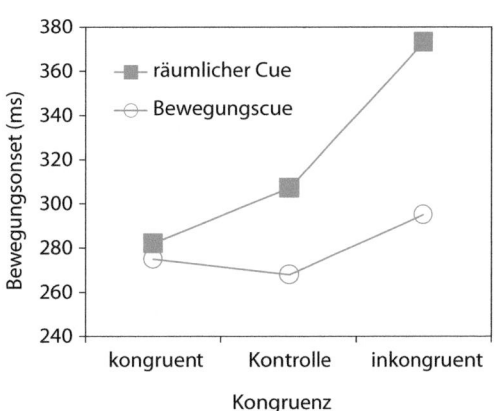

Abb. 4.13 a Versuchsbedingungen und b Ergebnisse einer Studie von Brass et al. (2000). (Adaptiert nach Brass et al. 2000, mit freundl. Genehmigung)

der durch die simulierte Aufwärtsbewegung indiziert war. In einer kongruenten Bedingung stimmten beide Cues überein, d. h. es bewegte sich jeweils der Finger, der auch durch ein Kreuz markiert war. In einer inkongruenten Bedingung stimmten die Cues nicht überein, d. h. wenn der Mittelfinger durch ein Kreuz markiert war, bewegte sich der Zeigefinger und vice versa. In zwei weiteren Kontrollbedingungen wurde nur einer der beiden Cues dargeboten, d. h. die Versuchspersonen hatten entweder auf Kreuze oder auf Bewegungen zu reagieren, ohne dass der jeweils andere Cue dargeboten wurde.

Die ◘ Abb. 4.13b veranschaulicht die Ergebnisse. Zunächst fällt auf, dass die Versuchspersonen auf die Bewegungen (Bewegungs-Cue) signifikant schneller reagieren als auf die Kreuze (räumlicher Cue). Das Ergebnis bestätigt die Auffassung, dass eine gesehene Bewegung unmittelbar die Ausführung einer ähnlichen Bewegung anregt, und zwar noch schneller als die Kreuze, obwohl auch die Kreuze den zu hebenden Finger eindeutig markieren. Zudem zeigt sich, dass die durch Kreuze instruierten Reaktionen im Vergleich zur Neutralbedingung sehr viel stärker durch die gleichzeitige Wahrnehmung von kongruenten bzw. inkongruenten Fingerbewegungen beeinflusst werden als umgekehrt die durch die Bewegungen instruierten Reaktionen durch die gleichzeitige Wahrnehmung kongruenter bzw. inkongruenter Kreuze. In anderen Worten: Wenn die Versuchspersonen instruiert sind, auf die Bewegungen zu reagieren, können sie den Einfluss der Kreuze auf ihre Reaktionen weitgehend unterdrücken. Umgekehrt lässt sich der Einfluss der gesehenen Bewegung auf die Reaktionen nicht unterdrücken. Wenn die gesehene mit der auszuführenden Bewegung übereinstimmt, wird sie im Vergleich zur neutralen Kontrollbedingung schneller initiiert, und bei Nichtübereinstimmung wird ihre Ausführung verzögert. Damit wird bestätigt, dass eine Tendenz zur Nachahmung der gesehenen Bewegung nicht unterdrückbar ist. Sie wird auch gegen den Willen, eine andere Bewegung auszuführen, insofern wirksam, als sie die Ausführung der gewollten Bewegung verzögert.

4.6.2 Zieldeterminierte Imitationen

Mit zunehmendem Alter spielen für Imitationen die **Ziele** des beobachteten Verhaltens eine immer stärkere Rolle. Ältere Kinder imitieren weniger die konkreten Bewegungen, sondern versuchen eher, das vermutete Ziel der beobachteten Bewegung mit eigenen Verhaltensmitteln zu erreichen. Dass für Imitationen Verhaltensziele wichtig werden, manifestiert sich in vielen Beobachtungen: So werden Verhaltensfolgen, die auf das Erreichen eines erkennbaren Zieles gerichtet sind, von Kindern im Alter von 16 bis 24 Monaten besser imitiert als gleich lange Folgen von unzusammenhängenden Einzelaktionen (Bauer und Mandler 1989; Bauer und Travis 1993). Eine Folge von Aktionen wie z. B. a) das Legen eines Brettes auf die Spitze eines dreieckigen Klotzes, *um* eine Wippe *zu* konstruieren, b) das Setzen einer Froschpuppe auf das eine Ende der Wippe und c) das Niederstoßen des anderen Endes der Wippe, *um* den Frosch in die Luft *zu* schleudern, wird von den Kindern deutlich häufiger in der vorgeführten Reihenfolge nachgemacht als eine ähnliche Sequenz ohne offensichtliches Ziel, etwa a) ein Brett wird an eine Wand gelehnt, b) eine Froschpuppe wird auf einen Stuhl gesetzt, und c) der Stuhl wird etwas nach links verschoben. Das Katapultieren des Frosches wird von den Kindern nicht nur als auffälliges und anregendes Ereignis registriert, sondern offensichtlich auch als das Ziel der vorangegangenen Handlungsfolge wahrgenommen. Wenn sie dann aufgefordert werden, die Handlungsfolge nachzumachen, streben sie auch danach, dieses Ziel wieder zu erreichen, was ihnen hilft, die dazu notwendigen Handlungen in der gebotenen (richtigen) Reihenfolge zu wiederholen.

Einen noch stärkeren Beleg für die Bedeutung von Zielen bei Imitationen liefern Experimente, in denen Imitationen von erfolgreich ausgeführten und nicht erfolgreichen Handlungsfolgen verglichen werden (Meltzoff 1995). Kinder im Alter von 18 Monaten beobachteten z. B. einen Erwachsenen, der einen rechteckigen Stab in eine passende Aussparung an einer Schachtel steckt und so einen Summer auslöst. Andere Kinder sehen einen Erwachsenen, der mit dem Stab die Aussparung wiederholt verfehlt und somit nicht erfolgreich ist. Wenn den Kindern unmittelbar im Anschluss die Gelegenheit gegeben wird, selbst mit Stab und Schachtel zu hantieren, dann realisieren die Kinder, die eine nicht erfolgreiche Handlung gesehen haben, genauso häufig die nicht gesehene Zielhandlung und lösen damit den Summer aus wie die Kinder, die gesehen haben, wie der Stab in die Aussparung gesteckt und der Summer ausgelöst wurde. Das Ergebnis zeigt, dass Kinder in einem Alter von 18 Monaten die erreichten Ziele von beobachten Handlungsfolgen nicht nur wahrnehmen, sondern auch die durch erfolglose oder missglückte Handlungen nicht erreichten Ziele erschließen können. Sie „verstehen" quasi unmittelbar, was mit der missglückten Handlung eigentlich erreicht werden sollte, und wenn sie die Handlung dann nachmachen, versuchen sie von sich aus, das erschlossene Ziel zu erreichen.

Ein weiteres Beispiel für die Imitation von Zielen liefert die sog. **Hand-zum-Ohr-Aufgabe**. Wenn ein Erwachsener Kindern im Alter zwischen etwa drei und fünf Jahren vormacht, mit der linken oder rechten Hand an das linke oder rechte Ohr zu fassen, und sie jeweils auffordert, die Geste nachzumachen, ersetzen die Kinder oftmals **kontralaterale** durch **ipsilaterale Gesten**: Anstelle das linke Ohr mit der rechten Hand und das rechte Ohr mit der linken Hand zu fassen (kontralateral), fassen sie das linke Ohr mit der linken und das rechte Ohr mit der rechten Hand (ipsilateral). Sie imitieren das richtige Ziel (das Ohr an der richtigen Seite), führen aber die für sie einfachere Bewegung aus, um dieses Ziel zu erreichen. Da ältere Kinder diesen „Kontralateralfehler" nicht mehr zeigen, wurde angenommen, dass er bei den jüngeren Kindern durch eine noch nicht ausgereifte interhemisphärische Kommunikation verursacht wird, die es den Kindern schwer macht, ein linkes Ziel mit der rechten Hand und ein rechtes Ziel mit der linken Hand anzustreben.

Mit sehr einfachen, aber überzeugenden Experimenten haben Gattis et al. (2002) zeigen können, dass diese Interpretation falsch ist. In einem dieser Experimente saßen sich ein Erwachsener und ein Kind an einem Tisch gegenüber. Vor beiden lag jeweils rechts und links auf dem Tisch ein Plastikchip, und der Erwachsene legte entweder die rechte oder linke Hand auf den rechten oder linken Chip und forderte das Kind jeweils auf, die entsprechende Geste nachzumachen. Die Situation ist strukturell identisch mit der Hand-zum-Ohr-Aufgabe, und hier wie dort machen die Kinder die typischen Kontralateralfehler. In einer zweiten Version wurden die Chips vom Tisch entfernt. Die Erwachsenen führten aber die genau gleichen Gesten vor, d. h. sie legten entweder die rechte oder die linke Hand auf die rechte oder die linke Seite vor ihnen, genau wieder dorthin, wo zuvor die Chips gelegen hatten. Erstaunlicherweise

4.6 · Lernen durch Imitation

nahm die Anzahl der Kontralateralfehler deutlich ab. Die Kinder imitierten nun insgesamt sehr viel besser kontralaterale Bewegungen als in der Bedingung mit den Chips. Das Ergebnis zeigt, dass die Kontralateralfehler nicht auf eine ungenügende interhemisphärische Kommunikation zurückzuführen sind, sondern etwas mit der Präsenz von Handlungszielen zu tun haben. Weitere Experimente bestätigten diese Schlussfolgerung: Immer dann, wenn auffällige dominante Handlungsziele für die Handbewegungen anschaulich gegeben waren, machten die Kinder die typischen Kontralateralfehler, deren Häufigkeit abnahm, je weniger auffällig die Handlungsziele waren.

Das Ergebnis weist darauf hin, dass Kinder ab einem Alter von etwa zwei bis drei Jahren die Aufforderung, etwas nachzumachen, als Aufforderung verstehen, nur ein bestimmtes Merkmal der gesehenen Bewegung zu reproduzieren. Das für die Kinder offensichtlich auffälligste Merkmal ist jeweils das Zielobjekt der Bewegung, in den geschilderten Experimenten also das Ohr oder der Chip, sodass sie dazu neigen, nur das Erreichen des Ziels zu imitieren. Wenn aber keine Zielobjekte vorhanden sind, richtet sich die Aufmerksamkeit der Kinder auf die Bewegung selbst, sodass sie dann auch kontralaterale Bewegungen korrekt imitieren. Mit der weiteren Entwicklung verliert sich dann die Einschränkung auf nur ein Imitationsmerkmal, sodass ältere Kinder sowohl das Ziel als auch die jeweils vorgemachte Bewegung korrekt imitieren.

Was für die älteren Kinder gilt, gilt für Erwachsene allemal. Wenn wir etwas nachmachen sollen, können wir frei entscheiden, welche Merkmale der gesehenen Bewegung wir imitieren, z. B. nur das Erreichen des Ziels oder eben auch Merkmale der ausgeführten Bewegung. Selbst unsere unwillkürlichen (ideomotorischen) (Mit-)Bewegungen richten sich danach, worauf unsere Aufmerksamkeit gerichtet ist. Wenn wir etwa einen Torschuss beobachten, dann bewegen wir uns nicht einfach mit dem Ball, sondern wir bewegen uns oftmals so, wie der Ball fliegen *sollte*, um das von uns gewünschte Ergebnis (Ziel) zu erreichen: Wenn wir mit dem Stürmer empfinden, bewegen wir uns etwa nach links, wenn der Ball droht, das Tor rechts zu verfehlen. Wenn wir aber mit dem Torwart empfinden, bewegen wir uns mit dem Ball nach rechts. Unsere (Mit-)Bewegungen hängen also nicht nur von der Flugbahn des Balles ab, sondern auch von unseren Intentionen. Wir bewegen uns, als könnten wir auf magische Weise die beobachtete Bewegung so beeinflussen, dass das von uns angestrebte oder erwünschte Ziel auch erreicht wird (für entsprechende Experimente vgl. Knuf et al. 2001).

Insgesamt zeigen die zitierten Beobachtungen, dass Imitationsbewegungen sowohl von den Eigenschaften der beobachteten Bewegung als auch von Zielen abhängen. Wenn vor allem die Bewegung imitiert wird, liegt eine **perzeptuelle Induktion** vor. Wenn die Imitation vor allem vom wahrgenommenen Ziel oder von eigenen Zielen bestimmt wird, liegt eine **intentionale Induktion** vor (Prinz 2002). Perzeptuelle und intentionale (zielbezogene) Eigenschaften der Modellbewegungen bestimmen also gleichermaßen willkürliche und unwillkürliche Imitationsbewegungen.

4.6.3 Spiegelneuronen: neuronale Grundlagen imitierenden Verhaltens

1988 berichteten Giacomo Rizzolatti et al. von der Universität Parma von einem Aufsehen erregenden Befund (Rizzolatti et al. 1988). Die Autoren hatten mit Einzelzellableitungen die Aktivitäten von Neuronen im prämotorischen Kortex von Affen untersucht und dabei Zellen gefunden, die immer dann aktiv waren (feuerten), wenn die Affen eine bestimmte Handlung wie z. B. das Ergreifen einer Frucht ausführten. Dies war zu erwarten gewesen, da der prämotorische Kortex bekanntermaßen an der Koordination von zielgerichteten Bewegungen beteiligt ist. Überraschenderweise feuerte ein erheblicher Teil der gleichen Neuronen jedoch auch dann, wenn ein anderer Affe oder ein Wärter bei einer jeweils ähnlichen Handlung beobachtet wurde, im Beispiel also, wenn er nach einer Frucht griff. Es handelte sich damit um Neuronen, die nicht nur die **Ausführung**, sondern auch die **Wahrnehmung** einer bestimmten Handlung mit einer erhöhten Aktivität begleiteten. Die Autoren haben diese Neuronen nicht ganz treffend, aber eingängig Spiegelneuronen („mirror neurons") genannt. In den Aktivitäten der

Spiegelneuronen werden wahrgenommene Handlungen gewissermaßen intern als eigene Handlungen motorisch gespiegelt, und eigene Handlungen werden als extern wahrgenommene Handlungen sensorisch gespiegelt.

Weitere Untersuchungen haben zu einer Differenzierung **verschiedener Typen** von Spiegelneuronen geführt. Die Mehrzahl der Spiegelneuronen ist spezifisch für eine der folgenden drei Handlungen: Ergreifen eines Objektes („grasping"), Platzieren eines Objektes („placing") und Manipulieren eines Objektes („manipulating"), wobei einige der Neuronen auch bei zwei oder allen drei Handlungen Aktivität zeigen. Die konkrete Durchführung der Handlung spielt für die Aktivierung der Spiegelneuronen keine Rolle. Ob ein Objekt z. B. mit der rechten oder linken Hand, von oben oder von unten usw. ergriffen wird, hat keinen Einfluss auf die Aktivität der Spiegelneuronen für das Greifen. Die Aktivität der Neuronen spiegelt also nicht bestimmte Körperbewegungen, sondern Handlungen mit bestimmten Zielen.

Allerdings unterscheiden sich die Spiegelneuronen hinsichtlich des Grades der **Übereinstimmung** zwischen den wahrgenommenen und den selbst ausgeführten Handlungen, der jeweils zu einer Aktivierung führt (Gallese et al. 1996). Es werden strikt kongruente, weitgehend kongruente und inkongruente Spiegelneuronen unterschieden:

- Als strikt kongruent werden Neuronen klassifiziert, bei denen die beobachteten und ausgeführten Handlungen nicht nur hinsichtlich der generellen Handlung (z. B. Greifen), sondern auch in der Art der Ausführung (z. B. Greifen mit einem Präzisionsgriff) übereinstimmen müssen, um gleichermaßen eine Aktivierung auszulösen. Ungefähr 30 % der Neuronen sind von dieser Art.
- Als weitgehend kongruent werden Neuronen klassifiziert, bei denen die beobachteten und ausgeführten Handlungen nur noch ähnlich sein müssen, um gleichermaßen Aktivität auszulösen (60 %).
- Inkongruente Neuronen (ca. 10 %) zeigen keine eindeutigen Beziehungen zwischen den die Aktivität auslösenden wahrgenommenen und den die Aktivität auslösenden ausgeführten Handlungen.

Neben den Spiegelneuronen im engeren Sinne wurden Neurone gefunden, die neben der Aktivierung durch die Ausführung zielgerichteter Handlungen auch dann aktiviert wurden, wenn die Affen lediglich ein ergreifbares Objekt beobachteten, unabhängig davon, ob das Objekt das Ziel einer aktuellen Handlung war. Diese Neuronen wurden „canonical neurons" genannt (Rizzolatti und Fadiga 1998). Sie ordnen gewissermaßen potenziellen Zielobjekten Handlungen zu, die an ihnen ausgeführt werden könnten.

Schließlich wurden auch Neuronen entdeckt, die nicht bei zielgerichteten Handlungen, sondern immer dann feuern, wenn einfache Armbewegungen, wie etwa eine Flexion des Armes, ausgeführt werden, unabhängig davon, in welchem Verhaltenskontext dies geschieht. Diese Neuronen feuern wie die Spiegelneuronen auch dann, wenn die entsprechenden Armbewegungen nur beobachtet werden (Fogassi et al. 1998). Die Kongruenz besteht hier also nicht zwischen wahrgenommen und ausgeführten Handlungen (Greifen, Platzieren, Manipulieren), sondern zwischen wahrgenommenen und ausgeführten Bewegungen von Armen und Händen.

Die Entdeckung der Spiegelneuronen bei Affen regte vergleichbare Forschungen beim Menschen an. Anstelle von Einzelzellableitungen wurden Muskelaktivierungen und das Aktivitätsniveau kortikaler motorischer Zentren unter experimentell variierenden Bedingungen gemessen. Es interessierte insbesondere, inwieweit motorische Zentren und eventuell sogar Muskeln nicht nur bei der Ausführung, sondern auch bei der Wahrnehmung von Handlungen und/oder Bewegungen aktiviert werden. In einer Untersuchung von Fadiga et al. (1995) wurde z. B. die Aktivierung verschiedener Hand- und Armmuskeln gemessen, während die Versuchspersonen ungezielte Armbewegungen und gezielte Greifbewegungen des Experimentators beobachteten. Im Vergleich zu einer Kontrollbedingung, in der die Versuchspersonen lediglich Objekte betrachteten, führte die Beobachtung von Bewegungen zu einem relativen Anstieg des Aktivierungsniveaus jeweils der Muskeln, die typischerweise bei einer Imitation der gesehenen Bewegung aktiviert werden würden. Das Resultat zeigte sich sowohl bei der Beobachtung von Greifhandlungen als auch bei der Beobachtung ungezielter Bewegungen. Auch **motorische Zentren** werden bei der Beobachtung von Handlungen bzw. Bewegungen aktiviert (für einen Überblick s. Rizzolatti et al. 2002). Obwohl für eine Differenzierung dieser Befunde weitere Forschung notwendig ist, kann man feststellen, dass auch beim Menschen den Spiegelneuronen der Affen ähnliche Strukturen existieren, deren Aktivität ausgeführte Handlungen und Bewegungen sensorisch und umgekehrt wahrgenommene Handlungen und Bewegungen motorisch widerspiegeln.

Es liegt nahe, in den Spiegelneuronen bzw. in den vergleichbaren neuronalen „Spiegelstrukturen" des Menschen eine wesentliche Grundlage für Imitationsverhalten zu vermuten. Die Spiegelstrukturen geben die Antwort auf die Frage, wie die sensorischen Reizwirkungen eines beobachteten Verhaltens in die motorischen Impulse des imitierenden Verhaltens transformiert werden. Rizzolatti et al. (2002) haben in diesem Zusammenhang von Resonanzmechanismen gesprochen. Sie unterscheiden zwei **Resonanzniveaus**:

- Auf einem niedrigen Niveau bewirkt die Aktivierung von bewegungsspezifischen Spiegelstrukturen bei der Beobachtung einer Bewegung eine Voraktivierung der motorischen Strukturen, die zur Ausführung derselben Bewegung führen, wenn eine entsprechende Bereitschaft vorhanden ist. Die berichteten Imitationsbewegungen bei Neugeborenen und die unwillkürlichen ideomotorischen (Mit-)Bewegungen bei Erwachsenen beruhen vermutlich auf solchen elementaren Resonanzen.
- Auf einem höheren Resonanzniveau bewirkt die Aktivierung von handlungsspezifischen Spiegelstrukturen, dass die Beobachtung einer zielgerichteten Handlung zu einer Voraktivierung von motorischen Strukturen führt, die an der Ausführung einer entsprechenden Handlung beteiligt sind. Auf diese Weise führt eine gesehene Handlung zur Bereitschaft, eine ähnliche Handlung selbst auszuführen. Die berichteten zieldeterminierten Imitationen bei älteren Kindern und Erwachsenen beruhen vermutlich auf solchen Resonanzen höheren Niveaus.

4.6.4 Funktionen der Imitation

Warum hat die Evolution neuronale Spiegelstrukturen hervorgebracht und damit die Grundlage dafür geschaffen, dass die Beobachtung von Bewegungen und Handlungen anderer die Tendenz hervorruft, ähnliche Bewegungen und Handlungen selbst auszuführen?

Sicherung der Fürsorge und Verstärkung sozialer Beziehungen

Eine erste Spekulation geht davon aus, dass Neugeborene durch die Imitation insbesondere von Gesichtsbewegungen der Mutter deren Aufmerksamkeit auf sich ziehen und so die Zuwendung und Fürsorge der Mutter verstärken. Wer erlebt hat, wie ein Säugling das eigene Lächeln erwidert, weiß, welch ein starkes Gefühl der Verbundenheit eine solche „Geste der Übereinstimmung" hervorrufen kann. Auch im späteren sozialen Verhalten gilt, dass Imitationen das Verhalten des Imitierten verstärken, was der Volksmund im Sprichwort „Wie man in den Wald hineinruft, so schallt es heraus" zum Ausdruck bringt. Spiegelneuronen und die damit einhergehende Tendenz zur unwillkürlichen Imitation erhöhen also nicht nur die Fürsorge, die Kinder erfahren, sondern führen generell zu einer Spiegelung des eigenen sozialen Verhaltens im Gegenüber und damit zu einer Verstärkung sozialer Interaktion (Asendorpf 2002; Kunde et al. 2011).

Das Verstehen von Handlungen und die Übernahme von Zielen

Eine zweite Spekulation betrifft das Verstehen der Handlungen anderer. Dadurch, dass die Beobachtung einer Handlung zur Aktivierung von neuronalen Strukturen führt, die bei der eigenen Ausführung einer ähnlichen Handlung aktiv sind, wird die fremde Handlung gewissermaßen als eigene Handlung repräsentiert und dadurch verstanden. Wir erkennen unmittelbar, warum jemand etwas tut und welche Ziele er verfolgt. Diese Tendenz, Bewegungen als zielgerichtete Handlungen wahrzunehmen, ist so ausgeprägt, dass, wie wir gesehen haben, bereits Kinder zu missglückten und nicht vollendeten Handlungen die vermutlich mit ihnen verfolgten

Ziele inferieren. Auch wir Erwachsene nehmen nicht selten unwillkürliche Bewegungen als absichtsvoll wahr, wenn wir z. B. glauben, dass wir gegrüßt wurden, nur weil jemand gedankenverloren mit dem Kopf in unsere Richtung genickt hat. Das Erkennen der Handlungsziele anderer dient aber nicht nur dem gegenseitigen Verständnis, sondern hat auch den Effekt, dass wir auf diese Weise Ziele entdecken und übernehmen können, die wir aus eigener Verhaltenserfahrung möglicherweise niemals verfolgt hätten. Ein einfaches Beispiel für eine solche Zielübernahme liefert die Übernahme der Blickrichtung: Wenn wir jemanden sehen, der z. B. intensiv in den Himmel starrt, können wir uns kaum dagegen wehren, auch nach oben zu schauen, um zu sehen, was denn dort seine Aufmerksamkeit fesselt.

Erwerb neuen Verhaltens, ohne eigene Erfahrungen machen zu müssen

Schließlich erlauben die Spiegelstrukturen nicht nur die Übernahme von Zielen, sondern auch die Übernahme von neuen, noch nicht verwendeten Verhaltensweisen zum Erreichen von Zielen. Wenn wir z. B. das erste Mal beobachten, wie jemand eine Flasche Wein öffnet, ohne einen Korkenzieher zu benutzen, wie ein Messer an einem Stein geschärft wird oder wie Salz auf die Tischdecke geschüttet wird, um einen Rotweinfleck aufzusaugen, dann wenden wir diese „Tricks" ganz selbstverständlich auch an, wenn wir in eine entsprechende Situation kommen. Und so wie in diesen Alltagsbeispielen, schauen wir uns vor allem als Heranwachsende tausende von Vorgehensweisen bei anderen ab, oftmals auch ohne uns dessen bewusst zu sein. Müssten wir jedes zielgerichtete Verhalten durch eigene Verhaltenserfahrungen, durch Versuch und Irrtum also, herausfinden, wäre unser Leben nicht lang genug, um all die Vorgehensweisen zu erwerben, mit denen wir unser Leben bestreiten. Die Fähigkeit zur Imitation, zum Nachmachen dessen, was andere tun, führt so zu einer außerordentlichen Beschleunigung des Erlernens effektiven zielgerichteten Verhaltens (▶ Exkurs).

Exkurs

Lernen durch Imitation bei Tieren

Hinweise auf Lernen durch Imitation bei Tieren findet man insbesondere bei Menschenaffen im Zusammenhang mit dem Gebrauch von Werkzeugen. Bei Schimpansen ist es z. B. weit verbreitet, Stöckchen zum „Fischen" von Termiten oder Steine für das Öffnen von Nüssen zu verwenden. Die dabei verwendeten Techniken sind für jeweils lokal isolierte Populationen spezifisch, was darauf hindeutet, dass innerhalb der jeweiligen Population die Vorgehensweise durch Imitation verbreitet wurde (Byrne 2005; Byrne und Byrne 1993). In Gefangenschaft gehaltene Schimpansen, Gorillas und Orang Utans ahmen auch gerne Verhaltensweisen ihrer Wärter nach, wie z. B. das Fegen der Wege oder das Aufhängen von Hängematten (Byrne und Russon 1998).

Ein weiteres Beispiel für Imitation berichtete Kawai (1965; Mazur 2006, S. 412). Affen auf einer japanischen Insel hatten die Gewohnheit, am Strand verstreute Weizenkörner einzeln aufzusammeln, um sie zu fressen. Ein Affe entdeckte jedoch ein effizienteres Verfahren, um die Körner vom Sand zu trennen. Er nahm eine Handvoll Sand mit möglichst vielen Körnern und warf sie ins Wasser. Der Sand sank zu Boden, während die leichteren Körner auf der Wasseroberfläche schwammen und nun leicht eingesammelt werden konnten. Die anderen Affen übernahmen sehr schnell dieses Verhalten, genauso wie sie auch dazu übergingen, Sand von Süßkartoffeln im Wasser abzuwaschen, nachdem dies einer der Affen „vorgemacht" hatte.

Bei diesen Beobachtungen ist allerdings schwer abzuschätzen, in welchem Ausmaß das Verhalten auf reiner Imitation oder auch auf individuellem Lernen beruht. Beim „Fischen" von Termiten z. B. imitieren die Affen möglicherweise zunächst nur das Hantieren mit Stöckchen und machen dann selbst die Erfahrung, dass diese für das „Fischen" von Termiten geeignet sind. Gleichermaßen folgten die Affen auf der japanischen Insel möglicherweise lediglich ihrem Artgenossen ins Wasser und lernten dort jeder für sich, dass sich im Wasser Körner und Sand leichter trennen lassen usw. (für eine entsprechende Argumentation vgl. Byrne 2002; Tomasello und Carpenter 2005).

4.7 Fazit

Menschliches Verhalten ist fast immer auf das Erreichen von Zielen gerichtet. Damit das Verhalten bestimmt werden kann, mit dem ein aktuelles Ziel erreichbar scheint, muss gelernt werden, zu welchen Effekten das eigene Verhalten führt. Dementsprechend werden vor allem Verhaltens-Effekt-Beziehungen gelernt, während Abhängigkeiten des Verhaltenserfolges von gegebenen Situationsbedingungen weniger beachtet werden. Verhaltens-Effekt-Beziehungen werden aber dann an Situationen gebunden, wenn der Erfolg des Verhaltens von der Situation abhängt oder das Verhalten in immer derselben Situation wiederholt ausgeführt wird. Es entstehen Repräsentationen, in denen gespeichert wird, welche Effekte mit welchem Verhalten in welchen Situationen erreicht werden können.

Verhaltens-Effekt-Lernen wird vermutlich durch ein generelles Bedürfnis getrieben, die Effekte des eigenen Verhaltens antizipieren zu können. Zur Befriedigung des „Antizipationsbedürfnisses" werden Verhaltenseinheiten auch mit Effekten verbunden, die nicht explizit angestrebt werden, vorausgesetzt, sie werden beachtet und treten verlässlich ein. Auf diese Weise wird Wissen nicht nur über die Erreichbarkeit aktueller Ziele, sondern auch darüber erworben, was mit dem eigenen Verhalten prinzipiell erreicht werden kann.

Ziele werden selten mit nur einem Verhaltensschritt erreicht. In der Regel sind mehrere Verhaltenseinheiten in einer bestimmten Abfolge auszuführen. Das Erlernen von Verhaltensfolgen beruht ebenfalls auf dem Erwerb verlässlicher Antizipationen künftiger Verhaltensanforderungen. Für die Vorhersage werden alle verfügbaren Informationen genutzt: statistische, relationale und raum-zeitliche Abhängigkeiten in der Aufeinanderfolge der zu erzeugenden Effekte, der auszuführenden Handlungen und der zu erreichenden Situationen. Wenn unmittelbar aufeinanderfolgende Verhaltensanforderungen sicher antizipierbar sind, werden sie zu Teilfolgen („chunks") zusammengefasst, die als Verhaltenseinheit ausgeführt werden.

Neben den Erwerb zielgerichteten Verhaltens aus eigener Verhaltenserfahrung tritt der Erwerb durch die Imitation des Verhaltens anderer. Die Fähigkeit zur Imitation beruht auf neuronalen „Spiegelstrukturen", die sowohl durch die Beobachtung als auch durch die eigene Ausführung von Verhaltensakten angeregt werden. Diese „Spiegelung" des beobachteten Verhaltens im eigenen Verhalten erleichtert die Übernahme von Verhaltenszielen und Verhaltensweisen und begründet damit soziales Lernen.

? Kontrollfragen

1. Worin manifestiert sich der Primat des Verhaltens-Effekt-Lernens gegenüber dem Reiz-Reaktions-Lernen?
2. Welche Bedingungen beeinflussen die Beachtung von Situationsbedingungen beim Verhaltens-Effekt-Lernen?
3. Mit welcher experimentellen Anordnung wird inzidentelles Verhaltens-Effekt-Lernen zumeist untersucht?
4. Wie ist ein serielles Wahlreaktionsexperiment aufgebaut? Was sind die wichtigsten experimentellen Variablen?
5. Was versteht man unter „chunking", worauf beruht es und wie zeigt es sich?
6. Worin zeigen sich zieldeterminierte Imitationen?
7. Was versteht man unter Spiegelneuronen?

Weiterführende Literatur

Meltzoff, A. N., & Prinz, W. (2002). *The imitative mind: Development, evolution, and brain bases.* Cambridge: Cambridge University Press.
Shanks, D. R. (1995). *The psychology of associative learning.* Cambridge: Cambridge University Press.
Shanks, D. R. (2005). Implicit learning. In K. Lamberts & R. Goldstone (Eds.), *Handbook of cognition* (pp. 202–220). London: Sage.
Stadler, M. A., & Frensch, P. A. (1998). *Handbook of implicit learning.* Thousand Oaks: Sage.

Das semantische Gedächtnis: Bildung und Repräsentation konzeptuellen Wissens

Joachim Hoffmann

5.1	**Die Bildung von Konzepten als Zusammenfassung von Objekten nach gemeinsamen Merkmalen – 79**	
5.1.1	Experimente zur Konzeptbildung – 80	
5.1.2	Konzeptbildung als Reiz-Reaktions-Lernen – 80	
5.1.3	Konzeptbildung in Netzwerken – 81	
5.1.4	Konzeptbildungsalgorithmen – 82	
5.1.5	Kritik – 83	
5.2	**Die Bildung von Objektkonzepten in der Verhaltenssteuerung – 83**	
5.2.1	Die Klassifikation von Objekten nach funktionaler Äquivalenz – 83	
5.2.2	Objektkonzepte und Handlungskontexte – 84	
5.2.3	Taxonomien: die hierarchische Ordnung von Objektkonzepten – 85	
5.2.4	Basiskonzepte: Das bevorzugte Abstraktionsniveau der Objektidentifikation – 86	
5.3	**Eigenschaften der Repräsentation von Objektkonzepten – 88**	
5.3.1	Merkmalsrepräsentationen – 88	
5.3.2	Prototypen – 91	
5.3.3	Exemplarrepräsentationen – 92	
5.3.4	Hybridrepräsentationen – 92	
5.3.5	Die Repräsentation von Konzepten unterschiedlicher Allgemeinheit – 93	

© Springer-Verlag Berlin Heidelberg 2017
J. Hoffmann, J. Engelkamp *Lern- und Gedächtnispsychologie*, Springer-Lehrbuch
DOI 10.1007/978-3-662-49068-6_5

5.4 Spracherwerb und der Erwerb konzeptuellen Wissens – 94
5.4.1 Funktionen der Sprache – 94
5.4.2 Das Erlernen von Wortbedeutungen – 95
5.4.3 Die Differenzierung von Objektkonzepten im Spracherwerb – 96
5.4.4 Spracherwerb und die weitere Strukturierung des semantischen Gedächtnis – 97
5.4.5 Handlung – Sprache – Wissen – 98

5.5 Konzeptuelle Strukturen im semantischen Gedächtnis – 98
5.5.1 Methoden zur Erfassung von Strukturen im semantischen Gedächtnis – 99
5.5.2 Handlungsschemata – 101
5.5.3 Repräsentationen von typischen räumlichen und zeitlichen Beziehungen zwischen Konzepten (Frames und Skripts) – 103
5.5.4 Elemente der Sprache als Gegenstand linguistischer Kategorienbildung – 105
5.5.5 Sprachliche und nichtsprachliche Zugänge zum semantischen Gedächtnis – 105

5.6 Fazit: Das semantische Gedächtnis als Grundlage für die Wahrnehmung und das Handeln in einer vertrauten Welt – 107

5.1 · Die Bildung von Konzepten als Zusammenfassung von Objekten

Lernziele

- In welchen theoretischen Ansätzen wird Konzeptbildung als Zusammenfassung von Objekten nach gemeinsamen Merkmalen erklärt?
- Worin unterscheiden sich die Konzepte „klassischer" Konzeptbildungsexperimente von natürlichen Konzepten?
- Nach welchen Kriterien werden in der Verhaltenssteuerung Objekte und Erscheinungen zu Konzepten zusammengefasst?
- Wodurch kommt es zur Ausbildung von Konzepthierarchien und zur Hervorhebung von Basiskonzepten?
- Welche Formen der Repräsentation von Objektkonzepten lassen sich unterscheiden?
- Wie interagieren der Erwerb konzeptueller Strukturen und der Erwerb der Sprache?
- Welche interindividuell verallgemeinerbaren konzeptuellen Strukturen bilden sich im semantischen Gedächtnis aus, und wie beeinflussen sie Wahrnehmen und Erinnern?
- Worin unterscheiden sich nichtsprachliche und sprachliche Zugänge zum semantischen Gedächtnis?

Beispiel

Wenn Sie ◘ Abb. 5.1 betrachten, sehen Sie einen Tisch, auf dem eine Weinflasche, eine Kaffekanne und ein Glas stehen. Im Hintergrund ist ein Fenster erkennbar, und durch die Gardine sieht man ein Gartenhaus. Dies alles haben Sie noch nie gesehen, und trotzdem erkennen Sie unmittelbar, dass da ein Tisch, eine Flasche, eine Kanne, ein Glas, ein Fenster, eine Gardine und ein Gartenhaus sind. In Bruchteilen von Sekunden bewirkt Ihr Wahrnehmungsapparat, dass im Gewirr millionenfacher Nervenimpulse die vertrauten Muster eines Tisches, einer Flasche, usw. entstehen. In diesem Sinne ist Wahrnehmen immer auch ein Wiedererkennen, eine Zuordnung dessen, was wir sehen, zu Kategorien uns bereits vertrauter Erscheinungen. Im vorliegenden Kapitel werden wir uns damit beschäftigen, wie sich Kategorien vertrauter Erscheinungen herausbilden und sich zu Strukturen zusammenfügen, die unser Wissen über die Welt repräsentieren.

◘ **Abb. 5.1** Ein Stillleben mit Kanne, Flasche und Glas

5.1 Die Bildung von Konzepten als Zusammenfassung von Objekten nach gemeinsamen Merkmalen

Im Mittelalter wurde die Frage nach der Herkunft und Entstehung von Allgemeinbegriffen wie Kanne, Flasche oder Glas lebhaft diskutiert. Im sog. Universalienstreit standen sich zwei Auffassungen gegenüber:

- der **Realismus**, der sich an Platon orientierte und für den die Allgemeinbegriffe vorgeprägte Realität waren, die von konkreten Objekten nur unvollkommen zum Ausdruck gebracht wird
- der **Nominalismus**, der sich an Aristoteles orientierte und für den Objekte das einzig Reale und Allgemeinbegriffe lediglich Zusammenfassungen von Objekten waren

Dass Begriffe vorgeprägt sein sollen, ist angesichts des Entstehens immer wieder neuer Begriffe wie Laptop, Seifenoper, oder Heizpilz äußerst unwahrscheinlich. Es gilt wohl eher die Position des Nominalismus, nach der Allgemeinbegriffe kategoriale Zusammenfassungen von Objekten oder Erscheinungen sind, die sich lernabhängig herausbilden.

Warum kommt es aber zur kategorialen Zusammenfassung von Erscheinungen, zur Bildung von Begriffen bzw. von **Konzepten**, wie wir sie im Folgenden nennen wollen? Warum werden z. B. unterschiedliche Kannen zum Konzept Kanne integriert? Die Antwort scheint nahe zu liegen: Kannen sind einander ähnlich. Sie haben gemeinsame Merkmale, die sie uns als zusammengehörig erleben lassen. Konzepte sind nach dieser Überlegung Zusammenfassungen von einander ähnlichen Objekten bzw. Erscheinungen nach gemeinsamen Merkmalen. Sie werden gebildet, indem die gemeinsamen von der Vielfalt der unterschiedlichen Merkmale abstrahiert und als Einheit gespeichert werden.

5.1.1 Experimente zur Konzeptbildung

Um den Prozess der Abstraktion gemeinsamer Merkmale kontrolliert verfolgen zu können, wurden ab den 1950er-Jahren Konzeptbildungsexperimente unter Verwendung von Figuren mit deutlich unterscheidbaren Merkmalen durchgeführt. So wurden z. B. geometrische Muster in jeweils drei Formen (Kreis, Quadrat, Kreuz), drei Farben (rot, grün, blau), drei Umrandungen (dünn, doppelt, fett) und drei Anzahlen von Objekten (1, 2, 3) verwendet. Aus der Kombination der Merkmale ergeben sich $3^4=81$ Figuren oder Objekte. In dieser artifiziellen Objektwelt lassen sich Konzepte durch die Merkmale festlegen, die die zum Konzept gehörenden Objekte gemeinsam besitzen sollen. So, wie z. B. in der Welt der Vögel das Konzept Elster u. a. dadurch bestimmt ist, dass alle Elstern ein schwarzweißes Federkleid haben, lässt sich in der Welt dieser künstlichen Objekte ein Konzept durch alle diejenigen Figuren festlegen, die rot sind. Die Farbe Rot wäre dann allein klassifizierungsrelevant. Es könnten aber auch alle Figuren mit roten Kreuzen ein Konzept definieren. Farbe und Form wären dann in konjunktiver Verknüpfung klassifizierungsrelevant (Rot *und* Kreuz). Die Menge der Figuren, die rot sind *oder* Kreuze sind, liefert ein Beispiel für ein Konzept mit einer disjunktiven Verknüpfung zweier Merkmale usw.

Im Experiment werden den Versuchspersonen zumeist einzelne Objekte mit der Aufforderung gezeigt, zu entscheiden, ob das Objekt zum gesuchten Konzept gehört. Es wird ihnen rückgemeldet, ob ihre Entscheidung richtig oder falsch gewesen ist. Auf diese Weise werden sie über die Zugehörigkeit bzw. Nichtzugehörigkeit von einzelnen Objekten zum Konzept sukzessiv belehrt. Das Konzept gilt als gefunden, wenn alle vorgelegten Objekte korrekt klassifiziert werden. Die Versuchspersonen haben dann offensichtlich die für die Zuordnung zum Konzept relevante Merkmalsbeschreibung abstrahiert. Das Ziel der Experimente ist die Identifikation der Prozesse, die der Abstraktion der konzeptspezifischen Merkmalsbeschreibung zugrunde liegen. Im Folgenden werden drei der in der Literatur diskutierten Konzeptbildungsprozesse kurz besprochen.

5.1.2 Konzeptbildung als Reiz-Reaktions-Lernen

Aus behavioristischer Perspektive beruht Konzeptbildung auf dem Aufbau von Assoziationen zwischen konkreten Objekten bzw. den von ihr wahrgenommenen **Merkmalen (Reizen, S)** und kategorialen **Zuordnungen (Reaktionen, R)**: Wird die Erfahrung gemacht, dass ein Objekt, z. B. eine Birke, zum Konzept Baum gehört, werden Assoziationen zwischen Merkmalen der Birke und der Zuordnungsreaktion „(das ist ein) Baum" verstärkt. Gleiches geschieht mit anderen Objekten, etwa einer Buche, einer Tanne, einer weiteren Birke usw. Auf diese Weise werden immer mehr Objekte mit ihren Merkmalen zum Konzept assoziiert. Merkmale, die besonders häufig vorkommen, bilden starke, und nur vereinzelt auftretende Merkmale bilden schwache Verbindungen. Sind auf diese Weise mehrere Merkmale mit dem Konzept verbunden, kann ein neues Objekt die Zuordnung zum Konzept aktivieren, wenn es über Merkmale verfügt, die bereits hinreichend stark assoziiert sind. Ein Konzept wird danach als ein Bündel von unterschiedlich starken Assoziationen zwischen Merkmalen und konzeptueller Zuordnungsreaktion gespeichert, und Objekte werden jeweils dem Konzept zugeordnet, zu dem ihre Merkmale insgesamt die stärksten Assoziationen aufweisen (z. B. Bourne und Restle 1959).

Um auch die Bildung von Konzepten beschreiben zu können, deren Objekte keine direkt wahrnehmbaren Merkmale gemeinsam haben (z. B. Nahrung, Werkzeug, Obst) wurden vermittelte Merkmals-Konzept-Assoziationen angenommen (**Mediationstheorie**). Die Objekte (S) rufen nach

5.1 · Die Bildung von Konzepten als Zusammenfassung von Objekten

dieser Auffassung zunächst interne Reaktionen (r) hervor, die wiederum interne Reize (s) erzeugen, und erst diese vermitteln eine konzeptuelle Zuordnung (R). An die Stelle der direkten S-R-Verbindungen treten somit vermittelte S-r-s-R Verbindungen (Osgood 1953).

Als vermittelnde Prozesse kommen Vorstellungen (s) infrage, die von den Objekten aktiviert werden (r). Beil und Hammer werden etwa dem Konzept Werkzeug zugeordnet, weil sie gleichermaßen Vorstellungen wie „Arbeit" oder „Baumarkt" wachrufen. Da Objekte mit unterschiedlichen Vorstellungen assoziiert sein können, sind sie auch unterschiedlichen Konzepten zuordenbar. Ein Beil könnte z. B. über die Vorstellung „gefährlich" auch als Waffe klassifiziert werden. Welche konzeptuelle Zuordnung ein Objekt erfährt, hängt somit nicht mehr allein von seinen Merkmalen ab, sondern auch davon, welche Vorstellungen das Objekt im jeweiligen Kontext hervorruft.

5.1.3 Konzeptbildung in Netzwerken

In den 1980er-Jahren sind die behavioristischen Ansätze von Modellierungen in konnektionistischen Netzen aufgegriffen worden (McClelland und Rumelhart 1986; Rumelhart und McClelland 1986). Einfache Netze bestehen aus einer Schicht von Eingangs- und einer Schicht von Ausgangseinheiten, die als Knoten bezeichnet werden (◘ Abb. 5.2). Die Eingangsknoten repräsentieren in der Regel Reize (S_i) und die Ausgangsknoten Reaktionen (R_j). Es bestehen darüber hinaus Verbindungen, die die Aktivierung der Eingangsknoten auf die Ausgangsknoten übertragen (S_i-R_j). Diese Verbindungen besitzen ein variables Gewicht (w_{ij}), das lernabhängig veränderbar ist. Ein solches Netz bildet ein **Konzept**, wenn es lernt, auf eine Klasse von Objekten mit unterschiedlichen Merkmalen (unterschiedliche Eingangsaktivierungen) in gleicher Weise zu reagieren (d. h. gleiche Ausgangsaktivierungen zu erzeugen) – so, wie auch ein Kind lernt, z. B. verschieden aussehende Bäume gleichermaßen als „Baum" zu bezeichnen.

Die ◘ Abb. 5.2 zeigt als Beispiel ein von Gluck und Bower (1988) verwendetes Netz zur Simulation der Bildung von zwei Krankheitskonzepten. Das Netz besteht aus vier Eingangsknoten (a_1 … a_4) und

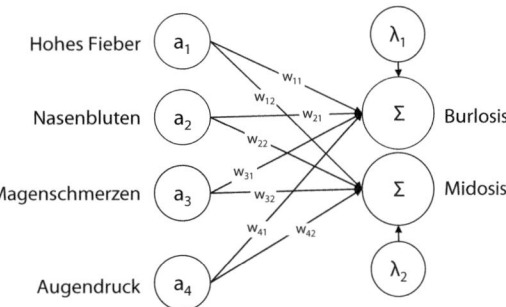

◘ **Abb. 5.2** Ein einfaches konnektionistisches Netzwerk zur Klassifikation von Krankheiten anhand gegebener Symptome. (Adaptiert nach Gluck und Bower 1988, mit freundl. Genehmigung)

zwei Ausgangsknoten. Die Eingangsknoten repräsentieren Symptome wie „hohes Fieber", „Nasenbluten", „Magenschmerzen" und „Augendruck". Die Ausgangsknoten repräsentieren die Zuordnung zu zwei fiktiven Krankheitskonzepten (Burlosis und Midosis). Im vorliegenden Beispiel soll das Netz lernen, dass Patienten mit „Burlosis" den einen und Patienten mit „Midosis" den anderen Ausgangsknotens aktivieren. Das heißt, die Gewichte der Verbindungen zwischen den Symptomknoten und den Krankheitsknoten sollen so justiert werden, dass die Symptome von Patienten mit Burlosis zu einer Aktivierung des „Burlosis-Knotens" und die Symptome von Patienten mit Midosis zu einer Aktivierung des „Midosis-Knotens" führen. Um dies zu erreichen, werden dem Netz die Symptome einzelner Patienten dargeboten, d. h. die den Symptomen entsprechenden Eingangsknoten werden aktiviert. Die jeweils vorliegenden Aktivitätszustände der Eingangsknoten werden gewichtet an die Ausgangsknoten weitergeleitet und dort summiert. Über die vorliegende Krankheit wird das Netz dadurch belehrt, dass vorgegeben wird, welcher der beiden Krankheitsknoten maximal aktiviert sein sollte. Dies geschieht dadurch, dass die bei korrekter Zuordnung zu erreichende Aktivierung des jeweiligen Krankheitsknotens – das ist der λ-Wert – auf sein Maximum gesetzt wird und der des anderen Krankheitsknotens auf den Wert Null. Weichen die summierten Aktivitätszustände der Krankheitsknoten (Σ) von den vorgegebenen Aktivitätszuständen (λ) ab, werden die Gewichte der Verbindungen zwischen Symptom- und

Krankheitsknoten (w_{ij}) nach der Delta-Regel[1] so verändert, dass die Abweichung verringert wird. Dies führt dazu, dass die für die eine Krankheit typischeren Symptome (respektive die ihnen zugeordneten Eingangsknoten) stärker mit dem einen und die für die andere Krankheit typischeren Symptome stärker mit dem anderen Krankheitsknoten verbunden werden. In der Folge lernt das Netz bei Symptomkonfigurationen, die erfahrungsgemäß für das Vorliegen von Burlosis sprechen, den „Burlosis-Knoten" besonders stark und bei Symptomkonfigurationen, die erfahrungsgemäß für das Vorliegen von Midosis sprechen, den „Midosis-Knoten" besonders stark zu aktivieren, wobei die Gewichte der Verbindungen zwischen Symptom- und Krankheitsknoten die Relevanz der jeweiligen Symptome für die jeweilige Krankheit repräsentieren.

Zweischichtige Netze erlauben nur einfache Klassifikationen. Wäre z. B. Midosis dadurch charakterisiert, dass entweder „Nasenbluten" oder „Augendruck" auftritt, aber beide Symptome niemals gleichzeitig vorkommen (dies entspricht dem „negativen Patterning", ▶ Abschn. 2.4.2), könnte das Netzwerk diesen Krankheitsbegriff nicht lernen. Um solche Einschränkungen zu überwinden, sind die Netze in einer der Mediationstheorie vergleichbaren Weise erweitert worden: Die Netze wurden durch eine Schicht von sog. **verdeckten Knoten** („hidden units") ergänzt, die zwischen Eingangs- und Ausgangsknoten vermitteln. Durch diese und andere Erweiterungen wurden Netzwerke entworfen, mit denen auch Konzepte mit komplexen Merkmalsbeschreibungen gelernt werden können (Kruschke 2005; Waldmann 2008).

5.1.4 Konzeptbildungsalgorithmen

Bei den geschilderten Konzeptbildungsexperimenten mit gut strukturierten artifiziellen Objektmengen wurde beobachtet, dass Versuchspersonen **Hypothesen** über die Merkmale und ihre mögliche Verknüpfung bilden, die dem gesuchten Konzept zugrunde gelegt sein könnten. Wenn eine Versuchsperson z. B. erlebt, dass eine Figur mit zwei Kreuzen und dann eine Figur mit einem Kreuz zum Konzept gehören, vermutet sie, dass das Konzept durch alle Figuren mit Kreuzen gebildet wird. Sie hält also das Merkmal „Kreuz" für das relevante Merkmal. Wird sie später darüber belehrt, dass z. B. eine Figur mit einem roten Kreuz nicht zum Konzept gehört, muss diese Hypothese revidiert werden. Sie könnte sich nun denken, dass nur schwarze Kreuze dazu gehören. Die vermutete relevante Merkmalskombination wäre nun „Kreuz und schwarz", bis auch dies durch ein Gegenbeispiel widerlegt wird usw.

Nach solchen Beobachtungen stellt sich Konzeptbildung als Bildung, Überprüfung und Änderung von Hypothesen über klassifizierungsrelevante Merkmale und deren Verknüpfung dar. Unter dieser Annahme bemühte sich die Forschung darum, die Gesetzmäßigkeiten dieser Vorgänge zu erfassen:

- Einfachere Modelle versuchten, den Wechsel zwischen Hypothesen durch eine Kalkulation der Übergangswahrscheinlichkeiten zwischen ihnen zu beschreiben (Mehrstadienmodelle; Trabasso und Bower 1966).
- Anspruchsvollere Modelle bemühten sich um eine Erfassung der Strategien, mit denen die Versuchspersonen ihre Hypothesen an die Konzeptstruktur annäherten (Bruner et al. 1956; Hunt et al. 1966).
- Simulationen der Strategien erlaubten es darüber hinaus, die Leistungen von Versuchspersonen mit denen der Modelle unter verschiedenen Bedingungen zu vergleichen (Goede und Klix 1969). Für die Simulationen und für die Versuchspersonen ergaben sich vergleichbare Abhängigkeiten der Leistung z. B. von der Art der Verknüpfung klassifizierungsrelevanter Merkmale. Menschliche Konzeptbildung erschien damit als **strategiegeleitete Verarbeitung von Informationen** zur Annäherung einer hypothetischen an die tatsächliche Merkmalsstruktur des Konzeptes. Die letzte, nicht mehr widerlegte Hypothese, repräsentierte das Konzept in Form einer Merkmalsbeschreibung, die für jedes Objekt eindeutig zu entscheiden gestattete, ob es zum

---

1 Die Delta-Regel entspricht der Rescorla-Wagner-Regel (▶ Abschn. 2.6), d. h. auch hier werden die Gewichte in Konkurrenz zueinander und in Abhängigkeit von der aktuellen Differenz zwischen λ und der gegebenen Aktivierung der jeweiligen Ausgangsknoten berechnet.

Konzept gehört oder nicht (z. B. alle Objekte die „rot" oder „Kreuze" sind).

5.1.5 Kritik

Die in den geschilderten Konzeptbildungsexperimenten realisierten Bedingungen unterscheiden sich deutlich von den Bedingungen **natürlicher Konzeptbildungen**. Drei Unterschiede sind vor allem zu nennen:

- Es ist eine Illusion, anzunehmen, dass sich natürliche Objekte wie im Experiment mit einer endlichen Zahl von Merkmalen zur Klassifikation anbieten würden. Ein Klavier hat z. B. Beine wie ein Stuhl, Pedale wie ein Fahrrad, Saiten wie eine Gitarre, Tasten wie eine Schreibmaschine, es brennt wie ein Holzscheit, es hat Hohlräume wie ein Schweizer Käse usw. Jedes Objekt kann also mit immer wieder neuen Merkmalen charakterisiert werden, sodass sich selbst für zwei so unterschiedliche Objekte wie ein Klavier und ein Stück Kohle hinreichend gemeinsame Merkmale finden lassen, um sie demselben Konzept zuzuordnen: Sie sind beide brennbar, hart, nicht schwimmend, schwarz, anfassbar, geruchslos usw. Konzeptbildungen über Objekten mit vorgegebenen Merkmalen umgehen also die Frage, wie bei natürlichen Objekten die Merkmale bestimmt werden, die für die jeweilige Konzeptbildung in Betracht zu ziehen sind.
- Natürliche Konzepte haben typische und weniger typische Vertreter: Ein Adler ist z. B. ein typischerer Vogel als ein Fasan, die Eiche ein typischerer Baum als die Eibe, und selbst die Zahl 100 wird als eine typischere gerade Zahl angesehen als etwa die Zahl 102. Bei den natürlichen Konzepten handelt es sich also in den seltensten Fällen um klar definierte Objektmengen wie in den Experimenten. Typisch ist vielmehr, dass es einen Kern von Objekten mit sicherer Zuordnung gibt und randständige Objekte, die dem Konzept „mehr oder weniger" zugeordnet werden („fuzzy concepts").
- Die Auffassung, Konzeptbildung realisiert sich in der Abstraktion einer gemeinsamen Merkmalsbeschreibung, führt zu einem Paradoxon: Eine Abstraktion gemeinsamer Merkmale setzt voraus, dass die Menge der Objekte bestimmt ist, deren Gemeinsamkeiten zu abstrahieren sind. Wenn etwa herausgefunden werden soll, welche Merkmale die Menge aller Äpfel charakterisieren (und damit das Konzept Apfel), muss irgendwie bestimmt werden, welche Objekte Äpfel sind, damit deren Gemeinsamkeiten abstrahiert werden können. Bevor das Konzept gebildet ist, kann aber die Zugehörigkeit zur Menge der Äpfel nicht anhand apfelspezifischer Merkmale entschieden werden – diese Merkmale sind ja erst zu abstrahieren. In allgemeinen Worten: Im Prozess der Konzeptbildung kann die Zugehörigkeit zum Konzept nicht durch Merkmale bestimmt werden, die es erst zu abstrahieren gilt. Die Zugehörigkeit zum Konzept muss durch einen anderen Sachverhalt bestimmt sein.

5.2 Die Bildung von Objektkonzepten in der Verhaltenssteuerung

5.2.1 Die Klassifikation von Objekten nach funktionaler Äquivalenz

Im Experiment ist es der Experimentator, der festlegt, welche Objekte zum Konzept gehören. Die Versuchspersonen bilden hier im eigentlichen Sinn keine Konzepte, sondern sie haben lediglich die Aufgabe, vorgegebene Konzepte zu finden. Dies entspricht Konzeptbildungen unter natürlichen Bedingungen nur insofern, als auch hier Konzepte oftmals durch ihre Bezeichnungen vorgegeben sind. So werden, ganz ähnlich wie im Experiment, Kinder darüber belehrt, welche Objekte wie zu bezeichnen sind, sodass die Kinder lernen, jeweils die Objekte konzeptuell zusammenzufassen, die den gleichen Namen haben (▶ Abschn. 5.4). Im Folgenden geht es aber um die Frage, warum Konzepte völlig neu gebildet werden, ohne dass es bereits einen Namen für sie gibt. Aus welchem Grund kommt es dazu, dass individuell unterschiedliche Objekte in einer einheitlichen

Repräsentation zusammengefasst werden, und wodurch wird bestimmt, welche Objekte zusammenzufassen sind?

Es liegt nahe, anzunehmen, dass die originäre Ursache für **Objektzusammenfassungen** in den Verhaltenserfahrungen liegt, die beim Umgang mit den Objekten gemacht werden. Der Erfolg jeglichen Verhaltens hängt davon ab, dass die Eigenschaften der Objekte, auf die sich das Handeln bezieht, angemessen berücksichtigt werden. Objekte, die unterschiedlich zu handhaben sind, sind zu unterscheiden, und Objekte, die gleichartiges Handeln ermöglichen, können zusammengefasst werden. Wer z. B. einen Kuchen backen will, muss das, was wir „Zucker" nennen, von dem unterscheiden können, was wir „Salz" nennen. Anstelle von „Butter" kann aber „Margarine" genommen werden, ohne dass der Kuchen misslingt. „Butter" und „Margarine" sind im Kontext des Backens also (bedingt) austauschbar. Beim Basteln muss die „Schere" von der „Zange" unterschieden werden, denn mit einer Zange kann kein Papier zerschnitten werden. Zum Schneiden von Papier kann aber (zur Not) auch ein „Messer" taugen, sodass in diesem Kontext „Schere" und „Messer" austauschbar sind. Und so, wie in diesen Beispielen, ist es immer: Was wir auch tun, es gibt Objekte, die wir im jeweiligen Verhaltenskontext als austauschbar erleben, ohne den Erfolg des Verhaltens zu gefährden, und die wir damit als „funktional äquivalent" zusammenfassen können, und es gibt Objekte, die wir unterscheiden müssen, weil sie nicht austauschbar sind. In dieser Unterscheidung von Objekten nach ihrer Austauschbarkeit im Handeln kann ein wesentlicher Grund für die Bildung von Konzepten vermutet werden: Objekte werden zu Konzepten zusammengefasst, weil im Umgang mit ihnen gleiche Verhaltensweisen gleichermaßen zum Erfolg führen. Umgekehrt werden Erscheinungen konzeptuell unterschieden, wenn sie unterschiedliches Verhalten erfordern. Konzepte sind demnach Klassifizierungen von Objekten nach ihrer **funktionalen Äquivalenz** (Hoffmann 1990, 1993).

Funktionale Äquivalenz wird im Handeln erfahren, eben dadurch, dass man die Erfahrung macht, dass ein bestimmtes Ziel mit einigen Objekten erreicht werden kann, mit anderen Objekten aber nicht. Solche **Klassenbildungen** lassen sich schon bei Tieren vermuten. Tauben, so hatten wir gesehen (▶ Abschn. 2.4.3), fassen z. B. unterschiedliche Bilder von Bäumen zusammen, wenn sie bei deren Darbietung auf die gleiche Taste picken müssen, um eine Belohnung zu erhalten. In vergleichbarer Weise fassten vermutlich unsere Vorfahren z. B. alle die Steine zusammen, aus denen man Funken schlagen konnte, und bildeten damit das Konzept Feuerstein, noch ehe sie ein Wort dafür hatten.

Es wird nicht gelernt, auf unterschiedliche Objekte in gleicher Weise zu reagieren (hier, sie dem gleichen Konzept zuzuordnen), sondern es wird gelernt, unterschiedliche Objekte, mit denen man die Erfahrung macht, zur Erreichung eines Ziels in gleicher Weise agieren zu können, kategorial zusammenzufassen. Der Grund für die Bildung von Konzepten sind nicht gemeinsame Merkmale, sondern gleiche **Verhaltenserfahrungen.** Deshalb können so unterschiedliche Dinge wie etwa ein Baumstumpf und ein Stuhl dem gemeinsamen Konzept Sitz zugeordnet werden, eben weil sie beide gleichermaßen die Gelegenheit zum „Sich Setzen" bieten. Und umgekehrt gibt es für ähnliche Objekte wie etwa Klöße und Tennisbälle kein gemeinsames Konzept, eben weil es keine Verhaltenserfahrungen gibt, die auf Klöße und Tennisbälle gleichermaßen anwendbar wären.

5.2.2 Objektkonzepte und Handlungskontexte

Die Bildung von Konzepten nach funktionaler Äquivalenz führt dazu, dass sich konzeptuelle Repräsentationen in den jeweiligen Handlungskontexten ausbilden, in denen die Äquivalenz erfahren wird. Erst in einem zweiten Schritt werden aus den Handlungskontexten einzelne Erscheinungen herausgelöst und voneinander konzeptuell unterschieden.

Wir können diese Vorgänge am Beispiel der Herausbildung des Konzeptes Ball veranschaulichen (Hoffmann und Knopf 1996; Nelson 1974): Die Konzeptbildung beginnt mit der Abgrenzung von einzelnen Situationen, in denen das Kind in Ballspiele einbezogen ist. Innerhalb des Geschehens werden Relationen zwischen den beteiligten Erscheinungen differenziert, etwa Lokationen des Ballspiels (Kinderzimmer, Garten), die beteiligten Akteure (das Kind selbst, die Mutter), verschiedene

Aktionen (fangen, werfen), Bewegungen des Objektes (kullern, springen), seine Eigenschaften (weich, rund, leicht, bunt) usw. Die Wiederholung solcher Situationen führt dazu, dass stabile und invariante Charakteristika der in jeweils gleichen Funktionen beteiligten Erscheinungen abstrahiert werden. Dies betrifft auch die Spielobjekte. Das sich schließlich herausbildende Konzept Ball wird also primär durch die Menge all der Objekte bestimmt, die sich für diese Art des Spielens als geeignet und damit in diesem Kontext als austauschbar erwiesen haben. Die Abstraktion gemeinsamer Merkmale dieser Objekte wie etwa rund, springend und weich ist gegenüber der erlebten funktionalen Äquivalenz sekundär.

Da die Objektkonzepte im Kontext von Handlungen entstehen, bleiben die relationalen Verbindungen zwischen den an der jeweiligen Handlung beteiligten Objekten und Ereignissen repräsentiert. Es wird in unserem Beispiel nicht nur das Konzept Ball gebildet, sondern es wird auch repräsentiert, dass es sich um ein Objekt zum Fangen und Werfen handelt, dass „rund" eine Eigenschaft von Ball ist, dass zum Werfen ein Rezipient gehört, zu dem man wirft usw. Kurzum, mit den Konzepten werden zugleich die typischen Kontexte repräsentiert, in denen sie erfahren werden. Das betrifft nicht nur ihre Einbeziehung in einzelne Handlungen (Handlungsschemata), sondern auch ihre Einbettung in Handlungsfolgen (Scripts) oder ihre typischen räumlichen Anordnungen (Frames). Wir werden diese Strukturen in ▶ Absch. 5.5 genauer besprechen.

Die Einbindung der Objektkonzepte in ihre jeweiligen Handlungskontexte findet auch darin ihren Ausdruck, dass die konzeptuelle Identifikation von Objekten zu einer Aktivierung der mit ihnen typischerweise verbundenen Handlungsmöglichkeiten führen. James J. Gibson von der Princeton Universität hat in diesem Zusammenhang davon gesprochen, dass von den Objekten nicht nur ihre Erscheinung, sondern auch ihre **„affordances"** wahrgenommen werden, d. h. das, was sie uns als Verhaltensmöglichkeit anbieten:

> What we perceive when we look at objects are their affordances, not their qualities ... what the objects afford us, is what we normally pay attention to (Gibson 1979, S. 133).

Danach werden z. B. von einem Stuhl nicht nur Sitzfläche, Lehne und Beine wahrgenommen, sondern zugleich auch, dass man sich auf ihn setzen kann. Ein Stuhl sieht unmittelbar „draufsetzbar" („sit-on-able") aus, und wenn wir müde genug sind, dann können wir der von ihm ausgehenden „Aufforderung", uns zu setzen, kaum widerstehen.

5.2.3 Taxonomien: die hierarchische Ordnung von Objektkonzepten

Eine weitere Konsequenz der Zusammenfassung von Objekten nach funktionaler Äquivalenz besteht darin, dass je nach Differenziertheit der jeweiligen Verhaltensziele unterschiedlich mächtige Objektklassen konzeptuell repräsentiert werden. Wenn es z. B. nur darum geht, den Durst zu löschen, sind Wasser, Limonade, Milch oder Bier gleichermaßen geeignet und bilden das Konzept untereinander austauschbarer (funktional äquivalenter) Getränke. Wenn aber das passende Getränk zu Spargel gesucht wird, gilt es, zwischen verschiedenen Weißweinen zu unterscheiden, sodass je nach Geschmack z. B. Weißburgunder, Sauvignon blanc und Chardonnay zum Konzept der trockenen frischen Weißweine zusammengefasst werden. Wie in diesem Beispiel, ist es tausendfach – manchmal müssen wir kaum unterscheiden, ein anderes Mal sehr genau. Im Ergebnis bilden sich taxonomische Hierarchien von aufeinander bezogenen Konzepten unterschiedlicher Allgemeinheit aus, von speziellen Konzepten mit geringer Mächtigkeit wie z. B. Chardonnay bis hin zu sehr allgemeinen Konzepten wie z. B. Getränk.

Neben den unterschiedlichen Differenzierungsnotwendigkeiten im eigenen Handeln führen auch sprachliche Zuordnungen zur Bildung **taxonomischer Hierarchien**. Wenn wir z. B. mitgeteilt bekommen, dass Saiblinge Fische sind, können wir das Konzept Saibling als eine Unterkategorie des Konzeptes Fisch einordnen, ohne je mit Saiblingen zu tun gehabt zu haben. Anhand solcher „X-sind-Y"-Aussagen lernen wir etwa auch, dass Eichen, Birken, Kastanien usw. Laubbäume sind und dass Laubbäume und Nadelbäume zusammen das Konzept Baum bilden. Wir lernen, dass es neben den Bäumen, Blumen, Sträucher, Gräser usw. gibt, die zusammen das Konzept Pflanze konstituieren

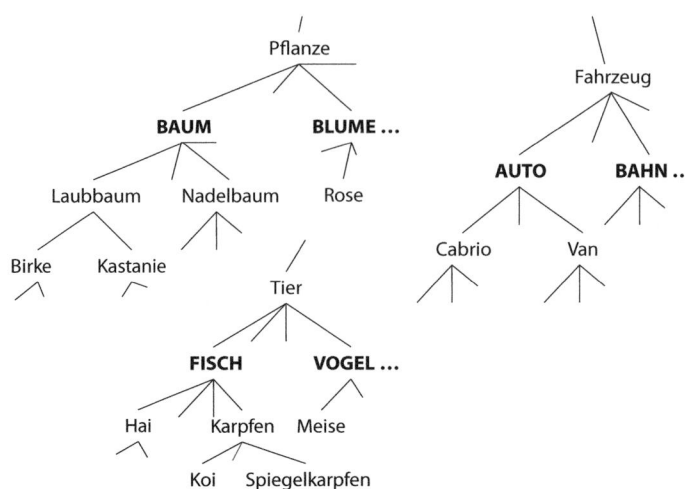

◘ Abb. 5.3 Ausschnitte aus taxonomischen Konzepthierarchien mit Basiskonzepten (fett gedruckt)

und dass sich schließlich Pflanzen, Tiere, und Menschen zum Konzept Lebewesen vereinen. Und so wie für Lebewesen haben wir für fast alle Objektbereiche Konzepte unterschiedlicher Allgemeinheit gespeichert, die von konkreten Einzelerscheinungen (unsere Katze „Sissi") bis hin zu den allgemeinsten Zusammenfassungen reichen (Lebewesen). Für einige dieser Konzepte verfügen wir über konkrete Verhaltenserfahrungen (z. B. Seife), für andere Konzepte kennen wir einzelne Merkmale nur als sprachlich vermitteltes Wissen (z. B. Planet), und von wiederum anderen Konzepten wissen wir nur, dass sie eine Unterkategorie eines übergeordneten Konzeptes sind (z. B., dass Lyra ein Musikinstrument ist).

5.2.4 Basiskonzepte: Das bevorzugte Abstraktionsniveau der Objektidentifikation

In allen Taxonomien gibt es ein hervorgehobenes Abstraktionsniveau, das von Eleanore Rosch von der Berkeley Universität **„Basisniveau"** („basic level") genannt wurde (Rosch 1975; Rosch et al. 1976). Es handelt sich dabei zumeist um Konzepte mittlerer Allgemeinheit. In der Taxonomie der Pflanzen ist es z. B. das Niveau, auf dem etwa Bäume, Blumen, Sträucher, Gräser usw. unterschieden werden, in der Taxonomie der Tiere bilden Fische, Vögel, Schlangen, Käfer usw. das Basisniveau oder in der Taxonomie der Fahrzeuge sind es Autos, Motorräder, Eisenbahnen, Flugzeuge usw. (◘ Abb. 5.3). Die auf diesem Abstraktions- oder Allgemeinheitsniveau unterschiedenen Konzepte, die sog. **„Basiskonzepte"** („basic level concepts") zeichnen sich gegenüber jeweils spezielleren und allgemeineren Konzepten auf vielfache Weise aus:

Wenn Versuchspersonen aufgefordert werden, Objekte so schnell wie möglich zu benennen, erfolgt die Benennung bevorzugt und am schnellsten auf dem Basisniveau. Eine Kastanie wird z. B. fast immer Baum und nur selten Kastanie oder Pflanze genannt (◘ Abb. 5.4a, Nennungshäufigkeiten). Dies liegt nicht allein daran, dass Basiskonzepte im Vergleich zu über- und untergeordneten Konzepten zumeist kürzere Namen haben. Denn wenn die Konzeptnamen vorgegeben werden (z. B. Meise, Vogel oder Tier) und erst danach ein Objekt gezeigt wird (z. B. eine Meise), für das so schnell wie möglich zu entscheiden ist, ob es zum genannten Konzept gehört (ja versus nein), dann erfolgt auch hier die Zuordnung zu den Basisbegriffen am schnellsten (◘ Abb. 5.4b, Zuordnungszeiten). Ein Objekt wird zwischen mehreren Objekten auch am schnellsten gefunden, wenn die Basiskategorie der Suchbegriff ist: Ein Cabrio wird z. B. unter sechs dargestellten Objekten schneller gefunden, wenn man nach einem Auto anstatt nach einem Cabrio oder einem Fahrzeug sucht (◘ Abb. 5.4c, Entdeckungszeiten).

5.2 · Die Bildung von Objektkonzepten in der Verhaltenssteuerung

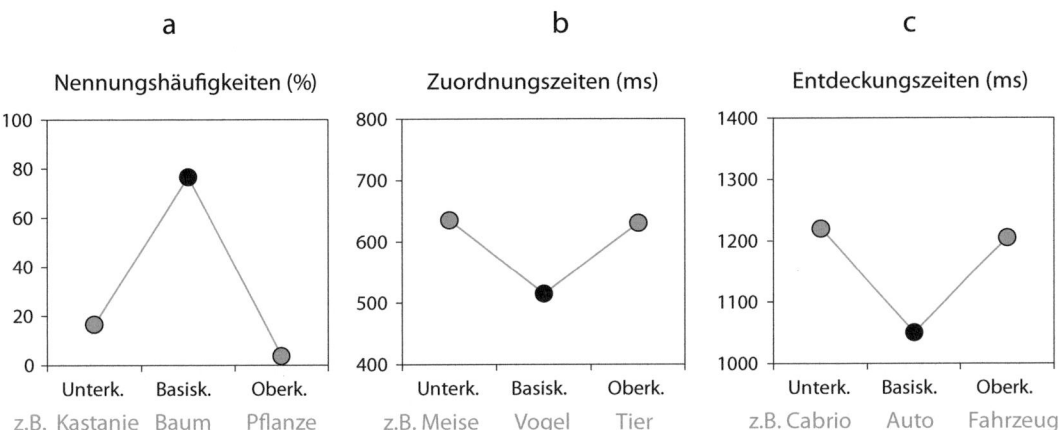

◘ **Abb. 5.4** Bevorzugung von Basiskonzepten (Basisk.) gegenüber untergeordneten (Unterk.) und übergeordneten Konzepten (Oberk.) nach Hoffmann (1986) bei **a** der Benennung, **b** Zuordnung und **c** Entdeckung von Objekten

Weiterhin gilt, dass die ersten Benennungen von Kindern in der Regel Benennungen auf dem Basisniveau sind. Speziellere Bezeichnungen und allgemeinere Zuordnungen werden erst später erworben. Es gibt also überzeugende Belege dafür, dass Objekte bevorzugt auf dem Basisniveau identifiziert werden (Hoffmann 1986, 1994).

Warum werden Basiskonzepte bei der Identifikation von Objekten bevorzugt? Analysiert man die Merkmale, die zu Konzepten unterschiedlicher Allgemeinheit assoziiert werden (▶ Abschn. 5.3.5), ergibt sich, dass es sich bei den Basiskonzepten in der Regel um die jeweils abstraktesten Konzepte handelt, zu denen noch mehrheitlich sensorische Merkmale assoziiert werden (Hoffmann und Ziessler 1982). Danach handelt es sich um Konzepte, die innerhalb einer Taxonomie die relativ **umfangreichste Menge von Objekten** noch anhand gemeinsamer **anschaulicher Merkmale** repräsentieren. Es sind Konzepte wie z. B. Baum, Blume, Vogel, Fisch, Apfel, Auto, Tisch, Gewehr oder Hammer, deren Objekte wenigstens mehrheitlich durch eine gemeinsame globale Gestalt charakterisierbar sind.

Globale Merkmale werden vom visuellen System besonders schnell verarbeitet (z. B. Hoffmann und Ziessler 1986; Navon 1977). Daraus ergibt sich, dass Objekte anhand ihrer globalen Gestalt besonders schnell ihren Basiskonzepten zugeordnet werden können. Wenn z. B. ein Meise zu identifizieren ist, wird sie zunächst anhand ihrer globalen Erscheinung dem Konzept Vogel zugeordnet (◘ Abb. 5.5). Eine genauere Zuordnung zu spezielleren Unterkonzepten verlangt die Berücksichtigung zusätzlicher anschaulicher Details, im Beispiel, wenn es gilt, zu bestimmen, um was für einen Vogel es sich handelt. Gleichermaßen verlangt die Zuordnung zu allgemeineren Konzepten die zusätzliche Berücksichtigung von unanschaulichen funktionalen Merkmalen bzw. die Aktivierung von Unter-Oberkonzept-Zuordnungen, im Beispiel, die Aktivierung des Wissens, dass Vögel Tiere sind. Im Vergleich zur Identifikation auf dem Basisniveau erfordert also sowohl die Zuordnung zu spezielleren als auch die Zuordnung zu übergeordneten Konzepten zusätzlichen Aufwand, der nur dann investiert wird, wenn es die Situation erfordert.

Von der bevorzugten Identifikation auf dem Niveau der Basiskonzepte gibt es allerdings Ausnahmen. Eine offensichtliche Ausnahme ist die Identifikation vertrauter Personen. Obwohl menschliche Gesichter eine einheitliche globale Erscheinung besitzen, erkennen wir die uns vertrauten Menschen unmittelbar als individuelle Person und nicht erst als „Exemplar" des Basiskonzeptes Mensch. Vergleichbares gilt für Experten in den Gebieten ihrer Expertise. Ein Ornithologe etwa klassifiziert eine Meise oder einen Gimpel eher als Meise und Gimpel denn als Vogel, und ein Florist klassifiziert Nelken, Lilien, Krokusse usw. wenigstens genau so schnell, wie er sie als Blumen identifiziert (Tanaka

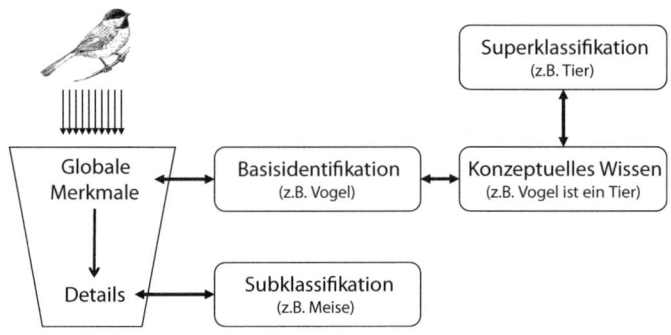

◘ **Abb. 5.5** Prozesse der konzeptuellen Objektidentifikation. (Aus Hoffmann 1993; mit freundl. Genehmigung)

und Taylor 1991; Zimmer 1984). Der Grund für diese Ausnahmen liegt auf der Hand: Wenn häufig speziellere Unterscheidungen als auf dem Basisniveau getroffen werden müssen, bilden sich auch für die differenzierteren Äquivalenzklassen effektive Identifikationsmechanismen aus, die eine schnelle Erkennung der Objekte auf dem benötigten Niveau sichern.

5.3 Eigenschaften der Repräsentation von Objektkonzepten

Objektkonzepte repräsentieren die jeweils als äquivalent erlebten Objekte in ihrer Gesamtheit. Das heißt, sie abstrahieren von den einzelnen Beispielen und bewahren nur noch das für alle erlebten Beispiele Charakteristische und/oder Typische. Im Folgenden diskutieren wir verschiedene Auffassungen darüber, wovon konzeptuelle Repräsentationen abstrahieren und was sie bewahren.

5.3.1 Merkmalsrepräsentationen

Auch wenn nicht gemeinsame Merkmale, sondern die funktionale Äquivalenz der Grund für die Bildung von Konzepten ist, so liefern gemeinsame Merkmale doch günstige Voraussetzungen für eine effektive Repräsentation von Konzepten. Dabei werden drei Arten von Merkmalen bevorzugt repräsentiert: handlungsrelevante Merkmale, Unterscheidungs- und Entdeckensmerkmale.

Handlungsrelevante Merkmale

Wenn wir handeln, verfolgen wir, insbesondere wenn wir noch ungeübt sind, unser Tun mit Aufmerksamkeit. Unser Blick ist auf unsere Hände und das zu Manipulierende gerichtet. Wir probieren etwas aus, und wenn es zum Erfolg führt, speichern wir die beachteten Merkmale im Zusammenhang mit der erfolgreich ausgeführten Handlung. Wenn ein gleiches Resultat erneut angestrebt wird, wird das Gespeicherte erinnert, und die zuvor mit dem Erfolg verbundenen Merkmale werden erneut beachtet. Tritt der Erfolg wieder ein, werden die Verbindungen gefestigt; tritt er nicht ein, werden die Verbindungen geschwächt und möglicherweise neu beachtete Merkmale gebunden.

Dies wiederholt sich, bis schließlich diejenigen Merkmale gebunden sind, die erfolgreiches Verhalten konsistent begleiten. Wenn wir uns z. B. setzen wollen, machen wir die Erfahrung, dass eine halbwegs ebene, hinreichend stabil gestützte Fläche in Sitzhöhe dazu die Möglichkeit bietet, egal, ob es sich um eine Bank, einen Stuhl, einen Hocker, eine Mauer oder einen Baumstumpf handelt. Die ebene Fläche in Sitzhöhe wird so zum verhaltensrelevanten Merkmal für ein Konzept, das wir mit dem Wort „Sitz" benennen können. Für einen „Korkenzieher" ist ein spiralförmig gewundener dünner „Stab" mit einer Spitze und einem Griff zum Drehen verhaltensentscheidend. Eine „Kanne", so lehrt uns die Erfahrung, sollte ein oben offenes Behältnis mit einem Griff und einer Tülle sein, und ein „Messer" braucht eine Schneide und einen stumpfen Griff zum Anfassen usw.

Obwohl die Bedeutung verhaltensrelevanter Merkmale für konzeptuelle Repräsentationen offensichtlich und auch allgemein anerkannt ist, gibt es kaum Experimente, in denen die **spontane Abstraktion** solcher Merkmale untersucht wurde. Eine Ausnahme bildet eine Untersuchung an ein- bis zweijährigen Kindern, die von Brown (1989) berichtet wurde. Die Kinder saßen an einem Tisch, auf dem außerhalb ihrer Reichweite ein begehrtes Spielzeug zu sehen war. Verschiedene Stöcke standen als Hilfe zur Verfügung. Unter ihnen gab es auch einen weiß-rot gestreiften Stock mit einem Haken. Die Kinder lernten, zumeist mithilfe der Mutter, den Haken zu verwenden, um das Spielzeug heranzuziehen. Nachfolgend war erneut ein Spielzeug heranzuziehen. Unter den nun zur Verfügung gestellten Stöcken war einer wiederum weiß-rot gestreift. Allerdings taugte dieser Stock nicht zum Heranziehen. Ein anderer Stock in der Form eines Rechens hatte dagegen nicht das auffällige Streifenmuster, war aber zum Heranziehen geeignet. Die überwiegende Mehrheit der Kinder wählte spontan nicht den anschaulich ähnlichen, sondern den geeigneten Stock. Die Beobachtung lässt vermuten, dass die Kinder bereits mit dem ersten Versuch erkannt haben, dass die Existenz einer Art Barriere, die man hinter das Spielzeug setzen kann, für den Erfolg entscheidend ist. Das Beispiel zeigt, dass die Abstraktion eines verhaltensrelevanten Merkmals bereits aufgrund einer einzigen Erfahrung gelingen kann (▶ Exkurs).

> **Exkurs**
>
> **Nennkonzepte**
>
> Viele Konzepte werden gebildet, nur weil es ein Wort für sie gibt. Wir bilden z. B. ein Konzept wie SEXTANT, obwohl die meisten von uns mit Sextanten nie zu tun haben. Die einzige Verhaltenserfahrung, die zur Bildung des Konzeptes anregt, besteht darin, dass wir Bilder oder auch einmal ein Exemplar in einem nautischen Museum benannt bekommen bzw. selbst benennen. Sextanten können dementsprechend für uns nichts anderes sein als die Menge der Objekte, die man „Sextant" nennt. Die verhaltensrelevanten Merkmale können dementsprechend nur die sichtbaren Formen sein, die Sextanten etwa von Mikroskopen, Kompassen oder Ferngläsern unterscheiden und anhand derer wir sie als „Sextanten" erkennen können – andere Verhaltenserfahrungen besitzen wir ja nicht. Und so, wie in diesem Beispiel, ist es mit allen Nennkonzepten, die wir nur deshalb bilden, weil wir ihren Namen korrekt zu verwenden lernen: Sie sind vorrangig durch anschauliche Unterscheidungsmerkmale repräsentiert.

Unterscheidungsmerkmale

Neben direkt verhaltensrelevanten Merkmalen werden auch Merkmale bevorzugt gespeichert, anhand derer sich konzeptuelle Klassen gut unterscheiden lassen. Wenn für ein Konzept wie z. B. Gimpel die Merkmale „Federn", „Flügel" und „Schnabel" repräsentiert wären, wäre das wenig hilfreich. Mit diesen Merkmalen würden wir alle Vögel für Gimpel halten. Um einen Gimpel von anderen Vögeln unterscheiden zu können, müssen seine spezifischen Merkmale wie die „schwarze Kopfplatte", der „Kegelschnabel", die „weißen Streifen an den Flügeln" usw. repräsentiert sein. Für das Konzept Vogel wären die Merkmale „Federn", „Flügel" und „Schnabel" allerdings hinreichend, um Vögel von anderen Tieren zu unterscheiden. Das Beispiel lässt sich auf alle konzeptuellen Unterscheidungen übertragen. Es werden neben handlungsrelevanten Merkmalen bevorzugt auch solche Merkmale repräsentiert, die die Erscheinungen des jeweiligen Konzeptes von Erscheinungen nebengeordneter Konzepte zu unterscheiden gestatten (▶ Abschn. 5.3.5).

Spezifisch unterscheidende Merkmale werden allerdings nur dann gespeichert, wenn die entsprechenden Unterscheidungen auch getroffen werden müssen. Wir kennen vermutlich alle das Wort „Gimpel" und wissen, dass es einen Vogel bezeichnet (Gimpel ist ein Vogel), die spezifischen Merkmale eines Gimpels werden aber vermutlich die wenigsten kennen. Für Ornithologen ist dagegen die Kenntnis der spezifischen Merkmale von Dutzenden von Vogelarten selbstverständlich, da sie beruflich zwischen ihnen ständig zu unterscheiden haben. Und so gilt allgemein, dass Experten in den Gebieten ihrer Expertise über sehr viel differenziertere Merkmalsrepräsentationen verfügen als Laien.

Entdeckensmerkmale

Für jede objektbezogene Handlung müssen wir das Objekt relativ zu uns selbst orten. Ohne seinen **egozentrischen Ort** zu bestimmen, könnten wir uns weder zu ihm hin bewegen, geschweige denn das Objekt ergreifen. Der egozentrische Ort eines Objektes wird in der Regel dadurch bestimmt, dass wir ihn mit beiden Augen fixieren. Nun „fallen" uns die Objekte allerdings nur selten unmittelbar „ins Auge".

Wir müssen vielmehr zumeist nach ihnen suchen. Das gilt für die immer wieder verlegten Schlüssel genauso wie für die Zeitung, den Korkenzieher, das Taxi, nach dem wir Ausschau halten, das Hotel, in dem wir einchecken wollen, usw. Für alle diese Fälle ist es gut, wenn mit den Objekten, respektive ihren Konzepten, Merkmale gespeichert sind, die sie **leicht entdeckbar** machen.

Leicht entdeckbar sind Objekte anhand von Merkmalen, die nicht erst gesehen werden, wenn der Blick auf sie fällt – dann ist das Gesuchte ja schon gefunden. Es sollten im Gegenteil Merkmale sein, die bereits aus den Augenwinkeln, also bei parafovealer Abbildung gesehen werden können. Wenn etwa nach einem Gimpel gesucht wird, ist der kleine kegelförmige Schnabel ein schlechtes Suchmerkmal. Es ist weitaus effektiver, zunächst auf die Gestalt eines Vogels zu achten. Wenn dann ein Vogel entdeckt ist, kann anhand der Detailmerkmale geprüft werden, ob es sich um einen Gimpel handelt. Und weil generell Objekte anhand ihrer **globalen Gestalt** schneller entdeckt werden können als anhand von Detailmerkmalen, wird immer dann diese Gestalt als Begriffsmerkmal repräsentiert, wenn die zum Begriff gehörenden Objekte eine hinreichend einheitliche Gestalt besitzen (▶ Abschn. 5.3.2).

Wenn sich Objekte durch eine einheitliche Gestalt charakterisieren lassen, dann zumeist deshalb, weil die konstituierenden Teile einheitlich konfiguriert sind. Ein Fahrrad z. B. besteht aus einem Rahmen, zwei Rädern, einem Lenker und einem Sattel, die in immer derselben Weise zueinander angeordnet sind. Mit der Speicherung der globalen Gestalt eines Fahrrads wird also zugleich gespeichert, wo sich, relativ zum Ganzen, seine Teile befinden. Und so wie beim Fahrrad ist es in vielen anderen Fällen auch: Die typische globale Erscheinung von Objekten einer Klasse definiert einen Rahmen (Objekt-Frame; Minsky 1975) mit Hinweisen darauf, **wo sich welche Details befinden**. Die Gestalt eines Autos, eines Vogels oder einer Tür weisen z. B. darauf hin, wo jeweils das Nummernschild, der Schnabel oder die Türklinke zu finden sind. Die Ausrichtung der Suche auf globale Formen (Basiskonzepte) ist damit nicht nur hilfreich für eine schnelle Lokation der zum Konzept gehörenden Objekte, sondern auch für eine gezielte Lokation ihrer Details (▶ Fallbeispiel).

> **Fallbeispiel**
>
> **Menschen sind sehr sensibel für typische Lokationen von Details in Konfigurationen**
>
> In einer Untersuchung von Hoffmann und Kunde (1999) hatten die Versuchspersonen so schnell wie möglich zu entscheiden, ob sich unter jeweils sieben auf einem Bildschirm dargebotenen Buchstaben ein F oder ein H befand (Targets). Die sieben Buchstaben waren entweder so angeordnet, dass sie eine Art Welle oder eine Art Vogel formten (◘ Abb. 5.6). In beiden Konfigurationen kamen beide Targets gleichhäufig vor, jedoch war jeweils einer der beiden Targets auf allen sieben Positionen gleichhäufig vertreten, während das andere Target auf einer der Positionen besonders häufig, auf allen anderen sechs Positionen dagegen selten auftrat. Wenn z. B. das F in der Welle einen häufigen Ort hatte, dann hatte das H im Vogel einen häufigen Ort. Insgesamt kamen die beiden Konfigurationen an verschiedenen Stellen des Bildschirms und die beiden Targets in beiden Konfigurationen jeweils gleich häufig und in zufälliger Reihenfolge vor. Trotz dieser zufälligen und damit unvorhersehbaren Verteilung aller sonstigen Bedingungen wurden die Targets an ihren jeweils typischen Lokationen schneller entdeckt als an ihren untypischen Lokationen. Im Beispiel das F an seinem typischen Ort in der Welle und das H an seinem typischen Ort im Vogel. (Hoffmann und Sebald 2005; Kunde und Hoffmann 2005). Das Ergebnis zeugt von einer besonderen Sensibilität für die Lokationen, an denen beachtete Details (hier Target-Buchstaben) innerhalb von globalen Konfigurationen typischerweise zu finden sind (▶ Abb. 5.6).

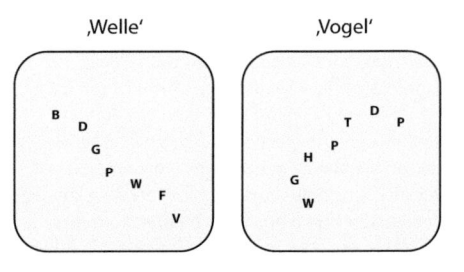

◘ **Abb. 5.6** Verteilung von jeweils sieben Buchstaben in Form einer Welle oder eines Vogels, unter denen jeweils nach dem Buchstaben F bzw. H zu suchen war. (Nach Hoffmann und Kunde 1999)

5.3.2 Prototypen

Die Idee, dass begriffliche Objektklassen durch jeweils nur einen (proto-)typischen Vertreter repräsentiert sein könnten, geht auf zwei Untersuchungen zurück. Eine Untersuchung legte anschauliche Prototypen nahe, die andere merkmalsbasierte.

Anschauliche Prototypen

Ende der 1960er-Jahre berichteten Michael Posner und Steven Keele von der Universität Oregon über Gedächtnisexperimente, in denen sich Versuchspersonen eine Anzahl von Punktmustern so genau wie möglich einprägen sollten, um sie nachfolgend wiedererkennen zu können. Alle Muster wurden aus einem „Prototyp" dadurch erzeugt, dass die Lage der einzelnen Punkte jeweils zufällig etwas verschoben wurde (◘ Abb. 5.7). Der Prototyp selbst wurde nicht dargeboten. Nach der Lernphase wurde ein Wiedererkennungstest durchgeführt. Neben alten Mustern wurden auch neue Muster, darunter auch der Prototyp, dargeboten. Die Versuchspersonen hatten jeweils zu entscheiden, ob sie das Muster in der Lernphase gesehen hatten, und sie sollten angeben, wie sicher sie sich ihrer Entscheidung waren. Die Resultate zeigten, dass die Versuchspersonen zwar alte und neue Muster hinreichend unterscheiden konnten, gleichwohl aber fest davon überzeugt waren, den Prototypen in der Lernphase gesehen zu haben (Posner und Keele 1968, 1970).

Das Resultat lässt vermuten, dass die Versuchspersonen beim Versuch, sich die Muster einzuprägen, das allen Mustern „Gemeinsame" abstrahiert und als durchschnittliche Erfahrung gespeichert hatten. Die später gezeigten Testmuster werden dann mit der gespeicherten Abstraktion verglichen und umso sicherer wiedererkannt, je ähnlicher sie ihr sind. Nach dieser Interpretation sind sich die Versuchspersonen deshalb so sicher, den Prototyp gesehen zu haben, weil er der abstrahierten durchschnittlichen Erfahrung direkt entspricht.

Es liegt nahe, anzunehmen, dass auch Konzepte von anschaulich ähnlichen Objekten durch **Abstraktionen durchschnittlicher Erscheinungsformen** repräsentiert sind. Für Konzepte wie z. B. Auto, Baum, Fahrrad, Fisch, Geige, usw. erscheint dies durchaus plausibel. Wenn ein Auto, Baum oder Fahrrad usw. gezeichnet werden, zeichnen verschiedene Personen weitgehend übereinstimmende Skizzen, die im Wesentlichen die jeweils typische Gestalt wiedergeben. Wir haben offensichtlich alle eine nahezu gleiche Vorstellung davon, wie ein typisches Auto, ein typischer Baum, ein typisches Fahrrad usw. aussieht. Diese Vorstellung ist der Prototyp. Anschauliche Prototypen repräsentieren danach vor allem die globale Gestalt der jeweiligen Objekte.

Merkmalsbasierte Prototypen

Die Existenz merkmalsbasierter Prototypen wurde durch eine Untersuchung von Eleanor Rosch und Carolyn Mervis an der Berkeley Universität nahegelegt (Rosch und Mervis 1975). Das Ziel der Untersuchung bestand darin, die Ursachen für unterschiedliche **Typikalitäten** von Konzeptzuordnungen aufzuklären: Warum wird z. B. Auto als ein typisches und Fahrstuhl als ein untypisches Fahrzeug angesehen? Zunächst wurden die Versuchspersonen aufgefordert, zu einer Anzahl von Konzepten, respektive ihren Bezeichnungen, Merkmale zu assoziieren. Danach wurde für jedes der Konzepte sowohl die durchschnittliche Merkmalsübereinstimmung zu benachbarten Konzepten bestimmt, die sog. Familienähnlichkeit („family resemblance"; Wittgenstein 1953), als auch die Typikalität zum übergeordneten Konzept. Es zeigte sich ein hoher Zusammenhang: Ein Konzept wurde als umso typischeres Beispiel eingestuft, je mehr Merkmale es mit benachbarten Konzepten gemeinsam hatte. Auto ist demnach deshalb ein typisches Fahrzeug, weil mit dem Konzept Auto Merkmale assoziiert sind, die auch mit vielen benachbarten Konzepten wie Bus, Traktor, Panzer oder Bahn, verbunden sind. Im Gegensatz dazu sind mit dem untypischen Fahrstuhl kaum Merkmale assoziiert, die auch anderen Fahrzeugen zukommen. Der Prototyp eines Konzeptes ist nach dieser Auffassung eine Merkmalskonfiguration, deren Familienähnlichkeit maximal ist. Er ist gewissermaßen der **ideale Repräsentant** der Objektklasse, in unserem Beispiel das ideale Fahrzeug. Diese prototypische Merkmalskonfiguration muss es nicht wirklich geben. Es handelt sich vielmehr um eine

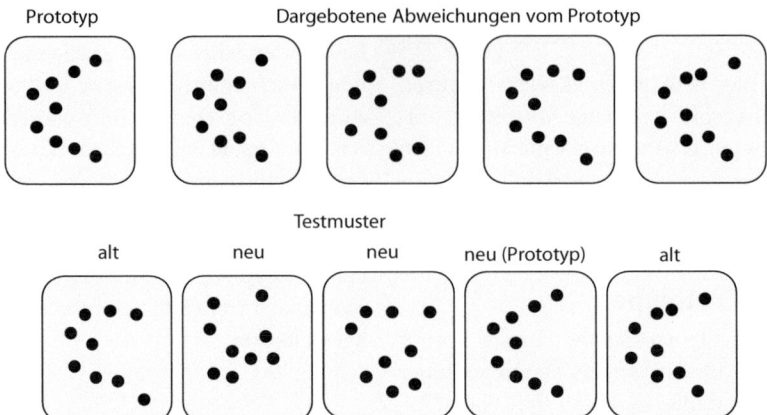

☐ **Abb. 5.7** Konstruiertes Beispiel nach Posner und Keele (1968) zur Veranschaulichung von Reizen zur Untersuchung der Abstraktion von anschaulichen Prototypen

Abstraktion mit maximaler mittlerer Ähnlichkeit zu allen anderen Unterkategorien oder Objekten des jeweiligen Konzeptes.

5.3.3 Exemplarrepräsentationen

In Exemplartheorien wird angenommen, dass Konzepte für ihre Repräsentation weder einer Abstraktion von Merkmalen noch eines Prototyps bedürfen, sondern allein durch die Objekte repräsentiert sind, die als zum Konzept gehörend erlebt wurden (Brooks 1978). Dass die unzählbar vielen Objekte, die wir als Exemplare tausender Konzepte erleben, individuell gespeichert sein sollen, klingt zunächst wenig plausibel. Wenn wir aber daran denken, dass unser episodisches Gedächtnis Erinnerungen an unzählige Erlebnisse vermutlich ein ganzes Leben lang bewahrt, dann erscheint es zumindest nicht unmöglich, dass auch das semantische Gedächtnis Erinnerungen an unzählige individuelle Objekte langfristig speichert.

Da Exemplartheorien keine Abstraktionsprozesse annehmen, besteht die theoretische Herausforderung für sie in der Klärung der Frage, wie Objekte den Konzepten zugeordnet werden. Betrachten wir als Beispiel ein von Hintzman (1986) vorgeschlagenes Modell: Für ein zu identifizierendes Objekt wird zunächst die Ähnlichkeit zu allen gespeicherten Exemplaren bestimmt. In einem zweiten Schritt werden die Merkmale der gespeicherten Exemplare mit diesem Ähnlichkeitswert gewichtet. Die Merkmale ähnlicher Exemplare erhalten ein hohes, die Merkmale unähnlicher Exemplare ein niedriges Gewicht. In einem dritten Schritt werden die Gewichte aller Merkmale der zu einem Konzept gehörenden Exemplare zu einem **„Echo"** summiert, und das Objekt wird dem Konzept zugeordnet, das mit dem stärksten Echo auf seine Erscheinung antwortet. Dies wird jeweils das Konzept sein, das die zum vorliegenden Objekt meisten ähnlichen und/oder die ihm ähnlichsten Exemplare umfasst.

5.3.4 Hybridrepräsentationen

Fordert man Versuchspersonen auf, zu vorgegebenen Konzeptnamen Merkmale zu assoziieren, wird auf sehr unterschiedliche Sachverhalte verwiesen (▶ Beispiel). Es werden anschauliche Merkmale genannt, die nicht nur visuelle, sondern auch akustische, olfaktorische, gustatorische oder haptische Eigenschaften betreffen. So wird z. B. zu Steinpilz „braun", zu Meise „singt", zu Rose „duftet", zu Paprika „scharf" und zu Zange „kneift" assoziiert. Es werden sowohl Unterkategorien als auch Zugehörigkeiten zu übergeordneten Konzepten aufgezählt. Beim Konzept Blume wird etwa Rose als typische Unterkategorie und Pflanze als übergeordnetes Konzept erwähnt. Es werden Teile der Objekte und Materialeigenschaften genannt, wie z. B. beim Konzept Harke „Stiel",

5.3 · Eigenschaften der Repräsentation von Objektkonzepten

„Zinken", „Metall" und „Holz". Es wird auf Eigenschaften verwiesen, die vermutlich auf eigene Erfahrungen zurückgehen, wenn etwa zu Sense „dengeln" assoziiert wird, und es werden Sachverhalte genannt, die man nur „vom Hörensagen" kennt, wenn etwa zum Konzept Kanu das Merkmal „Indianer" genannt wird. Kurzum, Vielfalt und Unterschiedlichkeit der Nennungen lassen eine Repräsentation von natürlichen Konzepten nur durch Merkmale, Prototypen oder Exemplare unwahrscheinlich erscheinen. Es gilt wohl für die meisten Konzepte, dass neben anschaulichen Prototypen (die nicht genannt werden, weil es für sie keinen Namen außer den des Konzeptes selbst gibt) sensorische und andere Merkmale sowie Auflistungen von einzelnen Exemplaren bzw. typischen Unterkategorien und Verweise zu übergeordneten Konzepten und den jeweiligen Handlungskontexten repräsentiert sind (für eine Übersicht über solche „Hybridannahmen" vgl. Waldmann 2008).

Beispiele
Jeweils fünf häufigste Merkmalsnennungen für beispielhaft ausgewählte Konzepte aus einer Untersuchung von Hoffmann und Ziessler (1982)
BLUME: Blüten 60 %, Pflanze 40 %, Blätter 28 %, bunt 23 % und Rose 23 %
HARKE: Stiel 69 %, Zinken 69 %, Gartengerät, 46 % Metall 31 % und Holz 23 %
VOGEL: fliegt 59 %, Schnabel, 49 %, Federn 43 %, Flügel 32 %. Tier 27 %
OBST: vitaminreich 45 % Apfel 39 %, Birne 24 %, essbar 24 %, gesund 21 %
WERKZEUG: Hammer 51 %, Zange 36 %, Materialbearbeitung 18 %, bei Arbeit 12 %, Feile 12 %

5.3.5 Die Repräsentation von Konzepten unterschiedlicher Allgemeinheit

Je allgemeiner Konzepte sind, desto mehr Objekte und/oder Erscheinungen fassen sie anhand immer weniger Merkmale zusammen. Man könnte demzufolge erwarten, dass zu immer allgemeineren Konzepten auch immer weniger Merkmale assoziiert sind. Dies ist jedoch nicht der Fall. Hoffmann und Ziessler (1982) haben für 153 Konzepte unterschiedlicher Allgemeinheit aus den Bereichen Pflanzen, Vögel, Fahrzeuge, Waffen, Musikinstrumente, Werkzeuge und Nahrungsmittel Merkmalsassoziationen erhoben. Mit dem Allgemeinheitsgrad der Konzepte veränderte sich nicht primär die Anzahl, sondern die Zusammensetzung der assoziierten Merkmale: Spezielle Konzepte werden vorrangig durch anschauliche Merkmale charakterisiert. Beim Konzept Gewehr beziehen sich z. B. vier der fünf häufigsten Merkmalsnennungen auf Wahrnehmbares: „lang", „Lauf", „Abzug" und „Kolben". Wenn mit zunehmender Allgemeinheit die Objektklassen heterogen werden, sodass sich gemeinsame anschauliche Merkmale nicht mehr anbieten, dominieren Hinweise auf die Verwendung der Objekte und Aufzählungen von Beispielkategorien. Zum Begriff Waffe werden z. B. „töten" und „Schusswaffe", „Stichwaffe", „Pistole" und „Gewehr" am häufigsten genannt.

Bei speziellen Konzepten wird häufig auf das jeweils übergeordnete Konzept verwiesen, und es werden zu allgemeineren Konzepten häufig typische Unterkategorien assoziiert. Beispielsweise wird zu Hammer assoziiert, dass es zum Konzept Werkzeug gehört, und zum Konzept Werkzeug wird assoziiert, dass die Konzepte Hammer, Zange und Feile dazu gehören. Offensichtlich ist sowohl die Beziehung zum nächsthöheren Konzept als auch das Wissens über (typische) Unterkategorien ein fester Bestandteil unseres konzeptuellen Wissens über Objektkategorien. Darin kommt möglicherweise ein ökonomisches Speicherprinzip zum Ausdruck: Durch den Verweis zum übergeordneten Konzept können die dort gespeicherten Merkmale „übernommen" werden. Umgekehrt wird für Detailmerkmale auf untergeordnete Konzepte verwiesen. Zu jedem Konzept sind dann nur noch die Merkmale zu speichern, in denen sich das Konzept von benachbarten Konzepten gleicher Allgemeinheit unterscheidet. Die ◘ Abb. 5.8 veranschaulicht ein Beispiel: An das Konzept Tier sind nur solche Merkmale gebunden, in denen sich Tiere etwa von Pflanzen oder Mineralien unterscheiden. Diese Merkmale, die für alle Tiere gelten, sind den untergeordneten Konzepten Vogel und Fisch nicht mehr direkt zugeordnet, sondern über deren Beziehung zum übergeordneten Konzept Tier zugänglich. Gleichermaßen sind etwa dem Konzept Vogel nur solche Merkmale zugeordnet,

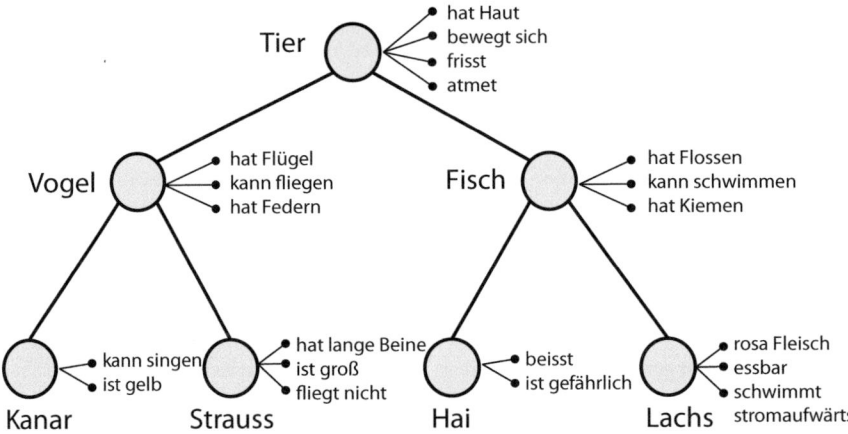

◘ Abb. 5.8 Veranschaulichung einer hypothetischen Konzepthierarchie nach Collins und Quillian (1969) mit einer ökonomischen Speicherung jeweils nur der Merkmale, in denen sich benachbarte Konzepte gleicher Allgemeinheit voneinander unterscheiden

in denen sich Vögel von Fischen, Schlangen usw. unterscheiden und die (fast) allen Vögeln zukommen, sodass sie bei untergeordneten Konzepten nicht mehr direkt gespeichert werden usw.

5.4 Spracherwerb und der Erwerb konzeptuellen Wissens

Vieles, was wir wissen, beruht nicht auf eigenen Verhaltenserfahrungen. Wir müssen nicht die Meere befahren, um zu wissen, was ein Sextant ist, und wir müssen auch nicht die Sahara durchqueren, um ein Konzept von einer Oase zu haben. Gleichermaßen beruht das, was wir z. B. über den Atomaufbau, die Photosynthese oder den Bau von Pyramiden wissen, nicht auf eigenen Verhaltenserfahrungen, sondern ist uns durch die **Sprache** vermittelt worden. Der Erwerb und die Nutzung der Sprache gehen also mit dem Aufbau unseres konzeptuellen Wissens Hand in Hand.

Auf der einen Seite ist die Existenz von Konzepten die Voraussetzung dafür, dass Sprache, d. h. Wörter und Sätze, Bedeutung erhalten: Ohne den Bezug zu Konzepten sind Worte nur sinnleere Buchstabenfolgen, so wie z. B. „Prudens interrogatio quasi dimidium sapientiae"[2] eine sinnlose Folge von Buchstaben für jemanden ist, der kein Latinum hat. Auf der anderen Seite geben Wörter Strukturen vor, zu denen Bedeutungen erworben werden, die ohne ihre Existenz nie erworben würden. Gäbe es z. B. nicht das Wort „Prolog", hätten die wenigsten von uns einen Grund, das Konzept Prolog zu bilden.

Die Wechselwirkungen zwischen dem Erwerb der Sprache und dem Erwerb konzeptuellen Wissens sind so komplex und vielschichtig, dass wir uns hier auf ausgewählte Aspekte beschränken müssen (vgl. für ausführliche Darstellungen Engelkamp und Zimmer 2006, Kap. 9; Müsseler 2008, Kap. 11, 12). Wir beginnen mit einem kurzen Exkurs zur Funktion der Sprache, diskutieren dann Zusammenhänge zwischen dem Erwerb von Wortbedeutungen und dem Erwerb von Objektkonzepten, um abschließend Wechselwirkungen zwischen der Herausbildung von Strukturen im semantischen Gedächtnis und der Herausbildung von Sprachstrukturen zu erörtern.

5.4.1 Funktionen der Sprache

Sprache erfüllt drei Funktionen (Bühler 1934; ◘ Abb. 5.9). Aus der Sicht des Senders (Sprechers) sind sprachliche Äußerungen **Ausdruck** seiner

---
2 Eine kluge Frage ist gleichsam die Hälfte der Weisheit.

5.4 · Spracherwerb und der Erwerb konzeptuellen Wissens

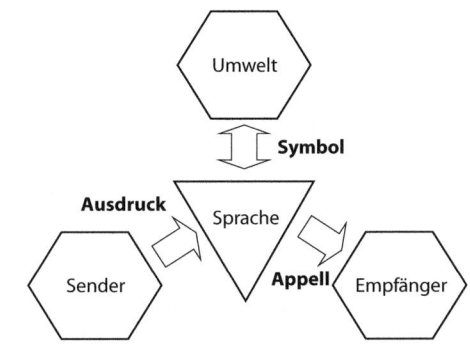

Abb. 5.9 Drei Funktionen der Sprache in der Kommunikation nach Bühler (1934)

5.4.2 Das Erlernen von Wortbedeutungen

Wie bringt man einem Kleinkind bei, dass sich Lautäußerungen auf Objekte beziehen und welche Laute (Wörter) welche Objekte bezeichnen? Beobachtungen von Interaktionen zwischen Mutter und Kind zeigen, dass den Kindern die Verbindungen zwischen Wörtern und Objekten vor allem in **ritualisierten Spielen** vermittelt werden, die Bruner (1987) „Formate" genannt hat. Zwei wichtige Formate sind das Wo-Spiel und das Was-Spiel.

Beim **Wo-Spiel** wird nach einem Objekt in der Umgebung des Kindes in der Form „Wo ist das X?" gefragt. Es wird dabei bevorzugt nach Objekten gefragt, die den Kindern hinreichend vertraut sind, etwa danach, wo die Tasse oder wo der Teddy ist usw. Nach einer spannungsgeladenen Pause wird auf das entsprechende Objekt mit hervorgehobener Betonung gezeigt: „Daaaaa ist das X." Das Format zielt darauf ab, dass das Kind das Zeigen selbst übernimmt, was auch mehr und mehr geschieht. Damit es aber geschehen kann, muss das Kind aus der Menge der vorhandenen Objekte dasjenige auswählen, nach dem gefragt war, d. h. es muss eine Vorstellung vom Aussehen des Objektes haben, bevor es gefunden ist. Das Kind verbindet so eine Lautfolge (einen vorgegebenen Namen) mit der Aktivierung einer mentalen Vorstellung des jeweils bezeichneten Objektes.

Das Wo-Spiel wird durch das **Was-Spiel** ergänzt. Zuerst wird die Aufmerksamkeit des Kindes auf ein bestimmtes Objekt gelenkt: Das Objekt wird geschüttelt, oder es wird darauf gezeigt. In der zweiten Phase erfolgt die durch Betonung hervorgehobene Frage nach der Bezeichnung, etwa in der Form „Was ist das?", „Was hat denn die Mama hier?" usw. Nach einer wiederum spannungsgeladenen Pause wird die Bezeichnung genannt: „Daaaas ist ein X!" Durch die Pause soll das Kind dazu animiert werden, die Bezeichnung selbst zu produzieren. Wenn es damit beginnt, wird es durch enthusiastische Rückmeldungen wie „RICHTIG, DAS ist ein X!" ausgiebig belohnt. Das Kind verbindet auf diese Weise die sensorischen Wirkungen eines Gegenstandes (seine mentale Repräsentation) mit der Produktion einer Lautfolge (einem Sprechprogramm).

aktuellen Gedanken. In Bezug auf den Empfänger (Hörer) wird Sprache zum **Appell**: Der Hörer soll etwas Bestimmtes denken oder tun. Und in Bezug zur Umwelt wird Sprache zum **Symbol** für reale Objekte oder Erscheinungen. Die Worte „Hol mir bitte etwas zum Trinken" bringen z. B. zum Ausdruck, dass der Sprecher durstig ist und „etwas zu Trinken" wünscht. Für den Hörer ist es der Appell, etwas zu holen, und die Phrase „etwas zum Trinken" steht als Symbol für alles, was trinkbar ist.

Damit alle drei Funktionen in der Kommunikation realisiert werden, muss gesichert sein, dass erstens bei den Kommunikationspartnern vergleichbare Konzeptrepräsentationen vorliegen. Es müssen zweitens die sprachlichen Äußerungen auf die jeweils gleichen Konzepte bezogen werden. Und es muss schließlich drittens das Bewusstsein vorhanden sein, dass es eine gemeinsame Umwelt gibt, auf die sich diese Repräsentationen beziehen. Dies erscheint auf den ersten Blick selbstverständlich. Aber woher soll ein heranwachsendes Menschenkind wissen, dass die Lautäußerungen der Erwachsenen deren Gedanken zum Ausdruck bringen, die sich (zumeist) auf Dinge in der Umwelt beziehen und dazu dienen sollen, einen selbst und andere zu veranlassen, ähnliche Gedanken zu generieren? Auch wenn wir Menschen vermutlich instinktiv darauf vorbereitet sind, Sprache zu erwerben (Pinker 1994), handelt es sich doch um eine außerordentlich anspruchsvolle Lern- und Lehraufgabe.

Die Anwendung der beiden Spiele auf ein und dieselben Objekte, oft genug im Wechsel, hat eine nicht unbedeutende Konsequenz: Durch das Wo-Spiel werden Bezeichnungen mit den sensorischen Repräsentationen des jeweils Bezeichneten assoziiert. Durch das Was-Spiel werden die sensorischen Repräsentationen beachteter Objekte mit ihren Bezeichnungen assoziiert. In der Folge aktiviert die Wahrnehmung eines Objektes seine Bezeichnung, und umgekehrt aktiviert seine Bezeichnung eine anschauliche Vorstellung des Objektes. Kurzum, in diesen Spielen werden die Assoziationen zwischen **sprachlichen Einheiten** und **Objektkonzepten** in beiden Richtungen aufgebaut und gestärkt.

5.4.3 Die Differenzierung von Objektkonzepten im Spracherwerb

Die Zuordnung von Wörtern zu Konzepten ist selten eindeutig. Zeigt ein Erwachsener z. B. auf eine im Wasser schwimmende Ente und sagt: „Das ist eine Ente!", dann kann das Wasser, die Ente, ihr Kopf, die Wellen oder sonst etwas gemeint sein. Woher soll ein Kind wissen, welche dieser Alternativen gilt? Wenn Kinder dennoch die korrekten Zuordnungen schnell erfassen, dann vermutlich deshalb, weil die Erwachsenen in ihren Benennungen nach impliziten Regeln vorgehen (Markman 1990, 1991), die von den Kindern intuitiv verstanden werden. So werden anfänglich fast ausschließlich Bezeichnungen für ganze Gegenstände gewählt. Bruner (1987) beobachtete z. B. die „Benennungsspiele" zwischen dem zweijährigen Richard und seiner Mutter. In etwa 90 % aller Fälle bezogen sich die von der Mutter verwendeten Bezeichnungen auf **ganze Objekte**, und in etwa 4 % der Fälle wurden Eigennamen verwendet, die sich ebenfalls auf ganze Objekte bezogen. Nur 6 % von insgesamt 170 Bezeichnungen wichen (in diesem Alter) von der „Objektregel" ab.

Die „Objektregel" wird auf Seiten der Kinder durch die (implizite) Hypothese gespiegelt, dass sich Bezeichnungen nicht auf Situationen, sondern auf einzelne Gegenstände beziehen. Bei der Suche nach der Bedeutung eines neuen Wortes lassen sie sich von dieser Vermutung leiten. Markman und Hutchinson (1984) haben dies in einfallsreichen Experimenten demonstriert. Zeigt man Kindern etwa das Bild eines Objektes (z. B. eine Tür) und fordert sie auf, unter zwei anderen „noch so eins" zu finden, dann wählen sie vorwiegend situational verbundene Objekte (etwa einen Schlüssel). Wird aber das Objekt (die Tür) mit einem (Fantasie-)Namen belegt, etwa: „Dies hier ist ein Dux", und wird dann gefragt, „Siehst du hier noch einen Dux?", wählen die Kinder vorwiegend konzeptuell benachbarte Objekte unter den Alternativen (etwa ein Fenster). Die Benennung verstärkt also die „Eigenständigkeit" der Objekte und schwächt ihre situationale Gebundenheit (Waxman und Gelman 1986).

Kinder glauben auch, dass Objekte jeweils **nur einen Namen** haben können. Ein Fisch kann nicht Fisch und Tier oder ein Elefant nicht Elefant und Rüssel heißen. Dieser Glaube ist erstens hilfreich, wenn es gilt, in einer Situation mit mehreren Objekten einen neuen Namen zu verstehen. Der neue Name wird hier stets auf ein Objekt bezogen, welches das Kind noch nicht benennen kann. Zum zweiten hilft er, Konfusionen zu vermeiden. Denken wir uns z. B. eine Situation, in der ein Erwachsener auf einen Elefanten zeigt und „Da ist der Rüssel" sagt. Wenn das Kind bereits weiß, dass das Objekt „Elefant" heißt, wird es „Rüssel" als Namen für den Elefanten nicht gelten lassen. Es entsteht somit das Problem, wofür der neue Name stehen soll. Kinder lösen das Problem zumeist dadurch, dass sie das neue Wort entweder als Bezeichnung für einen markanten Teil oder eine auffällige Eigenschaft des Objektes verwenden (Markman und Wachtel 1988). In der Folge werden Objektrepräsentationen immer weiter differenziert, weil für die vielen Namen, die auf sie angewendet werden, die entsprechenden Bedeutungen gefunden werden müssen. So werden Merkmale (groß, schwer, laut, weich usw.) und Teile der Objekte (Rüssel, Rad, Henkel, Ärmel usw.), Relationen zwischen Teilen (neben, über, am, vor usw.)

und Merkmale von Teilen (lang, rund, rot, schmutzig usw.) u. a. in jeweils eigenen Konzepten erfasst und damit immer weiter differenziert.

5.4.4 Spracherwerb und die weitere Strukturierung des semantischen Gedächtnis

Spracherwerb und Aufbau konzeptuellen Wissens erschöpfen sich selbstverständlich nicht in der Bildung von Konzepten für Objekte, ihre Teile und Eigenschaften sowie im Erlernen der jeweiligen Benennungen. Die Sprache des Kindes entwickelt sich vielmehr zu einem universalen Mittel zur Beschreibung aller möglichen Erscheinungen in einer sich ständig verändernden dynamischen Welt.

Die anfängliche Wahrnehmung dieser turbulenten Welt bei einem neugeborenen Kind dürfen wir uns als Chaos vorstellen: Es wird hell und dunkel, Kontraste entstehen und bewegen sich über das Gesichtsfeld, Geräusche treten auf und verklingen wieder, es wird warm und kalt, es gibt sanfte und grobe Berührungen und tausend andere Eindrücke in einem unvorhersehbaren Wechsel. In diesem anfänglichen Chaos der Reizeinwirkungen entsteht Vorhersehbares und damit Struktur allein im Zusammenhang mit eigenen Handlungen: Das Kind hebt z. B. den Arm, und die Hand tritt in das Gesichtsfeld, und wenn es den Arm senkt, verschwindet die Hand. Das lässt sich beliebig oft wiederholen. Eine Reizeinwirkung kann durch eigenes Handeln verlässlich hergestellt werden. Endlich ergibt sich im Chaos der Reizeinwirkungen etwas Vorhersehbares: eine **Struktur**.

Es sind vermutlich solche Erfahrungen der **Herstellbarkeit** von Reizen durch eigenes Handeln, die zu den ersten Strukturbildungen in der Wahrnehmung und im Gedächtnis führen (Hoffmann 1993). Später entstehen daraus handlungsgebundene Strukturen, wie wir sie am Beispiel der Herausbildung des Konzeptes Ball diskutiert haben. Parallel mit der Herausbildung der im Handeln erlebbaren Strukturen bildet sich die Sprache heraus, die nun zusätzlich Mittel bereitstellt, die im Handeln erlebten Einheiten zu differenzieren.

Aus den in den verschiedensten Handlungskontexten wahrnehmbaren Erscheinungen heben sich zunächst Einheiten ab, die sich gegenüber den ständigen Veränderungen durch eine weitgehend invariante Gestalt auszeichnen. Das sind vor allem Objekte einschließlich der Pflanzen, Menschen und Tiere. Wir wollen verallgemeinernd von **Entitäten** sprechen, denen auf der Seite der Sprache die Substantive entsprechen. Entitäten besitzen Eigenschaften. Sie sind groß oder klein, leicht oder schwer, rau oder glatt, laut oder leise, sie befinden sich an einem Ort, sie riechen oder haben einen bestimmten Geschmack usw. Solche Eigenschaften, oder allgemeiner ausgedrückt, Zustände von Entitäten werden durch Adjektive zum Ausdruck gebracht. Schließlich werden Veränderungen von Zuständen durch Verben bezeichnet. Die Sprache bietet also mit Substantiven, Adjektiven und Verben Wortklassen an, die eine Differenzierung von repräsentierten Handlungskontexten in Entitäten, Zustände und Zustandsänderungen unterstützen.

Die ersten Wörter, die Kinder benutzen, verweisen in aller Regel auf **Handlungen**. Wenn ein Kind z. B. beginnt, „Balla" zu sagen, dann meint es nicht allein den Ball, sondern dass es mit der Mutter Ball spielen will oder dass die Mutter den Ball holen soll; und wenn ein Kind „Arm!" sagt, dann möchte es zumeist auf den Arm genommen werden usw. Entwicklungspsychologen klassifizieren diese ersten Wörter folgerichtig auch als **(Ein-Wort-)Sätze**.

Nach diesen Anfängen geht die Entwicklung des Wortschatzes und der Sprache rasant voran. In der Zeit, in der dieses Kapitel geschrieben wurde, war unsere Enkeltochter Hermine im Alter von 18 bis 20 Monaten oft zu Besuch und lieferte neben vielen anderen die folgenden Beispiele für erste „Mehr-Wort-Sätze": „Mine heia" oder „Brille putt" (Hermine ist müde, die Brille ist kaputt). Den Zwei-Wort-Sätzen folgten schnell Drei-Wort-Sätze, wie z. B. „Katze Mine Aua" oder „Opi Schuhe an" (Die Katze hat Hermine wehgetan, der Opa soll Schuhe anziehen). Die Beispiele weisen darauf hin, dass mit der Sprachentwicklung eine Differenzierung sowohl der Eigenschaften von Entitäten als auch von verschiedenen Rollen in Handlungskontexten wie Agenten, Objekten, Handlungen, usw. einhergeht. In der weiteren Sprachentwicklung treten dann typischerweise neue Wortklassen auf wie Pronomina („meine Suppe"), Präpositionen („unter dem Bett"), Artikel („ein Hund"), Zeitformen („ist kaputt gegangen"), Kasusbezeichnungen („mir geben, den Hund streicheln") usw., mit denen weitere Relationen zwischen Entitäten unterschieden werden. Insgesamt lernen die Kinder, immer differenziertere Aussagen über Handlungen und andere Sachverhalte erst zu verstehen und dann auch selbst zu produzieren. Und mit der Struktur der Aussagen differenzieren sich rückwirkend auch die Strukturen, mit der die nun auch sprachlich beschriebenen Geschehnisse im Gedächtnis repräsentiert werden.

5.4.5 Handlung – Sprache – Wissen

Sprachliche Kommunikation dient letztlich der Synchronisation von mentalen Zuständen: Ein Sprecher (oder Schreiber) will, dass der Hörer (oder Leser) versteht, was er ihm mitteilen will, was nichts anderes heißt, als das der Hörer/Leser in etwa gleiche konzeptuelle Strukturen in seinem Gedächtnis aktivieren soll, wie die, die seiner Mitteilung zugrunde lagen. Gleichzeitig besteht das Bemühen um das Verstehen der Mitteilung, was wiederum nichts anderes heißt, als das Bemühen, dem Gehörten oder Gelesenen eigene mentale Zustände zuzuordnen, die denen des Anderen möglichst entsprechen. Durch diese ständige **interindividuelle Synchronisation mentaler Zustände** werden nicht nur das Repertoire der verwendeten Sprache sondern auch die repräsentierten konzeptuellen Strukturen fortlaufend differenziert und erweitert. In der Konsequenz wird unser Wissen über die Welt auf wenigstens zweierlei Weise erworben: auf der einen Seite durch **Abstraktionen über Handlungserfahrungen** in der aktiven Auseinandersetzung mit der gegenständlichen Welt und auf der anderen Seite durch **Abstraktionen über sprachlichen Aussagen** in der sozialen Kommunikation. Der Wissenserwerb schöpft aus beiden Quellen: Wir lernen, die im Handeln entstehenden konzeptuellen Strukturen zu kommunizieren, und wir ordnen unser konzeptuelles Wissen nach den Strukturen sprachlicher Kommunikation.

5.5 Konzeptuelle Strukturen im semantischen Gedächtnis

Wir werden uns im Folgenden genauer mit den Strukturen befassen, die sich im Handeln und unter dem Einfluss des Spracherwerbs im Gedächtnis herausbilden. Die Strukturen beziehen sich auf Konzepte, mit denen Entitäten, deren Zustände und Zustandsänderungen repräsentiert werden, und auf die zwischen diesen Konzepten bestehenden Verbindungen, die wir Assoziationen nennen. Die Gesamtheit aller Konzepte und der zwischen ihnen bestehenden Assoziationen bilden die Struktur des semantischen Gedächtnisses, gewissermaßen die Struktur unseres Wissens.

Eine Assoziation zwischen Konzepten kommt darin zum Ausdruck, dass die Aktivierung des Einen zur Aktivierung des Anderen führt oder doch wenigstens dessen Aktivierung erleichtert. Wer an Goethe denkt, dem kommen auch Schiller und Weimar in den Sinn. Feuer lässt einen vielleicht an Holz, Holz an Baum, Baum an Bach, Bach an Mühle, Mühle an Brot, Brot an Restaurant, Restaurant an Rechnung, Rechnung an Konto, Konto an … usw. denken. Wer den sich immer wieder neu anbietenden Assoziationen nachgeht, kommt sprichwörtlich vom Hundertsten zum Tausendsten. Im Gedächtnis scheint alles mit allem irgendwie verbunden zu sein, und alle diese Verbindungen sind das Resultat persönlicher Erfahrungen und damit immer individuell.

Allerdings werden innerhalb eines Kulturkreises so weitgehend übereinstimmende Erfahrungen gemacht, dass wenigstens für öffentliche Lebensbereiche interindividuell vergleichbare Gedächtnisstrukturen nachweisbar sind. Dies betrifft vor allem konzeptuelle Beziehungen, die sich im Handeln (einschließlich des sprachlichen Handelns) vollziehen, sowie typische räumliche und zeitliche Strukturen (**Schemata**). Bevor wir uns mit diesen Strukturen beschäftigen, besprechen wir kurz die wichtigsten Methoden, die zur Analyse von Gedächtnisstrukturen eingesetzt werden.

> **Exkurs**
>
> **Klassifikation von Assoziationen**
>
> Für die Bildung von Assoziationen zwischen Konzepten gibt es viele Ursachen. Dementsprechend unterscheiden sich Assoziationen inhaltlich: Zwischen ARZT und STETHOSKOP besteht etwa eine Akteur-Instrument-Relation, während zwischen DACH und HAUS eine Teil- Ganzes-Relation besteht. SEXTANT und SEXTETT sind sich nur als Wörter ähnlich, während bei TANNE und FICHTE die bezeichneten Konzepte (die zu ihnen gehörenden Objekte) die Ähnlichkeit stiften, usw. In zwei Arbeitsgruppen ist unabhängig voneinander der Versuch unternommen worden, die Verschiedenartigkeit von assoziativen Relationen zwischen Konzepten, empirisch zu klassifizieren. In einer Arbeitsgruppe um Roger Chaffin vom Trenton College in New Jersey und Douglas Herrmann vom Hamilton College in New York (Chaffin und Herrmann 1984, 1986; Herrmann und Chaffin 1986; Stasio et al. 1985; Winston et al. 1987) wurden die Versuchspersonen u. a. aufgefordert, Wortpaare nach der Art der zwischen den Wörtern (respektive Konzepten) bestehenden Relationen zu kategorisieren oder die Ähnlichkeit der Relationen zu beurteilen. Die Ergebnisse legen fünf Relationsklassen nahe: Kontraste (z. B. TAG-NACHT), Ähnlichkeit (z. B. WIND-STURM), Inklusion (z. B. ROSE-BLUME), Kasusbeziehung (z. B. CHAUFFEUR-AUTO) und Teil-Ganzes (z. B. LENKER-FAHRRAD).
> Eine Arbeitsgruppe an der Humboldt Universität in Berlin um Friedhart Klix (Klix 1984, 1986; Klix et al. 1987; van der Meer 1986) analysierte vor allem den Zeitaufwand, den Versuchspersonen für die Unterscheidung zwischen verschiedenen konzeptuellen Relationen benötigen (etwa zwischen Oberbegriff und Nebenordnung: EICHE-BAUM vs. EICHE-BIRKE oder zwischen Instrument und Objekt: MALEN-PINSEL vs. MALEN-BILD u.ä.). Die Ergebnisse lassen zwei größere Relationsklassen vermuten, die als zwischen- und innerbegriffliche Relationen bezeichnet wurden. Zu den zwischenbegrifflichen Relationen gehören u. a. die Kasusbeziehungen „Akteur", „Objekt" und „Instrument". Es handelt sich um Relationen, die Beziehungen innerhalb von Handlungen und Ereignissen bestimmen. Zu den innerbegrifflichen Relationen gehören u. a. die Nebenordnung, der Kontrast und der Oberbegriff. Es handelt sich um Relationen, die vorrangig Beziehungen innerhalb konzeptueller Taxonomien bestimmen.
> Ob mit diesen Klassifikationen die Vielfalt der in unserem Gedächtnis bestehenden Relationen zwischen Konzepten annähernd erfasst wird, sei dahin gestellt. Die Untersuchungen zeigen aber, dass die verschiedenen Ursachen, die zur Bildung einer assoziativen Verbindung führen in den Verbindungen selbst als Information bewahrt bleiben. Die Aktivierung einer Assoziation ist damit nicht nur einfach die latente „Mitaktivierung" eines weiteren Konzeptes sondern eine wenigstens teilweise Reaktivierung des Kontextes, der zur Stiftung der Relation geführt hat.

5.5.1 Methoden zur Erfassung von Strukturen im semantischen Gedächtnis

Konzepte sind mentale Repräsentationen in individuellen Gedächtnissen. Um etwas über Konzepte und über die zwischen ihnen bestehenden Assoziationen zu erfahren, müssen Konzepte aktiviert werden. Dazu gibt es zwei Möglichkeiten: Konzepte können erstens durch konkrete Erscheinungen (Objekte, Szenen, Bilder usw.) und zweitens durch Wörter aktiviert werden. Die beiden Zugänge sind keineswegs identisch, wie wir in ▶ Abschn. 5.6. noch genauer besprechen werden. Hier soll zunächst nur ausgesagt sein, dass Wörter einen direkten und (zumeist) eindeutigen Zugang zu den Konzepten haben, die sie bezeichnen, eben weil sie Bezeichnungen von Konzepten sind.[3] Im Gegensatz dazu können Erscheinungen grundsätzlich unterschiedlichen Konzepten zugeordnet werden. Es ist deshalb kaum erstaunlich, dass allein schon wegen der besseren Kontrollierbarkeit des konzeptuellen Zugangs Untersuchungen zur Struktur konzeptueller Repräsentationen vor allem mit Wörtern durchgeführt wurden. Übersehen wird dabei leicht, dass Wörter neben den von ihnen bezeichneten Konzepten auch die ihnen entsprechenden **„Wortmarken"**

---

[3] Ein Wort kann durchaus mehrere Konzepte bezeichnen wie etwa die Wörter „Bank", „Schloss", „Flügel" oder „Zug" (Homonyme). Welche der möglichen Bedeutungen jeweils gemeint ist, wird zumeist durch den Kontext eindeutig bestimmt und stellt für das Verständnis in aller Regel kein Problem dar.

(Repräsentationen der visuellen und auditiven Worterscheinung; ◘ Abb. 5.13) aktivieren und damit auch Strukturen angesprochen werden, die lediglich zwischen Wörtern bestehen. Wenn z. B. zu „Tisch" „Fisch" assoziiert wird, dann hat diese Assoziation nichts mit der Bedeutung des Wortes „Tisch" zu tun und verweist deshalb keineswegs auf eine Beziehung zwischen den Konzepten Fisch und Tisch.

Freie und gebundene Assoziationen

Wenn man lediglich wissen will, welche Konzepte im Gedächtnis untereinander verbunden sind, lässt man Versuchspersonen zu entsprechenden Wörtern frei assoziieren. In den freien Wortassoziationen spiegeln sich dann im Gedächtnis bestehende Verbindungen wie die von Goethe zu Schiller, von Holz zu Baum oder von Bach zu Mühle usw. Interessiert dagegen die Struktur bestimmter Wissensbereiche, verlangt man Assoziationen nach vorgegebenen Kriterien (gebundene Assoziationen). Man kann Versuchspersonen z. B. auffordern, zu einem Land Städte, Gebirge oder Flüsse zu nennen und erhält so Informationen über geografisches Wissen. Wenn die Struktur kategorialen Wissens z. B. im Pflanzenbereich interessiert, fordert man eine Aufzählung von Bäumen, Blumen oder Pilzen usw. Zur Struktur einzelner Konzepte lassen sich schließlich Informationen gewinnen, wenn man Versuchspersonen bittet, Merkmale zu nennen, die sie mit Konzepten wie z. B. Blume, Werkzeug oder Demokratie verbinden. In allen diesen Fällen indizieren Schnelligkeit und Häufigkeit der sprachlichen Reaktionen die Stärke der jeweiligen Verbindungen im Gedächtnis. Wenn z. B. zu „Blume" prompt und häufig „Rose" assoziiert wird, spricht dies dafür, dass die Konzepte Blume und Rose in vielen individuellen Gedächtnissen stark verbunden sind. Und wenn umgekehrt zum Wort „Demokratie" nur selten und verzögert „Parlament" genannt wird, dann spricht dies für eine nur schwache Verbindung zwischen den beiden Konzepten.

Verifikation von Aussagen

Den Versuchspersonen werden einzelne Aussagen vorgegeben, deren Wahrheitsgehalt so schnell wie möglich zu bejahen bzw. zu verneinen ist. So sind etwa Aussagen wie: „Spatzen sind Vögel", „Hühner sind Vögel" oder „Haie sind gefährlich" und „Haie haben Kiemen" so schnell wie möglich zu bestätigen. Der Vorteil der Methode besteht darin, dass immer die gleiche Reaktionsalternative (Ja/Nein) zu entscheiden ist. Zeitunterschiede sind damit auf den Aufwand zur Überprüfung der jeweiligen Aussage im Gedächtnis zurückzuführen. Wenn im Beispiel für Spatzen schneller als für Hühner bejaht wird, dass es Vögel sind, und für Haie schneller bejaht wird, dass sie gefährlich sind als dass sie Kiemen haben, dann spricht dies dafür, dass zwischen den Konzepten Spatz und Vogel sowie Hai und Gefährlich jeweils engere und damit schneller abrufbare Verbindungen bestehen als zwischen Huhn und Vogel oder Hai und Kiemen.

Semantisches Priming

Den Versuchspersonen wird typischerweise zunächst ein erstes Wort vorgegeben, das lediglich zu lesen ist (z. B. „Patient" oder „Patent"). Kurz danach wird eine aussprechbare Buchstabenfolge oder ein Wort wie z. B. „Klinik" vorgegeben, die entweder ebenfalls nur vorzulesen sind, oder für die zu entscheiden ist, ob es sich um ein reguläres Wort handelt (lexikalische Entscheidung). Es interessiert die Schnelligkeit der Reaktion auf das zweite Wort in Abhängigkeit vom ersten Wort. Dass „Klinik" ein Wort ist, wird z. B. schneller erkannt, wenn zuvor „Patient" im Vergleich zu „Patent" gelesen wurde. Die Beschleunigung der Verarbeitung des zweiten Wortes wird **(positiver) Priming-Effekt** genannt (engl. to prime=fördern, scharf machen). Der Priming-Effekt wird als Hinweis auf eine Verbindung zwischen den bezeichneten Konzepten interpretiert (Collins und Loftus 1975). Aufgrund dieser Verbindung, so wird angenommen, bewirkt das erste Wort eine Voraktivierung des zweiten Konzeptes, sodass auf das zweite Wort entsprechend schneller reagiert werden kann. Auf „Klinik" wird entsprechend dieser Überlegung also deshalb nach „Patient" schneller als nach „Patent" reagiert, weil nur das Konzept Patient das Konzept Klinik voraktiviert. Die Stärke des Priming-Effektes entspricht dabei direkt der Stärke der Voraktivierung und wird damit zum Maß für die Stärke der Assoziation zwischen den jeweiligen Konzepten.

Die klassische Form des Primings wurde auf vielfache Weise variiert. Anstelle der Wörter wurden z. B. Bilder verwendet, um zu untersuchen, inwieweit sich Bilder untereinander primen bzw. inwieweit Bilder Wörter und Wörter Bilder primen. Die Art der Beziehung zwischen dem ersten und zweiten

5.5 · Konzeptuelle Strukturen im semantischen Gedächtnis

Reiz (zwischen Prime und Target) wurde gezielt variiert, um die Prime-Wirkungen verschiedener Typen von Relationen zu vergleichen, z. B. ob Lokationsrelationen wie „Patient – Klinik" generell stärker oder schwächer primen als Nebenordnungsbeziehungen wie „Rathaus – Klinik". Es wurde auch untersucht, wie stark unterschiedliche Satzfragmente die Verarbeitung nachfolgender Worte primen, z. B. ein Fragment wie „Der Krankenwagen fuhr in die nächste … ", das nachfolgende Wort „Klinik" usw.

Semantisches Reproduzieren

In Reproduktionsexperimenten lassen sich Strukturen des semantischen Gedächtnisses an ihrem Einfluss auf **Erinnerungsleistungen** erkennen:

- Auf der einen Seite geht man davon aus, dass Ereignisse besser behalten werden, wenn sie bestehenden Gedächtnisstrukturen entsprechen. Nimmt man z. B. an, dass Objektkonzepte im Gedächtnis nach Kategorien geordnet sind, dann ist zu erwarten, dass kategorial geordnet dargebotene Wortlisten besser behalten werden als ungeordnete Listen der gleichen Wörter: Die Liste „Eiche-Birke-Tanne-Bier-Wein-Cola-Hammer-Säge-Zange" sollte also besser behalten werden als die Liste „Eiche-Bier-Zange-Cola-Birke-Säge-Wein-Tanne-Hammer", in der die Bäume, Getränke und Werkzeuge nicht jeweils hintereinander angeordnet sind.
- Auf der anderen Seite lässt sich die Wirkung von semantischen Strukturen bei der freien Reproduktion von ungeordnet dargebotener Information beobachten. Wenn z. B. Versuchspersonen die Tendenz zeigen, die obige ungeordnete Liste nach den Kategorien Bäume, Getränke und Werkzeuge geordnet zu reproduzieren, dann verweist die Ordnung der Reproduktion auf entsprechende geordnete kategoriale Gedächtnisstrukturen, getreu dem Motto: Was zusammenhängend reproduziert wird, hängt auch im Gedächtnis zusammen.

5.5.2 Handlungsschemata

Jede Handlung hat einen Akteur, der die Handlung ausführt, und findet an einem bestimmten Ort und zu einer bestimmten Zeit statt. Die Handlung

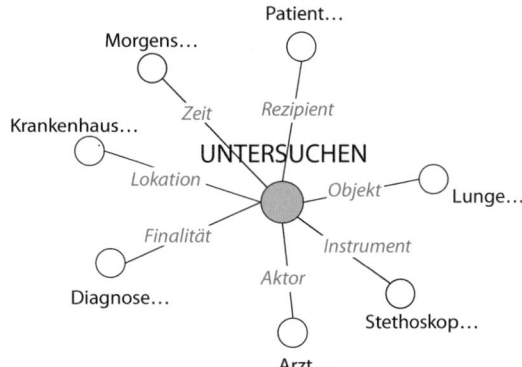

Abb. 5.10 Mögliche Struktur eines Handlungsschemas am Beispiel einer medizinischen Untersuchung nach Klix (1984)

bezieht sich oftmals auf ein Objekt oder einen Rezipienten, sie wird gegebenenfalls mit einem Instrument ausgeführt und verfolgt ein bestimmtes Ziel usw. Alle diese Beziehungen entfalten eine Struktur mit festen Rollen (Klix 1984, 1992). Wenn für die einzelnen Rollen immer wieder gleiche Besetzungen häufig genug erlebt (bzw. geschildert) werden, wird eine typische Besetzungskonfiguration als Handlungsschema abstrahiert. Handlungsschemata sind damit Repräsentationsstrukturen, in denen für jeweilige Handlungen das Wissen über typische Akteure, Objekte, Orte, Instrumente, Ziele usw. im Gedächtnis gespeichert wird. Die **Abb. 5.10** veranschaulicht die mögliche Struktur eines Handlungsschemas am Beispiel einer medizinischen Untersuchung. Im Zentrum steht das Handlungskonzept des Untersuchens, an das typische Akteure (Arzt), Lokationen (Krankenhaus), Objekte (Lunge) usw. gebunden werden.

Dass solche „Handlungsschemata" tatsächlich im Gedächtnis repräsentiert sind, zeigt sich in verschiedenen Beobachtungen. Wenn man etwa Versuchspersonen auffordert, zu einem Verb (Handlungskonzept) mögliche Akteure, Objekte, Instrumente, Orte usw. zu nennen., erhält man ür allgemein vertraute Handlungen weitgehend übereinstimmende Aussagen. Damit wird bestätigt, dass das für die jeweilige Handlung typische Geschehen als allgemeines Wissen interindividuell verfügbar ist. Dieses Wissen wird u. a. benutzt, um Angaben zum Ablauf eines Geschehens aus dem Gedächtnis heraus zu ergänzen. Wird z. B. in einer Geschichte lediglich mitgeteilt, dass ein Indianer im Kampf verwundet wurde,

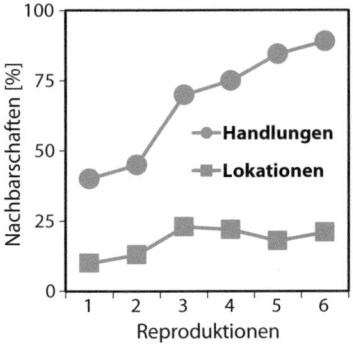

Handlung oder (*Lokation*)	Aktor	Objekt	Instrument
Putzen (*Wohnung*)	Hausfrau	Fenster	Lappen
Rasieren (*Bad*)	Mann	Bart	Klinge
Bauen (*Bauplatz*)	Maurer	Haus	Kran
Untersuchen (*Klinik*)	Arzt	Patient	Stethoskop
Verfolgen (*Strasse*)	Polizist	Dieb	Auto

◘ **Abb. 5.11** Wortmaterial und Ergebnisse einer Untersuchung von Hoffmann (1986) zum Einfluss von Handlungsschemata auf die Reproduktion von Wortlisten. (Aus Hoffmann 1986; mit freundl. Genehmigung)

glauben nicht wenige Versuchspersonen, sich daran erinnern zu können, er sei durch einen Pfeil verwundet worden – eben weil Pfeil und Bogen als für Indianer typische Instrumente des Kämpfens im Gedächtnis gespeichert sind (Bartlett 1932). Und wenn berichtet wird, dass ein Fallschirmjäger aus einer geöffneten Tür gesprungen ist, wird erinnert, er sei aus einem Flugzeug gesprungen, eben weil dies der typische Ort eines solchen Geschehens ist (Harris und Monaco 1976).

Handlungsschemata sind auch eine der wesentlichen Voraussetzungen für das **Verstehen von Sätzen**. Einfache Sätze wie z. B. „Der Arzt untersucht den Patienten in der Klinik", „Der Lehrer gibt seinen Schülern Hausaufgaben auf" oder „Der Kommissar fragt den Verdächtigen nach seinem Alibi" werden vermutlich unmittelbar beim Hören oder Lesen entsprechenden Schemata zugeordnet und kontinuierlich mit den dort gespeicherten Informationen ergänzt. Man hat dementsprechend zeigen können, dass Satzfragmente die Verarbeitung von nachfolgend dargebotenen Wörtern erleichtern, wenn diese Wörter den Satz auf eine typische Weise vervollständigen. Lesen Versuchspersonen z. B. das Fragment „Er putzte seine … ", dann wird nachfolgend das Wort „Schuhe" schneller verarbeitet als wenn es nach dem Fragment „Er reparierte seine … " dargeboten wird. Obwohl in beiden Handlungszusammenhängen das Konzept Schuhe eine mögliche Ergänzung ist, handelt es sich im Kontext des Putzens um das typischere Objekt (Fischler und Bloom 1979; Stanovich und West 1981).

Handlungsschemata entfalten ihre Wirkung auch bei der **Strukturierung von ungeordneten Informationen**. Ein Beispiel gibt eine von Hoffmann (1986) durchgeführte Untersuchung zur Reproduktion von ungeordneten Wortlisten: In einer ersten Phase wurden für die Handlungskonzepte Untersuchen, Bauen, Rasieren, Putzen und Verfolgen typische Akteure, Instrumente, Objekte und Lokationen ermittelt. Das Ergebnis zeigt die Tabelle in ◘ Abb. 5.11. Die fünf Handlungen und die zu ihnen assoziierten Akteure, Objekte und Instrumente wurden zu einer Liste von insgesamt 20 Wörtern zusammengefügt. In einer zweiten Phase wurde diese Liste einer weiteren Gruppe von Versuchspersonen sechsmal in einer jeweils neuen aber stets ungeordneten Reihenfolge dargeboten, aber immer so, dass die zu einem Handlungsschema gehörenden Wörter nicht unmittelbar benachbart waren. Nach jeder Darbietung reproduzierten die Versuchspersonen so viele der Wörter wie möglich. Gezählt wurde, wie oft Wörter jeweils eines Handlungsschemas unmittelbar nacheinander reproduziert wurden.

Die Grafik in ◘ Abb. 5.11 zeigt, dass der Anteil dieser handlungsgebundenen Nachbarschaften von 40 % auf etwa 90 % ansteigt. Obwohl die zu einem Handlungsschema gehörenden Wörter stets unzusammenhängend dargeboten wurden, findet im Gedächtnis zusammen, was zusammen gehört, und wird demzufolge auch zusammenhängend reproduziert. Dass diese Strukturierung tatsächlich auf die bezeichneten Handlungen zurückgeht, zeigt eine Kontrollbedingung, in der die Handlungskonzepte durch Bezeichnungen für typische Lokationen ersetzt wurden (vgl. die Tabelle in ◘ Abb. 5.11). Unter sonst identischen Bedingungen stagniert der Anteil handlungsbezogener Nachbarschaften in den Reproduktionen bei etwa 20 %. Man kann also schlussfolgern, dass es die Handlungen sind, die zueinander passende Akteure, Objekte und Instrumente auch dann im Gedächtnis zusammenführen, wenn über sie ungeordnet „berichtet" wird.

5.5.3 Repräsentationen von typischen räumlichen und zeitlichen Beziehungen zwischen Konzepten (Frames und Skripts)

Frames: Repräsentationen räumlicher Beziehungen

Abb. 5.12 Blick in ein Badezimmer

Wir haben bereits besprochen, dass anschauliche Objektkonzepte bevorzugt durch eine globale Gestalt repräsentiert werden, die die typische räumliche Anordnung ihrer konstituierenden Teile repräsentiert. Was für Objekte gilt, gilt auch für **Szenen**. Es gibt viele Szenerien, in denen schon aus funktionalen Gründen die konstituierenden Teile in einer typischen Weise angeordnet sind. In einem Badezimmer finden wir Wasserhähne immer über dem Waschtisch und weiter darüber in aller Regel eine Ablage für Seife und Zahnputzutensilien und einen Spiegel. Auf einem Bahnhof sind die Zuganzeigen am Rand der Bahnsteige, und die Fahrpläne befinden sich auf Plakatwänden in der Mitte. In einem Theater liegen die Kassen zumeist im Eingangsbereich und die Garderoben seitlich hinter Eingangstüren, an denen die Eintrittskarten kontrolliert werden usw. Und so wie in diesen Beispielen ist es in Supermärkten, auf Rummelplätzen, beim Zahnarzt, in der Eisenbahn, auf dem Kinderspielplatz, am Badestrand, im Bus oder in der Bank. Bei aller Unterschiedlichkeit der jeweils konkreten Szenerie sind viele der räumlichen Anordnungen zwischen wenigstens einigen der beteiligten Objekte so weitgehend invariant, dass sie die Voraussetzung für eine Repräsentation als **(proto)typische Anordnung** erfüllen.

Dass typische räumliche Anordnungen im semantischen Gedächtnis tatsächlich repräsentiert sind, zeigt sich in ihrem Einfluss auf die **Wahrnehmung** von Bildern vertrauter Szenen. Wenn wir z. B. eine Szenerie wie in ◘ Abb. 5.12 betrachten, sehen wir unmittelbar ein Badezimmer. Untersuchungen haben gezeigt, dass die Identifikation vertrauter Szenen nicht nur außerordentlich schnell geschieht, sondern auch bevor einzelne Objekte sicher erkannt sind (Biederman et al. 1973; Metzger und Antes 1983). Dies deutet darauf hin, dass die Identifikation der Szene nicht durch die Wahrnehmung zu ihr gehörender Objekte, sondern durch **globale Merkmale** vermittelt wird. Wir „sehen" also nicht erst ein Waschbecken, einen Spiegel, eine Badewanne usw., um daran zu erkennen, dass es sich um ein Badezimmer handelt, sondern aufgrund des visuellen Gesamteindruckes wird ein Badezimmer erkannt und damit ein Rahmen (Frame; Minsky 1975) etabliert, der die Identifikation von Waschbecken, Spiegel, Badewanne usw. erleichtert.

Dementsprechend werden Objekte schneller in Bildern kongruenter Szenen gefunden als in einer für sie untypischen Umgebung. Würde man etwa nach einer Zahnbürste anstatt in ◘ Abb. 5.12 im Bild eines Wohnzimmers suchen, würde deutlich mehr Zeit bis zu ihrer Entdeckung benötigt (Meyers und Rhoades 1978; Reinert 1985). Wird ein szenenkongruentes Objekt aber an einem untypischen Ort dargeboten (etwa die Zahnbürste in ◘ Abb. 5.12 auf dem Badewannenrand neben der Ente), geht der Kongruenzvorteil verloren. Nach dem Objekt wird nun sogar noch länger gesucht als in einer inkongruenten Szene, und es wird zudem noch häufiger übersehen (z. B. Hoffmann und Klein 1988). Ein szenischer Frame dient also (wie ein Objekt-Frame) nicht nur der schnellen Identifikation des Ganzen, sondern auch dem schnellen Auffinden der konstituierenden Teile an ihren typischen Orten.

Auch die **Erinnerung** wird durch unser Szenenwissen beeinflusst. Zeigt man z. B. einer Gruppe von Versuchspersonen Bilder von Szenen und einer anderen Gruppe die jeweils gleichen Objekte der Szene in einer zufälligen Anordnung, dann erinnert sich die „Szenengruppe" selbst nach vier Monaten noch ziemlich gut an die Objekte, während bei der „Zufallsgruppe" die Erinnerungsleistung deutlich schlechter ausfällt (Mandler und Ritchey 1977). Von der nominal gleichen Menge an Informationen wird mehr behalten, wenn die Informationen so strukturiert sind, dass sie unserem Szenenwissen entsprechen.

Der Behaltensvorteil für szenenkongruente Informationen bringt aber die Gefahr mit sich, dass wir uns an Dinge zu erinnern glauben, die es nicht gab. Brewer und Treyens (1981) haben solche **Gedächtnisergänzungen** mit einer realitätsnahen Untersuchung demonstriert. Ihre Versuchspersonen sollten für kurze Zeit in einem Raum warten, der als typisches Studentenzimmer eingerichtet war. Danach wurden sie in einen anderen Raum geführt und unerwartet aufgefordert, so viele der Objekte aus dem Studentenzimmer wie möglich zu erinnern. Die Versuchspersonen erinnerten besser Objekte, die für ein Studentenzimmer typisch sind, als untypische Objekte. Sie glaubten aber auch, sich an typische Objekte, wie etwa ein Aktenregal, erinnern zu können, die es in dem Raum gar nicht gegeben hatte. Die fehlenden Objekte wurden offensichtlich aus dem Gedächtnis ergänzt (für eine ausführliche Diskussion vgl. Waldmann 1990).

Skripts: Repräsentationen zeitlicher Beziehungen

So, wie die Dinge oftmals auf typische Weise im Raum verteilt sind, folgen viele Ereignisse und Handlungen oftmals in einer typischen Weise aufeinander. Die Reihenfolgen sind nicht selten zwangsläufig: In einem Restaurant muss man z. B. erst das Essen bestellen, bevor es gebracht werden kann, bei einem Arztbesuch führt kein Weg an der Anmeldung vorbei, und ins Kino kann man nicht gehen, ohne zuerst eine Karte zu kaufen usw. Es ist naheliegend, dass solche zwingenden und/oder (proto-)typischen Ereignisfolgen als verallgemeinerbare Schemata – sog. **Skripts** – interindividuell repräsentiert sind (Schank und Abelson 1977). Fordert man Versuchspersonen z. B. auf, einen typischen Arzt-, Restaurant- oder Kinobesuch zu schildern, so ergeben sich weitgehende Übereinstimmungen sowohl hinsichtlich der einzelnen Ereignisse als auch hinsichtlich deren Aufeinanderfolge.

Skripts beeinflussen wie Handlungsschemata und Frames die **Aufnahme** und das **Behalten** von skriptbezogenen Informationen. Wenn z. B. Berichte über Ereignisfolgen gelesen werden, benötigen Versuchspersonen mehr Zeit, um einen Satz zu lesen, der im Vergleich zum vorangehenden Satz nicht auf das typischerweise Folgende, sondern auf ein entfernteres Ereignis verweist. Beispielsweise wird nach einem Satz über das Betreten eines Restaurants ein nachfolgender Satz über das Verlangen der Rechnung langsamer gelesen als der gleiche Satz nach einer Schilderung des Essens (Bower et al. 1979). Auf der Grundlage skripttypischen Wissens werden vermutlich Erwartungen über den Fortgang des Geschehens generiert, die, wenn sie verletzt werden, zu Verzögerungen in der Verarbeitung des Geschehens bzw. seiner Schilderung führen. In anderen Fällen werden fehlende Informationen durch das skripttypisch zu Erwartende ergänzt (Hannigan und Reinitz 2001). Wenn wir etwa in einem Film sehen, dass eine Person ein Flugzeug besteigt, und nach einem „Schnitt" sieht man sie das Flugzeug an einem anderen Flughafen wieder verlassen, dann ergänzen wir automatisch, dass dazwischen ein Flug stattgefunden hat und sind dementsprechend nicht überrascht, wenn nachfolgend z. B. von freundlichen Stewardessen die Rede ist.

Ohne diese Fähigkeit, nicht mitgeteilte Informationen aus dem Gedächtnis zu ergänzen oder auch ungeordnete Mitteilungen skripttypisch zu ordnen, würden wir in normalen Unterhaltungen vermutlich ständig nachfragen müssen. Denken Sie etwa an einen Bekannten, der von einem Unfall berichtet. Aussagen über die Schäden, das Eintreffen der Polizei, über Zeugen, das Verhalten des Unfallpartners usw. werden selten in der Reihenfolge des tatsächlichen Geschehens berichtet. Unser Verständnis der Gesamtsituation wird davon jedoch kaum beeinträchtigt. Dementsprechend fallen auch Zusammenfassungen von geordneten und ungeordneten Erzählungen sehr ähnlich und weitgehend ununterscheidbar aus (Kintsch et al. 1977; ▶ Exkurs).

> **Exkurs**
>
> **Schemata können auch dazu führen, dass schemainkongruente Informationen gut behalten werden**
> Wenn z. B. im Bild einer Küche ein Oktopus auf dem Fußboden gesehen wird (Friedman 1979), oder wenn in der Schilderung eines Restaurantbesuchs unvermittelt mitgeteilt wird, dass der Akteur im Wald spazieren geht (Cohen 1996), dann werden auch solche zum Küchen-Frame bzw. zum Restaurant-Skript völlig unpassenden Informationen gut behalten und können nach längerer Zeit korrekt erinnert werden. Die den typischen Erfahrungen widersprechenden Informationen ziehen vermutlich wegen ihrer offensichtlichen Inkonsistenz die Aufmerksamkeit auf sich und erfahren so eine besonders intensive Verarbeitung.

5.5.4 Elemente der Sprache als Gegenstand linguistischer Kategorienbildung

Mit dem Erwerb der Sprache erschließt sich nicht nur ein neuer Verhaltensbereich, sondern auch ein völlig eigenständiger Bereich der Umwelt, dessen „Objekte" – so wie alle anderen Erscheinungen auch – den Mechanismen der Konzeptbildung unterworfen sind. Sprache ist allgegenwärtig. Ständig und überall begegnen wir Wörtern, Sätzen, Aufforderungen, Fragen, Erzählungen, Nachrichten, Botschaften usw. Wir beschäftigen uns kaum mit etwas anderem intensiver als mit der Sprache. Wenn wir z. B. genau so häufig Klavier spielen würden, wie wir sprechen und schreiben, wären wir vermutlich alle hochbewunderte Pianisten. Mit anderen Worten, wir alle sind Virtuosen und Experten in der Verarbeitung und Nutzung von Sprache. Und so, wie Experten in ihren jeweiligen Fachgebieten über differenzierte Klassifizierungen verfügen, so verfügen wir über vergleichbar differenzierte Klassifizierungen sprachlicher „Objekte". Ursache für die Bildung solcher „Sprachkategorien" ist auch hier die **funktionale Äquivalenz**, d. h. die Austauschbarkeit der jeweils zusammengefassten „Sprachobjekte" in einem bestimmten „Sprachkontext".

Die elementarste Kategorie sprachlicher Elemente ist wohl das Wort, die alle Wörter der Muttersprache (oder auch von vertrauten Fremdsprachen) zusammenfasst. Über den Wörtern werden wiederum Äquivalenzklassen gebildet, mit denen z. B. die Substantive, Verben, Adjektive, Adverbien, Artikel usw. nach ihrer jeweiligen Funktion im Satz zusammengefasst werden. Wie die Wörter lassen sich auch Sätze klassifizieren. Hier können Aussagen, Fragen, Aufforderungen usw. unterschieden werden. Wir unterscheiden weiterhin zwischen Prosa und Lyrik. Im Bereich der Prosa werden u. a. Erzählungen, Essays, Romane, Fabeln, Anekdoten, Briefe usw. unterschieden, und im Bereich der Lyrik gibt es Dutzende von Unterkategorien wie z. B. Ballade oder Limerick, die alle durch jeweils spezifische Merkmale sprachwissenschaftlich zu unterscheiden sind.

Alle diese **linguistischen Kategorien**, wie wir sie nennen wollen, beziehen sich auf formale Kriterien der jeweiligen Spracheinheiten, die nichts mit ihrer Bedeutung zu tun haben. Die Klassifikation eines Wortes z. B. als Adjektiv sagt nichts darüber aus, welche Eigenschaft das Wort bezeichnet. Genauso, wie die Identifikation eines Satzes als Frage, nichts darüber aussagt, wonach gefragt wird. Ebenso enthält die Klassifikation eines Prosastückes als Fabel oder eines Gedichtes als Ballade keinerlei Informationen darüber, wovon Fabel und Ballade handeln usw. In der Gesamtheit unseres Wissens ist somit das Wissen über den Teil der Welt, der die Sprache bildet (linguistische Kategorien), vom Wissen über alle anderen Erscheinungen der Welt (nichtsprachliche Konzepte) getrennt.

5.5.5 Sprachliche und nichtsprachliche Zugänge zum semantischen Gedächtnis

Inhalte des semantischen Gedächtnisses werden durch gegenstandsbezogenes Handeln und durch sprachliches Handeln aktiviert, durch Erscheinungen der „realen Welt" also, und durch die ebenfalls „real" gegebenen Elemente der Sprache. Beide Zugänge führen auf unterschiedlichen Wegen zur Identifikation der Bedeutung des jeweils Gegebenen, die in ◘ Abb. 5.13 nur grob veranschaulicht sind (vgl. dazu die ausführliche Diskussion zum multimodalen Gedächtnismodell in ▶ Abschn. 9.3).

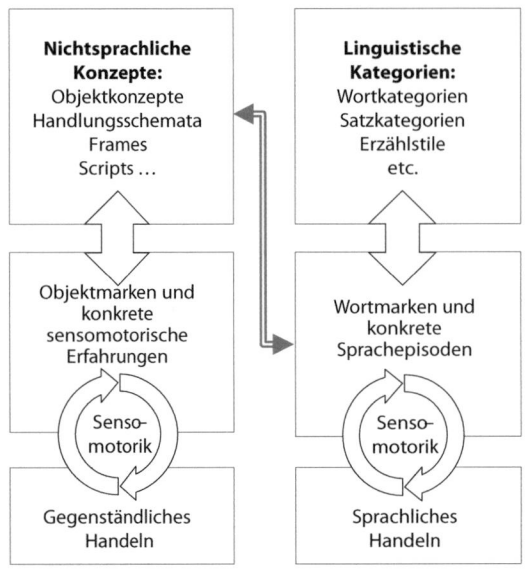

☐ **Abb. 5.13** Zugänge zum semantischen Gedächtnis nach Engelkamp (1990)

Substantiv. Was mit den Wörtern bezeichnet wird, ihre Bedeutung also, erschließt sich erst durch die Assoziation der Wortmarken mit den entsprechenden Objektkonzepten (▶ Absch. 5.4.2). Ohne diese Assoziationen sind Wörter bedeutungslose Folgen von Buchstaben oder Lauten, wie wir es beim Lesen oder Hören einer uns unbekannten Sprache erleben. In diesem Sinne haben Objekte (und ihre Konstellationen) einen direkten Zugang zu ihrer konzeptuellen (Basis-)Bedeutung, während Wörter (und ihre Konstellationen) einen nur indirekten, assoziativ vermittelten Zugang zu ihrer Bedeutung haben.

Umgekehrt haben die konkreten Erscheinungen unserer Umwelt keinen direkten Zugang zu ihren Bezeichnungen. Das Bild eines Apfels oder der Geschmack von Pfefferminze aktivieren nicht unmittelbar, sondern nur über Assoziationen ihrer Konzepte zu entsprechenden Wortmarken ihre Bezeichnungen.

„Erscheinungen" haben einen direkten, „Sprache" hat nur einen indirekten Zugang zum konzeptuellen Wissen

Die im gegenstandsbezogenen Handeln beachteten sensorischen Wirkungen der beteiligten Erscheinungen führen über eine Identifikation vor allem beteiligter Objekte und Szenen (**Objektmarken**) zu einer unmittelbaren Aktivierung der ihnen entsprechenden konzeptuellen Strukturen, Wenn wir z. B. einen Apfel ergreifen, dann wird mit der Wahrnehmung des konkreten Apfels unmittelbar auch das Konzept Apfel aktiviert. Gleiches gilt für sensorische Wirkungen aller anderen Sinnesmodalitäten, z. B. für den Geschmack von Pfefferminze, den Geruch von Knoblauch, das Geschrei von Möwen oder für die Glätte von Seide. Alle diese Wahrnehmungen aktivieren unmittelbar die ihnen entsprechenden (Basis-)Konzepte, die u. a. durch eine Abstraktion typischer und/oder häufiger sensorischer Wirkungen entstanden sind (Barsalou 1999).

Lesen oder hören wir dagegen Buchstaben- bzw. Lautfolgen, wie z. B. „Apfel", „Pfefferminze", „Knoblauch" usw., dann führen die sensorischen Wirkungen der Schrift bzw. der Lautfolgen unmittelbar nur zur Identifikation der uns vertrauten Wörter (**Wortmarken**) und ggf. auch noch zur Aktivierung passender linguistischer Kategorien wie Wort oder

„Konzepte" und „Sprache" sind zwar eng verbunden, aber unabhängig voneinander repräsentiert

Die getrennte Repräsentation von Konzepten und Wortmarken wird vor allem deutlich, wenn der Zugang zu einer der beiden Repräsentationen gestört ist. Wir kennen vermutlich alle den Zustand, in dem wir eine klare anschauliche Vorstellung von einem Objekt oder einer Person haben, uns sein Name aber partout nicht einfallen will. Wie heißen z. B. die Fahrräder, auf denen man zu zweit radeln kann, oder der Schauspieler, der Alexis Sorbas gespielt hat? Das jeweilige Konzept ist uns deutlich verfügbar, etwa als anschaulicher Prototyp, allein, der Name lässt sich nicht aktivieren. Wenn uns dann jemand sagt, dass die Fahrräder „Tandem" und der Schauspieler „Anthony Quinn" heißen, können wir sofort zustimmen. Wir hatten die Namen also durchaus gespeichert, und sie lagen uns vielleicht sogar sprichwörtlich auf der Zunge (Schwartz 2002), aber wir hatten im Moment keinen Zugang zu ihnen. Auch umgekehrt kommt es vor, dass uns ein Wort (zumeist ein Fremdwort) vertraut ist und wir genau wissen, wie es ausgesprochen und geschrieben wird, uns aber seine Bedeutung nicht gegenwärtig ist. Was wird z. B. mit den Worten „Abakus" oder „Lorgnette" bezeichnet? Wenn wir dann aufgeklärt werden, dass Abakus ein Rechenbrett und Lorgnette eine Brille mit Stiel bezeichnen, fällt es uns wieder ein. Wir wussten es, aber dieses konzeptuelle Wissen war aktuell nicht zugänglich. Die Beispiele zeigen, dass Objektkonzepte und Wortmarken zwar eng verbundene, aber voneinander unabhängige Repräsentationen sind (vgl. auch selektive Ausfälle des Bild- oder Wortverständnisses nach Hirnverletzungen; Ellis und Young 1988).

„Erscheinungen" sind fast immer mehrdeutig, während „Sprache" (im jeweiligen Kontext) fast immer eindeutig ist

Konkrete Erscheinungen, ihre Zustände und Zustandsänderungen sind stets spezifisch. Wörter dagegen sind Bezeichnungen für konzeptuelle Kategorien. So sind z. B. von einem vor uns liegenden Apfel seine Form, Größe, Farbe, und Lage in einer jeweils konkreten Ausprägung gegeben. Das Wort dagegen verweist auf das Konzept Apfel und damit auf einen beliebigen Apfel einer beliebigen Sorte mit einer beliebigen Form und Größe usw. Umgekehrt erlaubt der konkrete Apfel die Zuordnung zwar nicht zu beliebigen, aber doch zu mehreren möglichen Konzepten: Es könnten neben dem Konzept Apfel auch Konzepte wie Stiel, Saftig, Rot oder Boskoop aktiviert werden, je nachdem, worauf die Aufmerksamkeit des Betrachters gerichtet ist.

Erscheinungen haben also aufgrund der Vielfalt ihrer sensorischen Wirkungen einen zwar direkten, dafür aber vieldeutigen Zugang zu konzeptuellen Repräsentationen. Wörter haben dagegen einen zumeist eindeutigen Zugang zu den Konzepten, die sie im gegebenen Kontext bezeichnen, aber einen vieldeutigen Bezug zu konkreten Erscheinungen: Ein Bild sagt mehr als tausend Worte, und ein Wort kann mehr als tausend Bilder bezeichnen.

In der gegenseitigen Zuordnung von „Erscheinungen" und „Sprache" werden Mehrdeutigkeiten aufgehoben

Da die konzeptuelle Bedeutung von Wörtern in ihrem jeweiligen Kontext zumeist eindeutig ist, kann die Mehrdeutigkeit von Bildern durch spezifizierende Aussagen eingeschränkt werden. Die sprachliche Beschreibung legt dann gewissermaßen fest, welche konzeptuelle Bedeutung der Erscheinung zugeordnet werden soll bzw. worauf die Aufmerksamkeit zu richten ist. Mit einer Aussage wie „Der rote Apfel ..." würde etwa die Aufmerksamkeit auf die Farbe des Apfels gelenkt werden, und wäre von einem Boskoop die Rede, würde die Aufmerksamkeit etwa auf die Größe des Apfels gerichtet und der für diese Apfelsorte typische saure Geschmack als Merkmal aktiviert werden. Die konzeptuelle Bedeutung der Wörter ist allerdings nicht immer eindeutig. In der Aussage „Wir trafen uns vor der Bank" kann mit dem Wort „Bank" sowohl eine Parkbank als auch ein Geldinstitut gemeint sein, und in dem Satz „Der Mann schlug den Jungen mit der Zeitung" bleibt unklar, ob die Zeitung das Instrument ist, mit dem geschlagen wurde, oder ob die Zeitung dem Jungen gehörte, der geschlagen wurde. In solchen Fällen ist es die Wahrnehmung der konkreten Erscheinung, die die Mehrdeutigkeit der sprachlichen Aussage aufhebt.

Bereits die hier diskutierten einfachen Beispiele zeigen, dass die Beziehungen zwischen Erscheinungen, Sprache und Bedeutungen komplex und vielschichtig sind. Dass wir trotz dieser Komplexität in aller Regel keine Schwierigkeiten haben, Sprache zu verstehen und sie so zu verwenden, dass wir von anderen verstanden werden, ist Gegenstand intensiver linguistischer Forschung, auf die wir hier nicht eingehen (Engelkamp und Zimmer 2006).

5.6 Fazit: Das semantische Gedächtnis als Grundlage für die Wahrnehmung und das Handeln in einer vertrauten Welt

Konzepte und ihre Verknüpfungen in Handlungsschemata, Frames oder Skripts abstrahieren aus dem steten Strom der im gegenstandsbezogenen Handeln beachteten Sinneseindrücke das Invariante, Häufige und/oder Typische. Gleiches geschieht im sprachlichen Handeln. Invariante, häufige und/oder typische Aussagen führen ebenfalls zu entsprechenden konzeptuellen Abstraktionen. Die in der Folge untereinander verbundenen konzeptuellen Strukturen repräsentieren in ihrer Gesamtheit unser **Wissen** über die Welt, ergänzt durch linguistisches Wissen über Eigenschaften der Sprache. Wenn dann in ähnlichen Verhaltenskontexten wieder ähnliche Sinneseindrücke auftreten, werden die ihnen entsprechenden konzeptuellen Strukturen zwangsläufig aktiviert, sodass wir das, was wir sehen, hören, riechen, fühlen oder schmecken, stets in seiner konzeptuellen Bedeutung wahrnehmen. Gleichermaßen nehmen wir (in der Regel) auch die Bedeutung sprachlicher Aussagen unmittelbar wahr. Wahrnehmen ist in diesem Sinne immer auch **Wieder-Erkennen**. Und indem wir die Dinge wiedererkennen, erschließt sich uns das in der Vergangenheit akkumulierte Wissen über sie.

Mit der konzeptuellen Identifikation wird die Stabilität unserer Wahrnehmung und unseres Handelns gesichert. Wir bewegen uns dadurch in einer vertrauten Welt, in der wir auf vertraute Weise handeln können. Ohne ein semantisches Gedächtnis könnten wir nichts wiedererkennen. Alles, was uns begegnet, erschiene uns neu und unbekannt, und wir würden nicht wissen wie wir uns zu verhalten haben, um das, was wir wollen, auch zu erreichen – eine traumatisierende Vorstellung.

Die referenziellen Beziehungen der nichtsprachlichen Konzepte zu den Wortmarken sichern darüber hinaus, dass wir eigene konzeptuelle Repräsentationen (Gedanken) kommunizieren und damit auf andere übertragen können, so wie wir die uns sprachlich mitgeteilten konzeptuellen Repräsentationen (Gedanken) von anderen in unser eigenes Gedächtnis übernehmen können.

Schließlich werden mit der Aktivierung konzeptueller Repräsentationen immer auch die mit ihnen verbunden Kontexte aktiviert. Das sind Handlungsschemata, Frames und Skripts, die auf wenigstens drei Arten die Aufnahme von Informationen beeinflussen:
- Es werden heterogene Informationen so geordnet, dass sie gespeicherten Strukturen entsprechen.
- Es werden fehlende Informationen mit dem typischerweise zu Erwartenden ergänzt.
- Es werden Erwartungen darüber aktiviert, was in einer aktuellen Szenerie wo zu finden sein wird und wie sich das aktuelle Geschehen fortsetzen wird.

Da unser Wissen über konzeptuelle Kontexte zudem noch hierarchisch organisiert ist, passen sich die Strukturbildungen, Ergänzungen und Erwartungen an die Differenziertheit der aktuellen Handlungsziele an.

Unser semantisches Gedächtnis ist also weit mehr als nur die Summe akkumulierten Wissens. Es ist das Destillat all unserer Erfahrungen und die Grundlage allen Handelns und Wahrnehmens – und damit auch die Grundlage für die Erinnerungen an das, was wir erlebt und getan haben.

? Kontrollfragen
1. Wie ist ein Konzeptbildungsexperiment typischerweise aufgebaut, und welche Einschränkungen sind bei der Interpretation seiner Ergebnisse zu berücksichtigen?
2. Inwiefern wird die „klassische" Definition von Konzepten als „Zusammenfassungen von Objekten nach gemeinsamen Merkmalen" natürlichen Konzeptbildungen nicht gerecht?
3. Welche Merkmale werden warum für die Repräsentation von Objektkonzepten bevorzugt abstrahiert?
4. Welche Einflüsse haben Konzepte auf den Spracherwerb und der Spracherwerb auf die Bildung von Konzepten?
5. Wie beeinflussen Strukturen des semantischen Gedächtnisses die Wahrnehmung und das Handeln?
6. Worin unterscheiden sich Konzeptbildungen über Elementen der Sprache von Konzeptbildungen über konkreten Erscheinungen?
7. Worin unterscheidet sich die Identifikation der Bedeutung konkreter Erscheinungen und sprachlicher Aussagen?

Weiterführende Literatur

Barsalou, L. W. (2003). Situated simulation in the human conceptual system. *Language and Cognitive Processes, 18,* 513–562.
Engelkamp, J. & Zimmer, H. (2006). *Lehrbuch der Kognitiven Psychologie*. Göttingen: Hogrefe.
Hoffmann, J. (1986). *Die Welt der Begriffe: Psychologische Untersuchungen zur Organisation des menschlichen Wissens*. Weinheim: Beltz.
Murphy, G. L. (2002). *The big book of concepts*. Cambridge, MA: MIT Press.
Waldmann, M. (2008). Kategorisierung und Wissenserwerb. In J. Müsseler (Hrsg.), *Allgemeine Psychologie* (S. 376–427). Heidelberg: Spektrum.

Episodisches Gedächtnis

Kapitel 6 Einleitung zum episodischen Gedächtnis – 111
Johannes Engelkamp

Kapitel 7 Mehrspeichermodelle: Unterscheidung von Kurzund Langzeitgedächtnis – 119
Johannes Engelkamp

Kapitel 8 Prozessmodelle: Das Behalten von Episoden als Funktion von Enkodier- und Abrufprozessen – 137
Johannes Engelkamp

Kapitel 9 Systemmodelle: Sensorische und motorische Prozesse beim episodischen Erinnern – 169
Johannes Engelkamp

Kapitel 10 Episodisches Gedächtnis und Hirnforschung: Systeme als funktional differenzierte Hirnstrukturen – 195
Johannes Engelkamp

Einleitung zum episodischen Gedächtnis

Johannes Engelkamp

6.1 Was ist das episodische Gedächtnis? – 112

6.2 Wozu dient das episodische Gedächtnis? – 112

6.3 Wie wird das episodische Gedächtnis untersucht? – 113

6.4 Was lernen wir aus Untersuchungen zum episodischen Gedächtnis? – 114

6.5 Fazit – 116

Lernziele

- Was ist das episodische Gedächtnis?
- Wozu dient es?
- Wie wird es untersucht?
- Was lernen wir aus Untersuchungen zum episodischen Gedächtnis?

Beispiel

Ist es Ihnen schon einmal passiert, dass Sie nicht mehr wussten, wo Sie Ihr Auto geparkt haben? Haben Sie schon einmal Probleme gehabt, sich zu erinnern, wann Sie das letzte Mal im Kino waren und welchen Film Sie gesehen haben? Können Sie sich erinnern, was Sie letzten Donnerstag zu Mittag gegessen haben? Haben Sie schon einmal vergeblich versucht, sich zu erinnern, welchen Bekannten Sie bei Ihrem letzten Flug auf dem Frankfurter Flughafen getroffen haben?
Für alle diese Leistungen bzw. Leistungsausfälle ist das episodische Gedächtnis verantwortlich.

6.1 Was ist das episodische Gedächtnis?

Definition

Das **episodische Gedächtnis** lässt sich definieren als das Gedächtnis für orts-und zeitgebundene persönliche Erlebnisse. Das kann das Parken des eigenen Autos, ein Kinobesuch oder ein Treffen mit Bekannten sein.

Das Besondere an der episodischen Gedächtnisleistung ist, dass die Erinnerung kontextspezifisch ist, d. h., dass man mit dem Ereignisinhalt zumeist auch den Ort und die Zeit erinnert, an dem bzw. zu dem das Ereignis stattfand. Etwas anders formuliert: Man erinnert eine ganz spezifische **Episode**. Da eine solche Episode zu einem bestimmten Zeitpunkt und an einem bestimmten Ort stattfindet, kann sie nicht wiederholt werden. Eine Erfahrung muss ausreichen um die Episode zu behalten. Wiederholungen derselben Episode sind nicht möglich, da der Zeitpunkt ihres Stattfindens unwiederbringlich vorbei ist.

Aus der Tatsache, dass Episoden kontextgebunden sind, folgt weiter, dass ihre Erinnerung drei Komponenten einschließt:
- was geschah,
- wo geschah es,
- wann geschah es.

Beispiel

Angenommen, ich habe Andrea gestern am Bahnhof in Saarbrücken gesehen, dann umfasst die Erinnerung an diese Episode untrennbar, dass ich Andrea gesehen habe, dass es gestern war und dass es am Bahnhof in Saarbrücken war. An dem Beispiel kann ebenfalls verdeutlicht werden, dass man eventuell auch nur Teile einer Episode erinnern kann, d. h. dann versagt die episodische Erinnerung. So könnte ich mich erinnern, Andrea getroffen zu haben, ohne mich zu erinnern, wo und wann das war. Ich könnte mich aber auch erinnern, Andrea am Bahnhof getroffen zu haben, aber nicht zu wissen, wann das war. Oder ich könnte mich erinnern, Andrea gestern getroffen zu haben, ohne sagen zu können, wo das war. Schließlich könnte ich mich auch erinnern, dass ich gestern jemanden am Bahnhof getroffen habe, aber mich nicht erinnern kann, wer dieser jemand war. Zugegeben, solche Erinnerungslücken sind nicht der Normalfall, aber sie kommen vor. In der Regel erinnern wir ohne Probleme, wen wir gestern am Bahnhof getroffen haben und wann das war.

6.2 Wozu dient das episodische Gedächtnis?

Das episodische Gedächtnis ist so etwas wie der Protokollant unseres Lebens. Es sorgt dafür, dass wir unsere Orientierung in der raum-zeitlichen Welt, in der wir leben, nicht verlieren. Grob gesagt protokolliert das episodische Gedächtnis, wo wir uns zum augenblicklichen Zeitpunkt befinden und was gerade geschieht. Da dies fortlaufend geschieht, erlaubt es uns auch, rückwärts zu rekonstruieren, was, wo und wann geschehen ist. Da wir als Person der konstante Teil dieser Gedächtniseintragungen sind, bilden sie in ihrer Gesamtheit unser autobiografisches Wissen über uns selbst. Wir wissen z. B., ob, wann und wo wir zur Schule gegangen sind oder studiert haben oder eine Ausbildung gemacht haben. Wir wissen, wo unsere Eltern und Geschwister leben, wann, falls dies der Fall war, sie gestorben sind, und auch wo und wann dies geschehen ist. Diese wenigen Hinweise zeigen, dass wir ohne episodisches Gedächtnis keine Bewerbung und keinen Lebenslauf schreiben könnten, aber auch keinen Freund besuchen, da wir nicht wüssten, wo und wie wir ihn finden können. Wie grundlegend für unser (Selbst)Bewusstsein das episodische Gedächtnis ist, wird erst dann deutlich, wenn es nicht mehr funktioniert (▶ Fallbeispiel).

Glücklicherweise funktioniert dieser Gedächtnisprotokollant meist automatisch. Wir registrieren meist, ohne dass wir uns darum bewusst bemühen, was wir getan oder erfahren haben (z. B. dass wir getankt haben, einen alten Bekannten getroffen haben, dass und was wir eingekauft haben), und auch, wo und wann das jeweils geschehen ist. Da alle diese Leistungen so selbstverständlich vom episodischen Gedächtnis erbracht werden, nehmen wir sie nicht als Leistungen oder gar als Probleme wahr, die erforschenswert sind. Dieser Aspekt wird uns erst bewusst, wenn die Leistungen nicht mehr erbracht werden. Das ist z. B. mit zunehmendem Alter bei vielen Menschen der Fall. Zunächst sind die **Gedächtnisausfälle** meist unerheblich, zwar störend, aber nicht wirklich bedrohlich. Dies ist z. B. der Fall, wenn eine Person (z. B. Oma oder Opa) am gleichen Tag zum wiederholten Male anruft, ohne sich dessen bewusst zu sein, oder dieselbe Geschichte immer wieder erzählt, oder wenn sie den Haustürschlüssel nicht findet usw. Problematischer wird es, wenn eine Person nicht mehr weiß, ob sie ihre Rechnung schon bezahlt hat, ihren Weg nach Hause nicht mehr findet oder innerhalb kurzer Zeit zwei neue Mäntel kauft, ohne sich dessen bewusst zu sein.

Wie gravierend der totale Verlust des episodischen Gedächtnisses ist, illustriert folgendes ▶ Fallbeispiel.

Fallbeispiel

HM wurde als junger Mann einer Gehirnoperation unterzogen, weil er unter epileptischen Anfällen litt. Zwar war die Zahl der Anfälle nach der Operation deutlich reduziert, aber dafür hatte er sein episodisches Gedächtnis verloren. Heute weiß man, dass bei der Operation sein Hippocampus zerstört wurde und dass dieser für unsere episodischen Gedächtnisleistungen zuständig ist (mehr dazu in ▶ Abschn. 10.2.2). Der Verlust äußerte sich dadurch, dass HM neue Episoden nicht mehr speichern konnte. Er begrüßte z. B. den Arzt jedes Mal, als hätte er ihn zuvor noch nicht gesehen, auch wenn dieser mal eben für ein paar Minuten das Zimmer verlassen hatte. Selbst so tiefgreifende emotionale Ereignisse wie den Verlust seiner Eltern konnte er nicht erinnern. In seinem Bewusstsein waren sie noch lebendig und blieben es. Er erlebte jede Mitteilung über ihren Tod wie beim ersten Mal. Sie erschütterte ihn, und er war tieftraurig, aber nur kurz und so lange, bis neue Ereignisse die Trauer verdrängten, die ebenfalls nicht erinnert wurden. Er vergaß alles. Wenn er das Haus verließ, fand er nicht zurück. Er vergaß, dass er gegessen hatte, daher musste seine Nahrungsaufnahme von anderen kontrolliert werden. Er selbst hat seine Situation wie folgt beschrieben (nach Milner 1970, zitiert in Rosenzweig et al. (1999) S. 468): *"Every day is alone in itself, whatever enjoyment I´ve had, and whatever sorrow I´ve had ... Right now, I´m wondering, have I done or said anything amiss? You see, at this moment everything looks clear to me, but what happened just before? That´s what worries me. It´s like waking from a dream. I just don´t remember."* (HM ist 2008 verstorben.)

Dieses Fallbeispiel zeigt eindrucksvoll, wie zentral das episodische Gedächtnis für unser tägliches Funktionieren ist, und dass es die Mühe wert ist, es zu untersuchen, um es besser zu verstehen und herauszufinden, ob und wie man Störungen beseitigen oder lindern kann.

6.3 Wie wird das episodische Gedächtnis untersucht?

Das Grundprinzip der Untersuchung ist einfach: Man bietet Personen eine oder mehrere Episoden und prüft im Anschluss daran, ob sie diese noch erinnern können. In der Forschungspraxis wird das episodische Gedächtnis häufig dadurch untersucht, dass man Personen eine Liste von Wörtern darbietet und im Anschluss prüft, wie viele davon behalten wurden. Im **Erinnerungstest** gibt man dazu – entsprechend der obigen Definition, dass zu einer Episode eine konkrete Erfahrung sowie deren Ort und Zeit gehören – Ort und Zeit der Erfahrung vor und lässt die Erfahrung erinnern, d. h. man fragt: „Welche Wörter hast du eben in diesem Raum gehört oder gelesen?"

> **Drei Phasen eines typischen Experiments zum episodischen Gedächtnis**
> - **Studierphase:** Hierbei wird das zu behaltende Material (meist Wortlisten) dargeboten.
> - **Behaltensintervall:** Dieses kann unterschiedlich lang sein. Meist ist es sehr kurz, d. h. der Behaltenstest erfolgt direkt nach der Reizdarbietung. Dies ist praktisch und vermeidet, dass man kontrollieren muss, was die Personen in der Zwischenzeit tun, denn das könnte das Behalten beeinflussen.
> - **Behaltenstest:** Hier schreibt die Versuchsperson alles auf, was sie behalten hat. In der Regel führt man einen Test zum freien Reproduzieren (Free Recall) durch, bei dem die Person die Reize, die sie erinnert, in beliebiger Reihenfolge aufschreiben soll. Manchmal gibt man den Personen auch Erinnerungshilfen (Cued Recall) oder bittet sie, die Reize in der Darbietungsfolge zu erinnern (Serial Recall). Die Behaltensleistung ist die Zahl der korrekt erinnerten Reize. Ein wichtiges Testverfahren ist auch der Wiedererkennenstest. Hierbei bietet man die Reize der Studierphase vermischt mit neuen Reizen und lässt die Personen entscheiden, ob die Reize alt oder neu sind.

Durch ein Experiment prüft man, ob ein bestimmter Faktor die untersuchten Behaltensleistungen beeinflusst. Solche Faktoren können die Studierphase betreffen (z. B. die Art der Darbietung des Lernmaterials), das Behaltensintervall (z. B. die Länge) oder auch den Behaltenstest (z. B. welcher Test wurde benutzt).

Im typischen Paradigma zum episodischen Erinnern wird die Versuchsperson gebeten, zu erinnern, was in einer raum-zeitlich definierten Situation geschehen ist. In den klassischen Experimenten wurde dabei zunächst weniger erforscht, wie die Teile einer Episode zusammenfinden oder ob der Zugriff auf die Episoden von allen Teilen gleich gut gelingt, sondern man interessierte sich vor allem dafür, wie viele der vorgegebenen Reize erinnert werden können und wovon die Menge des Erinnerten abhängt. Man fragte also zunächst ganz global, wie gut eine Episode erinnert wird und wovon diese globale Leistung abhängt. Hierzu variierte man vor allem die Menge der Reize, die zu erinnern waren, d. h. die Listenlänge, die Darbietungsgeschwindigkeit (die Zeit, die zum Speichern zur Verfügung stand) und das Behaltensintervall (die Dauer, die eine Liste behalten werden musste). Es ist nicht sonderlich überraschend, dass im Ergebnis die Leistung mit steigender Listenlänge, mit zunehmender Darbietungsgeschwindigkeit und mit einem länger werdenden Behaltensintervall sank. Außerdem zeigte sich, dass in aller Regel im Wiedererkennenstest mehr erinnert wird als beim freien Reproduzieren.

6.4 Was lernen wir aus Untersuchungen zum episodischen Gedächtnis?

Um die Frage zu beantworten, was wir aus Untersuchungen zum Gedächtnis lernen, soll zunächst gesagt werden, welche Eigenschaften solche Untersuchungen überhaupt haben müssen, damit man aus ihnen verlässliche Schlüsse ziehen kann:

Erstens müssen sie einen oder mehrere vermutete Einflussfaktoren unter konstanten Rahmenbedingungen variieren, damit beobachtete Leistungsveränderungen auch den Einflüssen der untersuchten Faktoren zugeschrieben werden können. Das bedeutet, die Untersuchungen müssen Experimente sein. Ein **Experiment** erlaubt, durch die Kontrolle aller übrigen Faktoren die Wirkung eines oder einiger

Faktoren als Ursache für bestimmte Leistungsvariationen zu bestimmen.

Beispiel
Will man herausfinden, ob die Darbietungsgeschwindigkeit die Behaltensleistung für Wortlisten beeinflusst, bietet man ein und dieselbe Wortliste in zwei Darbietungsgeschwindigkeiten, z. B. bietet man einmal jedes Wort eine Sekunde und einmal jedes Wort drei Sekunden dar. Am Ende der Darbietung lässt man die Personen alle Wörter aufschreiben, an die sie sich noch erinnern. Die Darbietungsgeschwindigkeit untersucht man an zwei zufällig ausgewählten Personengruppen. Wichtig ist, dass beide Gruppen identisches Material unter denselben Bedingungen außer bei verschiedenen Darbietungsgeschwindigkeiten lernen. Wenn die Darbietungsgeschwindigkeit für das Behalten kritisch ist, sollten sich die Leistungen beider Gruppen signifikant unterscheiden.

Zweitens sollten die Faktoren, die man untersucht, theoriegeleitet sein. Mit anderen Worten: Um zu wissen, welche Faktoren untersucht werden sollen, braucht man eine **Theorie**, im vorliegenden Fall eine Theorie des episodischen Gedächtnisses, die uns sagt, wie unser Gedächtnis funktionieren könnte und was wichtige Einflussfaktoren sind. Ohne Theorie würden die Experimentatoren in der Unzahl untersuchbarer Faktoren versinken.

Angenommen, es soll untersucht werden, wovon es abhängt, wie gut eine Liste visuell dargebotener Substantive erinnert werden kann, so muss man u. a. folgende Fragen bedenken:
- Wie viele Wörter will man anbieten?
- Sollen sie simultan oder sequenziell dargeboten werden?
- Wenn sequenziell, in welchem Rhythmus?
- In welcher Schriftart und in welcher Schriftgröße und unter welchem Kontrast sollen die Wörter dargeboten werden?
- Welche Substantive werden ausgewählt: kurze oder lange, konkrete oder abstrakte?
- Wenn konkret: Sollen sie Lebewesen oder Gegenstände bezeichnen?
- Sollen die Wörter eher ähnlich (ähnliche Länge, am Beginn ein Konsonant usw.) oder unähnlich sein?
- Unter welchen Bedingungen soll die Liste dargeboten werden (zu welcher Tageszeit, bei welcher Raumtemperatur, bei Tageslicht oder unter künstlicher Beleuchtung)?
- Welche Eigenschaften sollen die Versuchspersonen haben (Alter, Geschlecht, Schulbildung usw.)?

Die Liste der Fragen ließe sich fortsetzen. Dies macht deutlich, dass man ohne den Filter einer Theorie bald verloren wäre, denn aus einer Theorie können konkrete, umgrenzte Fragen abgeleitet werden, die man dann mit vertretbarem Aufwand gezielt untersuchen kann.

Theorien sorgen dafür, dass wir in der Forschung den Überblick behalten und die Befunde vor dem Hintergrund der theoretischen Überlegungen bewerten können. Dabei sind Theorien nicht richtig oder falsch, sondern nützlich oder weniger nützlich, um uns bei der Vielzahl von Befunden eine Orientierung zu geben. Je nachdem, ob die in der Untersuchung erreichten Befunde die Theorie unterstützen oder ihr widersprechen, wird die Theorie beibehalten oder verändert (den Daten angepasst) oder ganz verworfen.

In vielen Experimenten müssen Wortlisten behalten werden. Das führt uns zu der Frage: Können Untersuchungen an Wortlisten zu Erkenntnissen über episodische Erinnerungsleistungen im Alltag, z. B. an einen Kinobesuch oder ein Treffen mit Freunden, beitragen? Wieweit sind die Befunde aus solchen Grundlagenexperimenten generalisierbar? Schnell könnte man nun zu dem Schluss kommen, dass da sicher keine Generalisierbarkeit möglich sein dürfte – zu weit entfernt scheinen die genannten Lernexperimente von den komplexen Erfahrungen unseres Alltags. In einem gewissen Umfang sind die Befunde aus solchen Experimenten aber durchaus generalisierbar. Ein Grund dafür liegt darin, dass sie drei allgemeine **Prozesse** verdeutlichen, die für alle, auch für die alltäglichen, episodischen Gedächtnisleistungen gefordert werden. Dies sind
- der Enkodierprozess,
- der Speicherprozess und
- der Abrufprozess.

Alle Gedächtnisleistungen lassen sich in diese drei Phasen einteilen, unabhängig davon, ob es sich um künstliche Lernsituationen im Labor oder um alltägliche Prozesse handelt.

Gemeinsam sind allen Gedächtnisleistungen, dass sie aus einer Enkodier-, einer Behaltens- und einer Abrufphase bestehen, dass Enkodieren wie Abrufen bewusste Prozesse sind und dass das Ausmaß und die Qualität der Enkodierprozesse und der ihrer Reaktivierung beim Erinnern für das Behalten entscheidend sind.

Betrachtet man die Prozesse vom Ende her, dann gilt zunächst, dass das Erinnern episodischer Erlebnisse ein bewusster Prozess ist. Wir sind uns des Erinnerns bewusst und teilen unsere Erinnerungen i.d.R. sprachlich mit (▶ Kap. 5, Das semantische Gedächtnis). Aber nicht nur der Erinnerungsprozess ist uns bewusst, auch **was** erinnert wird, also die vorausgegangene Episode, haben wir bewusst erfahren. Wir suchen im Gedächtnis bewusst nach etwas bewusst Erlebtem. Man spricht von **explizitem Behalten**. Das unterscheidet episodisches Erinnern von anderen Behaltensleistungen, die uns nicht bewusst sind und die von den Forschern aus unserem Verhalten erschlossen werden (▶ Abschn. 9.6, Implizites Behalten). Solche Behaltensleistungen nennt man implizit. Implizites Behalten liegt z. B. vor, wenn man Personen an einem Tag Wörter lesen lässt und am nächsten Tag in einem ganz anderen Kontext prüft, wie schnell Wörter, die man nur sehr kurz darbietet, erkannt werden. In diesem Worterkennungsexperiment zeigt man neue Wörter mit solchen, die am Vortag gelesen wurden, vermischt. Gemessen wird der Prozentsatz erkannter Wörter. Implizites Behalten liegt vor, wenn die „alten" Wörter häufiger erkannt werden als die „neuen" Wörter und wenn die Personen sich nicht bewusst sind, Wörter vom Vortag erkannt zu haben. Die „alten" Wörter wurden also zwar nicht bewusst wiedererkannt, wurden aber schneller identifiziert als neue Wörter, was darauf hindeutet, dass noch eine Spur von ihrer Darbietung am Vortag vorhanden ist.

Doch zurück zum bewussten Erinnern: Wir könnten uns z. B. deshalb daran erinnern, dass das Wort „Dusche" in einer Lernliste vorkam, weil wir beim Lesen des Wortes in der Lernphase daran gedacht haben, dass wir morgens geduscht haben. Es geht beim episodischen Erinnern also darum, dass uns bewusste Vorgänge aus der Lernphase in der Erinnerungsphase wieder bewusst werden. Man spricht von der **Reaktivierung** bewusster Vorgänge aus der Lernphase. Dieser Reaktivierung geht das Behaltensintervall voraus, das unterschiedlich lang sein kann. In Untersuchungen können die Enkodier- und Abrufprozesse vom Experimentator beeinflusst werden, z. B. wird das Ausmaß der bewussten Verarbeitung variiert, in dem man einer Hälfte der Versuchspersonen die Wortliste lediglich darbietet, während man eine andere Hälfte der Versuchspersonen auffordert, zu jedem Wort in Gedanken einen Satz zu bilden. Eine solche Intensivierung der bewussten Verarbeitung in der Lernphase führt erwartungsgemäß zu einer Verbesserung der Behaltensleistung. Dies gilt für Wortlisten genauso wie für andere episodische Ereignisse.

Ferner gilt, dass unabhängig von der Art der Reizereignisse (egal, ob künstliche Wortlisten oder alltägliche Episoden) der Experimentator durch die Art des Behaltenstests die Reaktivierung beeinflussen kann. Dabei kommen einige wenige Standardverfahren zur Anwendung wie das freie und serielle Reproduzieren und das Wiedererkennen. Sie decken allgemeine Merkmale des episodischen Erinnerns auf. Unabhängig davon, welche **Reize** erinnert werden, es zeigen sich immer die gleichen Gesetzmäßigkeiten, z. B. diejenige, dass Wiedererkennen generell leichter ist als freies Reproduzieren. Fragt man z. B. Zeitungsleser, welche Themen in der Zeitung des Tages behandelt wurden (freies Reproduzieren) oder nennt ihnen eine Reihe von Themen und fragt, ob diese in der Zeitung behandelt wurden (Wiedererkennen), wird die Leistung im zweiten Fall besser sein als im ersten.

Andere allgemeine Merkmale von Untersuchungen des episodischen Erinnerns betreffen die Reizdarbietung. Es liegt nahe, dass die Erinnerung umso besser ist, je umfänglicher die Prozesse sind, die durch die Reize ausgelöst werden. Das bedeutet, längere Reizdarbietung heißt mehr Verarbeitung beim Enkodieren und besseres Erinnern.

6.5 Fazit

Die Forschung zum episodischen Gedächtnis untersucht das Behalten für Episoden, die zu einer bestimmten Zeit und an einem bestimmten Ort stattfinden. Es geht um die Frage, was, wann und wo geschah. Das episodische Gedächtnis dient dazu, die

6.5 · Fazit

Orientierung in der raum-zeitlichen Welt nicht zu verlieren. Ein intaktes episodisches Gedächtnis funktioniert automatisch, d. h. es bedarf keiner Behaltensintention, wohl aber der bewusste Zuwendung zur Episode. Mehr bewusste Zuwendung führt zu besserem Behalten.

Typische Experimente zum episodischen Gedächtnis umfassen die Studier- oder Enkodierphase, ein Behaltensintervall und eine Abrufphase, den Behaltenstest. Typische Testverfahren sind das freie Reproduzieren und das Wiedererkennen. Episodisches Erinnern ist ein bewusster Vorgang. Man spricht von explizitem Behalten. Bei nicht bewussten Behaltensleistungen spricht man von implizitem Behalten.

Auch wenn gilt, dass die drei Phasen beim Untersuchen des episodischen Erinnerns für sprachliche wie für nicht sprachliche Reizereignisse gleichermaßen gelten, muss dennoch bei jeder Untersuchung gut überlegt werden, inwieweit Prozesse im Spiel sind, die für das jeweilige Reizmaterial spezifisch sind und keine Generalisierung auf andere Reizarten erlauben (▶ Abschn. 9.4).

Ehe wir in den folgenden Kapiteln darlegen, welche Erkenntnisse die Untersuchung der am episodischen Erinnern beteiligten Prozesse in den letzten ca. fünf Jahrzehnten erbracht haben, soll zunächst ein Aspekt erörtert werden, der in der Gedächtnispsychologie große Beachtung gefunden hat, aber den Blick – wie wir zeigen werden – in die falsche Richtung gelenkt hat. Das ist die Unterscheidung zwischen einem Kurzzeit- und einem Langzeitgedächtnis.

Interessanterweise stand am Beginn der modernen Gedächtnisforschung in den 1960er-Jahren nicht die genaue Analyse der spezifischen Enkodierprozesse beim Lernen und deren Reaktivierung beim Abrufen des Wissens im Mittelpunkt des Interesses, sondern die allgemeine Frage, ob wir über nur ein Gedächtnis verfügen oder mehrere. Besonders interessierte die Unterscheidung zwischen einem Kurzzeit- und einem Langzeitgedächtnis. Es wurde gefordert, dass beide ihre eigenen Funktionsmerkmale und spezifischen Eigenschaften aufweisen. Neuere Prozessmodelle widmen der Unterscheidung zwischen einem Kurz- und einem Langzeitgedächtnis dagegen wenig Aufmerksamkeit. Im folgenden Kapitel werden wir zuerst die Mehrspeichermodelle diskutieren. In den weiteren Kapiteln gehen wir auf Prozessmodelle ein.

? Kontrollfragen

1. Wie wird das episodische Gedächtnis definiert?
2. Was sind typische Aufgaben zur Untersuchung des episodischen Erinnerns?
3. Welche Rolle spielt das Bewusstsein beim Enkodieren und Erinnern von episodischen Ereignissen?
4. Wozu brauchen wir das episodische Gedächtnis?

Weiterführende Literatur

Eysenck, M. W., & Keane, M. T. (2010). *Cognitive psychology* (Kap. 6–8). Hove, UK: Psychology Press.

Radvansky, G. (2011). *Human memory* (Kap. 1 u. 3). Boston: Allyn & Bacon.

Mehrspeichermodelle: Unterscheidung von Kurz- und Langzeitgedächtnis

Johannes Engelkamp

7.1	**Unterscheidung eines Kurzzeit- und Langzeitgedächtnisses – 120**	
7.1.1	Primär- und Sekundärgedächtnis bei James – 121	
7.1.2	Klassisches Mehrspeichermodell – 121	
7.2	**Kurzzeitspeicher im klassischen Mehrspeichermodell – 122**	
7.2.1	Eigenschaften des Kurzzeitspeichers – 122	
7.2.2	Kritik am klassischen Kurzzeitspeicher – 123	
7.2.3	Konsequenzen für das Mehrspeichermodell – 124	
7.3	**Kurzzeitspeicher als Arbeitsgedächtnis – 124**	
7.3.1	Architektur des Arbeitsgedächtnisses und seine Begründung – 124	
7.3.2	Phonologische Schleife – 125	
7.3.3	Erklärung vorliegender und weiterer Befunde durch die PL – 126	
7.3.4	Zur Funktion der phonologischen Schleife – 127	
7.3.5	Kritik an der phonologischen Schleife: ohne Einbeziehung von Bedeutung geht es nicht – 128	
7.3.6	Mehrwegemodelle der Wortverarbeitung als alternativer Ansatz – 128	
7.3.7	Visuell-räumlicher Kurzzeitspeicher – 129	
7.3.8	Abschließende Bemerkungen zu Baddeleys Modell vom Arbeitsgedächtnis – 131	
7.4	**Andere Konzeptionen des Arbeitsgedächtnisses – 131**	
7.4.1	Was ist ein Arbeitsgedächtnis? – 132	
7.4.2	Arbeitsgedächtnis als aktivierter Teil des Langzeitgedächtnisses – 133	
7.5	**Fazit – 134**	

© Springer-Verlag Berlin Heidelberg 2017
J. Hoffmann, J. Engelkamp *Lern- und Gedächtnispsychologie*, Springer-Lehrbuch
DOI 10.1007/978-3-662-49068-6_7

Lernziele

- Was unterscheidet das Kurzzeitgedächtnis vom Langzeitgedächtnis?
- Sind beide Teil des episodischen Gedächtnisses?
- Wozu dient das Kurzzeitgedächtnis?
- Gibt es verschiedene Kurzzeitgedächtnisse?
- Wenn ja, wie unterscheiden sie sich?
- Ist das Kurzzeitgedächtnis dasselbe wie das Arbeitsgedächtnis?
- Wenn nein, wie unterscheiden sich beide?

Beispiele

Ein älteres Ehepaar sitzt auf der Bank. In der Nähe gibt es Verkaufsstände für verschiedene Speisen. Sie sagt zu ihm: „Ich hätte Lust auf eine Rostwurst mit Senf." Er sagt „Ich hol dir eine" und geht los. Sie ruft ihm nach: „Und vergiss den Senf nicht!". Nach kurzer Zeit kommt er zurück und hält ein Vanilleeis in der Hand, das er ihr reicht. Darauf sie: „Ich hatte dir doch noch nachgerufen, du solltest die Sahne nicht vergessen."

Meine Frau fragt mich: „Wie war auch wieder die Telefonnummer von Fritz?" Ich antworte: „57348-419." Während sie zum Telefon geht, klingelt es an der Haustür. Meine Frau geht hin. Danach kommt sie erneut zu mir und fragt: „Wie war auch wieder die Telefonnummer von Fritz?"

Dies sind zwei Beispiele, bei denen kurzfristiges Behalten nicht geklappt hat. Dem stehen viele Situationen gegenüber, bei denen langfristiges Behalten sehr wohl klappt. Meine Frau kennt z. B. die Telefonnummern unserer Töchter und kann sie jederzeit abrufen. Ich weiß, was wir zu ihrem Geburtstag vor drei Wochen am Abend gegessen haben. Ich gehe davon aus, dass ich das in drei Wochen immer noch weiß.

7.1 Unterscheidung eines Kurzzeit- und Langzeitgedächtnisses

William James (1890) hat vorgeschlagen, zwischen einem Gedächtnis für kurzfristiges und einem für langfristiges Behalten zu unterscheiden. Dazu hat er zwischen einem **Kurzzeitgedächtnis** für Ereignisse, die wir direkt erinnern können, und einem **Langzeitgedächtnis** für Erinnerungen an Ereignisse unterschieden, die weiter zurückliegen und die wir uns erst ins Bewusstsein rufen müssen. Vor diesem Hintergrund soll gezeigt werden, dass der Begriff des Kurzzeitgedächtnisses zwar auch in den Mehrspeichermodellen des 20. Jahrhunderts eine Rolle spielte, in diesen aber – entgegen der ursprünglichen Definition von James – auf einen Speicher für phonetische Informationen eingeschränkt wurde, der wenig mit dem episodischen Gedächtnis zu tun hat.

James (1890) hat zwischen Ereignissen unterschieden, die wir unmittelbar im Bewusstsein verfügbar haben (Primärgedächtnis), und solchen, die wir uns erst ins Bewusstsein rufen müssen (Sekundärgedächtnis). In den Mehrspeichermodellen wurde die Idee des Primärgedächtnisses unter der Bezeichnung Kurzzeitspeicher (KZS) wieder aufgegriffen. Dieser Speicher verarbeitet phonetische Information. Das gilt auch für die phonologische Schleife (PL für „phonological loop") des Arbeitsgedächtnismodells von Baddeley und Hitch (1974). Der KZS wie die PL sind für das episodische Erinnern wenig relevant.

Im Einzelnen sollen folgende Punkte deutlich werden:
- Der Kurzzeitspeicher der Mehrspeichertheorien wie die PL sind Speicher für phonetische Information, die die Eigenschaften des kurzfristigen Nachsprechens von Sprachreizen erklären.
- Da semantische Informationen außen vor bleiben, sind sie kein Teil des episodischen Gedächtnisses. Sie erklären nur das Nachsprechen sinnloser Sprachreize.
- Es zeigt sich, dass die Leistung im Nachsprechen von der Bedeutungshaltigkeit der Sprachreize beeinflusst wird. Deshalb muss der Einfluss der Wortbedeutung in einer Theorie vom Kurzzeitspeicher berücksichtigt werden.
- Dass dies möglich ist und welche Konsequenzen das für die Trennung von Kurzzeit- und Langzeitgedächtnis hat, zeigen alternative Modellvorschläge. Sie können kurz- wie langfristiges Behalten erklären.

7.1 · Unterscheidung eines Kurzzeit- und Langzeitgedächtnisses

7.1.1 Primär- und Sekundärgedächtnis bei James

James (1980) begründete die Unterscheidung zwischen einem Kurz- und einem Langzeitgedächtnis mit dem Sachverhalt, dass wir unsere Erinnerungen in der Regel nicht unmittelbar im Bewusstsein verfügbar haben, sondern sie erst bei Bedarf ins Bewusstsein holen. Wenn wir z. B. gefragt werden, wo wir vor zwei Jahren unseren Sommerurlaub verbracht haben, so ist uns dieses Wissen i.d.R. nicht unmittelbar bewusst und verfügbar, sondern wir müssen es erst in unserem Gedächtnis aufsuchen und ins Bewusstsein bringen. Erst wenn wir es in unser Bewusstsein gebracht haben, steht es uns zur Verfügung. Umgekehrt ist es, wenn uns ein Freund gerade erzählt hat, dass er seinen Urlaub vor zwei Jahren auf der Insel Rügen zugebracht hat. Diese Information ist zunächst für eine kurze Zeit direkt abrufbar. Das heißt, sie ist noch in unserem aktuellen Bewusstsein. Würden ein paar Wochen ins Land gehen und jemand würde uns fragen, wo dieser Freund vor zwei Jahren seinen Urlaub verbracht hat, so wäre diese Information wahrscheinlich nicht mehr in unserem Bewusstsein direkt verfügbar, und wir müssten sie erst in unserem Gedächtnis suchen, ehe wir die Frage beantworten könnten. Um diesen Unterschied begrifflich zu fassen, hat James vorgeschlagen, Wissen, das noch bewusstseinsnah und direkt verfügbar ist, als Wissen des **Primärgedächtnisses** zu bezeichnen, und Wissen, das nicht mehr bewusstseinsnah ist und das wir erst reaktivieren müssen, als Wissen des **Sekundärgedächtnisses**. Dieses Primärgedächtnis wurde in den 1960er-Jahren im Rahmen des klassischen Mehrspeichermodells und in den 1970er-Jahren im Arbeitsgedächtnismodell von Baddeley und Hitch (1974) auf ein Kurzzeitgedächtnis für phonetische Information, d. h. für das Lautbild von Sprachreizen reduziert.

7.1.2 Klassisches Mehrspeichermodell

Zentrale Vertreter des **Mehrspeichermodells** waren Atkinson und Shiffrin (1968). Statt von Gedächtnis sprach man von Speicher und entwickelte eine Mehrspeichertheorie des Gedächtnisses, in dem man

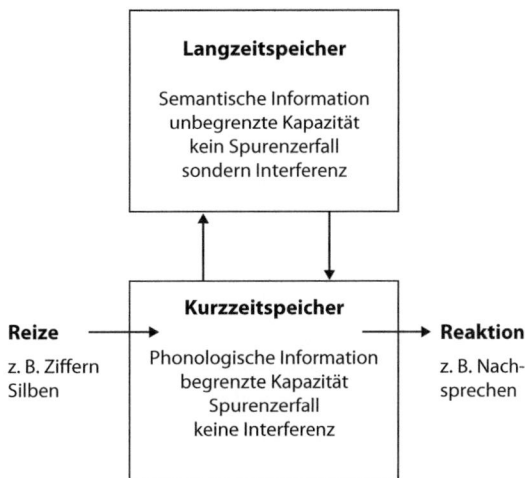

☐ Abb. 7.1 Basiskonzept des klassischen Mehrspeichermodells nach Atkinson und Shiffrin (1968)

insbesondere einen **KZS** und einen **Langzeitspeicher (LZS)** unterschied. Dass man von Speichern sprach, reflektiert die Vorstellung, dass man sich das Gedächtnis wie einen räumlichen Speicher, wie einen Behälter dachte. Wie viel in einen Behälter passt, hängt von seiner Größe ab. Da die Menge dessen, was wir kurzfristig behalten können, offenbar begrenzt ist, betrachtete man den KZS als entsprechend klein. Im Mittelpunkt steht der KZS. Er kann eine begrenzte Zahl phonetischer Reize aufnehmen, die aber schnell zerfallen, wenn sie nicht durch artikulatorisches Wiederholen erhalten werden. Der Speicher gilt als funktional unabhängig vom LZS. Den LZS betrachtete man dagegen als beliebig groß, da unser Langzeitgedächtnis offenbar unbegrenzt ist und wir immer noch etwas zusätzlich behalten können, wenn auch nicht alles gleichzeitig.

Ein weiterer zentraler Unterschied war, dass im KZS phonetische Information (die lautliche Oberfläche von Sprachreizen) und im LZS semantische Information (Bedeutung) gespeichert wird. Als Antwort auf die Frage, wie man etwas Neues in den LZS einspeichern könnte, nahm man an, dass Informationen aus dem KZS in den LZS transferiert werden können. Der Transfer musste schnell geschehen, ehe die Information aus dem KZS verloren ging. Wie man sich den Transfer im Detail vorzustellen hat, blieb allerdings unklar (☐ Abb. 7.1).

Wir beschränken uns im Folgenden auf den KZS und machen deutlich, dass der KZS der klassischen Mehrspeichertheorie ein Speicher für kurze Sequenzen sinnarmer sprachlicher Reize ist, der mit der ursprünglichen Idee eines Primärgedächtnisses für episodische Ereignisse nach James wenig gemein hat.

7.2 Kurzzeitspeicher im klassischen Mehrspeichermodell

7.2.1 Eigenschaften des Kurzzeitspeichers

Der KZS ist der Kern der klassischen Mehrspeichertheorie. Er ist am besten ausgearbeitet. Durch ihn kommt Information in den LZS und in ihn wird Information aus dem LZS geholt, um mitgeteilt zu werden. Im LZS lagert die semantische Information in einem deaktivierten Zustand als latentes Wissen. Wird das latente semantische Wissen aktiviert, kommt es ins Bewusstsein und liegt dann wieder im KZS und ist zugreifbar. Beide Speicher arbeiten unabhängig voneinander.

Dem KZS werden folgende **Eigenschaften** zugeschrieben:

- Der Speicher hat eine geringe Kapazität.
- Der Speicher hat eine kurze Haltedauer, d. h. die Information in diesem Speicher zerfällt nach wenigen Sekunden. Vergessen durch Interferenz, also dadurch, dass sich Speicherinhalte wechselseitig stören, findet nicht statt.
- Um den Zerfall zu verhindern, muss die Information wiederholt werden. Die Wiederholung („rehearsal") entspricht einem inneren Sprechen bzw. Artikulieren. Sie transferiert Wissen in den LZS.
- Weil der KZS die akustische Form von Sprachreizen speichert, wird für ihn ein phonologischer Code postuliert. Semantische Information, also die Bedeutung von sprachlichen Reizen, ist dem LZS vorbehalten.

Diese Eigenschaften wurden in Experimenten durch das Nachsprechen kurzer Folgen sinnarmer sprachlicher Reize untersucht.

> **Exkurs**
>
> **Das Nachsprechverfahren zur Untersuchung des Kurzzeitspeichers**
>
> Personen wird eine Serie verbaler Reize, z. B. Ziffern, Silben oder kurze Wörter, meist akustisch dargeboten, und die Personen müssen die Reize in der dargebotenen Folge wiedergeben. Die Länge der Reizserie wird variiert. Man beginnt z. B. mit zwei Reizen und verlängert die Serie solange um einen weiteren Reiz, bis die Person die Serie nicht mehr fehlerfrei nachsprechen kann. Die Kapazität des KZS entspricht der Anzahl der Reize, bis zu der es gelingt, die Reize fehlerfrei nachzusprechen. Außerdem untersucht man, welche Arten von Fehlern auftreten, z. B. Vertauschungen der Abfolge oder das Einfügen falscher Reize, wenn die Wiedergabe nicht fehlerfrei ist.

Im Nachsprechtest zeigt sich, dass Personen im Mittel sieben Reize korrekt nachsprechen können. Die Kapazität des Speichers wird deshalb bei ca. sieben Sprachreizen angesetzt. Die dem Speicher zugeschriebene Haltedauer von ca. 15 Sekunden wird u.a. mit der sog. **Peterson-Peterson-Technik** belegt. Bei dieser Technik werden den Personen Reize aus drei Buchstaben – sog. **Trigramme** – geboten (z. B. W, F, S oder B, Q, L). Sobald eine Person ein solches Trigramm gehört hat, wird sie aufgefordert, von einer gegebenen Zahl ausgehend in Dreierschritten rückwärts zu zählen (z. B. 517, 514, 511, 508 usw.), bis der Versuchsleiter „Stopp" sagt. Das Zählen soll verhindern, dass die Person die Trigramme durch inneres Sprechen wiederholt. Nach dem Stopp-Signal soll sie das zu behaltende Trigramm nennen. Die Dauer des Rückwärtszählens wird variiert. Peterson und Peterson (1959) haben mit diesem Vorgehen gezeigt, dass die Behaltensleistung für die Trigramme mit der Zähldauer abnimmt. Nach ca. 15 Sekunden waren die Trigramme vergessen.

Die Annahme, dass das **stille Wiederholen** der Reize das Vergessen verhindert, wurde nicht eigens untersucht, da dieser Sachverhalt offensichtlich ist. Jeder kann es an sich selbst beobachten.

Mit der Annahme, dass Sprachreize im KZS im **phonologischen Code** repräsentiert sind, meint man, dass sie als Lautgestalt und nicht als inneres Schriftbild gespeichert werden. Gelesene Sprachreize werden wie gehörte im Stillen artikuliert und durch wiederholtes Artikulieren erhalten. Der phonologische Code wurde in Untersuchungen dadurch belegt, dass die Nachsprechleistung für ähnlich klingende Buchstaben (wie b, d, c, g usw.) schlechter war als für unterschiedlich klingende Buchstaben (wie k, f, q, t usw.; z. B. Conrad 1964). Letztere waren also scheinbar besser unterscheidbar, weil sie vom Klang her unterschiedlicher sind. Das spricht bereits für Interferenz, auch wenn die von der Theorie nicht vorgesehen ist (mehr dazu in ▶ Abschn. 7.2.2 und 7.2.3).

Das Wiederholen soll nach der Mehrspeichertheorie dazu führen, dass Information aus dem KZS in den LZS überführt wird. Die Befunde hierzu sind allerdings widersprüchlich (Craik und Watkins 1973).

7.2.2 Kritik am klassischen Kurzzeitspeicher

Trotz einer Reihe bestätigender Befunde ließ die Kritik an der Mehrspeichertheorie nicht lange auf sich warten. Ein zentrales Problem des Mehrspeichermodells besteht in der Annahme, dass KZS und LZS unabhängig voneinander arbeiten und dass semantische Information, also die Bedeutung des zu lernenden Materials, beim Nachsprechen keine Rolle spielen soll. Sie spielt aber eine Rolle, wie man belegen konnte. Das widerspricht den obigen Annahmen. Im Einzelnen wird u. a. folgende Kritik angeführt.

- **Zur Kapazitätsbegrenzung und Haltedauer im Kurzzeitspeicher**

Auch Reizfolgen, die mehr als sieben Einheiten umfassen, können behalten werden, wenn sie an Langzeitwissen anknüpfbar sind, wie es etwa der Fall ist, wenn eine bekannte Telefonnummer in einer Ziffernserie auftaucht und entdeckt wird: Schon kann die vermeintlich zufällige Ziffernserie besser erinnert werden. Der Kontakt mit Langzeitwissen verhindert den Spurenzerfall und macht sogar in Untersuchungen das zur Ablenkung durchgeführte Rückwärtszählen wirkungslos. Wer z. B. die Buchstabenfolge C-M-P-N-G als Camping kodiert, wird sich daran auch nach einem längeren Behaltensintervall noch erinnern und auch dann, wenn er zwischendurch rückwärts zählen muss.

Ferner ist die Nachsprechkapazität für Wörter größer als für Nichtwörter. Solche Beobachtungen sprechen gegen die ursprüngliche Annahme zur Kapazität und Haltedauer des KZS und dagegen, dass semantische Information im KZS keine Rolle spielt.

- **Auch im Kurzzeitspeicher findet Interferenz statt, und zwar auch semantische**

Wenn aber Langzeitwissen auch in Kurzzeitgedächtnisaufgaben wirksam ist, verwundert es nicht, wenn auch bei diesen Aufgaben Interferenz – und zwar auch semantische – zu beobachten ist, wie im Peterson-Peterson-Paradigma gezeigt werden konnte. Wickens (1972) bot im Peterson-Peterson-Paradigma Worttrigramme statt Buchstabentrigramme. Dabei beobachtete er zunächst einmal, dass vorangehende Trigramme das Behalten nachfolgender stören. Das heißt, es zeigte sich im KZS Interferenz. Das erste Trigramm wurde besser erinnert als das zweite und dieses besser als das dritte. Mit jedem neuen Trigramm wurde die Behaltensleistung bei konstanter Zähldauer schlechter.

Darüber hinaus zeigte sich aber noch ein anderer Befund: Die Interferenz hing von der semantischen Ähnlichkeit zwischen den Trigrammen ab. Waren die Worttrigramme in den ersten drei Durchgängen einander semantisch ähnlich (z. B. stets drei Wörter aus dem Bereich Nahrungsmittel), und im vierten Durchgang wurde ein Trigramm aus einer semantisch verschiedenen Kategorie geboten (z. B. drei Werkzeuge), dann verschwand die Interferenz, und die Leistung stieg wieder auf das Niveau des zuerst gebotenen Trigramms. Bei ähnlichen Begriffen kamen die Versuchspersonen scheinbar „durcheinander". Dieser Effekt wird als Auflösung der proaktiven Hemmung (der späteren Trigramme durch vorhergehende) bezeichnet. Man spricht von **proaktiver Hemmung**, weil die Störereignisse den Lernereignissen vorausgehen.

Der Effekt der Aufhebung von **Interferenz** ist deshalb besonders bedeutsam, weil er von der semantischen Ähnlichkeit der Reize in einer typischen Aufgabe zum KZS abhängt. Im KZS lässt sich damit nicht nur phonologische, sondern auch semantische Interferenz beobachten. Semantische Prozesse werden aber in der Theorie des KZS nicht berücksichtigt.

- **Nicht nur Reiz-, sondern auch Response-Ereignisse stören im Kurzzeitspeicher**

Ferner ist zu bedenken, dass auch das Rückwärtszählen interferierende Ereignisse erzeugt, weil es den verbalen Wiederholungsprozess für die zu behaltenden Reize blockiert. Nicht nur Reizereignisse, sondern auch Response-Ereignisse können stören. Damit lässt sich der Behaltensabfall im Peterson-Peterson-Paradigma mit der Dauer des Rückwärtszählens auch durch Interferenz erklären. Längeres Rückwärtszählen bedeutet mehr Interferenz. Ob Spurenzerfall stattfindet, bleibt damit offen.

7.2.3 Konsequenzen für das Mehrspeichermodell

Die Befunde zum phonologischen Code und zur Kapazitätsbegrenzung hängen u. a. davon ab, welches Material benutzt wird. Die Kapazitätsbegrenzung auf ca. sieben Reize tritt auf, wenn sinnarmes verbales Material benutzt wird wie Silben. Wenn bedeutungshaltiges Material wie sinnvolle Wörter benutzt wird, ist die Nachsprechleistung größer. Man muss also zwischen dem Behalten phonologischer und semantischer Information unterscheiden. Beim Behalten von semantischer Information sind die Annahmen zum KZS nicht haltbar. Eine Trennung von KZS und LZS, wie es das Modell vorsieht, macht nur Sinn, wenn es um das Behalten sinnloser Sprachreize geht, die keine semantische Information aktivieren. Bei sinnvollen Reizen wie Wörtern, bei denen auch semantische Information aktiviert wird, ist dagegen eine Trennung von KZS und LZS schwierig.

Da die Vertreter der klassischen Mehrspeichertheorie das serielle Nachsprechen von sinnfreiem sprachlichem Material als zentrale Methode ansahen, um die Leistung des KZS zu untersuchen, gilt ferner, dass keine typische episodische Erinnerungsleistung getestet wird. Diese bezieht sich definitionsgemäß auf semantisch interpretierte Ereignisse, was durch das Nachsprechen sinnfreier Silben nicht untersucht werden kann. Das Nachsprechen sinnfreier Silben ist kein episodischer Behaltenstest.

Damit haben wir es nicht mit einem generellen KZS zu tun, sondern mit einem spezifischen Speicher für phonologische Information. Diese Besonderheit wurde aber in der klassischen Theorie nicht diskutiert. Vielmehr wurde allgemein vom KZS gesprochen. Es wurde nicht reflektiert, dass nur kurze Listen von verbalen und fast ausschließlich sinnarmen Reizen untersucht und im Nachsprechtest getestet wurden. Diese selektiven Eigenschaften schränken den Geltungsbereich der Befunde stark ein. Aber selbst für sinnarme Reize gilt, dass die Annahmen zur Haltedauer und zum Spurenzerfall nicht nachgewiesen werden konnten. Für Interferenzprozesse im KZS sprechen nicht nur die Befunde von Wickens, sondern auch, dass die phonetische Ähnlichkeit von Reizen die Nachsprechleistung beeinflusst. So bleiben besonders zwei zentrale Punkte zu klären, wenn man ein genaueres Bild vom Kurzzeitgedächtnis zeichnen will: die Rolle der Interferenz und Haltdauer und die Rolle der semantischen Information. Etwas mehr Klarheit bringt das Arbeitsgedächtnismodell von Baddeley (1986).

7.3 Kurzzeitspeicher als Arbeitsgedächtnis

7.3.1 Architektur des Arbeitsgedächtnisses und seine Begründung

Baddeley und Hitch (1974) haben ein Arbeitsgedächtnis mit zwei KZS vorgeschlagen, einem verbalen und einem visuell-räumlichen, um die Schwächen des klassischen Mehrspeichermodells zu überwinden.

Eine kritische Auseinandersetzung mit dem klassischen Mehrspeichermodell führte Baddeley (zuerst Baddeley und Hitch 1974) dazu, ein **Arbeitsgedächtnis (AG)** vorzuschlagen, dass den klassischen KZS modifiziert und präzisiert. Er wandte sich gegen die Annahme eines einheitlichen KZS und schlug zwei Speicher vor, einen verbalen (die phonologische Schleife) und einen visuell-räumlichen.

Die Forderung von zwei KZS begründen sie mit folgender Kritik am klassischen KZS: Nach dem Mehrspeichermodell nutzen alle Denk- und Verstehensleistungen den KZS. Die Leistungen in Denk- und Verstehensaufgaben sollten deshalb sinken, wenn man den KZS mit Nachsprechaufgaben belastet, und zwar zunehmend mit zunehmender Länge nachzusprechender Ziffernfolgen. Dies trifft jedoch nicht zu. Die Fehler bei den Denkaufgaben waren unabhängig von der Belastung des KZS durch die zunehmende Länge der Ziffernfolgen.

Ferner wird darauf hingewiesen, dass ein intakter KZS, d. h. normale Nachsprechleistung, eine intakte Langzeitspeicherung garantieren sollte. Dies trifft jedoch nicht zu (z. B. Milner 1966). Trotz intakter Nachsprechleistung können bestimmte Patienten nicht erinnern, was sie soeben gemacht haben (z. B. telefoniert). Ebenso sollte nach der Mehrspeichertheorie eine Person mit einem defekten KZS auch einen defekten LZS haben, weil der KZS das Tor zum LZS ist. Auch das trifft nicht zu. Es gibt Patienten mit stark reduzierter Nachsprechleistung von z. B. zwei bis drei Ziffern, die trotzdem einen unauffälligen LZS haben (sie erinnern z. B., dass sie vor einer Stunde telefoniert haben).

Baddeley und Hitch (1974) versuchen, diese Widersprüche dadurch zu lösen, indem sie zwei Speicher vorschlagen, nämlich einen verbalen und einen visuell-räumlichen KZS, die sich wechselseitig kompensieren können. Der verbale Speicher ist darauf spezialisiert, Sequenzen aus sprachlichen Reizen kurzfristig zu speichern und durch wiederholtes inneres Sprechen die Reize zu erhalten, da die Information sonst zerfällt. Der visuell-räumliche Speicher bewahrt in analoger Weise visuell-räumliche Informationen. Auch er besteht aus einem Speicher und einem Wiederholungsmechanismus.

Der Einsatz der beiden Speicher wird durch die zentrale Exekutive kontrolliert. Sie legt z. B. fest, ob sprachliche Reize in den verbalen oder in den visuell-räumlichen Speicher kommen. Baddeley (2009, S. 44) gibt folgendes ▶ Beispiel für die zwei Speicher und ihre Kontrolle durch die zentrale Exekutive.

Beispiel

Stell dir die Wohnung vor, in der du zur Zeit lebst, und überlege, wie viele Fenster sie hat. Tue das, ehe du weiterliest. Wie viele Fenster hat die Wohnung, und wie hast du das herausgefunden? Wenn du dir dazu die Wohnung visuell vorgestellt hast, hast du den visuell-räumlichen Speicher verwendet. Wenn du in der Vorstellung die Fenster abgezählt hast, dann hast du den verbalen Speicher genutzt. Um die Vorstellungs- und Zählprozesse in Gang zu setzen, hast du die zentrale Exekutive gebraucht. Wie die zentrale Exekutive die beiden KZS genau steuert, bleibt allerdings unterspezifiziert.

Baddeley spricht vom AG und nicht vom KZG, weil die beiden KZS flexibel eingesetzt werden können und weil die Informationen in ihnen nicht nur gespeichert, sondern auch verändert werden. Das AG ist nach Baddeley (2009) ein System, das zum vorübergehenden Erhalt und zur Manipulation von Informationen dient und hilft, komplexe Aufgaben durchzuführen. Es gehört nicht zum Langzeitgedächtnis, und semantische Informationen werden im AG nicht repräsentiert. Das gilt auch, nachdem Baddeley (2000) einen episodischen Puffer eigeführt hat, der Informationen aus dem verbalen und dem visuell-räumlichen KZS integrieren soll. Eine Repräsentation von Bedeutung kommt auch hier nicht vor.

7.3.2 Phonologische Schleife

Die **phonologische Schleife (PL)** entspricht weitgehend dem KZS des klassischen Mehrspeichermodells (Baddeley 2009). Sie besteht aus einem phonologischen Speicher und einem artikulatorischen Kontrollprozess zur Wiederholung und Aufrechterhaltung der Reize im phonologischen Speicher. Der Wiederholungsprozess ist jedoch genauer beschrieben als in der klassischen Mehrspeichertheorie. Der artikulatorische Kontrollprozess oder das innere Sprechen ist bei Baddeley ein zentraler Prozess, der nicht von der peripheren Sprechmuskulatur abhängt. Der phonologische Speicher speichert wie der klassische KZS phonologische Information, allerdings nur für zwei Sekunden. Dann zerfällt die Information, wenn sie nicht wiederholt wird. Dazu muss sie in den Kontrollprozess eingelesen und wieder in den phonologischen Speicher eingegeben werden. Die Aufrechterhaltung im phonologischen Speicher hängt von der Artikulationsdauer ab, nicht von der Wortlänge oder der Silbenzahl. Es kann so viel im phonologischen Speicher präsent gehalten werden, wie in zwei Sekunden artikuliert werden kann. Danach gilt: Wiederholen funktioniert analog zum Nachsprechen. Man hört phonologische Information, spricht sie nach und hört sie dadurch erneut. Dieser Prozess kann fortlaufend wiederholt werden, solange er nicht gestört wird. Geschriebene Wörter können ebenfalls in den Artikulationsprozess eingelesen werden und dadurch in den phonologischen Speicher gelangen und dann wie gehörte Wörter verarbeitet werden.

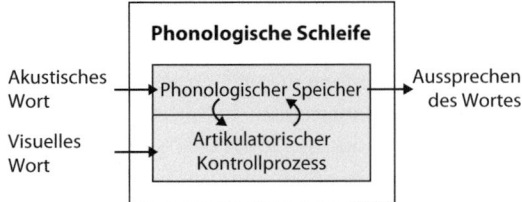

◘ Abb. 7.2 Verarbeitung akustischer und visueller Sprachreize durch die phonologische Schleife

Wie das genau geschieht, wird nicht spezifiziert. Das Zusammenspiel von phonologischem Speicher und Artikulationsprozess für gehörte und gesehene Wörter ist in ◘ Abb. 7.2 veranschaulicht.

Statt von sprachlichem KZS spricht Baddeley von phonologischer Schleife (PL für „phonological loop"). Die PL unterscheidet sich in folgenden Punkten vom KZS:
- Der Wiederholungsprozess wird genauer spezifiziert.
- Die Zerfallszeit ist kürzer (2 sec).
- Nicht die Wortlänge ist kritisch, sondern die Artikulationszeit.
- Phonetische Informationen stören sich wechselseitig, d. h. in der PL findet Interferenz statt. Im Gegensatz zum klassischen KZS lässt Baddeley in der PL Interferenz zu.

7.3.3 Erklärung vorliegender und weiterer Befunde durch die PL

Mit dem Modell der phonologischen Schleife kann eine Reihe stabiler Befunde des oben geschilderten Nachsprechverfahrens erklärt werden. Die wichtigsten sind der phonologische Ähnlichkeitseffekt, der irrelevante Spracheffekt, der Wortlängeneffekt und der Effekt der artikulatorischen Unterdrückung. Die Repräsentation von semantischer Information bleibt jedoch unberücksichtigt.
- **Phonologischer Ähnlichkeitseffekt:** Es können weniger phonologisch ähnliche Wörter wie z. B. „gut, Mut, Hut, Flut" usw. unmittelbar nachgesprochen werden als phonologisch unähnliche Wörter (Baddeley 1966). Dagegen werden semantisch ähnliche, aber phonologisch unähnliche Wörter wie z. B. „groß, mächtig, dick" usw. ähnlich gut nachgesprochen wie Wörter, die sowohl semantisch als auch phonologisch unähnlich sind. Nach Baddeley erklärt sich der Effekt so, dass im phonologischen Speicher die Reize phonologisch repräsentiert sind und phonologisch ähnliche Reize besonders stark überlappen, was ihre Unterscheidbarkeit erschwert, d. h. phonologisch ähnliche Reize interferieren mehr als phonologisch unähnliche. Gleichzeitig wird angenommen, dass im phonologischen Speicher die Bedeutung der Wörter nicht repräsentiert ist, hat ihre semantische Ähnlichkeit keinen Einfluss auf die Nachsprechleistung.
- **Irrelevanter Spracheffekt:** Sprache im Hintergrund beeinträchtigt die Nachsprechleistung (Salamé und Baddeley 1987). Nach Baddeley kommen alle akustischen Sprachreize in den phonologischen Speicher, also auch Sprache im Hintergrund. Je mehr Reize in den Speicher kommen, desto mehr stören sie sich wechselseitig.
- **Wortlängeneffekt:** Lange Wörter werden schlechter nachgesprochen als kurze (Baddeley et al. 1975). Dieser Effekt wird über den artikulatorischen Kontrollprozess und die Zerfallszeit der Reize im phonologischen Speicher erklärt. Bei langen Wörtern können in zwei Sekunden weniger Wörter wiederholt werden als bei kurzen. Kritisch dafür, wie viele Wörter innerhalb von zwei Sekunden wiederholt werden können, ist aber nicht die Länge der Wörter in Silben, sondern die Sprechdauer pro Silbe. Eine gedehnt gesprochene Silbe wie „Tal" braucht mehr Zeit als eine kurz gesprochene Silbe wie „matt". Diese Annahme ist wichtig, da sie erklärt, warum die Nachsprechleistungen sprachabhängig sind. Zunächst hatte man beobachtet, dass walisische Kinder kürzere Nachsprechspannen für Ziffern zeigten als englische Kinder und geglaubt, deren KZS habe eine geringere Kapazität (Ellis und Henneley 1980). Später fand man jedoch heraus, dass Ziffern im Walisischen langsamer gesprochen werden als im Englischen. Genauere Untersuchungen zeigten, dass die Sprechdauer für Ziffern zwischen Sprachen variiert und entsprechend auch die Nachsprechspannen in den Sprachen.

7.3 · Kurzzeitspeicher als Arbeitsgedächtnis

- **Artikulatorischer Unterdrückungseffekt:** Die Nachsprechleistung ist geringer, wenn die Versuchspersonen während der Nachsprechaufgaben anderes Sprachmaterial laut artikulieren müssen, als wenn sie das nicht müssen. in einem entsprechenden Experiment werden z. B. Wörter nacheinander visuell dargeboten, und die Versuchspersonen müssen während der Darbietung fortlaufend eine Silbe wiederholen. Sie müssen z. B. stets „der, der, der, der … " sagen. Diese nebenläufige Artikulation reduziert die Nachsprechspanne, weil weniger gesehene Reize in den artikulatorischen Prozess gelangen (Baddeley 1997, Kap. 4). Dieser Effekt wird dadurch erklärt, dass die nebenläufige Artikulation den Wiederholungsprozess der zu behaltenden Reize verhindert.

Zusammengefasst zeigt sich, dass die PL durch zusätzliche und präzisere Annahmen mehr und genauere Vorhersagen zum Nachsprechen erlaubt als das klassische Mehrspeichermodell. Allerdings bleibt die zentrale Kritik, wie sie gegen den KZS der klassischen Mehrspeichertheorie vorgebracht wurde, auch hier gültig. Es geht um Effekte des Nachsprechens kurzer Serien verbaler, oft auch sinnarmer Reize. Diese Leistung hat wenig Bezug zu alltäglichen Erinnerungsprozessen. Es stellt sich deshalb die Frage, wozu die PL gut ist.

7.3.4 Zur Funktion der phonologischen Schleife

Dieser Abschnitt verfolgt das Ziel, zu zeigen, dass die PL zum Lauterwerb beiträgt. Dabei wird deutlich, dass es beim Nachsprechen von Wörtern ohne die Einbeziehung der Semantik nicht geht. Man muss für Laute und Bedeutungen zwei getrennte Repräsentationen berücksichtigen.

- **Die phonologische Schleife und der Spracherwerb**

Nach Baddeley (2009) spielt die PL eine wichtige Rolle beim Spracherwerb. Allerdings kann auch bei der Analyse des Spracherwerbs – weder der Muttersprache noch einer Fremdsprache – auf den Aspekt nicht verzichtet werden, dass es auch hier letztlich um Bedeutungserwerb geht. Spracherwerb bedeutet immer Laut- und Bedeutungserwerb. Die PL trägt wesentlich zum Lauterwerb bei.

Das sei am Erwerb einer fremden Sprache illustriert. Wenn jemand „mtoto" hört und gesagt bekommt, dass dies auf Kisuhaeli „Kind" heißt, dann muss er sowohl die Lautgestalt und beim Lesen das Schriftbild als auch deren gemeinsame Bedeutung lernen. Nur der Erwerb der Lautgestalt hängt direkt von der phonologischen Schleife ab.

Die Existenz von **Lautgestalten** für Wörter wird in der Theorie von Baddeley vorausgesetzt. Wie die Wörter als Lautgestalten erworben werden, wird nicht diskutiert. Es bleibt offen, wie Kinder beim Lesenlernen von Wörtern zu deren Lautgestalten und ihrer Bedeutung kommen, und dass Laut- und Bedeutungsrepräsentationen zu unterscheiden sind. Das überrascht, weil Baddeley et al. (1988) selbst gezeigt haben, dass das Behalten der Bedeutungen und Lautgestalten bei Wörtern zu unterscheiden ist. Dieser Unterschied schlägt sich allerdings in ihrer Theorie nicht nieder.

> **Fallbeispiel**
>
> Baddeley et al. (1988) führten mit einer Patientin namens PV eine Reihe von Paarassoziationslernexperimenten durch, die belegen, dass PV Bedeutungen assoziieren kann, aber nicht neue Lautgestalten erwerben. Die Patientin wies eine stark reduzierte Nachsprechspanne auf, d. h. eine ineffiziente PL.
> Die Wissenschaftler ließen z. B. PV einmal Wortpaare in ihrer Muttersprache (Italienisch) lernen und einmal Paare aus einem italienischen und einem russischen Wort (für PV ein fremdes Wort, d. h. eine unbekannte Lautgestalt). In beiden Fällen wurden acht Wortpaare akustisch in fünf Lerndurchgängen dargeboten. Es zeigte sich, dass PV die italienischen Wortpaare so gut behielt wie andere italienische Muttersprachler. Alle acht Wortpaare hatte sie wie die anderen Versuchspersonen nach fünf Durchgängen behalten. Dagegen hatte PV größte Probleme, italienisch-russische Wortpaare zu lernen. Bei diesen hatte sie noch nach zehn Lerndurchgängen kein einziges Wortpaar behalten. Die anderen Personen hatten dagegen nach zehn Durchgängen alle acht Wortpaare behalten. Das Lernen italienisch-russischer Wortpaare erforderte das Behalten von neuen Lautgestalten, aber genau das konnte PV nur unzureichend, da sie nicht über eine intakte PL verfügte. Der Erwerb von Bedeutungen und von Lautgestalten ist also zu trennen.

Wir können festhalten: Eine intakte PL ist die Voraussetzung für den Erwerb neuer Lautgestalten. Der Erwerb einer neuen Verbindung zwischen zwei bekannten Wörtern erfolgt über andere, nichtphonologische Prozesse.

Untersuchungen an Kindern haben gezeigt, dass für den Erwerb von Lautgestalten die PL offensichtlich eine kritische Bedingung ist. Da Kinder viele neue Lautgestalten erwerben müssen, könnten Kinder, die einen Rückstand in der Sprachentwicklung aufweisen, auch eine weniger gut funktionierende PL haben. Gathercole und Baddeley (1990) haben diese Annahme untersucht. Sie konnten zeigen, dass Kinder mit einem Rückstand in der Sprachentwicklung tatsächlich eine geringere Kapazität beim Nachsprechen von Nichtwörtern hatten als Kinder mit einer normalen Sprachentwicklung. In einer anderen Untersuchung beobachteten Gathercole und Baddeley (1989) bei vierjährigen Kindern eine Korrelation zwischen deren Wortschatz und ihrer Nachsprechleistung für Nichtwörter. Diese Befunde unterstützen die Annahme, dass die PL eine kritische Instanz beim Erwerb von Lautgestalten ist. Der Beitrag der PL zum Spracherwerb ist wichtig. Er zeigt aber zugleich, dass der phonologische Speicher ein spezifischer Speicher ist und kein Speicher für episodische Informationen. Über ein KZG für episodische Informationen sagt die PL nichts aus.

7.3.5 Kritik an der phonologischen Schleife: ohne Einbeziehung von Bedeutung geht es nicht

Eine Unterscheidung zwischen Laut- und Bedeutungsrepräsentationen findet in Baddeleys Theorie vom AG nicht statt. Sie ist jedoch wichtig und notwendig. Folgende Befunde zeigen, dass die Bedeutung die Nachsprechleistung beeinflusst. Allgemein zeigt sich, dass der Einfluss der PL auf das Nachsprechen geringer ist, wenn die Lautgestalten schon erworben sind und Sprachreize eine Bedeutung haben wie das bei Wörtern und Sätzen der Muttersprache i.d.R. der Fall ist. Ein Beispiel gibt der **Lexikalitätseffekt**: Wörter werden besser nachgesprochen als Nichtwörter. Aber auch vertraute Wörter werden besser nachgesprochen als unvertraute Wörter (Hulme et al. 1991; Rummer 2003).

Bei der Darbietung von Wörtern und Sätzen ist eine Verarbeitung ihrer Bedeutung praktisch immer im Spiel. Das zeigt sich auch darin, dass die Nachsprechleistung für unverbundene Wörter (ca. 7 Wörter) schlechter ist als für verbundene Wörter in Sätzen (ca. 12–15 Wörter). Im letztgenannten Fall sind Wortbedeutungen Teil größerer Bedeutungseinheiten.

Potter und Lombardi (1990) haben die Annahme, dass die bessere Leistung bei Sätzen als bei Wörtern auf der Verarbeitung von Bedeutung beruht, direkt untersucht. Hierzu haben sie Sätze gebildet, die semantische Verwechslungen nahelegten (z. B. von „Schloss" statt von „Burg" zu sprechen). Solche Verwechslungen treten auf, obwohl es die Aufgabe der Versuchspersonen ist, die Sätze wörtlich wiederzugeben. Solche Fehler erklären die Autoren über die Annahme, dass beim Lesen von Sätzen stets die Wortbedeutungen und die Beziehungen zwischen ihnen aktiviert werden und dass beides beim Nachsprechen reaktiviert wird. Es wird die Bedeutung der Wörter und die des Satzes regeneriert. Die Beispiele zeigen, dass beim Nachsprechen von Sätzen die Verarbeitung der Bedeutung eine zentrale Rolle spielt. Im Folgenden soll gezeigt werden, wie Modelle des Nachsprechens von Wörtern, die man sieht oder hört, unter Berücksichtigung der Wortbedeutung aussehen könnten.

7.3.6 Mehrwegemodelle der Wortverarbeitung als alternativer Ansatz

Modelle, die der **Wortoberfläche** (Lautgestalt und Schriftbild) und der **Wortbedeutung** Rechnung tragen, finden sich insbesondere in der Neuropsychologie (z. B. Ellis und Young 1991) und in der Sprachpsychologie (z. B. Levelt 1989), aber auch in der Gedächtnispsychologie (z. B. Engelkamp 1990). Gemeinsam ist den Modellen, dass sie die Analyse und Repräsentation der Wortoberfläche von der Aktivation der mit der Wortoberfläche assoziierten Bedeutung und beides von Sprechprogrammen für die Wörter unterscheiden.

Dass man Repräsentationen von Wortoberflächen und Bedeutungen unterscheiden muss, haben nicht nur die in diesem Kapitel geschilderten Untersuchungen gezeigt, sondern dieser Sachverhalt wird auch unmittelbar einsichtig, wenn man Sprachen miteinander vergleicht. Während z. B. die Lautgestalten von „Baum" und „tree" völlig verschieden sind, verweisen beide Wörter doch auf dieselbe Bedeutung, nämlich auf die des Konzeptes Baum. Beides, Konzept und Wort, sollte in unseren Köpfen entsprechend getrennt repräsentiert sein. Auch die Annahme, dass Oberflächenrepräsentationen von Wörtern modalitätsspezifisch sind, d. h. dass sie sich für gesehene und gehörte Wörter unterscheiden müssen, kann man sich leicht verdeutlichen. Ein vierjähriges Kind, das noch nicht lesen kann, kann i.d.R. mit dem gehörten Wort „Baum" sehr wohl etwas anfangen. Es kennt seine Bedeutung, hat aber noch keine Repräsentation des Schriftbildes von „Baum". Fügt man diese Unterscheidungen zusammen, so gelangt man für die Verarbeitung beim Aussprechen von gesehenen und gehörten Wörtern zu einem Modell, wie es in ◘ Abb. 7.3 veranschaulicht ist.

Die wichtigste Implikation dieses Modells in Bezug zu dem Modell der phonologischen Schleife ist, dass unmittelbar deutlich wird, dass man bei einem gegebenen akustischen Wort mindestens zwei Wege unterscheiden kann, die zur Aussprache des Wortes führen: den direkten Weg vom gehörten Wort über den phonologischen Speicher zum Aussprechen im Artikulationsprozess (Weg 1), wie ihn Baddeley als einzigen Weg vorsieht, und den alternativen Weg vom gehörten Wort zur Bedeutung und von dort zum Aussprechen des Wortes (Weg 3). Diesen Weg sieht Baddeley nicht vor. Sein Modell kennt keine Bedeutungsverarbeitung. Interessant ist auch, dass Baddeley für gesehene Wörter keine eigene Oberflächenrepräsentation und keine direkte Assoziation zur akustischen Oberflächenrepräsentation (Weg 4) vorsieht, sondern nur den direkten Zugang vom gesehenen Wort in den Artikulationsprozess und von hier zurück zum phonologischen Speicher. Den Weg von der Oberflächenrepräsentation eines gesehenen Wortes zum Sprechprogramm (Weg 2) kennt er insofern nicht, als er keine visuelle Wortrepräsentation kennt.

An dieser Stelle soll noch kurz ein weiterer Aspekt der Wortverarbeitung erwähnt werden, der in ◘ Abb. 7.3 nicht dargestellt ist, nämlich dass Wörter auch in Buchstaben zerlegt werden können. Eine solche Zerlegung dürfte z. B. bei unvertrauten und unbekannten Wörtern vorkommen, und für

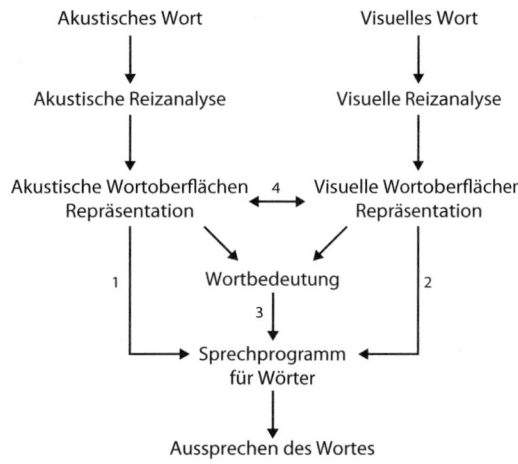

◘ Abb. 7.3 Modell für das Aussprechen gehörter und gesehener Wörter

gesehene Wörter besonders bei Leseanfängern. In diesem Fall stehen am Anfang die akustischen oder visuellen Oberflächenrepräsentationen von Buchstaben, die dann zu den zugehörigen Sprechprogrammen führen. Diese werden mit der Zeit zu Wortprogrammen integriert.

7.3.7 Visuell-räumlicher Kurzzeitspeicher

Auf den visuell-räumlichen KZS gehen wir nur kurz ein, weil er unzulänglich beschrieben ist und eine eindeutige Methode zur Untersuchung seiner Leistungseigenschaften fehlt. Weder die Reize, die er speichert, noch der Wiederholungsmechanismus, der sie aufrechterhält, sind klar definiert. Über den visuell-räumlichen KZS sagt Baddeley (1997, 2009) kaum mehr, als dass er für das Erzeugen und Manipulieren von visuellen Vorstellungsbildern zuständig ist und analog zur phonologischen Schleife arbeiten soll. Baddeley betrachtet wie Logie (1995) den visuell-räumlichen KZS **analog zur phonologischen Schleife**. Er besteht danach aus einem visuellen Speicher und einem internen Schreibprozess, der als räumlich basierter Wiederholungsmechanismus dient. Dieser interne Schreibprozess wird bei Baddeley und Logie (1999) sowohl als eine Abfolge von Bewegungen (S. 35) als auch als eine Instanz zur Vorbereitung von Handlungen und visuellen

Vorstellungen (S. 28) beschrieben. Außer der Unklarheit darüber, was genau ein räumlich basierter Wiederholungsmechanismus ist, ist die Analogie zwischen den beiden KZS generell irreführend.

Einige zentrale Unterschiede, die gegen eine solche direkte Analogie sprechen, seien kurz genannt.

- **Nonverbale visuelle Reize** sind sehr heterogen. So werden Matrizen, Punkte in der Fläche, Klötze im Raum, Bilder von realen Objekten u.a.m. als Reize verwendet.
- **Bildliche Objekte** sind mehrdimensional. Sie unterscheiden sich nach Form, Farbe, Größe, Orientierung usw. Sie ändern sich nach dem Blickwinkel, aus dem sie gesehen werden. Ein Auto sieht von vorne anders aus als von oben oder von hinten oder von der Seite.
- Für **statische, nonverbale visuelle Reize** (d. h. Bildreize) gibt es keinen spezifischen Ausgabemechanismus analog zum Nachsprechen bei gehörten Sprachreizen. Am nächsten läge das Nachzeichnen. Aber es gehört nicht zu den praktizierten motorischen Fertigkeiten der meisten Menschen, und es nimmt i.d.R. mehr Zeit in Anspruch als die Haltezeit des Speichers zulässt.
- Darüber hinaus wird in vielen Fällen mit **sprachlichen Reizen** gearbeitet. Um hierbei den visuell-räumlichen KZS zu aktivieren, arbeiten die Vertreter eines visuell-räumlichen Speichers wie Baddeley, Logie und andere bei Wörtern mit visuellen Vorstellungsinstruktionen (z. B. „Stelle dir ein Pferd vor") als eine zentrale Methode zum Nachweis dieses Speichers. Solche visuellen Vorstellungen sind aber ohne die Aktivation der Wortbedeutung nicht möglich. Bedeutungsverarbeitung ist jedoch kein Merkmal des visuell-räumlichen Speichers, sondern das zentrale Merkmal des Langzeitgedächtnisses.
- Zur Untersuchung des visuell-räumlichen KZS werden **dieselben Methoden** eingesetzt wie zur Untersuchung des LZG. So wird das Paradigma des Paarassoziationslernens (▶ Abschn. 9.4.2) gleichermaßen zur Untersuchung des Langzeitgedächtnisses (z. B. Nelson 1979) wie des visuell-räumlichen KZS (Logie 1986) angewendet, sodass mit dieser Methode nichts über die Haltedauer des zugrunde liegenden Speichers und damit über die Trennung von einem Kurz- und LZS ausgesagt werden kann. Entsprechend wird das Paradigma zum Wiedererkennen von Bildern gleichermaßen bei der Untersuchung des visuell-räumlichen KZS (Hitch et al. 1988) eingesetzt wie zur Untersuchung des Langzeitgedächtnisses (Homa und Viera 1988).

Aus diesen Gründen gehen wir hier nicht weiter auf diesen Speicher ein. Es sei jedoch festgehalten, dass damit nichts gegen ein visuell-räumliches Gedächtnis oder gegen die Unterscheidung eines sprachlichen und eines visuell-räumlichen Gedächtnisses gesagt wird. Im Gegenteil, die Unterscheidung von verschiedenen an Gedächtnisleistungen beteiligten Systemen oder Codes halten wir für wichtig, und zwar auch für episodische Erinnerungsleistungen (s. hierzu ▶ Abschn. 9.4). Lediglich die Beschränkung dieser Unterscheidung auf das KZG erscheint nicht gerechtfertigt.

Das zeigen Experimente von Baddeley und Lieberman (1980) und Logie (1986), in denen sie das Paradigma des Paarassoziationslernens in **Interferenzexperimenten** benutzt haben, um zu demonstrieren, dass der verbale von einem visuell-räumlichen KZS zu unterscheiden ist. Interferenzexperimente sind ein gebräuchliches Verfahren zur Trennung von Codes bzw. Systemen. Kombiniert man zwei Aufgaben, die denselben Code benutzen, so sinkt die Leistung, werden dagegen verschiedene Codes benutzt, so beeinträchtigt das die Leistung nicht. Die Wissenschaftler ließen Ziffer-Wort-Paare verbal und unter einer visuellen Vorstellungsinstruktion lernen und verglichen die Behaltensleistungen unter einer verbalen und einer visuell-räumlichen Störaufgabe. Es zeigte sich, dass verbales Lernen durch eine verbale Störaufgabe und visuelles Lernen durch eine visuell-räumliche Störaufgabe beeinträchtigt wird (nähere Informationen hierzu in ▶ Abschn. 9.4.4).

Solche Experimente zeigen zweierlei: Sie machen deutlich, dass zwischen einem verbalen und einem visuell-räumlichen Code zu unterscheiden ist, und sie zeigen, dass diese Unterscheidung für das Paarassoziationslernen von Ziffer-Wort-Paaren gilt. Dieses Verfahren wird allgemein dem episodischen Behalten und dem Langzeitgedächtnis zugeordnet. Eine Zuordnung dieser und ähnlicher Befunde

7.4 · Andere Konzeptionen des Arbeitsgedächtnisses

zum verbalen bzw. visuell-räumlichen KZS lässt sich damit schwerlich rechtfertigen.

7.3.8 Abschließende Bemerkungen zu Baddeleys Modell vom Arbeitsgedächtnis

Die Untersuchungen zu Baddeleys Modell machen deutlich: Das Modell kommt weder für die PL noch für den visuell-räumlichen KZS ohne die theoretische Berücksichtigung der Reizbedeutung aus. Darüber hinaus ergeben sich für beide Speicher unterschiedliche Bewertungen.

Die PL ist ein spezifischer KZS für phonetische Information, der nichts über das Behalten episodischer Information und ihre Behaltensdauer aussagt. Die PL lässt keine Aussagen zu einem episodischen KZG zu. Die Hauptfunktion der phonologischen Schleife dürfte beim Erwerb der Muttersprache in der frühen Kindheit und beim Erwerb von Fremdsprachen liegen. Hierbei geht es zunächst einmal um gehörte Sprache und um den Erwerb der Lautgestalt. Die Entsprechung von Hören und Sprechen ist eine Besonderheit von Sprache. Sie liegt der Nachsprechleistung zugrunde. Diese Leistung hat wenig mit dem episodischen Gedächtnis zu tun. Die Besonderheit der direkten Verbindung von Hören und Sprechen wird von Mehrwegemodellen der Wortverarbeitung ebenso berücksichtigt wie die Wortbedeutung. Diese Modelle haben mehr Erklärungskraft als die PL. Ohne hier die Annahmen solcher Mehrwegemodelle im Einzelnen zu bewerten, soll festgehalten werden, dass selbst so eine einfache Aufgabe wie das Nachsprechen eines Wortes komplexere Prozesse aufweist als es die PL vorsieht und dass die Nachsprechleistungen bei Wörtern auch die Aktivation von Bedeutungen und damit semantische Prozesse involvieren können. Damit würde ein Modell wie das in ◘ Abb. 7.3, das die Bedeutung einbezieht, nicht nur viele Nachsprechleistungen von Wörtern und Sätzen gut erklären können, es macht auch viele **neuropsychologische Störungsbilder** wie Worttaubheit, Wortblindheit, semantische Dyslexie u.a. verständlich. Der zuletzt genannte Sachverhalt ist wohl auch die Ursache dafür, dass ähnliche Modelle in der Neuropsychologie stark verbreitet sind.

Die Berücksichtigung der Bedeutung würde aber insbesondere auch die Möglichkeit bieten, episodische Erinnerungsleistungen einzubeziehen. Die Nützlichkeit von Modellen wie dem in ◘ Abb. 7.3 zur Erklärung episodischen Behaltensleistungen ist das zentrale Thema in ▶ Kap. 9.

Interferenzexperimente mit Paarassoziationslernen werfen darüber hinaus sowohl für einen verbalen als auch für einen visuell-räumlichen KZS Probleme auf, da diese Experimente sich methodisch nicht von Experimenten zum episodischen Gedächtnis unterscheiden und zeitliche Eigenschaften aufweisen, die nicht zum Konzept eines KZS passen, der Informationen im Sekundenbereich speichert.

Der visuell-räumliche KZS wirft zusätzliche Probleme auf. Er wird u.a. in Experimenten mit Wortlisten untersucht, bei denen der visuell-räumliche Speicher erst durch die Instruktion, visuelle Vorstellungen zu bilden, aktiviert wird. Das bedeutet, dass solche Experimente, bei denen es um das Behalten von Wortbedeutungen geht, episodisches Erinnern einschließen. Dies wird im theoretischen Konzept des visuell-räumlichen KZS nicht entsprechend berücksichtigt. Ferner geht es um Experimente, die vom Listenumfang und von den zeitlichen Randbedingungen eher dem LZG als dem KZG zugerechnet werden können. Auch das wird in der Theorie nicht berücksichtigt.

Das bedeutet, dass sich zumindest eine Anzahl von Untersuchungen zum verbalen wie zum visuell-räumlichen KZS problemlos dem episodischen Erinnern und dem längerfristigen Behalten zuordnen lässt. Damit wird die Annahme einer scharfen zeitlichen Begrenzung des KZG für das episodische Behalten problematisch.

Im Folgenden soll deshalb gezeigt werden, dass sich kurzzeitiges und langzeitiges Behalten auch ohne eine kategoriale Grenzziehung im Rahmen eines AG-Modells berücksichtigen lassen.

7.4 Andere Konzeptionen des Arbeitsgedächtnisses

Es hat sich gezeigt, dass die Konzeption des Arbeitsgedächtnisses von Baddeley keinen Beitrag zum episodischen Gedächtnis darstellt und sich klar vom Primärgedächtnis unterscheidet, wie es William

James dargestellt hat. Beim Primärgedächtnis geht es wie beim Sekundärgedächtnis um Erinnerungen an semantisch interpretierte Ereignisse. In diesem Sinne ist das Beispiel „Telefonnummer behalten" am Anfang des Kapitels ein Beispiel für das Funktionieren der PL von Baddeley, während das Beispiel „Rostwurst holen" ein Beispiel für das kurzzeitige Behalten bzw. Vergessen einer semantischen Episode ist. Mit der zuletzt genannten Leistung stellt sich die Frage, ob für diese eine scharfe und kategoriale Trennung zwischen einem Kurzzeit- und einem Langzeitgedächtnis nötig ist. Diese Frage soll uns im Folgenden beschäftigen.

7.4.1 Was ist ein Arbeitsgedächtnis?

Schaut man sich die zwei Beispiele am Anfang des Kapitels genauer an, dann erkennt man, dass das Telefon-Beispiel in das Konzept des Arbeitsgedächtnisses (AG) von Baddeley passt. Eine Person hört eine Telefonnummer (z. B. 73510947) und hält sie durch inneres Nachsprechen aktiv. Als es an der Tür klingelt, wird sie vom Nachsprechen abgelenkt, und die Information geht verloren. Dieser Speicher verliert seine Information innerhalb von Sekunden, wenn sie nicht wiederholt wird.

Betrachtet man das Rostwurst-Beispiel, so hat man eine andere Situation vor sich. Hier geht es eher um Minuten, und aktives Wiederholen spielt kaum eine Rolle. Außerdem sind hier zwei Gedächtnisse beteiligt, das des Mannes und das der Frau.

Der Mann erhält von seiner Frau den Auftrag, ihr eine Rostwurst mit Senf zu holen. Dies ist ein alltäglicher Vorgang, bei dem es darum geht, eine Handlung zu speichern, um sie auszuführen. Das Speichern der Äußerung der Frau entspricht dabei dem Speichern einer Episode. Der Inhalt der Äußerung enthält aber eine Aufforderung zum Handeln – der Mann bildet eine Handlungsintention. Ähnliche Situationen liegen vor, wenn jemand in den Keller geht, um Fleisch aus der Gefriertruhe zu holen, oder zum Supermarkt, um Äpfel und Bananen zu kaufen. Beim Behalten von Handlungsintentionen spricht man auch vom **prospektiven Gedächtnis**. Kritisch für das prospektive Gedächtnis ist, dass die intendierte Handlung gespeichert werden muss, bis sie ausgeführt ist. Die Zeitdauer, über die Handlungen dabei gespeichert werden, ist in aller Regel länger als dies im Rahmen des AG-Modells von Baddeley angenommen wird.

Auch das Gedächtnis der Frau ist gefragt. Sie hat Lust auf eine Rostwurst und bittet ihren Mann, ihr eine Wurst mit Senf zu holen. Ihre Äußerung ist auf den ersten Blick typisch für eine Episode, und das Behalten dieser Episode ist eine episodische Gedächtnisleistung. Allerdings zeigt kurzes Nachdenken, dass auch die Frau den Auftrag im Gedächtnis behalten muss, bis dieser erledigt ist und sie ihre Wurst essen kann. Man kann sich leicht vorstellen, was passieren würde, wenn sie dieses Ereignis vergessen würde. Vielleicht würde sie ihren Mann erstaunt ansehen und ihn fragen, wieso er ihr eine Wurst brächte. Vielleicht würde sie ihn auch fragen, warum er vorher nicht gefragt habe, was sie gerne essen würde. Allgemein zeigt das, dass wir speichern müssen, was wir gesagt oder getan haben, damit wir nicht dasselbe mehrfach erzählen oder tun. Die Konsequenzen von solchen Wiederholungen liegen auf der Hand.

Handlungen haben demnach zwei Gesichter. Die Ausführung einer Handlung entspricht einer Episode. Vor der Ausführung ist die Handlungsepisode mit einer Ausführungsintention verknüpft, die selbst keine Episode ist. Das verbindet das episodische Gedächtnis mit dem AG. Episodisches und Arbeitsgedächtnis sind nicht unabhängig voneinander.

Das Rostwurst-Beispiel zeigt auch, dass die Gedächtnisse der beiden beteiligten alten Leute nicht mehr hinreichend funktionieren. Leider ist das häufig eine realistische, wenngleich hier überzeichnete Situation. Das Gedächtnis wird mit dem Alter störanfälliger. Im Beispiel behält der Mann zwar, dass er seiner Frau etwas zum Essen kaufen soll, aber er vergisst, was er ihr kaufen soll. Ähnlich behält die Frau zwar, dass ihr Mann ihr etwas zum Essen holen soll, aber sie vergisst, was genau er holen soll. Nur das Fragment, dass es etwas mit Beilage ist, bleibt ihr in Erinnerung. Tatsächlich erinnern besonders ältere Menschen öfter, *dass* sie gerade etwas tun wollten, als *was* genau sie gerade tun wollten.

Die beiden älteren Personen geben Beispiele für ein AG, das sich von dem, das Baddeley vorschlägt, unterscheidet. Allgemein kann man sagen: Es ist ein System, das Informationen speichert, um ein **Ziel** zu

7.4 · Andere Konzeptionen des Arbeitsgedächtnisses

erreichen. Die Informationen müssen bis zur Zielerreichung gespeichert werden und ändern sich oft mit dem Fortschreiten der Handlung. Neben alltäglichen Handlungen stellen auch komplexe Aufgaben Beispiele für solche Ziele dar, wie etwa die nächsten Züge im Schachspiel zu planen, eine freie Rede zu halten oder einen Garten zu gestalten. Letztere stellen besondere Anforderungen an das AG. Der Gesichtspunkt, etwas zu behalten, bis ein spezifisches Ziel erreicht ist, unterscheidet das AG von typischen Leistungen des episodischen Gedächtnisses, etwa von der Leistung, zu speichern, dass eine Geburtstagsfeier stattgefunden hat oder dass es gestern in Mannheim geregnet hat.

Der Gesichtspunkt, dass eine Handlung behalten werden muss, bis ein Ziel erreicht ist, bedeutet allerdings nicht, dass sie danach vergessen werden darf. Für den Handelnden ist es meist auch wichtig, zu behalten, dass er eine Handlung schon erledigt hat. Sonst würde er Gefahr laufen, dieselbe Handlung wiederholt auszuführen, z. B. die Suppe mehrfach zu salzen oder die Tabletten mehrfach zu schlucken oder denselben Witz denselben Personen wiederholt zu erzählen.

Zusammengefasst verdeutlichen diese Beispiele, dass die Behaltensdauer beim AG variabel und kein kritisches Merkmal des AG ist. Es wird aber auch deutlich, dass sich das AG und das episodische Gedächtnis überlappen und nicht unabhängig voneinander sind. Im Folgenden stellen wir einen alternativen Vorschlag zum AG vor, der diesen beiden Aspekten weitgehend Rechnung trägt.

7.4.2 Arbeitsgedächtnis als aktivierter Teil des Langzeitgedächtnisses

Cowan (z. B. 1999) betrachtet das AG als aktivierten Teil des Langzeitgedächtnisses. Er unterscheidet nicht aktivierte und aktivierte Langzeitgedächtnisinformation. Letztere steht im Fokus der Aufmerksamkeit. Sie ist uns bewusst und direkt zugänglich. Aktivierte Information wird durch Zuwendung von Aufmerksamkeit zugänglich. Nicht aktivierte Gedächtnisinformation muss erst aktiviert werden. Die im Fokus stehende Information verhält sich weitgehend wie die im klassischen KZS. Ein Vorteil dieses Modells liegt darin, dass die Beziehung zwischen dem AG und dem LZG explizit ausformuliert ist. Es wird deutlich wie Aufmerksamkeit und Gedächtnis zusammenwirken.

Cowan (z. B. 1999) spricht von „an embedded-process model of working memory". Damit sind zwei wichtige Begriffe angesprochen: „eingebettet" und „Prozessmodell". Der zweite Begriff macht deutlich, dass es bei Cowan nicht um Strukturen wie PL und visuell-räumliches KZS geht, sondern um Prozesse, die unseren Gedächtnisleistungen zugrunde liegen. Der Begriff „eingebettet" weist darauf hin, dass das AG nach Cowan als Teil des LZG angesehen wird. Die Trennungslinie zwischen Kurz- und Langzeitgedächtnis ist weniger grundsätzlich. Beide sind vielmehr miteinander verbunden. Im Mittelpunkt stehen bei Cowan die Prozesse der **Aktivation** von Informationen im Gedächtnis und wie diese gesteuert wird. Deshalb spricht er vom „Arbeitsgedächtnis".

Die wichtigste Steuergröße ist die willkürliche und zielgerichtete Zuwendung von Aufmerksamkeit zu Gedächtnisinhalten. Sie führt dazu, dass uns Gedächtnisinhalte bewusst werden, d. h. dass sie in den Fokus der Aufmerksamkeit kommen. Aufmerksamkeit kann aber auch unwillkürlich durch bestimmte Reizbedingungen – z. B. durch neue Reize – ausgelöst werden. Gedächtnisinhalte, die nicht mehr im Fokus der Aufmerksamkeit stehen, bleiben noch eine Weile aktiviert. Sie sind uns nicht mehr bewusst, aber durch Aufmerksamkeitszuwendung leicht ins Bewusstsein zurückzuholen. Ohne Zuwendung von Aufmerksamkeit wird diese Information innerhalb von 15 Sekunden deaktiviert. Die Zeitschätzung beruht z. B. auf der Aufgabe, zwei ähnliche Töne nach einem variablen Behaltensintervall zu vergleichen. Dieser Vergleich gelingt etwa 15 Sekunden lang. Das bedeutet, dass die Aktivation einer zeitlichen Begrenzung unterliegt. Dies verhält sich anders bei der Information im Fokus der Aufmerksamkeit. Sie ist so lange verfügbar, wie Aufmerksamkeit auf sie gerichtet wird. Aber sie ist kapazitätsbegrenzt. Der Fokus fasst nur ca. vier Einheiten, d. h., der Inhalt unseres Bewusstseins ist auf vier Einheiten begrenzt. Aufmerksamkeit und Bewusstsein sind für Cowan wie schon für James (1890) ko-existent. Die Festlegung der **Kapazität** beruht z. B. auf der Beobachtung, dass willkürlich angeordnete Punktmengen, deren Anzahl geschätzt werden sollen, nur bis zu ca. vier Punkten richtig geschätzt werden. Bei mehr Punkten steigen Fehler und Reaktionszeit drastisch an.

Damit geht Cowan von einem einheitlichen Langzeitgedächtnis aus, dessen Inhalte sich nur durch den Grad der Aktiviertheit unterscheiden. Der größte Teil der Gedächtnisinhalte ist nicht aktiviert. Was aktiviert wird, hängt von der jeweiligen Zielsetzung der Person ab. Von der aktivierten Information bildet die Information, auf die sich die Aufmerksamkeit gezielt richtet, den Fokus. Sie ist uns bewusst und unmittelbar verfügbar. Wendet sich die Aufmerksamkeit ab, wird die Information innerhalb kurzer Zeit deaktiviert und ruht als potenzielle Information im Langzeitgedächtnis.

Zentral ist deshalb für Cowan, *wie* die Aktivation gesteuert wird. Die Information im Gedächtnis wird zunächst durch die allgemeine Zielsetzung aktiviert, z. B. tanken zu fahren. Innerhalb dieser Zielsetzung wird die Aufmerksamkeit willkürlich auf bestimmte Inhalte gerichtet, z. B. wo habe ich mein Auto abgestellt. Sie bilden den Fokus. Die allgemeine Zielsetzung kann aber auch dazu führen, dass Reize die Aufmerksamkeit automatisch auf sich ziehen, z. B. der Anblick einer Tankstelle. Im Gegensatz zu zielrelevanten Reizen verlieren gleichbleibende Reize, wenn sie nicht zielrelevant sind, z. B. der Anblick von Tankstellen, die Fähigkeit, die Aufmerksamkeit auf sich zu ziehen. Man spricht dann von Habituierung. Innerhalb des aktivierten Gedächtnisses können neue Kombinationen gebildet und zu einem Teil des Langzeitgedächtnisses werden, z. B. das Wissen, wo die nächste Tankstelle ist, wenn man an einen neuen Ort gezogen ist.

Bewusste Zuwendung ist nach Cowan beim Einprägen und Abrufen von Gedächtnisinhalten wichtig. Beim Einprägen von Reizen erhöht sie die Zahl der eingeprägten Merkmale (im Tank-Beispiel: die Tankstelle war von ARAL, gegenüber war eine Kirche usw.), und beim Erinnern erlaubt sie es, die Merkmale wieder abzurufen (z. B. als Benzin wurde ARAL angeboten, gegenüber habe ich eine Kirche gesehen). Cowan macht deutlich, wie Aufmerksamkeit und Gedächtnis zusammenwirken.

Obwohl Gedächtnisformate wie phonologische und visuell-räumliche Codes bei Cowan nicht im Mittelpunkt stehen, finden sie Berücksichtigung. Sie sind Teile des Langzeitgedächtnisses, die in verschiedenen Hirnregionen repräsentiert sein können und unterschiedliche Funktionsmerkmale haben können. Sie können z. B. unterschiedlich gut zur Erreichung bestimmter Ziele geeignet sein. Für den Abruf der zeitlichen Abfolge von Reizen sollte z. B. der phonologische Code besonders geeignet sein und für den Abruf visuell-räumlicher Informationen der visuell-räumliche Code. Aber die Codes sind Teile des LZG und nicht wie bei Baddeley in spezifischen Kurzzeitsystemen angesiedelt. Im Alltag können natürlich sehr viele andere Ziele im Spiel sein, wie eine Verabredung nicht zu vergessen oder einen geeigneten Teppich für das Wohnzimmer auszusuchen. Welche Codes auch immer genutzt werden, sie unterliegen alle den gleichen Prozessen der Aktivation und Deaktivation von Gedächtnisinhalten.

Die Darstellung des AG-Modells von Cowan zeigt, wie sich die Konzepte von Baddeley und Cowan unterscheiden. Für Cowan beruhen alle Gedächtnisleistungen auf einem einheitlichen Langzeitgedächtnis, und die Gedächtnisinhalte unterscheiden sich nur im Hinblick auf ihre Aktivationszustände. Für ihn sind Gedächtnisleistungen nicht die Folge von bestimmten Strukturen, sondern von Prozessen. Die Trennung von Kurz- und Langzeitgedächtnis verliert damit an Bedeutung. Nach Cowan trägt das ganze LZG zum Funktionieren des AG bei, d. h. zur aktuellen zielorientierten Informationsverarbeitung bzw. zur aktuellen Aufgabenbewältigung. Cowan geht bei seiner Konzeption des AG von der Frage aus, wozu es genutzt wird. Er analysiert, wie es zur Erreichung bestimmter Ziele funktionieren müsste. Es ist umfassender angelegt als das AG von Baddeley.

7.5 Fazit

In der Forschung zum KZS der Mehrspeichertheorie und der PL des Arbeitsgedächtnisses von Baddeley geht es nicht um die Untersuchung typischer Leistungen des episodischen Gedächtnisses. Es werden zwei Einschränkungen vorgenommen, die die Forschung von der Untersuchung des episodischen Gedächtnisses wegführen: die Art des untersuchten Materials und die verwendete Methode.

Die Einschränkungen der KZG-Forschung werden im Hinblick auf ihre Implikation für das episodische Gedächtnis in Lehrbüchern so gut wie nicht thematisiert. Es wird nicht diskutiert, dass der

7.5 · Fazit

klassische Kurzzeitspeicher und die phonologische Schleife von Baddeley das KZG auf den Spezialfall des Nachsprechens von kurzen Listen sinnarmer verbaler Reize reduzieren und dass dies keine Leistung des episodischen Gedächtnisses ist. Umgekehrt wird aber auch der positive Beitrag z. B. zum Erwerb phonetischer Repräsentationen zu wenig deutlich gemacht, weil die Implikationen für das episodische Gedächtnis nicht diskutiert werden.

Der visuell-räumliche KZS ist aus verschiedenen Gründen für die Forschung zum episodischen Gedächtnis ebenfalls wenig hilfreich. Einerseits bleibt auch bei diesem KZS die semantische Information in der theoretischen Konzeption außen vor. Andererseits bleibt bei diesem Speicher unklar, welche Reize er verarbeitet und insbesondere wie der Wiederholungsmechanismus zum Erhalt der Reize aussieht.

Neben Unklarheiten darüber, was die Reize dieses Speichers sind und wie der Wiederholungsmechanismus aussieht, entstehen besondere Probleme dadurch, dass er auch mit sprachlichen Reizen untersucht wird. In diesem Fall wird der visuell-räumliche KZS durch eine Instruktion zur Bildung visueller Vorstellungen aktiviert. Eine visuelle Vorstellung zu einem Wort (z. B. „Bär") setzt aber die Aktivation der Bedeutung von „Bär" voraus. Diese ist jedoch als Repräsentation in dem visuell-räumlichen KZS nicht vorgesehen. Darüber hinaus unterscheiden sich die Experimente mit Wörtern, zu denen visuelle Vorstellungen gebildet werden sollen, nicht von Experimenten zur Rolle visueller Vorstellungen im Rahmen der Langzeitgedächtnisforschung. Kurz, die Beziehung zwischen den beiden Speichern – der PL für sprachliche und der visuell-räumliche für visuell-räumliche Information – und der semantischen Information bleibt unklar.

Im Mittelpunkt alternativer AG-Modelle stehen nicht die genauen zeitlichen Begrenzungen, sondern die Frage, was wir im Gedächtnis noch direkt verfügbar haben und was wir suchen und rekonstruieren müssen. Damit wird die Unterscheidung zwischen Kurz- und Langzeitgedächtnis entschärft.

Das alternative Konzept des Arbeitsgedächtnisses von Cowan zieht keine kategoriale Grenze zwischen kurz- und langfristigem Behalten. Bei Cowan wird der Unterschied zwischen aktivierter und nichtaktivierter Information innerhalb eines einheitlichen Langzeitgedächtnisses in den Mittelpunkt gerückt. Dabei geht es im Prinzip um dieselbe Information aus demselben Gedächtnis. Nur ist die aktivierte Information direkt verfügbar (wie in einem KZS), während die nicht aktivierte Information im Gedächtnis erst aktiviert werden muss. Cowan thematisiert dabei die Rolle der Aktivationsprozesse sowohl beim Einprägen als auch beim Erinnern. Dabei können die Informationen verschiedene Codes annehmen; neben einem semantischen Code können auch phonetische und visuelle Codes aktiviert werden.

Das entspricht der Forschung zum episodischen Gedächtnis. Auch hier findet die Unterscheidung zwischen einem Kurz- und einem Langzeitgedächtnis wenig Beachtung. Im Mittelpunkt steht die Frage, wovon die episodische Erinnerungsleistung abhängt. Dabei wird die Aufmerksamkeit auf die Prozesse beim Enkodieren, Speichern und Abrufen gerichtet. Das Behalten als Funktion von Verarbeitungsprozessen steht im Mittelpunkt des nächsten Kapitels.

? Kontrollfragen

1. Was versteht William James unter Primär- und Sekundärgedächtnis?
2. Was sind die Grundannahmen des klassischen Mehrspeichermodells?
3. Was ist die zentrale Kritik am klassischen Mehrspeichermodell?
4. Was unterscheidet das Arbeitsgedächtnis-(AG-)Modell von Baddeley vom KZS des klassischen Mehrspeichermodells?
5. Was unterscheidet die phonologische Schleife (PL) vom klassischen Kurzzeitspeicher (KZS) und was ist ihnen gemeinsam?
6. Wozu dient die phonologische Schleife und wozu trägt sie nicht bei?
7. Warum trägt der visuell-räumliche Kurzzeitspeicher (KZS) wenig zur Klärung eines Kurzzeitgedächtnisses (KZG) bei?
8. Wann spricht man vom Arbeitsgedächtnis (AG)?
9. Was ist der Kern des Arbeitsgedächtnis-(AG-)Modells von Cowan?

Weiterführende Literatur

Baddeley, A. D., & Logie, R. H. (1999). Working memory: The multiple-component model. In A. Miyake & P. Shah (Eds.), *Models of working memory* (pp. 28–61). Cambridge, UK: University Press.
Cowan, N. (1999). An embedded-processes model of working memory. In A. Miyake & P. Shah (Eds.), *Models of working memory* (pp. 62–101). Cambridge, UK: University Press.
Radvansky, G. (2011). *Human memory* (Kap. 4). Boston: Allyn u. Bacon.

Prozessmodelle: Das Behalten von Episoden als Funktion von Enkodier- und Abrufprozessen

Johannes Engelkamp

8.1 Behalten als Funktion itemspezifischer und relationaler Enkodier- und Abrufprozesse – 139

8.2 Behalten als Funktion von itemspezifischen Enkodierprozessen – 140
8.2.1 Ansatz der Verarbeitungstiefe – 140
8.2.2 Weitere Fragen, die im Kontext des Ansatzes der Verarbeitungstiefe untersucht wurden, und Kritik an dem Ansatz – 141

8.3 Behalten als Funktion relationaler Enkodierprozesse: der Organisationsansatz – 143
8.3.1 Kategoriale Organisation – 143
8.3.2 Wissensschemata – 145
8.3.3 Elaborative Organisation – 146

8.4 Behalten als Funktion von Enkodieren und Abrufen – 147
8.4.1 Prinzip der Enkodierspezifität – 147
8.4.2 Grenzen der Enkodierspezifität – 148

8.5 Enkodieren und Abrufen von itemspezifischer und relationaler Information – 149
8.5.1 Generierungs-Rekognitions-Theorien – 149
8.5.2 Enkodierspezifität beim Free Recall und Wiedererkennen – 149

8.6 Die Erklärung spezifischer Behaltenseffekte durch itemspezifische und relationale Information – 150

© Springer-Verlag Berlin Heidelberg 2017
J. Hoffmann, J. Engelkamp *Lern- und Gedächtnispsychologie*, Springer-Lehrbuch
DOI 10.1007/978-3-662-49068-6_8

8.6.1	Hypermnesie – 151	
8.6.2	Seriale Positionseffekte – 151	
8.6.3	Falsche Erinnerungen – 153	
8.6.4	Quellenkonfusion – 154	

8.7 Itemspezifische und relationale Information beim Vergessen – 154

8.7.1	Vergessen als Interferenz – 156
8.7.2	Abrufinduziertes Vergessen – 157
8.7.3	Gerichtetes Vergessen – 159
8.7.4	Konsolidierung und Vergessen – 161

8.8 Autobiografisches Gedächtnis – 161

8.9 Spezifische Aspekte beim Wiedererkennen und freien Erinnern – 163

8.9.1	Erinnern versus Vertrautheit beim Wiedererkennen – 163
8.9.2	Darbietungsfolge von Reizen als spezifische Form relationaler Information: die Item-Order-Hypothese – 165

8.10 Fazit – 167

Lernziele

- Was sind die Grundannahmen von Prozessmodellen?
- Wie kann man zeigen, dass Prozesse das episodische Behalten beeinflussen?
- Welche Prozesse spielen beim Erinnern eine Rolle?
- Wie wirken die Prozesse beim Enkodieren und Abrufen zusammen?
- Finden die Prozesse beim Enkodieren und Erinnern automatisch oder kontrolliert statt?
- Wodurch wird erfolgloses Erinnern gefördert bzw. verhindert?
- Wie unterscheiden sich das episodische und das semantische Gedächtnis?

Beispiel
Wenn ein Botaniker und ein Jäger einen gemeinsamen Waldspaziergang machen, dann werden sie später wenigstens teilweise unterschiedliche Erinnerungen haben. Der Jäger erinnert sich vielleicht daran, dass ein Hochstand beschädigt war und dass in seiner Nähe die Losung von Rehen und Spuren von Wildschweinen waren. Der Botaniker erinnert sich dagegen vielleicht an eine Wiese wilder Maiglöckchen und an eine hochgewachsene Rotbuche inmitten einer Lichtung. Dieses alltägliche Beispiel zeigt, dass von ein und derselben Episode sehr Unterschiedliches in das Gedächtnis aufgenommen wird, je nachdem, worauf die Aufmerksamkeit während des Erlebens der Episode gerichtet war. Ein und dieselben Reize haben beim Jäger und beim Botaniker unterschiedliche Prozesse angeregt und nur die Spuren dieser Prozesse sind jeweils im Gedächtnis bewahrt worden und wurden wenigstens teilweise beim Erinnern an den Waldspaziergang reaktiviert.

8.1 Behalten als Funktion itemspezifischer und relationaler Enkodier- und Abrufprozesse

Prozessmodelle betrachten das episodische Erinnern als Folge der Prozesse, die während des Enkodierens und Abrufens ablaufen. Das Erinnern besteht in der Reaktivierung der Enkodierprozesse im Behaltenstest, ausgelöst durch mehr oder weniger Hinweisreize („cues"). Die Prozessorientierung hat in den 1980er-Jahren zu der Unterscheidung von zwei zentralen Prozesstypen und -funktionen geführt, nämlich zur Unterscheidung von itemspezifischen und relationalen Prozessen. **Itemspezifische Prozesse** sind solche, die die Besonderheit eines auf uns wirkenden Reizes oder – wie die Psychologen meist sagen – eines „Items" heraus arbeiten, d. h. festzustellen, was einen bestimmten Reiz von anderen Reizen unterscheidet, etwa das Wort „Hund" unter Wörtern für unbelebte Objekte. Das ist die **diskriminative Funktion** der Reizverarbeitung.

Relationale Prozesse aktivieren Verbindungen zwischen verschiedenen Reizen im semantischen Gedächtnis und arbeiten Merkmale heraus, die mehrere Reize miteinander teilen, z. B. „Hund, Katze, Rind" als Tiernamen. Die Funktion dieser Prozesse besteht darin, beim Erinnern verbindende Informationen im Gedächtnis reaktivieren zu können, da über enkodierte Ähnlichkeiten zwischen zwei Reizen die Erinnerung an den einen Reiz die Erinnerung an den anderen Reiz erleichtert werden kann. Man geht davon aus, dass itemspezifische und relationale Prozesse beim Enkodieren und Abrufen zusammenspielen. Das ist in ◘ Abb. 8.1 dargestellt.

Die Abbildung verdeutlicht, dass die gleichen Prozesse (Diskriminieren und Assoziieren) beim Enkodieren und Abrufen stattfinden. Wie das konkret aussieht, ist im folgenden Beispiel veranschaulicht.

Beispiel
Angenommen es wird die folgende Liste von Wörtern präsentiert: Grotte, Beule, Garten, Straße, Mantel, Radieschen, Krawatte, Schubkarre, Salat, Harke, Rose, Tonne, Fliege, Sonne, Schnecke.
Dann bestünde eine itemspezifische Verarbeitung (sie betont die Unterschiede) des Wortes „Grotte" z. B. darin, sich zu vergegenwärtigen, dass man in eine Grotte hineingehen kann, dass sie aus natürlichen Steinen besteht, dass sie vor Regen schützt usw. – man führt sich also die Besonderheiten einer Grotte vor Augen. Eine itemspezifische Verarbeitung des Wortes „Beule" wäre es, wenn man sich vorstellt, wie sie entstanden ist, z. B. dass man im Dunkeln mit dem Kopf gegen eine Wand gestoßen ist, dass eine Beule schmerzen kann, dass sie sich wie eine Verdickung anfühlt usw.
Eine relationale Verarbeitung (sie betont die Assoziationen) würde dagegen die Beziehungen zwischen

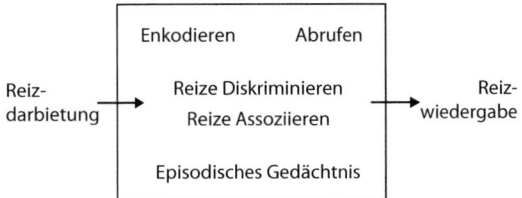

☐ **Abb. 8.1** Grundlagen des episodischen Erinnerns nach den Prozessmodellen

Reizen hervorheben, z. B. dass sich „Schubkarre und Harke" im „Garten" befinden oder dass „Radieschen, Salat und Rose" Pflanzen sind. Die relationale Information hilft beim Erinnern, z. B. indem sie die Frage anregt, was alles im Garten war oder welche Wörter Pflanzen bezeichneten. Sie hilft, Wörter der Liste, die man gehört hatte, zu reaktivieren.
Die itemspezifische Information hilft zu beurteilen, ob die Wörter, die einem dabei einfallen, tatsächlich in der Liste waren. Bei „Schubkarre" fiele die Entscheidung eher für „ja" aus, bei „Spaten" eher für „nein".

Die gemeinsame Betrachtung von itemspezifischer und relationaler Information stand jedoch nicht am Anfang der Prozessforschung. Ebenso wenig hat man anfänglich das Zusammenspiel von Enkodieren und Abrufen thematisiert.

8.2 Behalten als Funktion von itemspezifischen Enkodierprozessen

Der Fokus lag zunächst beim Enkodieren. Man nahm an, dass in der Studierphase Prozesse stattfinden, deren Spuren im Gehirn später erinnert werden. Als wichtig für das spätere Erinnern betrachtete man das Herausfinden der itemspezifischen Information eines Reizes und die Beziehungen zwischen Reizen.

8.2.1 Ansatz der Verarbeitungstiefe

Ein einflussreicher Vorschlag zur unterschiedlichen Wirkung von Verarbeitungsprozessen der einzelnen Reize wurde von Craik und Lockhart (1972) gemacht. Ihr Anliegen war es, den Mehrspeichermodellen ein Prozessmodell gegenüberzustellen.

Da zu dieser Zeit die Forschung weitgehend auf das Behalten von Sprachreizen – genauer von Wortlisten – bezogen war, blieb ihre Prozessanalyse ungewollt auf die Wortverarbeitung und sogar auf die Verarbeitung visuell gebotener Wörter beschränkt, da die Wörter in den meisten Experimenten visuell dargeboten wurden.

Wörter sollten nach der Annahme von Craik und Lockhart beim Betrachten drei Prozesse (oder anders gesagt: drei Verarbeitungsstufen) durchlaufen:

- Beim Betrachten von Wörtern wird demnach zunächst das Schriftbild analysiert. Hier sprachen sie von struktureller Verarbeitung.
- Dann folgt die phonetische Analyse, d. h., es wird die Lautgestalt des Wortes verarbeitet.
- Erst am Ende steht nach ihrem Modell die semantische Analyse, d. h. die Verarbeitung der Wortbedeutung.

Die einzelnen Verarbeitungsprozesse – die strukturellen, die phonetischen und die semantischen – sollten dabei unterschiedlich behaltenswirksam sein. Die Spuren der strukturellen Analyse sollten am wenigsten behaltenswirksam sein. Die phonetische Verarbeitung sollte schon zu mehr Behalten führen. Am wirksamsten sollte die semantische Reizverarbeitung sein. Zur Überprüfung dieser Annahmen schlugen sie sog. **Orientierungsaufgaben (OA)** (▶ Exkurs) vor, die die Verarbeitung auf den verschiedenen Ebenen festmachen sollten. Hier wurden zwar präsemantische Prozesse postuliert, aber im Verlauf der weiteren Forschung wurde ihnen wenig Beachtung geschenkt. Der Fokus blieb auf den semantischen Prozessen.

> **Exkurs**
>
> **Orientierungsaufgaben nach Craik und Lockhart**
>
> Im Kontext des Konzeptes der Verarbeitungstiefe sollte z. B. die Aufgabe, zu beurteilen, ob ein Wort in Groß- oder in Kleinbuchstaben geschrieben war (z. B. TISCH, tisch), nur bis zur strukturellen Verarbeitungsebene führen, d. h., der Betrachter beachtet und verarbeitet nur die äußeren Merkmale des Schriftbildes.
> Die Aufgabe, zu beurteilen, ob ein Wort sich auf ein anderes reimt (z. B. Fisch oder Stein auf Tisch), sollte zur phonologischen Verarbeitung, aber noch nicht zur semantischen führen.

8.2 · Behalten als Funktion von itemspezifischen Enkodierprozessen

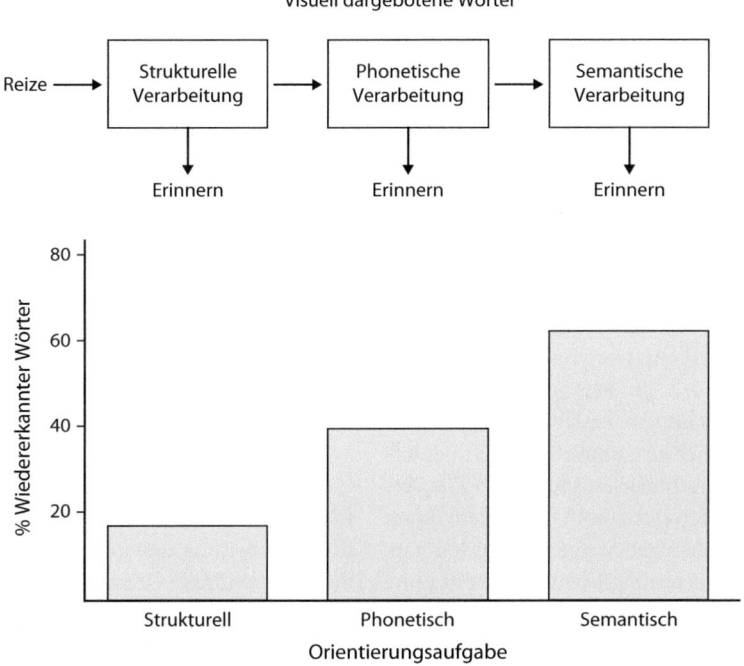

◘ **Abb. 8.2** **a** Stufen der Verarbeitung nach Craik und Lockhart (1972), **b** Effekte der Verarbeitungstiefe beim Wiedererkennen (gemittelt über die Antworttypen ja/nein) nach Craik und Tulving (1975)

> Bis zur semantischen Verarbeitung, also der vertieften Verarbeitung der Wortbedeutung, sollte z. B. die Aufgabe führen, zu beurteilen, ob das Wort „Tisch" in einen gegebenen Kontext passt (z. B. „Die Vase steht auf dem … " oder „Im Aquarium schwimmt ein … "). Entsprechend sollte sich die Behaltensleistung von der strukturellen über die phonetische bis zur semantischen Orientierungsaufgabe verbessern, denn jede Aufgabe führt zu einer tieferen Verarbeitung des zu lernenden Materials.

- **Führt tieferes Enkodieren zu mehr Behalten?**

Craik und Tulving (1975) haben in einer Serie von Experimenten Wortlisten unter verschiedenen Orientierungsaufgaben dargeboten und die Behaltensleistung in einem Wiedererkennenstest geprüft. Zunächst haben sie den allgemeinen Stufeneffekt geprüft. Sie haben ihren Versuchspersonen strukturelle, phonetische und semantische Orientierungsaufgaben gegeben. Die Behaltensleistung nahm von der strukturellen über die phonetische zur semantischen Verarbeitung zu. Die abfallende Gedächtnisleistung bei nichtsemantischen Orientierungsaufgaben könnte darauf zurückgehen, dass zwar weniger, aber dennoch semantische Prozesse stattfinden.
◘ Abb. 8.2 veranschaulicht die Theorie der Verarbeitungstiefe (**a**) und einen Befund zu ihrer Bestätigung nach einer Untersuchung von Craik und Tulving (1975) (**b**).

8.2.2 Weitere Fragen, die im Kontext des Ansatzes der Verarbeitungstiefe untersucht wurden, und Kritik an dem Ansatz

- **Ist die Absicht, etwas zu behalten, für die Behaltensleistung wichtig?**

Behalten war nach Craik und Lockhart (1972) die zwangsläufige Folge der jeweiligen Verarbeitungsprozesse, d. h. es war nach ihrer Ansicht unerheblich, ob die Personen bei der Listendarbietung die Absicht hatten, die Liste zu behalten oder nicht. Nicht die Behaltensintention war nach ihrer Meinung wichtig, sondern welche Prozesse bei der Reizdarbietung abliefen. Die Behaltensgüte sollte direkt von den Verarbeitungsprozessen abhängen.

Schon vor Craik und Lockhart hatten sich Forscher die Frage gestellt, ob **intentionales Lernen** sich von unbeabsichtigtem, d. h. inzidentellem Lernen unterscheidet. Um intentionales Lernen auszuschließen, hatten sie den Versuchspersonen Aufgaben gegeben, die den Behaltenszweck verschleiern sollten, sog. Cover Stories, d. h. die Personen sollten nicht merken, dass es sich um ein Gedächtnisexperiment handelte. Auch die oben genannten Orientierungsaufgaben sind solche **Verschleierungsaufgaben**: Die Versuchspersonen wurden dazu motiviert, indem ihnen Scheingründe für die Aufgaben genannt wurden (z. B. man sei an der Wahrnehmungsleistung für bestimmte Buchstaben im Kontext von Wörtern interessiert).

Die Ergebnisse solcher Experimente stützen den Ansatz der Verarbeitungstiefe. Die Behaltensleistung in einem Experiment von Hyde und Jenkins (1969) unterschied sich in einer semantischen Orientierungsaufgabe bei intentionalem Lernen, d. h. bei der allgemeinen Instruktion, so viel wie möglich zu behalten, nicht von der bei inzidentellem Lernen. In diesem Fall mussten die Personen beurteilen, ob Wörter eine positive Bedeutung hatten. Sie wussten nicht, dass später ihr Behalten geprüft wurde. Dieser Befund lässt auch vermuten, dass die Güte des Behaltenseffektes nicht auf die Behaltensintention (also den Willen, das Material zu behalten), sondern auf die angewendeten semantischen Verarbeitungsprozesse zurückgeht.

- **Verbessert mehr Elaboration auf einer Ebene das Behalten?**

Den Aspekt unterschiedlicher Verarbeitungsprozesse auf gleicher Verarbeitungsebene haben Craik und Tulving (1975) ebenfalls untersucht. Sie haben z. B. unterschiedlich komplexe Kontextsätze zu Wörtern vorgegeben, bei denen die Versuchspersonen die Passung des Wortes zum Kontext beurteilen mussten. Das Wort „Tisch" sollte z. B. danach beurteilt werden, ob es in den Kontext „Die Uhr liegt auf dem … " passt oder ob es zu dem komplexeren Kontext „Die Uhr liegt auf dem kostbaren … aus der Zeit des Biedermeier" passt. Komplexe Kontexte führten zu besserem Behalten als einfache Kontexte. Solche Befunde haben dazu geführt, neben dem Aspekt der Verarbeitungstiefe nach der erreichten Ebene auch den Aspekt der Elaboration auf einer gegebenen **Ebene** als Determinante des Behaltens anzusehen. Dieser Aspekt wurde primär für die semantische Verarbeitungsebene untersucht. Allerdings wurde die Idee, dass die Ebenen notwendig nacheinander durchlaufen würden, später zugunsten der Vorstellung aufgegeben, dass die Verarbeitung auf den verschiedenen Ebenen auch simultan stattfinden kann.

- **Ist die Verarbeitungstiefe oder die Verarbeitungszeit für das Behalten entscheidend?**

Craik und Tulving (1975) haben auch untersucht, ob für das Behalten die Verarbeitungstiefe oder einfach die Verarbeitungszeit kritisch ist. Hierzu haben sie flache strukturelle Orientierungsaufgaben so konstruiert, dass sie viel Zeit in Anspruch nahmen, und diese mit semantischen Orientierungsaufgaben kontrastiert, die sehr viel weniger Zeit als die strukturellen Aufgaben beanspruchten. Sie beobachteten, dass die strukturellen Aufgaben tatsächlich mehr Zeit beanspruchten als die semantischen Aufgaben. Dennoch wurde bei letzteren deutlich mehr Behalten festgestellt als bei ersteren. Danach ist die **Verarbeitungstiefe** und nicht die Verarbeitungszeit entscheidend. Auch hier kann man vermuten, dass das Ausmaß der semantischen Verarbeitung der kritische Faktor ist.

- **Der Nutzen der Verarbeitungstiefe im Alltag**

Die Verarbeitungstiefe ist auch außerhalb von Wortlisten für das episodische Erinnern hilfreich. Wenn wir jemanden kennenlernen, werden wir uns besser an ihn erinnern und ihn besser wiedererkennen, wenn wir ihn während unseres Kontaktes mit ihm intensiver beobachten, die Besonderheiten seines Ausdrucks wahrnehmen, seine Interessen und Familienbeziehungen explorieren usw. Auf diese Weise gelingt es, sich an mehr Personen zu erinnern und sie voneinander zu unterscheiden.

- **Kritik am Ansatz der Verarbeitungstiefe**

Trotz der Tatsache, dass sich die zentralen Annahmen des Ansatzes der Verarbeitungstiefe klar bestätigen ließen und der Ansatz sich als fruchtbar erwiesen hat, blieb Kritik an diesem Ansatz nicht aus.

Die am häufigsten vorgebrachte und sicherlich zentrale Kritik betrifft den Sachverhalt, dass bei der Vielfalt von möglichen Orientierungsaufgaben auf der Grundlage der Theorie im Voraus nicht klar zu entscheiden ist, zu welcher Verarbeitungsebene eine Aufgabe führt. Es bleibt z. B. unklar, zu welcher Verarbeitungsebene Aufgaben führen, wie z. B. „Wie häufig ist das Wort x?", „Wie vertraut ist das Wort x?", „Wie viel Lärm macht das Wort x?" usw. Schließt man aber erst aus der Behaltensleistung auf die Tiefe der Verarbeitung, so ist die Argumentation zirkulär. Die Schwierigkeit der **Operationalisierung** bleibt auch bestehen, wenn man das Ausmaß der semantischen Enkodierprozesse als die kritische Determinante für das Behalten ansieht.

Ein anderer Kritikpunkt betrifft die **Reizmodalität**. Ist es z. B. kritisch, ob man ein Wort akustisch oder visuell darbietet? Wird ein visuell dargebotenes Wort immer automatisch auch phonologisch verarbeitet? Die letzte Frage hat in der Sprachpsychologie reichlich Forschung ausgelöst. Es gilt als wahrscheinlich, dass gelesene Wörter nicht notwendig auch phonologisch kodiert werden. Die Frage, ob akustisch gebotene Wörter auch visuell, d. h. strukturell verarbeitet werden, stellen die Autoren nicht, da sie sich nur mit visuell dargebotenen Wörtern befassen.

- **Worin besteht der Beitrag des Ansatzes der Verarbeitungstiefe zum episodischen Behalten?**

Trotz dieser Kritik bleibt es ein positiver Beitrag von Craik und Lockhart, dass sie die Aufmerksamkeit auf die Bedeutung der Verarbeitungsprozesse in der Lernsituation auf das Erinnern hervorgehoben haben. Allerdings wird beim Ansatz der Verarbeitungstiefe nicht zwischen itemspezifischer und relationaler Information unterschieden. Der Fokus liegt, rückwirkend bewertet, primär auf itemspezifischer Verarbeitung. Bei den Orientierungsaufgaben geht es i.d.R. um die Eigenschaften einzelner Wörter. Allerdings werden bei den semantischen Orientierungsaufgaben auch Beurteilungen eingeholt, die sich auf den kategorialen Status von Wörtern beziehen, z. B. wenn gefragt wird: „Bezeichnet das Wort eine Frucht, ein Tier, ein Werkzeug usw.?". Ein solches kategoriales Urteil unterscheidet sich von Urteilen darüber, ob ein bestimmtes Wort in einen spezifischen Kontext passt. Im ersten Fall geht es um relationale, im zweiten um itemspezifische Information.

Auf diesen Unterschied gehen Craik und Lockhart aber nicht ein.

8.3 Behalten als Funktion relationaler Enkodierprozesse: der Organisationsansatz

Andere Autoren, die auch die Rolle der Verarbeitungsprozesse für das Behalten fokussierten, konzentrierten sich auf den Einfluss von Beziehungen zwischen den Reizen auf das Behalten. Beim Organisationsansatz geht es um relationale Information, auch wenn dieser Begriff noch nicht verwendet wurde (z. B. Mandler 1967).

Das Grundanliegen der Vertreter des Organisationsansatzes war die Vorstellung, dass wir beim Erinnern die Reize, die es zu erinnern gilt, wiederfinden müssen. Hierbei, so nahmen sie an, sind die **Beziehungen**, d. h. die Assoziationen zwischen den Lernreizen, wichtig. Für die Enkodierung solcher Beziehungen sollte die kategoriale Zusammengehörigkeit von Reizen wichtig sein. Sie wurde als ein wichtiges Organisationsprinzip unseres semantischen Wissens angesehen (▶ Abschn. 5.5.1). Man nahm an, dass dieses Prinzip auch beim Enkodieren von Episoden wirksam wird. Man spricht von **kategorialer Organisation**. Außer über kategoriales Wissen verfügen wir aber auch über andere Wissensschemata, also über verallgemeinertes Wissen über bestimmte Erfahrungsbereiche (▶ Abschn. 5.5). Hierzu gehören zentral Schemata für Ereignisse und Handlungen sowie für räumliche Anordnungen von Objekten. Beispiele für solche Schemata sind etwa Gewitter, Waldspaziergang oder Kirche.

Neben den meist automatisch ablaufenden Prozessen, die durch solche Schemata aktiviert werden, kennt man in der episodischen Gedächtnisforschung auch elaborative Organisationsprozesse. Hier werden die Assoziationen zwischen Lernreizen dadurch gestiftet, dass die Personen beim Lernen aktiv persönliche Verbindungen herstellen.

8.3.1 Kategoriale Organisation

Das besondere Interesse des Organisationsansatzes galt der Zugehörigkeit von Wörtern zu semantischen Kategorien. Man beobachtete, dass Wörter aus kategorial strukturierten Listen nach Kategorien geordnet erinnert wurden. Dies ist **Clustering-Effekt** genannt worden. Er wird mit der Annahme der automatischen semantischen Aktivationsausbreitung erklärt.

- **Wörter einer Liste organisieren sich in der freien Reproduktion nach semantischen Kategorien**

Bietet man Personen eine Liste von Wörtern, so gehören diese oft in mehrere Kategorien, z. B. wenn ein oder mehrere Bezeichnungen für Früchte, Musikinstrumente und Fahrzeuge vorkommen. Experimente, um zu prüfen, ob solche kategorialen Beziehungen in Erinnerungsprozessen wirksam werden, wurden bereits in den 1950er-Jahren durchgeführt (▶ Abschn. 5.5.1, ▶ Fallbeispiel).

> **Fallbeispiel**
>
> **Untersuchung des Clustering-Effektes durch Bousfield**
>
> Bousfield (1953) erstellte u. a. Listen aus 30 Substantiven, die aus sechs Kategorien stammten, z. B. fünf Bezeichnungen für Früchte (wie Apfel, Kiwi, Banane, Pflaume, Erdbeere), fünf Bezeichnungen für Musikinstrumente (wie Klarinette, Pauke, Trompete, Harfe, Geige), fünf für Werkzeuge (wie Zange, Hobel, Hammer, Meißel, Bohrer) usw. Die Wörter wurden randomisiert, d. h. in eine zufällige Abfolge auch über die Kategoriengrenzen hinaus gebracht und so dargeboten. Die Versuchspersonen sollten sich die Wörter einprägen und sie, soweit sie sich erinnern konnten, nach der Darbietung in beliebiger Reihenfolge aufschreiben. Bousfield interessierte sich dafür, ob die Wörter beim Erinnern überzufällig nach Kategorien geordnet wiedergegeben würden. Dazu zählte er, wie häufig Wörter aus einer Kategorie hintereinander aufgeschrieben wurden, und setzte diese Häufigkeit zu der Zufallshäufigkeit des Zusammenvorkommens in Beziehung. Auf dieser Logik basieren die meisten Organisationsmaße. Ein oft verwendetes Maß ist die Adjusted Ratio of Clustering (ARC). Bousfield (1953) fand, dass die Wörter beim Erinnern in kategorialen Gruppen erinnert werden. Er nannte diesen Effekt „Clustering".

Bousfield (1953) hat als Erster gezeigt, dass wir Wörter beim Erinnern entlang ihrer Kategorienzugehörigkeit suchen. Offensichtlich spielen semantische Kategorien bei der Organisation unseres Langzeitwissens eine bedeutsame Rolle, und dieses semantische Wissen beeinflusst unser episodisches Erinnern. Das bedeutet: Unser episodisches Erinnern ist nicht unabhängig von unseren semantischen Gedächtnisinhalten. Etwa 20 Jahre später wurde in einem anderen Paradigma beobachtet, dass kategoriale Beziehungen in unserem semantischen Gedächtnis automatisch aktiviert werden, wenn wir Wörter wahrnehmen. Das Paradigma wird als **semantisches Priming** bezeichnet (▶ Abschn. 5.5.1) und der zugrunde liegende Prozess als **automatische Aktivationsausbreitung** (z. B. Meyer und Schvaneveldt 1971). Der Clustering-Effekt wird über semantische Aktivationsausbreitung erklärt.

Ein Diskussionspunkt ist, ob die Prozesse der automatischen Aktivationsausbreitung auch beim episodischen Erinnern wirksam sind, da die Darbietungszeiten in Primingexperimenten und die zeitlichen Abstände zwischen Prime- und Zielreiz sehr kurz sind. Diese Frage wird nach neueren Überlegungen und Untersuchungen eher bejaht (Roediger et al. 2001). Es gibt keinen Grund, warum die Aktivationsausbreitung bei der Darbietung von Lernlisten nicht stattfinden sollte. Allerdings ist es wahrscheinlich, dass die automatischen Aktivationsausbreitungsprozesse durch intentionale Prozesse überlagert werden. Ebenso ist es nicht unwahrscheinlich, dass die beim freien Reproduzieren (Free Recall) erinnerten Wörter auch andere Wörter über die automatische Aktivationsausbreitung aktivieren können. Es macht also Sinn, einen Zusammenhang zwischen dem präexperimentell erworbenen semantischen Wissen und dem episodischen Erinnern anzunehmen.

- **Verbessert kategoriale Organisation auch die Behaltensleistung?**

Dass semantisches Wissen das Erinnern organisiert, bedeutet jedoch noch nicht notwendig, dass es das Behalten verbessert. Es ist auch nicht ganz einfach zu untersuchen, ob dies der Fall ist. Ein angemesseneres Vorgehen ist es, Listen mit identischen Wörtern bei unterschiedlicher „Organisiertheit" zu vergleichen. Ein solches Vorgehen liegt z. B. vor, wenn man kategorial strukturierte Listen einmal randomisiert darbietet und einmal in kategorialen Blöcken. In diesem Fall werden geblockte Listen i.d.R. besser erinnert als randomisierte. Die kategorialen Inhalte des semantischen Gedächtnisses können demnach beim episodischen Erinnern helfen.

8.3.2 Wissensschemata

Neben den begrifflichen Kategorien beeinflussen auch andere semantische Wissensstrukturen das Enkodieren und Abrufen. Solche Strukturen sind Repräsentationen von Objekten, Personen, Ereignissen und Handlungen (Propositionen) sowie typische Abfolgen von Ereignissen und Handlungen (Skripts) und typische räumliche Beziehungen zwischen Objekten (Frames). Allgemein zeigt sich, dass solche Schemata automatisch Enkodierprozesse beeinflussen und steuern. Das zeigt sich z. B. in der Erkennens- und Lesezeit für solche Schemainformationen. **Schemawissen** fördert auch das episodische Behalten. Solche Wissensstrukturen erleichtern zwar das episodische Erinnern, aber sie führen auch zu Fehlern. Es werden leicht Aspekte erinnert, die zwar für eine solche Wissensstruktur typisch sind, aber im konkreten Fall nicht stattgefunden haben. Im Folgenden wird der Einfluss von Schemawissen auf das episodische Behalten veranschaulicht. Typische **Schemata** sind Propositionen, Skripts und Frames (▶ auch Abschn. 5.5).

- **Propositionen**

Im einfachsten Fall werden Schemata durch Wörter oder einfache Sätze ausgedrückt. Die Sätzen zugrunde liegende Struktur wird als Proposition bezeichnet. Eine Proposition besteht aus einem Prädikatskonzept und mindestens einem Person- oder Objektkonzept. Beispiele sind: rund (Ball), rollen (Ball), werfen (Spieler, Ball), geben (Mutter, Ball, Kind). Einem Satz können eine oder mehrere Propositionen zugrunde liegen. Texte bestehen aus einer größeren Zahl von Propositionen. Untersuchungen zeigen, dass die Zahl der einem Satz oder Text zugrunde liegenden Propositionen die Behaltensleistung bestimmt (Kintsch und Keenan 1973; Kintsch et al. 1990; für mehr Information s. Christmann 1989; Engelkamp und Zimmer 2006, Abschn. 9.6).

- **Skripts**

Skripts bezeichnen typische Sequenzen von Handlungen, wie einen Arztbesuch oder einen Restaurantbesuch. Auch Skripts beeinflussen das episodische Erinnern. Berichtet z. B. jemand über einen Restaurantbesuch und fügt untypische Teilhandlungen ein wie „eine Kellnerin stellte Blumen auf die Tische" oder lässt bestimmte typische Teilhandlungen unerwähnt wie „der Kellner präsentierte die Rechnung", so ist es wahrscheinlich, dass Personen typische Teilhandlungen, die sie nicht gehört haben, dennoch „erinnern" und untypische Handlungen, die sie gehört haben, öfter nicht erinnern. Die Wirksamkeit der semantischen Gedächtnisstrukturen, hier von Skripts, zeigt sich danach auch in spezifischen Gedächtnisfehlern (Owens et al. 1979).

- **Frames**

Eine klassische Untersuchung zum Behalten von typischen räumlichen Anordnungen stammt von de Groot (1965). Er hat Schachexperten und Schachanfänger untersucht. Ihre Aufgabe war es, nach einem kurzen Blick auf eine Anordnung von Schachfiguren auf dem Schachbrett, diese zu erinnern. Sie waren nachzustellen. Dabei verwendete er zwei Anordnungstypen: solche, die möglichen Spielkonstellationen entsprachen, und solche, die als Spielkonstellation nicht möglich waren. Er fand heraus, dass Zufallsanordnungen von Experten und Laien gleich schlecht erinnert wurden. Bei potenziellen Schachkonstellationen jedoch waren die Experten den Laien klar überlegen. Die Experten verfügen über semantisches Wissen zur Anordnung von Schachfiguren, die in Spielen vorkommen. Dieses ermöglicht das bessere Behalten.

Framewissen wurde auch untersucht, indem man Personen unter einem Vorwand in einen Büroraum mit bürotypischen Einrichtungen geführt hat, z. B. um dort kurz zu warten. Später mussten die Personen unerwartet erinnern, welche Objekte in dem Raum waren. Typische Objekte wie Schreibtisch, Telefon usw. wurden von fast allen Personen erinnert. Untypische Objekte, die in dem Raum abgelegt waren wie eine Klarinette oder ein Ball, wurden nur von wenigen Personen erinnert (Brewer und Treyens 1981).

Insgesamt zeigen solche Befunde, dass semantisches Wissen das episodische Erinnern beeinflusst. Einerseits erleichtert es die Erinnerung (d. h. man behält episodische Informationen besser, die auf schematisches Wissen bezogen sind), andererseits führt es zu Fehlern, indem man Dinge, die aufgrund des Schemawissens wahrscheinlich sind, auch dann als gegeben erinnert, werden, wenn sie nicht stattgefunden haben bzw. nicht zutreffen.

- **Was lehrt uns der Sachverhalt, dass Wissen unser Erinnern beeinflusst, über das Erinnern im Alltag?**

Episodische Gedächtnisleistungen beziehen sich auf semantisch interpretierte Ereignisse, d. h. sie sind in unserem semantischen Gedächtnis verankert. Wir behalten z. B. Wörter, weil sie einer gemeinsamen Kategorie angehören (sie bezeichnen z. B. Früchte oder Gegenstände aus der Küche usw.). Solche Wissensstrukturen stützen auch unser Ereignisgedächtnis im Alltag. Ein Kellner behält z. B. die Bestellung seiner Gäste, weil er Wissensschemata aufgebaut hat, wonach z. B. bestimmte Speisen und Getränke zu bestimmten Menschentypen passen. Oder ein Vielflieger erinnert sich an die Eigenheiten eines bestimmten Flughafens, den er vor drei Monaten benutzt hat, weil er über ein Wissensschema für Flughäfen verfügt, das ihm sagt, was für Flughäfen untypisch ist und ihm deshalb auffällt. Oder ein Schachspieler behält eine bestimmte Schachkonstellation, weil er sie als günstige Position für einen Angriff kennt. Kurz, reiches semantisches Wissen auf einem Gebiet fördert das episodische Behalten für Ereignisse, die auf diesem Gebiet gemacht werden. Reiches semantisches Wissen zu erwerben ist deshalb nützlich für gute episodische Erinnerungsleistungen. Dieses Wissen generalisiert nicht auf Gebiete, in denen wir keine Experten sind.

8.3.3 Elaborative Organisation

Bei der relationalen Enkodierung von unverbundenen Listenwörtern spricht man von elaborativen Prozessen, weil die Listen keine etablierten Verbindungen zwischen den Wörtern vorgeben. Diese müssen die Versuchspersonen aktiv herstellen. Das erfordert mehr Aufmerksamkeitszuwendung. Für den Untersucher besteht ein Problem darin, dass die elaborativen Organisationsprozesse aus dem Behaltensprotokoll nicht direkt abzulesen sind. Um ihre Wirkung untersuchen zu können, instruiert man deshalb die Personen explizit, aktiv Verbindungen herzustellen, z. B. durch die Bildungen von Geschichten. Man vergleicht dann das Behalten für dieselben Wörter mit und ohne eine solche explizite Instruktion.

- **Was ist elaborative Organisation und wozu ist sie nützlich?**

Bisher wurde das Enkodieren von relationaler Information als ein Prozess betrachtet, bei dem die konkrete Information der Reize dadurch im Gedächtnis verankert wurde, dass sie auf abstraktere, allgemeinere, den meisten Personen einer Kultur bekannte Wissensstrukturen bezogen wurde. Die Information wurde z. B. durch ihren Bezug auf Kategorien reduziert. Man spricht deshalb auch von **reduktiver Organisation**. Jetzt betrachten wir das Enkodieren als einen Prozess, bei dem die Information der gegebenen Reize nicht reduziert, sondern angereichert wird. Sie wird elaboriert. Deshalb spricht man von **elaborativer Organisation**.

Die elaborative Organisation wird wichtig, wenn die Reize der Liste ohne offensichtliche Beziehungen zueinander sind und nicht automatisch semantische Schemata aktivieren. Solche unrelatierten Listen bieten wenig Anknüpfungspunkte für relationale Enkodierprozesse im semantischen Gedächtnis. Unter diesen Bedingungen muss der Lernende aktiv und kreativ nach Verknüpfungsmöglichkeiten zwischen Reizen suchen. Diese können vielfältiger Art sein.

Die Wörter einer solchen Liste können den Lernenden z. B. an konkrete Episoden erinnern, oder der Lernende kann solche Episoden konstruieren. Die Wörter „Wurst" und „Schirm" könnten den Lernenden z. B. daran erinnern, dass er kürzlich bei Regen mit einem Schirm zum Metzger gegangen war, um Wurst zu kaufen. Er könnte sich aber auch einfach vorstellen, unter einem Schirm eine Wurst zu essen. Solche elaborativen Enkodierprozesse können dann später das Erinnern fördern. Bei einem solchen Enkodieren wird der Listeninformation Kontextinformation hinzugefügt. Es ist plausibel, anzunehmen, dass solche elaborativen Organisationsprozesse mehr Aufmerksamkeit vom Lernenden verlangen als reduktive Organisationsprozesse. Dies könnte ein Grund dafür sein, warum unrelatierte Listen i.d.R. schlechter erinnert werden als relatierte Listen. Ein Problem besteht darin, dass man elaborative Enkodierprozesse wegen ihrer Vielfalt und interindividuellen Variation schwer erfassen kann. Man kennt sie als Untersucher nicht, man kann sie aus dem Protokoll des Erinnerns nicht ablesen, aber man kann sie aktiv anregen. Eine Methode zur Anregung elaborativer

Organisationsprozesse besteht darin, die Personen zu bitten, aus den Listenwörtern eine Geschichte zu bilden. Man weiß dann zwar nicht, welche Geschichten die Personen gebildet haben, aber man kann das Behalten für die gleiche Liste mit und ohne eine Instruktion zur Geschichtenbildung vergleichen. Es zeigte sich, dass die Instruktion zur Geschichtenbildung sehr behaltenswirksam ist.

Beispiel
Eine Untersuchung zur Wirksamkeit einer Geschichteninstruktion
Bower und Clark (1968) boten ihren Versuchspersonen je zwölf Listen aus jeweils zehn Wörtern, also insgesamt 120 Wörter. Die Behaltensprüfung erfolgte erst nach der zwölften Liste. Eine Gruppe lernte die Listen mit einer Geschichteninstruktion, die andere ohne. Letztere wurde angehalten, sich so viele Wörter wie möglich zu merken. Nach einer Geschichteninstruktion behielten die Versuchspersonen 93 % der 120 Wörter, nach einer Standardinstruktion nur 13 %. Das ist ein gewaltiger Unterschied, der zeigt, wie wirksam es sein kann, sich Geschichten zu Wörtern auszudenken, die so konstruiert sind, dass möglichst viele der Wörter in die Geschichten eingebunden sind.

Auch im Alltag können wir in einer neuen unvertrauten Situation durch bewusste aktive Suche nach Verbindungen zwischen den Episoden unsere Gedächtnisleistung verbessern. Wenn jemand, der z. B. noch nie geflogen ist, in einen Flughafen kommt, kann er versuchen, Vergleiche mit Bahnhöfen herzustellen. Er kann sich fragen, ob es so etwas wie Bahnsteige oder Fahrkartenschalter gibt und dabei entdecken, dass die „gates" Bahnsteigen entsprechen und die Schalter zum Einchecken den Fahrkartenschaltern. Solche aktiven Prozesse fördern dann später das Erinnern an die einzelnen Episoden am Flughafen: das Einchecken, das Passieren der Sicherheitskontrollen, das Warten auf den Flugaufruf, das Einsteigen usw.

- **Warum reicht es nicht, die Besonderheit von Reizen und ihre Verbindungen nur beim Enkodieren zu beachten?**

Wichtig ist, dass es bei elaborativen wie bei reduktiven Organisationsprozessen darum geht, Verbindungen zwischen Reizen herzustellen, d. h. relational zu enkodieren, und dass es den Forschern wesentlich darum ging, zu zeigen, dass Organisation dazu beiträgt, Reize besser zu erinnern. Den Vertretern des Ansatzes der Verarbeitungstiefe ging es demgegenüber primär darum, zu zeigen, wie Personen besonders auf der semantischen Ebene Reize so enkodieren, dass sie sich voneinander unterscheiden, um später besser wiedererkannt zu werden. Beide Ansätze fokussieren damit – wenn auch auf unterschiedliche Weise – die Rolle des Enkodierens in der Lernsituation für das Behalten. Genaueres Hinsehen zeigt allerdings, dass es auch beim Erinnern wichtig ist, Information über die einzelnen Reize und ihre Verbindungen zu unterscheiden. Dieser Unterscheidung wenden wir uns jetzt zu.

8.4 Behalten als Funktion von Enkodieren und Abrufen

Bei der Untersuchung des Zusammenspiels von Enkodier- und Abrufprozessen ist das Prinzip der **Enkodierspezifität** von Bedeutung. Danach hängt das Behalten vom Ausmaß der Überlappung der Enkodier- und Abrufsituation ab.

Der Zusammenhang von Enkodier- und Abrufprozessen soll unter zwei Aspekten betrachtet werden. Erstens soll die Frage des Zusammenhangs von Enkodier- und Abrufprozessen ganz allgemein unter dem Gesichtspunkt ihrer Überlappung betrachtet werden. Zweitens werden die sog. Generierungs-Rekognitions-Theorien vorgestellt, die ihr Augenmerk auf die unterschiedlichen Prozesse beim freien Reproduzieren und beim Wiedererkennen richten und dabei speziell dem Zusammenspiel von itemspezifischer und relationaler Information beim Enkodieren und Abrufen nachgehen.

8.4.1 Prinzip der Enkodierspezifität

Tulving und Thomson (1973) haben das Augenmerk darauf gerichtet, dass man nur erinnern kann, was man zuvor enkodiert hat. Sie sprechen von „Enkodierspezifität". Werden die Enkodierprozesse nicht reaktiviert, kommt es nicht oder unvollkommen zur Erinnerung. Die Reaktivierung der

Enkodierprozesse sollte wesentlich davon abhängen, ob derselbe Kontext beim Enkodieren und Abrufen wirksam ist. Was enkodiert wurde, legt fest, welche Abrufhilfen wirksam sind.

Nach dem Prinzip der Enkodierspezifität sind nur solche Hinweisreize beim Erinnern wirksam, die in der Lernsituation enkodiert wurden. Entsprechend haben Tulving und Thomson (1973) die Wirksamkeit des Prinzips der Enkodierspezifität mithilfe des Cued Recall untersucht. Hierzu wurde ein Cue beim Lernen eingeführt. Beim Abrufen wurde dieser oder ein anderer Cue eingesetzt. Als Cues benutzten sie **Kontextreize** zu den einzelnen Listenreizen. Sollte das Wort „kalt" behalten werden, so wurde es beim Lernen z. B. zusammen mit dem Kontextwort „Boden" dargeboten. Beim Testen wurde entweder derselbe Kontextreiz („Boden") oder ein anderer Kontextreiz (z. B. „Winter") dargeboten. Es zeigte sich, dass ein Kontextreiz, der beim Lernen dargeboten wurde, beim Erinnern hilfreich ist. Ein Kontextreiz, der beim Lernen nicht dargeboten wurde, hilft dagegen wenig. Das gilt selbst dann, wenn er mit dem Lernreiz hoch assoziiert ist, wie im Beispiel das Wort „Winter".

Beispiel
Untersuchung zur Enkodierspezifität
Godden und Baddeley (1975) ließen Taucher Wortlisten an Land bzw. unter Wasser lernen. Die Wörter mussten dann an Land bzw. unter Wasser im Free Recall erinnert werden. Es zeigte sich, dass die kongruente Testung (Land/Land oder Wasser/Wasser) zu besseren Behaltensleistungen führte als die inkongruente Testung (Land/Wasser bzw. Wasser/Land). Die kongruenten Testbedingungen erleichtern die Reaktivierung der Enkodierprozesse.

Ein interessanter Aspekt der Enkodierspezifität bezieht sich auf die **Stimmung** beim Lernen und Testen („mood-state-dependent memory"). Was man in fröhlicher Stimmung lernt, erinnert man auch in fröhlicher Stimmung besser als in trauriger Stimmung und umgekehrt. Nach Ucross (1989), der 40 Studien zu diesem Stimmungseffekt gesichtet hat, wird die Idee des stimmungsabhängigen Erinnerns deutlich gestützt. Der Effekt ist stärker, wenn in positiver Stimmung gelernt wird als in negativer Stimmung.

Die Idee der Enkodierspezifität wurde in etwas anderer Form auch unter dem Begriff des **Transferappropriate Processings** (aufgabenangemessene Verarbeitung; s. Fisher und Craik 1977) diskutiert und untersucht. In der ursprünglichen Version des Ansatzes der Verarbeitungstiefe ging man davon aus, dass die semantische Verarbeitung unter allen Bedingungen zum besten Behalten führen sollte. Die ausschließliche Konzentration auf das Enkodieren, ohne die Abruferfordernisse zu spezifizieren, wurde jedoch kritisiert (Morris et al. 1977) und in Untersuchungen widerlegt. So wurde gezeigt, dass semantische Orientierungsaufgaben nur dann am effektivsten waren, wenn auch der Test semantische Information abrief. Erforderte dagegen der Behaltenstest das Erinnern akustischer Worteigenschaften, so schnitten Personen mit einer semantischen Orientierungsaufgabe nicht besser ab als solche mit einer phonetischen. Was der beste Enkodierprozess ist, bestimmt die Art der Aufgabe beim Abrufen.

8.4.2 Grenzen der Enkodierspezifität

Kenealy (1997) hat eine Grenze der Enkodierspezifität für das Erinnern von Wegeinformationen berichtet. Bei seiner Untersuchung zeigte sich im Free Recall ein Effekt der Enkodierspezifität, der jedoch im Cued Recall verschwand. Ähnlich konnten Godden und Baddeley (1980) zeigen, dass bei Tauchern das Wiedererkennen unabhängig davon ist, ob kongruent oder inkongruent getestet wird. Diese Befunde zeigen, dass es wichtig ist, ob in der Testsituation die Erinnerung durch einen externen Hinweisreiz ausgelöst wird (wie beim Wiedererkennen und beim Cued Recall) oder ob die Erinnerung wie im Free Recall auf der Reaktivierung der gesamten Lernsituation beruht bzw. diese erfordert. Die lokalen Testreize beim Wiedererkennen und beim Cued Recall machen Aspekte wie Stimmung und physikalischen Ort weniger wichtig. Gedächtnistests unterscheiden sich danach, welche **Hinweisreize** sie erfordern bzw. zur Verfügung stellen.

8.5 Enkodieren und Abrufen von itemspezifischer und relationaler Information

8.5.1 Generierungs-Rekognitions-Theorien

Nach den Generierungs-Rekognitions-Theorien beruht der Free Recall darauf, dass zuerst Kandidaten generiert werden und dann geprüft wird, ob sie in der Lernliste vorkamen. Für das Wiedererkennen sollte dagegen der Rekognitionsprozess ausreichen. Das Generieren wurde später mit der Reaktivierung relationaler Information und das Wiedererkennen mit der Reaktivierung itemspezifischer Information gleichgesetzt. Das Prinzip der Enkodierspezifität wurde dann dadurch geprüft, dass das Ausmaß der itemspezifischen und relationalen Enkodierung variiert und dessen Einfluss auf den Free Recall und das Wiedererkennen getestet wurde. Es zeigt sich, dass die Leistung im Free Recall vom Ausmaß der itemspezifischen *und* der relationalen Enkodierung abhängt, die beim Wiedererkennen *nur* von der itemspezifischen Enkodierung.

In der Regel lässt sich beobachten, dass Wiedererkennen leichter ist als freies Erinnern. Es ist einfacher, die Wörter einer Liste zu erinnern, wenn man sie in einer Menge aus alten und neuen Wörtern wiedererkennen muss, als wenn man sie frei reproduzieren muss. Die Generierungs-Rekognitions-Theorien erklären diesen Unterschied so: Wenn man Listenwörter im Free Recall erinnern soll, versucht man zuerst, potenzielle Kandidaten zu generieren. Man fragt sich: Welche Wörter habe ich in der Liste gesehen? Bei diesem Generieren können Kategorienbezeichnungen helfen. Jemand kann z. B. nach Tiernamen suchen, weil er weiß, einige Tiernamen kamen in der Liste vor. Fallen ihm dann Namen von Tieren ein, so prüft er, ob sie auch in der Liste vorkamen.. – Den ersten Prozess bezeichnet man als **Generieren**, den zweiten als **Rekognizieren** (Bahrick 1970; Kintsch 1970).

Die Autoren postulieren, dass der Free Recall auf Generieren und Rekognizieren beruht. Erst werden Reize generiert. Diese werden dann im Rekognitionsprozess daraufhin geprüft, ob sie zur Lernepisode gehören. Beim Wiedererkennen genügt dagegen der Rekognitionsprozess. Die Reize müssen nicht generiert werden, da sie vorgegeben werden. Die Versuchsperson muss nur noch zwischen alten und neuen Reizen diskriminieren. Deshalb sollte Wiedererkennen leichter sein als freies Erinnern.

8.5.2 Enkodierspezifität beim Free Recall und Wiedererkennen

Obwohl Generierungs-Rekognitions-Theoretiker mit der Unterscheidung von Generieren und Rekognizieren denselben Sachverhalt thematisiert haben, der später mit dem Begriffspaar „relationale" und „itemspezifische" Information angesprochen wurde, blieb ihr Fokus beim Abrufen, d. h. beim Test. Die Wechselwirkung zwischen Enkodieren und Abrufen, wie sie im Prinzip der Enkodierspezifität thematisiert wurde, wurde nicht behandelt. Die Verbindung zwischen dem Prinzip der Enkodierspezifität und den unterschiedlichen Behaltenstests mit Bezug auf itemspezifische und relationale Information wurde erst zu Beginn der 1980er-Jahre hergestellt. Danach beruht das Wiedererkennen nur auf itemspezifischer Information, weil die Items vorgegeben werden und die Suche entfällt. Beim Free Recall müssen dagegen erst Items generiert werden (relationale Information). Erst danach wird geprüft, ob das generierte Item alt ist (itemspezifische Information).

Diese unterschiedliche Nutzung von itemspezifischer und relationaler Information beim Wiedererkennen und freien Reproduzieren ist in ◘ Abb. 8.3 zusammengefasst.

Wenn das Prinzip der Enkodierspezifität allgemein gilt, dann sollte die Enkodierung von itemspezifischer und relationaler Information dem Free Recall, der Generieren und Rekognizieren umfasst, nutzen. Für das Wiedererkennen dagegen sollte nur die itemspezifische Enkodierung nützlich sein, weil der Generierungsprozess im Test entfällt. Organisationsmaße, die nur die relationale Information erfassen, sollten nur aus der Enkodierung dieser Information Nutzen ziehen.

Genau das haben Hunt und Einstein (1981) geprüft. Sie haben itemspezifische und relationale Enkodierung beim Lernen durch

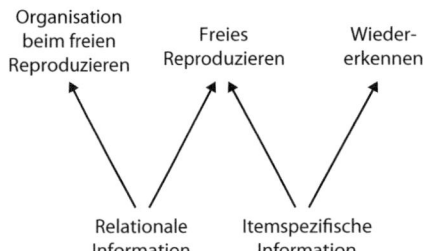

◘ Abb. 8.3 Die Nutzung von relationaler und itemspezifischer Information beim freien Reproduzieren und Wiedererkennen nach den Generierungs-Rekognitions-Theorien

Orientierungsaufgaben differenziell gefördert. Durch eine **Sortieraufgabe**, in der die Versuchspersonen die Reize nach Gemeinsamkeiten sortieren sollten, wurde die relationale Enkodierung unterstützt. Durch ein **Rating auf dem semantischen Differenzial (SD-Rating)** wurde die itemspezifische Enkodierung gefördert. In einem SD-Rating beurteilt eine Person die emotionale Bedeutung eines Wortes auf einer Skala von positiv bis negativ. Jedes Wort erhält einen spezifischen Urteilswert. Es wird damit von anderen Wörtern diskriminiert. Um eine Sortieraufgabe stellen zu können, muss man festlegen, wonach die Personen sortieren sollen. Hier entschieden sich die Autoren für semantische Kategorien. Das Sortieren nach Kategorien erlaubte es ihnen auch, später aus den Free Recall-Daten einen Organisationswert zu errechnen. Sie boten deshalb den Versuchspersonen eine kategorial strukturierte Liste in randomisierter Itemfolge. Die Items waren frei zu erinnern. Das Organisationsmaß zeigt an, in welchem Ausmaß die Listenstruktur im Recall wirksam war. Sein Wert ist maximal, wenn alle Reize kategorienweise erinnert werden. Außerdem haben die Wissenschaftler für die Listenitems das Wiedererkennen gemessen, indem sie die alten Items mit neuen Items gemischt vorgegeben haben.

Der Organisationswert sollte bei der Sortieraufgabe im Vergleich zum SD-Rating ansteigen, d. h. die relationale Information sollte durch Sortieren stärker enkodiert und im Abruf genutzt werden als nach SD-Rating. Dieser Befund konnte klar beobachtet werden. Der Organisationswert im Free Recall war nach Sortieren höher als nach SD-Rating. Die Vorhersage für das Wiedererkennen war umgekehrt. Ein SD-Rating sollte die itemspezifische Enkodierung im Vergleich zum Sortieren erhöhen, und entsprechend sollten nach SD-Rating mehr Items wiedererkannt werden als nach Sortieren. Auch das war der Fall.

Die Vorhersagen für die Anzahl frei erinnerter Wörter sind im Gegensatz zum Organisationswert schwieriger. Hierzu müsste man wissen, wie sich itemspezifische und relationale Information innerhalb beider Orientierungsaufgaben zueinander verhalten. Nimmt man an, dass die Sortieraufgabe nicht nur die relationale Enkodierung verstärkt, sondern gleichzeitig die itemspezifische behindert, und umgekehrt, dass das SD-Rating nicht nur die itemspezifische Enkodierung fördert, sondern auch die relationale hemmt, dann könnte es sein, dass beim Sortieren der Vorteil beim Generieren durch relativ schlechteres Rekognizieren der generierten Items wieder aufgehoben wird. Analog käme der Rekognitionsvorteil beim SD-Rating nicht voll zum Tragen, weil zu wenig Items generiert werden. Man müsste wissen, wie viel relationale Information bei gegebener itemspezifischer Information am effizientesten ist. Das weiß man leider nicht genau. Der Befund von Hunt und Einstein (1981) zeigt unter den beiden Enkodieraufgaben keinen bedeutsamen Unterschied in der Anzahl frei erinnerter Wörter.

Die Befunde von Hunt und Einstein (1981) bestätigen die Annahmen, dass der **Free Recall** von der relationalen und itemspezifischen Enkodierung beeinflusst wird, während das **Wiedererkennen** vor allem aus der itemspezifischen Enkodierung Nutzen zieht. Dieses Befundmuster konnte in anderen Untersuchungen repliziert werden (Klein et al. 1989; McDaniel et al. 1988). Damit hat sich die Unterscheidung von relationaler und itemspezifischer Information und ihre unterschiedliche Nutzung im Free Recall und beim Wiedererkennen bewährt.

8.6 Die Erklärung spezifischer Behaltenseffekte durch itemspezifische und relationale Information

Die Unterscheidung von itemspezifischer und relationaler Information ist auch bei der Erklärung anderer Gedächtnisphänomene hilfreich. Beispielsweise hat sich die Unterscheidung von itemspezifischer und relationaler Information bei der Erklärung

8.6 · Die Erklärung spezifischer Behaltenseffekte

verschiedener Behaltensphänomene wie dem der Hypermnesie (d. h. der Verbesserung der Leistung im Free Recall bei wiederholten Tests ohne erneute Reizdarbietung), bei der serialen Positionskurve im Free Recall, bei falschen Erinnerungen und bei Quellenkonfusionen als nützlich erwiesen.

8.6.1 Hypermnesie

- **Was ist Hypermnesie?**

Free-Recall-Leistungen werden manchmal besser, wenn man eine Liste wiederholt erinnern lässt, ohne die Liste zwischendurch noch einmal zu zeigen. Das bedeutet, der bloße wiederholte Erinnerungsprozess verbessert manchmal das Erinnern, d. h. es werden mehr Wörter erinnert. Dieses Phänomen heißt **Reminiszenz**. Allerdings zeigt sich aber auch, dass Wörter, die man zuvor richtig erinnert hat, bei einem weiteren Recall-Versuch, nicht mehr erinnert werden. Sie gehen verloren. Wenn man nach mehreren Testdurchgängen die Itemzugewinne mit den Itemverlusten verrechnet und ein Erinnerungsgewinn bleibt, spricht man von **Hypermnesie** (für einen Überblick s. Payne 1987, ▶ Exkurs). Das Phänomen lässt sich über das Begriffspaar itemspezifischer und relationaler Information erklären.

> **Exkurs**
>
> **Zur Analyse von Hypermnesie**
>
> Analysiert man wiederholte Recall-Versuche, dann lassen sich zwei Phänomene beobachten. Es kommt vor, dass Reize, die in einem Recall nicht erinnert werden, im folgenden Recall-Versuch sehr wohl erinnert werden. Hier spricht man von Itemgewinnen. Umgekehrt lässt sich aber auch beobachten, dass Items von einem Recall zum nächsten vergessen werden. Was man soeben noch korrekt erinnert hat, kann man im folgenden Recall nicht mehr erinnern. Dies nennt man Itemverluste. Hypermnesie liegt vor, wenn insgesamt Itemgewinne häufiger sind als Itemverluste, d. h., wenn ein Nettogewinn vorliegt.

- **Wovon hängt das Ausmaß der Hypermnesie ab?**

Klein et al. (1989) haben argumentiert, dass Bedingungen, die die itemspezifische Enkodierung verstärken, die Zahl der Itemgewinne erhöhen, und Bedingungen, die die relationale Enkodierung verbessern, vor Verlusten schützen. Gute itemspezifische und gute relationale Enkodierung sollte zu besonders hohen Hypermnesieeffekten führen. Diese Annahmen haben die Wissenschaftler geprüft, indem sie stark und schwach relatierte Listen geboten und den Free Recall statt in einem in zwei aufeinanderfolgenden Tests geprüft haben. Auf diese Weise ließ sich Hypermnesie messen. Hypermnesie sollte dann besonders groß sein, wenn stark relatierte Listen mit einem SD-Rating und wenn schwach relatierte Listen mit einer Sortierinstruktion gelernt werden. Bei stark relatierten Listen wird durch das SD-Rating besonders die itemspezifische Enkodierung gefördert, ohne dass die relationale Enkodierung zu schlecht ist. Deshalb sind viele Gewinne und mäßige Verluste zu erwarten. Bei schwach relatierten Listen wird durch das Sortieren besonders die relationale Enkodierung gefördert, ohne dass die itemspezifische Enkodierung zu sehr beeinträchtigt wird. Deshalb sind wenig Verluste bei relativ guten Gewinnen zu beobachten. Die Befunde von Klein et al. (1989) wurden von anderen (z. B. Mulligan 2001) bestätigt.

8.6.2 Seriale Positionseffekte

- **Die seriale Positionskurve im Free Recall**

Lässt man eine Liste von Wörtern, die deutlich länger ist als die Nachsprechspanne, nach einmaliger Darbietung frei erinnern und stellt die Behaltensleistung für die einzelnen Listenwörter nach der Abfolge ihrer Darbietung beim Lernen dar, so erhält man die seriale Positionskurve. Es zeigt sich, dass die zuerst (Primacy-Effekt) und die zuletzt dargebotenen Wörter (Recency-Effekt) besser behalten werden als die in der Listenmitte dargebotenen Wörter. Eine typische seriale Positionskurve ist in ◘ Abb. 8.4 illustriert.

- **Wie wird die seriale Positionskurve erklärt?**

Die seriale Positionskurve ist ein robustes Phänomen und hat bereits im Kontext des klassischen **Mehrspeichermodells** eine Rolle gespielt. Die Vertreter der Mehrspeichertheorie schrieben den Primacy-Effekt dem LZS und den Recency-Effekt dem KZS zu (Rundus 1971). Die zuerst dargebotenen Wörter einer Liste sollten mehr Gelegenheit haben, wiederholt zu werden, als später gebotene Wörter

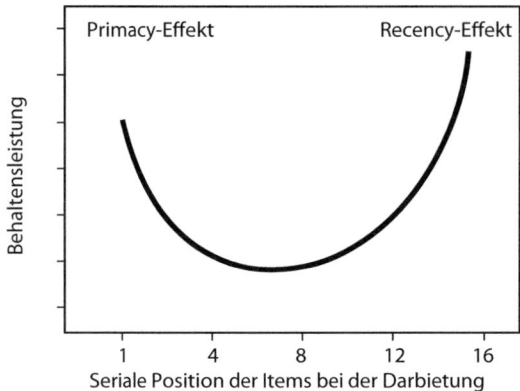

◘ **Abb. 8.4** Typische seriale Positionskurve beim freien Reproduzieren

und deshalb eher in den LZS transferiert werden als die anderen Wörter. Deshalb sollten sie besonders gut behalten werden. Die zuletzt gebotenen Wörter sollten zwar wenig Gelegenheit haben, wiederholt zu werden, aber da sie kurz vor dem Abrufen geboten werden, sollten sie noch im KZS sein und deshalb gut erinnert werden. Interessant ist dieser Sachverhalt deshalb, weil hier mit längeren Listen und dem Free Recall gearbeitet wurde. Damit wurde ein Untersuchungsparadigma verwendet, das episodisches Erinnern testet. Strittig ist deshalb weniger der Primacy-Effekt als vielmehr der Recency-Effekt, weil er den KZS in einem Untersuchungsparadigma ins Gespräch bringt, das den LZS erforscht.

Aus diesem Grund zog der Recency-Effekt weitere Forschung nach sich. Obwohl es stützende Befunde für die Annahme gab, dass der Recency-Effekt ein Effekt des KZS ist (Glanzer und Cunitz 1966; Rundus 1971), gab es auch Gegenbefunde. Es konnte gezeigt werden, dass der Effekt nicht verschwand, wenn man den KZS durch entsprechende Nebenaufgaben während der Listendarbietung zu blockieren versuchte (Murdock 1965). Ebenso wenig verschwand er, wenn man nach dem letzten Item und vor dem Beginn der Wiedergabe eine Distraktoraufgabe einschob, um den KZS zu blockieren (Bjork und Whitten 1974). Außerdem ist der Recency-Effekt auf die letzten zwei bis drei Positionen beschränkt, obwohl der KZS eine Kapazität von ca. sieben Items hat.

Eine alternative Erklärung der serialen Positionskurve bietet die Unterscheidung zwischen **itemspezifischer** und **relationaler Information**. Danach könnte die seriale Positionskurve (SPK) dadurch erklärt werden, dass die ersten Items viel Gelegenheit zu einer guten relationalen Enkodierung bieten und die letzten zu besonders guter itemspezifischer Enkodierung. Man kann demnach die zuletzt dargebotenen Wörter einer Liste besser unterscheiden, weil ihnen nur wenige weitere Items folgen. Das erklärt den Recency-Effekt. Den vorderen Listenitems folgen viele weitere. Das erlaubt es ihnen, viele Verbindungen einzugehen, d. h. sie werden relational gut enkodiert. Das erklärt den Primacy-Effekt. Diese Annahmen erklären zwar die seriale Positionskurve post hoc, sie testen sie aber nicht direkt.

Eine **direkte Testung** hat Seiler (2003) vorgenommen. Sie ist von der Überlegung ausgegangen, dass man die typische seriale Positionskurve im Free Recall differenziell beeinflussen können sollte, wenn man gezielt die relationale bzw. die itemspezifische Enkodierung fördert. Eine itemspezifische Orientierungsaufgabe, die Aufmerksamkeit auf die Verarbeitung der einzelnen Items lenkt, sollte den Recency-Effekt verstärken und gleichzeitig den Primacy-Effekt im Vergleich zu einer Kontrollbedingung reduzieren. Eine relationale Orientierungsaufgabe, die die Itemverknüpfungen anregt, sollte dagegen den Primacy-Effekt im Vergleich zu einer Kontrollbedingung verstärken und den Recency-Effekt abschwächen. Um diese Hypothesen zu prüfen, ließ sie Listen aus einfachen Phrasen wie „die Brille putzen", „die Zigarette anzünden" oder „den Apfel schälen" usw. lernen und anschließend im Free Recall erinnern. Dabei gab es drei Instruktionsbedingungen:

— Unter einer Standardinstruktion sollten die Versuchspersonen einfach so viele Items wie möglich behalten (Kontrolle).
— Unter einer itemspezifischen Instruktion sollten sie ein SD-Rating durchführen, d. h. jedes Item danach beurteilen, wie angenehm seine Bedeutung ist.
— Unter der relationalen Instruktion sollten sie aus den Items eine oder mehrere Geschichten bilden.

Die Befunde bestätigten die Erwartungen. Nach einer itemspezifischen Orientierungsaufgabe war im Vergleich zur Kontrollbedingung der Recency-Effekt verstärkt und der Primacy-Effekt reduziert. Nach einer relationalen Orientierungsaufgabe war dagegen der Primacy-Effekt verstärkt und der Recency-Effekt reduziert (für weitere Informationen s. Engelkamp und Zimmer 2006, S. 226–230).

8.6.3 Falsche Erinnerungen

In den 1990er-Jahren wurde viel Augenmerk auf falsche Erinnerungen gerichtet. Es wurde demonstriert, dass unter bestimmten Bedingungen falsches Erinnern im Free Recall wie beim Wiedererkennen so wahrscheinlich sein kann wie richtiges Erinnern. Es handelte sich dabei allerdings fast immer um Grenzsituationen, d. h. um sehr schwierige Erinnerungsaufgaben, die nicht den Normalfall beim Erinnern darstellen. Nichtsdestotrotz hat die Forschung zum falschen Erinnern wichtige Erkenntnisse erbracht.

- **Wie wird falsches Erinnern untersucht?**

Um falsche Erinnerungen zu untersuchen, wurde in den 1990er-Jahren das sog. **Deese-Roediger-McDermott-Paradigma** (DRM-Paradigma; Roediger und McDermott 1995, ▶ Exkurs) eingeführt (für einen aktuellen Überblick zur DRM-Illusion s. Gallo 2010).

> **Exkurs**
>
> **Das Deese-Roediger-McDermott-Paradigma**
>
> Bei Experimenten im Rahmen dieses Paradigmas hören die Versuchspersonen eine Liste von Wörtern, die alle mit einem kritischen Wort assoziiert sind, das aber selbst nicht auf der Liste erscheint. Angenommen, das kritische Wort sei „Schlaf", dann könnten dies die Listenwörter sein: „Bett, aufwachen, träumen, schnarchen, gähnen, Decke, Matratze, ruhen, müde, dösen, einnicken, räkeln, Kopfkissen, aufstehen, Nacht". Lässt man eine solche Liste im Free Recall erinnern, werden „Schlaf" und andere kritische Wörter bei entsprechenden Lernlisten fälschlicher Weise erinnert, und zwar mit einer Wahrscheinlichkeit, die genauso hoch oder höher ist wie die von Wörtern, die in der Mitte der Liste dargeboten wurden (wegen der serialen Positionskurve aus der Mitte). Dementsprechend ist ein falscher Alarm für solche kritischen Items im Wiedererkennenstest nach der Darbietung von mehreren Listen so hoch wie die Trefferrate für Listenitems, nämlich ca.,80. Da es allerdings sehr viel mehr Listenwörter als kritische Items gibt, ist der größte Teil der erinnerten Items korrekt. Beispielsweise waren bei Roediger und McDermott (1995) 93 % der in freier Reproduktion erinnerten Wörter korrekt.

- **Was besagen die Befunde zum falschen Erinnern?**

Im DRM-Paradigma stehen alle Reize der Lernliste untereinander und zu dem kritischen Item, das selbst nicht in der Lernliste auftaucht, in einer assoziativen Beziehung im semantischen Gedächtnis. Dadurch ist die Diskriminierbarkeit zu diesem kritischen Item erschwert. Insofern überrascht es nicht sonderlich, wenn das kritische Item im Test fälschlicherweise akzeptiert wird. Theoretisch bedeutsam ist, dass diese falschen Erinnerungen auf relationale Enkodierprozesse zurückgehen. Sie spiegeln den Prozess der Aktivationsausbreitung, wie er dem Paradigma des semantischen Primings zugrunde liegt (Roediger et al. 2001). Durch die vielen präexperimentellen Assoziationen zu den Listenwörtern wird das kritische Wort so oft aktiviert, dass es im Generierungsprozess nicht nur erzeugt, sondern fälschlich rekogniziert wird, d. h. es wird als „alt" beurteilt, obwohl es in der Lernliste nicht vorkam. Es wird im Wiedererkennenstest zum falschen Alarm.

Allerdings wird ein solches kritisches Item, wenn es in der Liste erscheint, noch wahrscheinlicher im Free Recall erinnert (McDermott 1997; Miller und Wolford 1999). Dies zeigt, dass die episodische Information der Darbietung selbst unter diesen erschwerten Bedingungen noch wirkt. Das indiziert die **extreme Leistungsfähigkeit** des Gedächtnisses für episodische Informationen.

Variiert man die Darbietungsrate für die Listenitems, dann zeigt sich ferner, dass sich bei schneller Darbietung (d. h. bis zu einer Darbietungsrate von ca. einer Sekunde pro Item) die Wahrscheinlichkeiten für einen richtigen und falschen Recall kaum unterscheiden (Roediger et al. 2001). Wird die Darbietungsrate hingegen langsamer, dann steigt mit zunehmender Darbietungszeit der richtige Recall, und der falsche Recall nimmt entsprechend ab. Das zeigt, dass der Einfluss itemspezifischer Information mit mehr Enkodierzeit zunimmt. Mehr itemspezifische Information erlaubt eine bessere Unterscheidung von Listenitems und kritischem Item, sodass das kritische Item seltener erinnert wird. Auch die Befunde zur falschen Erinnerung lassen sich demnach gut durch die Annahme itemspezifischer und relationaler Information erklären.

8.6.4 Quellenkonfusion

Falsche Erinnerungen lassen sich über Quellenkonfusionen erklären. Von Quellenkonfusion spricht man dann, wenn man zwei **Episoden** verwechselt, die sich nur durch einen Aspekt unterscheiden. Wenn ich z. B. glaube, dass ich meinen alten Freund Jürgen in Frankfurt zuletzt getroffen habe, obwohl ich ihn tatsächlich zuletzt in Stuttgart gesehen habe, liegt eine Quellenkonfusion vor. Bedeutsame Aspekte einer Episode sind, wann und wo sie stattgefunden hat. Auf Episoden kann man deshalb mit den Fragen, „was geschah wann und wo" zugreifen. Wenn an der Episode Personen beteiligt waren, kann man auch noch fragen, „wer tat etwas" oder „wem geschah etwas". Diese Aspekte können Ausgangspunkte für den Erinnerungsprozess sein. Man bezeichnet sie als **Quellen**. Quellenkonfusionen lassen sich auf unzureichende itemspezifische Information beim Erinnern zurückführen.

- **Wie kann man Quellenkonfusion reduzieren?**

Die verschiedenen Aspekte oder Quellen einer Episode kann man als **Hinweisreize** für Abrufprozesse der Episode nutzen. Sie sind als Hinweisreize unterschiedlich effizient. Nach Waagenar (1986) war die Frage nach den Episoden selbst („was war geschehen") am effizientesten und die Frage nach dem Zeitpunkt des Geschehens („wann geschah etwas") am ineffizientesten. Die Effizienz der Fragen („wo geschah was und wer war an welchen Ereignissen beteiligt") lag dazwischen. Außerdem waren mehrere Hinweisreize (also mehrere Fragen) zu einem Ereignis besser als ein Hinweisreiz.

Im Kontext des Quellengedächtnisses wird jedoch mehr thematisiert als die Frage, welche Hinweisreize am effizientesten sind. Es geht vor allem um die Verwechslung von Quellen. Dies ist z. B. bei der Erforschung der Validität von Augenzeugenberichten der Fall. Wenn es etwa darum geht, herauszufinden, wer einen Diebstahl begangen hat, dann kann eine Quellenverwechselung bedeutsame Konsequenzen haben, z. B. die, dass ein Unschuldiger verdächtigt und bestraft wird.

Die Fälle der Quellenkonfusion haben gemeinsam, dass sich Episoden nur in einer Dimension unterscheiden, oder anders formuliert, dass sie sich sehr ähnlich sind. Ob die gesuchte Episode erinnert wird, hängt davon ab, wie gut sie itemspezifisch enkodiert wurde.

Da es um Erinnerungen an Episoden geht, kann man deren Enkodierung nicht mehr ändern. Deshalb muss man die Abrufprozesse verbessern, wenn man eine falsche Erinnerung vermeiden will. Dazu muss man versuchen, möglichst viele Hinweisreize zu aktivieren und auf dieser Basis die gesuchte Episode zu rekonstruieren. Dies gelingt abhängig von der Art der Quelle auf unterschiedliche Weise. Geht es um reale Situationen, z. B. um die Gefahr von Personenverwechselungen, dann hilft es, wenn man möglichst viele Wahrnehmungsdetails, Kontextinformationen oder auch emotionale Reaktionen zu der Ausgangsepisode abzurufen versucht. Kurz, man versucht sich intensiv in die Episode zurückzuversetzen. Entsprechendes gilt, wenn man herausfinden will, ob man etwas gesehen oder Berichte darüber gehört hat. In all diesen Fällen geht es darum, itemspezifische Informationen zu reaktivieren, d. h. die Episode von anderen unterscheidbar zu machen.

Eine wichtige Ursache für Quellenkonfusionen liegt darin, dass die sich erinnernde Person auf **Vertrautheitseindrücke** verlässt, anstatt zu versuchen, die Ausgangsepisode aktiv zu reaktivieren. Das ist z. B. der Fall, wenn eine Person jemanden verdächtigt, weil sie glaubt, dass er am Ort des Geschehens gewesen ist. Die urteilende Person begnügt sich in diesem Fall damit, aus dem Eindruckserleben, eine Person sei am Tatort gewesen, zu folgern, diese müsse der Täter gewesen sein. In solchen Fällen verlässt sich die urteilende Person auf den Eindruck der Vertrautheit (▶ Abschn. 8.9.1) und bemüht sich nicht um den Abruf spezifischer Details zu der gesuchten Episode. Quellenkonfusionen lassen sich oft durch unzureichende Nutzung itemspezifischer Information beim Abrufen erklären (▶ Exkurs).

8.7 Itemspezifische und relationale Information beim Vergessen

Vergessen wird einerseits dem Spurenzerfall über die Zeit und andererseits der Interferenz durch das Überlagern von Gedächtnisspuren zugeschrieben. Allgemein wird die **Interferenz** als der entscheidende Faktor beim Vergessen angesehen. Interferenz ist aber nicht die einzige Ursache für Vergessen.

8.7 · Itemspezifische und relationale Information beim Vergessen

> **Exkurs**
>
> **Augenzeugenberichte**
>
> Bei dem Versuch, Täter zu ermitteln, werden bei polizeilichen Ermittlungen vor allem zwei Verfahren benutzt: a) Man zeigt dem Zeugen eine Reihe von Fotos, und der Zeuge gibt an, wenn er den Täter zu erkennen glaubt, oder b) dem Zeugen werden mehrere Personen – darunter der Täter – in einer Reihe gegenübergestellt. Der Zeuge gibt an, ob der Täter dabei ist und wer es ist. Was man bei diesen Verfahren beachten muss, wird deutlich, wenn man sich klar macht, dass es dabei um Wiedererkennen geht. Beim Wiedererkennen werden u. a. alte Reize (hier der Täter) und neue Reize (Nichttäter) gezeigt. Der Zeuge kann den richtigen Täter identifizieren oder eine falsche Person für den Täter halten. Bei beiden Verfahren gibt es meist nur einen Täter, aber mehrere Nichttäter. Bei gleichen Reizen wird der Zeuge, wenn er nicht weiß, ob der Täter unter den Gegenübergestellten ist, sein Kriterium, ab dem er „ja" sagt, vermutlich verschieben und tendenziell häufiger „nein" sagen. Das hilft dem Täter, der vielleicht so durch den Zeugen nicht beschuldigt wird. Weiß der Zeuge, dass der Täter dabei ist, so verschiebt er sein Kriterium für „ja" in die andere Richtung. Das kann zuungunsten eines Nichttäters enden, der zu Unrecht beschuldigt wird. Auch die Ähnlichkeit der Täter zu den Nichttätern spielt eine Rolle. Angenommen, der Täter war übermäßig groß, und alle Nichttäter bei der Gegenüberstellung sind klein, so ist die Entscheidung einfach. Ähneln sich alle Personen, so ist die Entscheidung schwierig und ein Fehlurteil wahrscheinlicher. Solche Überlegungen deuten an, was die Grundlagenforschung zu solchen Gegenüberstellungen beitragen kann. Bei polizeilichen Zeugenbefragungen geht es natürlich nicht nur um Täteridentifkationen. Zeugen werden auch nach dem Ablauf von Ereignissen und allgemein relevanten Beobachtungen befragt. Um die Genauigkeit von Zeugenaussagen zu verbessern, wurde das „kognitive Interview" entwickelt. Hierbei werden folgende Maßnahmen vorgeschlagen, die sich auf die Grundlagenforschung zum episodischen Gedächtnis stützen (Radvansky 2011, S. 269).
> - Das Prinzip der Enkodierspezifität sollte berücksichtigt werden. Danach fordert man Zeugen auf, sich kognitiv und emotional in die Beobachtungssituation zurückzuversetzen und sich die Situation visuell und akustisch so gut wie möglich vorzustellen.
> - Um den Erinnerungsprozess zu intensivieren, d. h. möglichst viele Retrieval-Cues zu nutzen, sollen die Zeugen über jedes noch so unwichtig erscheinende Detail berichten.
> - Die Zeugen sollen so viele verschiedene Retrieval-Pfade wie möglich nutzen. Das gilt besonders, wenn der Tathergang komplex ist. Hierzu kann der Zeuge z. B. versuchen, von seinen Gefühlen bei der Tatbeobachtung auszugehen oder von den Lichtverhältnissen oder auch von Dingen, die ihm seltsam vorkamen.
> - Man soll den Zeugen anregen, über die Teilereignisse des Geschehens in unterschiedlicher Abfolge zu berichten, z. B. was geschah vor dem kritischen Ereignis, woran erinnerte der Täter den Zeugen, wer war alles beteiligt usw.
> - Zeugen sollen den Sachverhalt aus verschiedenen Perspektiven beschreiben, z. B. was ging im Kopf des Täters vor, wie hat sich das Opfer gefühlt usw.
>
> Das übergeordnete Ziel ist stets, möglichst viele Gedächtnisspuren zu reaktivieren. Generell gilt dabei, den Zeugen bei seinem Bericht möglichst nicht zu unterbrechen. Unterbrechungen stören die Retrieval-Prozesse, und Fragen schränken den Verlauf der Prozesse vorzeitig ein.
> Das kognitive Interview hat sich in Untersuchungen als nützlich erwiesen. Es hat die Menge korrekter Informationen über den Tathergang beträchtlich, nämlich um mehr als 50 % erhöht, ohne die Menge an inkorrekten Informationen zu verändern (Fisher et al. 1990).

Vergessen kann auch eine temporäre Erschwerung des Zugriffs auf bestimmte Gedächtnisspuren bedeuten. Erinnerungen können andere blockieren. Man spricht von **abrufinduziertem** oder **erinnerungsinduziertem Vergessen**. Wir können aber in einem gewissen Maße auch bewusst versuchen, zu beeinflussen, ob wir etwas erinnern oder vergessen wollen. Hier spricht man von **gerichtetem Vergessen**.

Grundsätzliche Probleme bestehen darin, dass wir nicht entscheiden können, ob etwas, das wir gerade nicht erinnern können, für immer verloren ist oder ob es uns später doch noch einfällt, oder ob die Ursache für den Ausfall des Erinnerns schon beim Enkodieren lag. Dann wäre erst gar nichts gespeichert, was später vergessen werden könnte. Die Frage, wo zwischen Enkodieren und Abrufen die Ursache für das Nichterinnern liegt, ist nicht immer leicht zu beantworten. Vergessen durch Interferenz wird i.d.R. als dauerhaft angesehen. Abrufstörungen betrachtet man eher als vorübergehend. Beim intendierten

Vergessen geht es um die Frage, ob wir etwas willentlich vergessen können. Diesen drei Aspekten wenden wir uns nacheinander zu.

8.7.1 Vergessen als Interferenz

Eine Erklärung führt Vergessen auf Interferenz zurück (z. B. schon Müller und Pilzecker 1900). Sie tritt auf, wenn **Gedächtnisspuren** sich überlappen. Beim Erinnern hat das zur Folge, dass sich Gedächtnisspuren wechselseitig stören. Dabei wird angenommen, dass das, was den zu lernenden Items vorangeht (proaktive Interferenz) oder ihnen folgt (retroaktive Interferenz), die Erinnerung an die Lernreize stört.

■ **Wie wird Interferenz untersucht?**

In Interferenzexperimenten lässt sich sowohl proaktive als auch retroaktive Interferenz beobachten. In einem typischen Interferenzexperiment werden Wortpaare gelernt (z. B. Stein – Mond). In der Interferenzliste werden ebenfalls Wortpaare gelernt, wobei das Reizwort der Lernliste beibehalten wird (Stein – Tisch). Unter dieser Bedingung beobachtet man **proaktive** und **retroaktive Interferenz** (▶ Exkurs). Die Interferenz ist besonders groß, wenn gleiche Reizwörter mit zwei verschiedenen Responsewörtern gepaart werden. Aber auch zwei ähnliche Reizwörter führen noch zu deutlichen Interferenzeffekten. Enthält die Interferenzliste neue Wortpaare (z. B. Haus – Tasse), findet man kaum Interferenz.

Exkurs

Paradigma zur Untersuchung von proaktiver und retroaktiver Interferenz

Interferenz wird typischer Weise untersucht, in dem man zwei Listen nacheinander darbietet. Bei der proaktiven Interferenz wird das Behalten der zweiten Liste unter dem Einfluss der vorangehenden Liste getestet. Hierzu wird die zweite Liste in einer Kontrollbedingung auch ohne die vorangehende Liste dargeboten und getestet. Die Behaltensdifferenz zwischen der Experimental- und der Kontrollbedingung zeigt das Ausmaß an proaktiver Interferenz. Bei retroaktiver Interferenz wird das Behalten der ersten Liste unter dem Einfluss der zweiten Liste getestet. Hier unterbleibt bei der Kontrollbedingung die Darbietung der zweiten Liste. Die Behaltensdifferenz zwischen beiden Bedingungen zeigt das Ausmaß der retroaktiven Interferenz an. Dieses Paradigma ist in ◘ Abb. 8.5 veranschaulicht. Interferenz wird besonders häufig im Paradigma des Paarassoziationslernens untersucht.

Retroaktive Interferenz

Experimental Gruppe	Lerne Liste A	Lerne Liste B	Test von Liste A
Kontroll Gruppe	Lerne Liste A	———	Test von Liste A

Zeitachse ⟶

Proaktive Interferenz

Experimental Gruppe	Lerne Liste A	Lerne Liste B	Test von Liste B
Kontroll Gruppe	———	Lerne Liste B	Test von Liste B

◘ **Abb. 8.5** Darstellung der Messung von Interferenzeffekten. Die Interferenz wird durch den Behaltensunterschied zwischen Experimental- und Kontrollgruppe in der Testliste ausgedrückt

Wie wird Interferenz erklärt?

Eine verbreitete Erklärung der Interferenzeffekte ist die Annahme des **Abrufwettstreits** („retrieval competition"). Der Abrufreiz (z. B. Stein) ist mit mehreren Reaktionswörtern (hier Mond und Tisch) assoziiert, die sich wechselseitig stören. Verallgemeinernd gilt: Je mehr Wörter mit einem Abrufreiz verbunden sind, umso schwieriger wird der korrekte Abruf. Man spricht von „cue overload" (Anderson 2009; Bäuml 2001). Der Auslöser für die Interferenz ist der Abrufreiz. Er setzt konkurrierende Prozesse in Gang (▶ Exkurs).

> **Exkurs**
>
> **Abrufkonkurrenz im Alltag**
>
> Auch wenn das Paarassoziationslernen im Alltag eher eine Seltenheit ist, ist die Verbindung eines Abrufreizes auch im Alltag oft mit mehreren Gedächtnisinhalten assoziiert. Dass es dabei zu Interferenz kommen kann, hat mancher schon erfahren. Dem Autor (J. E.) ist es z. B. passiert, dass er die Freundin seines Enkels mit dem Namen der Freundin eines anderen Enkels angesprochen hat. Der Abrufreiz „Name der Freundin des Enkels" war mit zwei Namen verbunden, die miteinander interferierten. Die Erinnerungsleistung leidet, wenn gleiche Abrufreize mit verschiedenen Antworten verbunden sind. Wenn wir schon nicht verhindern können, dass ein Abrufreiz mit verschiedenen Antworten verknüpft ist, so sollten wir wenigstens dafür sorgen, dass die Kontexte, in denen der Abrufreiz jeweils auftritt, möglichst verschieden sind.

8.7.2 Abrufinduziertes Vergessen

Abrufinduziertes Vergessen bedeutet, dass der Abruf einer Information den Abruf anderer Informationen behindert.

Wie wird abrufinduziertes Vergessen untersucht?

Das abrufinduzierte Vergessen wurde zuerst von Slamecka (1968) beobachtet. Er ließ die Namen einer Fußballmannschaft lernen. Der einen Hälfte der Personen legte er eine Teilliste der Namen vor in der Absicht, dadurch das Erinnern der anderen Namen zu erleichtern, die andere Hälfte erhielt keine solche Teilliste. Beide Gruppen sollten dann alle Namen der Mannschaft erinnern. Zu seinem Erstaunen erinnerten die Personen, die die Teilliste gesehen hatten, zwar die Namen dieser Teilliste besser, aber die restlichen Namen erinnerten sie schlechter als die Personen ohne den Vortest. Dieses Vorgehen nennt man **Teillistenabruf** („part-set cuing"). Das Vorgehen wurde später modifiziert und als **Abrufübung** bezeichnet. Es wird meist bei kategorial strukturierten Listen angewandt, kann aber auch bei Texten eingesetzt werden (Chan 2009; ▶ Exkurs).

> **Exkurs**
>
> **Paradigma zur Abrufübung**
>
> Dieses Paradigma dient dazu, abrufinduziertes Vergessen zu untersuchen (Anderson et al. 1994, 2000). Es besteht aus drei Phasen:
> - In Phase 1, der Studierphase, werden Items aus verschiedenen Kategorien im Kontext ihrer Kategorienbezeichnungen dargeboten (z. B. FRUCHT-Birne, FRUCHT-Banane; BAUM-Pappel, BAUM-Eiche).
> - In Phase 2, der Abrufübungsphase, werden die Versuchspersonen aufgefordert, die Hälfte der Items aus der Hälfte der Kategorien wiederholt (meist dreimal) zu erinnern (z. B. auf den Cue FRUCHT-Bi das Wort Birne).
> - In Phase 3, dem abschließenden Cued-Recall-Test, der meist nach einem Intervall von 20 Minuten erfolgt, sollen auf die Kategorienbezeichnungen (z. B. FRUCHT, BAUM) als Cues alle Wörter der Lernliste erinnert werden.
>
> In diesem Test werden – nicht überraschend – die geübten Items (wie Birne) sehr gut erinnert. Weniger selbstverständlich ist der Befund, dass die nicht geübten Items (z. B. Banane) aus geübten Kategorien (FRUCHT) schlechter erinnert werden als Kontrollitems (z. B. Pappel, Eiche) aus den nicht geübten Kategorien (z. B. BAUM).

Abrufinduziertes Vergessen bedeutet demgemäß, dass wir dann, wenn wir aus einer kategorial organisierten Liste von Items einen Teil abrufen (d. h. erinnern), das spätere Erinnern der nicht abgerufenen Items erschweren.

- **Wie erklärt man abrufinduziertes Vergessen?**

Wichtig für die Abrufhemmung ist, dass sie kategorienspezifisch wirkt. Sie bezieht sich auf assoziative Verbindungen zwischen Items aus derselben Kategorie, also auf relationale Information. Zur Erklärung der Effekte durch „part-set cuing" und durch Abrufübung werden verschiedene Vorschläge gemacht (Anderson 2009):

Zwei komplementäre Vorschläge laufen darauf hinaus, dass angenommen wird, dass durch den vorangehenden Abrufprozess die Assoziationen zwischen den Teillistenitems bzw. den Überreizen beeinflusst werden. Nach dem einen Vorschlag werden die Assoziationen der geübten Reize zur Kategorie gestärkt, nach dem anderen wird die Assoziation zwischen den nicht geübten Reizen und der Kategorie geschwächt. Wenn z. B. Frucht – Birne geübt wird, wird die Assoziation zwischen Frucht und Birne gestärkt. Als Folge dieser Stärkung dominieren die Assoziationen zu den geübten Items beim abschließenden Cued-Recall-Test. Der Cue FRUCHT ruft z. B. wiederholt die geübten Items hervor, wodurch der Zugang zu den nicht geübten Items (z. B. Banane, wenn Banane ein Listenitem war, das nicht geübt wurde) blockiert wird. Entsprechend wird diese Erklärung als **assoziative Blockierung** bezeichnet.

Der andere Vorschlag fokussiert die Abschwächung der Assoziation zwischen der Kategorie und den nicht geübten Items dieser Kategorie in der Abrufübungsphase. Diese Erklärung wird als **assoziatives Verlernen** bezeichnet. In jedem Fall profitieren die geübten Items im Vergleich zu den nicht geübten Reizen im abschließenden Behaltenstest.

Anderson (2009) schlägt als dritte Erklärung eine **Hemmungshypothese** vor. Danach ist das Üben des Abrufens für die negativen Effekte verantwortlich. Um den Abruf der zu übenden Items (z. B. FRUCHT-Birne) zu erleichtern, werden die nicht zu übenden Items der Kategorie (z. B. Banane) gehemmt. Das bedeutet, ihre Aktivierungsstärken und damit ihre Zugänglichkeit im abschließenden Cued-Recall-Test werden reduziert. Das Interessante an dieser Hypothese ist, dass sie spezifische Vorhersagen macht, die die beiden anderen Erklärungen nicht machen. Zum Beispiel sollten Banane oder andere, nicht geübte Kategorienexemplare aus geübten Kategorien auch in anderen Kontexten als im Kontext von FRUCHT schwieriger abzurufen sein, z. B. sollte Banane auch auf den Cue Affe hin schlechter erinnert werden. Diese Cue-Unabhängigkeit des Vergessens lässt sich mit assoziativem Verlernen oder assoziativer Blockierung nicht erklären. Eine andere Vorhersage der Hemmungshypothese ist die Abrufspezifität. Danach ist es für den abrufinduzierten Vergessenseffekt kritisch, dass die Items bei der Abrufübung auch abgerufen werden. FRUCHT – Birne zu zeigen reicht danach nicht. Die Person muss versuchen, das Item Birne abzurufen. Auch wenn Anderson mit seinen spezifischen Vorhersagen nicht überall Recht behalten muss, ist es wichtig, dass er den Abrufprozess selbst fokussiert.

Allgemein gilt: Ruft eine Kategorie ein bestimmtes Exemplar auf, wird der Abruf anderer Exemplare unterdrückt mit der Folge, dass ihre Aktivierungsstärke reduziert und damit ihre Zugänglichkeit in einem späteren Behaltenstest erschwert ist. Das ist funktional, wenn bestimmte Exemplare beachtet werden sollen. Will ich z. B. ein Rotweinglas aus dem Schrank nehmen, so ist es funktional, wenn ich andere Exemplare wie Biergläser oder Saftgläser unterdrücke und sicher auf ein Rotweinglas zugreifen kann. Eine solche Abrufhemmung sollte jedoch nur temporär auftreten. Ältere Menschen müssen oft leidvoll erfahren, dass dieser Hemmungsmechanismus nicht mehr zuverlässig funktioniert.

Man weiß allerdings noch nicht, wie lange die Hemmung anhält, außer dass es mindestens 20 Minuten sind. Dies ist das übliche Intervall zwischen Abrufübung und abschließendem Cued-Recall-Test (Chan 2009). In einer Studie zeigte sich, dass der Effekt nach einer Stunde verschwunden war. Wenn Schlaf dazwischen lag, war er allerdings länger zu beobachten (Racsmámy et al. 2010).

8.7.3 Gerichtetes Vergessen

■ Wie wird gerichtetes Vergessen untersucht?

Vergessen, das auf Konkurrenz beruht, sollte sich reduzieren lassen, indem man die Konkurrenz reduziert. Das bedeutet, man müsste eine Möglichkeit finden, die Assoziationen unter den Reizen und zwischen den Reizen und der Lernepisode zu reduzieren. Eine solche Maßnahme stellt das gerichtete Vergessen („directed forgetting") dar. Bei dieser Methode bittet man die Versuchspersonen, bestimmte Reize, die dargeboten werden, zu ignorieren, d. h. zu vergessen (z. B. Bjork 1989). Hierbei werden zwei Vorgehensweisen angewendet: die **Itemmethode** und die **Listenmethode**. Beide Methoden führen jedoch zu unterschiedlichen Befunden. Das spricht dafür, dass sie auf unterschiedlichen Prozessen basieren.

Die Itemmethode

Bei dieser Methode lernen die Personen eine Liste von Items, die nacheinander geboten werden. Nach jedem Item wird den Personen mitgeteilt, ob sie das Item behalten oder vergessen sollen. Danach prüft man das Behalten für alle Items der Liste.

Bei der Itemmethode zeigt sich, dass die Reize, die behalten werden sollten, auch besser erinnert werden, als diejenigen, die vergessen werden sollten. Dies ist ein Effekt des Enkodierens. Basden und Basden (1996) konnten zeigen, dass dieser Befund gleichermaßen bei Bildreizen, bei Wörtern sowie bei Wörtern unter einer Vorstellungsinstruktion auftrat.

Der Befund lässt sich mit Rückgriff auf die Unterscheidung zwischen relationaler und itemspezifischer Information erklären: Die Instruktion, bestimmte Items zu behalten und andere nicht, reduziert die relationale Information und fördert die itemspezifische Information. Der Hinweis, einen Reiz zu behalten, fördert dessen Elaboration. Der Wechsel von Behaltens- und Vergessensinstruktionen erschwert zugleich die Bildung von Assoziationen zwischen Reizen. Horton und Petruk (1980) haben gezeigt, dass der Effekt der Vergessensinstruktion gleich groß war, egal, ob die Reize, die zu behalten waren, aus gleichen oder verschiedenen Kategorien kamen. Das heißt, der kategoriale Vorteil für Reize aus der gleichen Kategorie, den man gewöhnlich beobachten kann, war nach einer Vergessensinstruktion nicht zu beobachten.

Eine andere Erklärung geht davon aus, dass die Personen Reize bei der Itemmethode zunächst in einer „flachen" Enkodierung (z. B. durch artikulatorisches Wiederholen) halten (▶ Abschn. 7.2, Mehrspeichermodelle), bis die Instruktion „Behalten" bzw. „Vergessen" kommt. Dann verarbeiten sie die zu behaltenden Items „tiefer" und enkodieren diese semantisch. Im Effekt laufen beide Erklärungen auf Dasselbe hinaus: Die zu vergessenden Items werden nur wenig enkodiert, während die zu behaltenden Items mehr und tiefer enkodiert werden. Durch den Wechsel der Enkodierinstruktion wird zusätzlich die relationale Enkodierung behindert. In jedem Fall ist es ein Enkodiereffekt.

Allgemein bedeutet intendiertes Vergessen bezogen auf Einzelreize, diesen keine Aufmerksamkeit zu schenken, d. h. sie wenig zu enkodieren und die Aufmerksamkeit auf die Reize zu richten, die man behalten will. Ursache für den Behaltensunterschied ist **differenzielles Enkodieren**. Hier wird nichts vergessen, sondern es wird erst gar nichts enkodiert.

Die Listenmethode

Bei der Listenmethode werden zwei Teillisten zum Behalten geboten. Nach der Darbietung der ersten Teilliste wird die Darbietung für die Hälfte der Versuchspersonen unterbrochen, und der Versuchsleiter gibt eine Erklärung ab, warum diese Liste vergessen werden soll. Es wird z. B. gesagt, diese Liste diene zur Übung, die eigentliche Liste folge jetzt, oder es wird gesagt, man habe sich geirrt und versehentlich die falsche Liste dargeboten, deshalb beginne das Experiment jetzt neu. Bei der anderen Hälfte der Versuchspersonen wird die zweite Listenhälfte direkt nach der ersten geboten, ohne dass eine Vergessensinstruktion erfolgt. Am Ende der Darbietung der zweiten Teilliste folgt die Behaltensprüfung meist für beide Teillisten.

Bei der Listenmethode finden sich zwei zentrale Befunde:
- Die Personen mit der Vergessensinstruktion behalten die erste Teilliste schlechter als die zweite (Kosten der Vergessensinstruktion).
- Die Vergessensgruppe behält die zweite Teilliste besser als die Behaltensgruppe (Nutzen der Vergessensinstruktion).

Zur Erklärung des gerichteten Vergessens mit der Listenmethode wurden verschiedene Ansätze vorgeschlagen.
- Nach dem **Ansatz des selektiven Wiederholens** (Bjork 1970) wiederholen Personen der Behaltensgruppe beim Enkodieren von Liste 2 sowohl die Items dieser Liste als auch die von Liste 1, während Personen, die Liste 1 vergessen sollen, selektiv Liste 2 Items wiederholen mit der Folge einer besseren Erinnerung an Liste 2 auf Kosten von Liste 1.
- Nach der **Abrufhemmungshypothese** (Geiselman et al. 1983) führt die Vergessensinstruktion dazu, dass die Items der ersten Liste gehemmt werden (vgl. Hemmungshypothese beim abrufinduzierten Vergessen), wodurch ihre Zugänglichkeit erschwert wird (Kosten). Die Items der zweiten Liste werden von der Vergessensgruppe besser erinnert als von der Behaltensgruppe, weil weniger proaktive Interferenz vorliegt und diese Liste mehr Verarbeitung erfährt (Nutzen).
- Nach der **Kontextwechselhypothese** (Sahakyan und Kelley 2002) handelt es sich beim gerichteten Vergessen um kontextabhängiges Vergessen. Durch die Vergessensinstruktion wird ein neuer Kontext für die zweite Listenhälfte geschaffen. Dieser neue Kontext ist beim nachfolgenden Test noch aktiv (Nutzen). Der Vergessenskontext muss dagegen neu abgerufen werden und ist ein schwächerer Abrufreiz, was zu schlechteren Behaltensleistungen für Liste 1 führt (Kosten).

Neben diesen Ansätzen, die für Kosten und Nutzen des gerichteten Vergessens einen Mechanismus verantwortlich machen, schlagen andere Ansätze zwei unterschiedliche Mechanismen vor. Nach Pastötter und Bäuml (2010) gehen die Kosten für die erste Liste auf Abrufhemmung zurück, während der Nutzen für die zweite Liste auf einem Wechsel zu einer effektiveren Enkodierstrategie für diese Liste beruht.

Die Untersuchungen zum gerichteten Vergessen machen deutlich, dass der Enkodierprozess von uns mehr beeinflusst werden kann als bisher deutlich wurde, und dass er von dem Ziel (hier: „was muss ich später erinnern") gesteuert wird. Es liegt bei uns, was wir in den Fokus unserer Enkodierprozesse stellen und welche Informationen wir aktiv halten oder auch unterdrücken. Wir können Einfluss darauf nehmen, wie zugänglich Informationen für uns sind. Die Untersuchungen zum gerichteten Vergessen zeigen ferner, dass die Unterscheidung zwischen itemspezifischer und relationaler Verarbeitung um Annahmen zum strategischen Einsatz von Verarbeitungsprozessen erweitert werden muss.

Die unterschiedlichen Befundmuster bei der Item- und Listenmethode lassen zudem vermuten, dass ihnen unterschiedliche Prozesse zugrunde liegen müssen. Gerichtetes Vergessen wirkt sich unterschiedlich aus. Bei der Listenmethode können die Personen der Vergessensinstruktion nicht wie bei der Itemmethode jedes Item entsprechend der Instruktion unterschiedlich enkodieren. Bis zum Ende der Darbietung der ersten Teilliste wissen sie ja gar nicht, dass bzw. ob sie die Liste vergessen sollen. Bei der Listenmethode muss die Ursache für das differenzielle Behalten deshalb auch darin liegen, was die Personen mit der bereits enkodierten Information und was sie mit der neuen Information machen.

Eine anregende Diskussion über das Zusammenspiel von Erinnern und Vergessen führt Bjork (1989, 2011). Er argumentiert, dass der Nichtgebrauch von Gedächtnisspuren nicht zu ihrem Verlust führt, sondern sie nur unzugänglich macht. Entsprechend unterscheidet er zwischen Speicherkapazität und Abrufkapazität. Die erste ist praktisch unbegrenzt, während die zweite sehr begrenzt ist. Die Abrufkapazität schützt uns davor, nicht im Erinnern zu ertrinken, was der Fall wäre, wenn wir alles und jedes erinnern würden, z. B. alle Geheimzahlen, die nicht mehr gelten, oder wo überall im letzten Jahr wir unser Auto geparkt haben. Damit wir bestimmte Sachverhalte aktuell und zugänglich erhalten, müssen wir andere unterdrücken, sonst würden wir in einem Zustand totaler proaktiver Interferenz ertrinken. Jeder Abruf einer Information stärkt ihren erneuten Abruf und macht den Abruf anderer Informationen schwieriger. Dass Informationen nur unzulänglich gemacht und nicht gelöscht werden, bedeutet zugleich, dass sie nicht mit anderen Informationen interferieren, aber dennoch im Gedächtnis bleiben. Sie können bei Bedarf wieder reaktiviert werden. Mit anderen Worten: Das Zusammenspiel von Erinnern und Vergessen ist **funktional**. Wir nehmen Einfluss darauf, was wir unterdrücken und was wir aktiv zugänglich halten.

8.7.4 Konsolidierung und Vergessen

Eine etwas andere Sicht auf das Vergessen setzt beim Speichern selbst an. Im Mittelpunkt steht der **zeitliche Verlauf** der Erinnerungsleistung. Das meiste Vergessen findet innerhalb einer Stunde nach dem Lernen statt (für einen Überblick s. Rubin und Wenzel 1996).

Konsolidierung findet statt, um Gedächtnisspuren zu verfestigen. Dieser Prozess ist anfangs störanfälliger als später. Er findet in den Neurowissenschaften mehr Beachtung als in der psychologischen Gedächtnisforschung. Neurophysiologisch beeinflusst er die Wahrscheinlichkeit, dass postsynaptische Neuronen im Hippocampus auf Neurotransmitter reagieren, die an den präsynaptischen Neuronen frei gesetzt werden. Dieser Einfluss ist zeitnah (Wixted 2004).

Nach Dudai (2004) folgt der synaptischen eine systemische Konsolidierung. Danach ist der Hippocampus zunächst für Speicher- und Abrufprozesse notwendig. Mit der Zeit geht der Einfluss des Hippocampus aber zurück, bis die Gedächtnisinhalte verfestigt sind und ihr Abruf ohne den Hippocampus möglich ist. Hierzu sind wiederholte Abrufprozesse nötig.

Bewusste **Abrufprozesse** verfestigen die Gedächtnisspuren und verlangsamen ihr Vergessen (Linton 1975). Das Abrufen selbst formt eine Gedächtnisspur. Wir erinnern, was wir vorher erinnert haben. Je häufiger wir etwas erinnern, umso mehr Spuren bilden sich im Gedächtnis. Wenn die Erinnerungen korrekt sind, verstärkt dies das korrekte Behalten. Ist die Erinnerung falsch oder unvollständig, dann bildet sich ein falscher Gedächtnisinhalt.

Eine Stütze findet die Konsolidierungstheorie auch in den Beobachtungen von Patienten mit retrograder **Amnesie** z. B. nach einer Kopfverletzung mit kurzer Bewusstlosigkeit. Solche Verletzungen behindern den Konsolidierungsprozess. Die retrograde Amnesie zeigt einen typischen Gradienten. Vor dem Beginn der Amnesie (d. h. vor dem Gedächtnistrauma) erworbene Informationen gehen umso eher verloren, je näher sie zeitlich bei dem traumatischen Ereignis stattfanden.

Auch der klassische Befund von Jenkins und Dallenbach (1924), dass die Versuchspersonen weniger vergaßen, wenn sie nach dem **Lernen** schliefen als wenn sie wach blieben, passt zu der Konsolidierungshypothese. Im Schlaf finden weniger Störungen der Konsolidierung statt. Der Schlaf sollte besonders günstig wirken, wenn er bald nach dem Lernen, also in der Frühphase der Konsolidierung stattfindet. Neuerdings glaubt man, dass insbesondere der Tiefschlaf dazu dient, die episodischen Gedächtnisinhalte zu festigen. Die Schlafphasen, in denen die schnellen Augenbewegungen stattfinden (REM-Phasen), sollen dagegen dazu dienen, die neu erworbenen Fertigkeiten, d. h. die Inhalte des prozeduralen Gedächtnisses zu konsolidieren (Plihal und Born 1997).

8.8 Autobiografisches Gedächtnis

Man spricht von autobiografischem Gedächtnis, wenn es um das Erinnern von Ereignissen geht, die für die sich erinnernde Person besonders **bedeutsam** und **herausragend** sind, wie der Schulbeginn, ein bestimmtes Weihnachtsfest, die Führerscheinprüfung usw. Nach Conway et al. (2001) definieren solche autobiografischen Ereignisse unsere Identität und unser Selbstbild. Häufig wird das autobiografische Gedächtnis als Teil des episodischen Gedächtnisses aufgefasst (z. B. Conway 2003), allerdings bleibt unscharf, was autobiografisches von episodischem Erinnern unterscheidet (s. auch Baddeley et al. 2009, Kap. 7; Pohl 2007, Kap. 2).

Aus folgenden Gründen gehen wir nur kurz auf das autobiografische Gedächtnis ein:
- Es ist schwierig zu sagen, was konkret und im Einzelfall ein autobiografisches Ereignis ist und was „nur" als ein episodisches Ereignis angesehen werden soll.
- Als Experimentator hat man über autobiografische Ereignisse nur wenig Kontrolle. Der Experimentator kennt die erinnerte Episode meist nur aus Berichten. Das macht es schwierig zu beurteilen, ob eine Erinnerung korrekt ist oder nicht. Ferner werden autobiografische Ereignisse oft wiederholt erinnert. Weil es herausragende Ereignisse sind, wird öfter darüber gesprochen. Dabei erinnern wir uns nicht nur selbst, sondern wir tun es oft im Gespräch mit anderen. Auch das macht eine Zuschreibung des Erinnerten zu dem autobiografischen Ausgangsereignis schwierig. Es kann sogar sein, dass uns zuerst andere Personen, z. B. unsere Eltern, erzählt haben, was wir zu einem bestimmten Zeitpunkt, etwa zur Einschulung, gesagt oder getan haben, und dass wir später glauben, wir erinnerten uns an das Ursprungsereignis.
- Es ist theoretisch schwierig, anzugeben, was das autobiografische und das episodische Erinnern funktional unterscheidet. Welchen Gesetzmäßigkeiten folgt das eine Erinnern, denen das andere nicht folgt? Es ist nicht leicht zu erkennen, warum autobiografisches Erinnern anderen Gesetzmäßigkeiten folgen sollte als episodisches Erinnern.

Im Folgenden soll ein kurzer Eindruck davon vermittelt werden, welche **Methoden** zur Untersuchung des autobiografischen Gedächtnisses eingesetzt werden. Dabei werden die Problempunkte noch einmal benannt.

Eine Methode besteht z. B. darin, Substantive, die gewöhnliche Objekte bezeichnen (wie Schlüssel, Kino), als Cues vorzugeben, zu denen das erste spezifische **Ereignis aus dem eigenen Leben**, das einem einfällt, erinnert werden soll (Rubin et al. 1986). Anstelle von Wörtern können auch Bilder als Cues fungieren. Ein Problem besteht darin, die Auswahl der Cue-Wörter zu begründen. Ein weiteres Problem ist, dass man das Ausgangsereignis, an das sich eine Person erinnert, nicht kennt und deshalb nicht beurteilen kann, ob die Erinnerung zutrifft oder nicht.

Eine weitere Methode versucht den **Lebenslauf** von Personen zu rekonstruieren, indem diese sich an wichtigen Orten und entlang der Zeitachse bewegen. Man versucht herauszufinden, was da jeweils geschah. Man fragt z. B., wo eine Person gelebt hat, wo sie gearbeitet, wann sie geheiratet hat usw. (Belli 1998). Auch bei dieser Methode gibt es wenig Kontrolle über die Enkodiersituation, d. h. über das Ausgangsereignis. Entsprechend schwierig ist die Bewertung des Erinnerten als episodische Erinnerung.

Wieder eine andere Methode besteht darin, in irgendeiner Form **Tagebuch** über Ereignisse zu führen. Wagenaar (1986) hat z. B. über sechs Jahre Tagebuch geführt. Er hat insgesamt ca. 2000 Ereignisse notiert. Er hat zu den Ereignissen notiert, was wem wann und wo passiert ist. Außerdem hat er Angaben dazu gemacht, wie angenehm, wie häufig, wie herausragend usw. das jeweilige Ereignis war. Die Wörter „was, wer, wann, wo" dienten später einzeln oder in Kombination als Hinweisreize. Hier sind zwei Befunde zur Veranschaulichung: Der Was-Cue war am effektivsten, was dafür spricht, dass auch autobiografische Erinnerungen kategorial bzw. thematisch organisiert sind. Mehr Cues führten zu mehr Erinnerungen, wie auch beim episodischen Erinnern, aber selbst mit drei Cues war etwa die Hälfte der Ereignisse nach fünf Jahren vergessen.

Obwohl die Tagebuchmethode eine gewisse Kontrolle über die Enkodiersituation bietet, bleiben zwei zentrale Probleme:
- Der Tagebucheintrag ist bereits ein Behaltenstest zu dem Ereignis, um das es geht.
- Es ist unklar, welche Ereignisse, die notiert wurden, autobiografisch und welche episodisch sind. Es kommen eben auch „triviale" Ereignisse im Laufe eines Tages vor. Klare Kriterien zur Trennung fehlen.

Ein weiteres Problem besteht darin, dass Alltagsereignisse, die nicht im Labor hergestellt werden, oft zeitlich erstreckt und komplex sind. Eine Eintragung könnte sich z. B. auf die Unruhen in französischen Vorstädten beziehen. Ein solcher Eintrag bezöge sich faktisch auf eine Serie von Ereignissen, die der Tagebuchführer im Fernsehen gesehen oder in der Presse gelesen hat. Ein weiteres Problem der Tagebuchmethode ist, dass nur eine Person untersucht wird, die im Falle eines Selbstversuchs eines Forschers untypisch und hoch motiviert ist.

Es bleibt ein zentrales Problem der autobiografischen Gedächtnisforschung, genau zu sagen, wie sich autobiografisches von episodischem Erinnern **funktional unterscheiden** soll. Macht es Sinn, einen solchen Unterschied zu fordern, oder ist es nicht klüger, davon auszugehen, dass in beiden Fällen die gleichen grundlegenden Prozesse beim Enkodieren und Erinnern beteiligt sind? Für die letzte Annahme spricht, dass die referierten Effekte in beiden Fällen oft gleich sind. So gilt, dass Testwiederholungen in beiden Fällen hilfreich sind, dass ähnliche Ereignisse, z. B. solche, die wiederholt stattfinden, wie Vereinstreffen oder Ballspiele, schwierig zu diskriminieren sind und dass mehr Hinweisreize besser sind als einer. Es bleibt deshalb eine Bringschuld der autobiografischen Gedächtnisforscher, das autobiografische Erinnern operational klar zu definieren und deutlich zu machen, wie es sich in seinem Funktionieren vom episodischen Erinnern abhebt.

8.9 Spezifische Aspekte beim Wiedererkennen und freien Erinnern

Für das Enkodieren und Abrufen von episodischen Ereignissen ist sowohl die Aktivierung von Beziehungen im semantischen Gedächtnis (relationale Information) als auch die Aktivierung ereignisspezifischer Aspekte (itemspezifische Information) wichtig. Es zeigt sich, dass die Annahme, das Wiedererkennen beruhe auf itemspezifischer Information, nicht ausreicht. Beim Recall zeigt sich, dass neben semantisch basierten relationalen Beziehungen zwischen Items auch semantikfreie berücksichtigt werden müssen, die auf der physikalischen Nachbarschaft der Items beruhen.

8.9.1 Erinnern versus Vertrautheit beim Wiedererkennen

Die Unterscheidung von zwei Prozessen wurde für das Wiedererkennen seit den 1970er-Jahren immer wieder gefordert. Atkinson und Juola

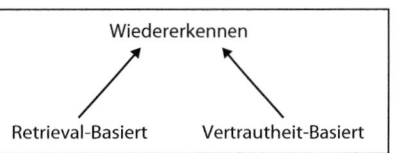

Abb. 8.6 Zwei-Prozess-Theorie des Wiedererkennens

(1974) haben z. B. postuliert, dass Items, die einem sehr vertraut erscheinen oder die einem sehr unvertraut sind, auf diesen Eindruck hin im Wiedererkennenstest als alt bzw. als neu beurteilt werden (▶ Abschn. 10.2.4). Ein echtes **retrieval-basiertes, d. h. bewusstes Wiedererkennen** sollte nur stattfinden, wenn ein mittlerer Vertrautheitsgrad vorliegt. Damit wurden das **vertrautheitsbasierte Wiedererkennen** eingeführt und plausible Gründe genannt, unter welchen Umständen es zum Einsatz kommt. Die Idee, die der Zwei-Prozess-Theorie des Wiedererkennens zugrunde liegt, illustriert Abb. 8.6.

- Wie kann man retrieval-basiertes und vertrautheitsbasiertes Wiedererkennen methodisch unterscheiden?

Hierzu wurden verschiedene Methoden vorgeschlagen, etwa die Remember-Know-Methode und die Prozess-Dissoziations-Prozedur.

Die Remember-Know-Methode

Gardiner (1988) führte aufbauend auf Tulving (1985) die Remember-Know-Methode beim Wiedererkennen ein. Sie besteht darin, dass die Versuchspersonen im Anschluss an das übliche **Alt-Neu-Urteil** beim Wiedererkennen beurteilen, ob ihr Alt-Urteil eher auf einem Retrieval-Prozess (Remember) oder auf einer Art Vertrautheitsurteil (Know) basierte. Falls die Versuchspersonen meinten, sie könnten sich an das Item und den zugehörigen Kontext, d. h. auch an Details erinnern, sollten sie „Remember" ankreuzen. Wenn sie dagegen einfach zu wissen glaubten, das Item sei alt, ohne sich an irgendwelche Details zu erinnern, sollten sie „Know" ankreuzen. Ein Problem dieser Methode liegt darin, dass die Versuchspersonen selbst angeben müssen, worauf sie ihr Wiedererkennensurteil gründen.

Die Prozess-Dissoziations-Prozedur

Jacoby (1991) spricht statt von retrieval- und vertrautheitsbasierten Urteilen von **kontrollierten** und **automatischen Wiedererkennensurteilen**. Zur Trennung der diesen Urteilen zugrunde liegenden Prozesse hat er die Prozess-Dissoziations-Prozedur entwickelt. Sie beruht auf dem **Zwei-Listen-Paradigma** (▶ Exkurs).

> **Exkurs**
>
> **Das Zwei-Listen-Paradigma**
> Den Versuchspersonen werden zwei Listen L1 und L2 dargeboten. Eine Gruppe muss alle Wörter, d. h. die aus L1 und L2 wiedererkennen (Inklusionsbedingung). Eine zweite Gruppe soll nur die Wörter der L2 als alt akzeptieren. Für diese Gruppe sind L1-Wörter wie Distraktoren als neu zurückzuweisen (Exklusionsbedingung). Jacoby nimmt an, dass die Wiedererkennensurteile unter der Inklusionsbedingung auf automatischen und kontrollierten Prozessen beruhen, während die korrekten Urteile unter der Exklusionsbedingung nur auf kontrollierten Prozessen beruhen, weil die Beurteilung der Wörter von L1 als neu nur gelingt, wenn die Wörter bewusst als Nicht-L2-Wörter erkannt werden. Aus den Leistungen unter der Inklusions- und Exklusionsbedingung werden dann die automatischen und kontrollierten Anteile geschätzt. Der Anteil kontrollierter Urteile ergibt sich aus den Alt-Urteilen unter Inklusionsbedingungen abzüglich den Alt-Urteilen in der Exklusionsbedingung jeweils für L1. Der Anteil automatischer Urteile ergibt sich aus der relativen Häufigkeit der Alt-Urteile in der Exklusionsbedingung geteilt durch 1 minus dem Anteil kontrollierter Urteile.

Der Prozess-Dissoziations-Ansatz wurde von anderen weiterentwickelt. Yonelinas (1994) hat die Annahmen der Prozessdissoziationstechnik mit der Signalentdeckungstheorie des Wiedererkennens integriert. Buchner et al. (1995) haben dieses Modell als multinominalen Ereignisbaum formuliert. Bedeutsam ist, dass bei all diesen Techniken zwischen **zwei Prozessen** unterschieden wird, die dem Wiedererkennen zugrunde liegen können, nämlich zum einen das bewusste Wiedererkennensurteil, das auf einem Alles-oder-nichts-Prozess basiert, zum anderen der auf einem globalen Eindruck der Vertrautheit basierende Prozess, der kontinuierlich variiert. Danach wird ein Urteil „alt" erst dann gefällt, wenn die Vertrautheit eine Antwortschwelle übersteigt. Hinter diesen Techniken steht demnach die Idee, dass Wiedererkennensurteile auf zwei voneinander unabhängigen Prozessen beruhen.

- **Wozu dient das vertrautheitsbasierte Wiedererkennen?**

Eine erste Antwort ist: Es ist schnell und oft hinreichend. Oft genügt semantisches Wissen, um zu urteilen, „die Person oder das Gebäude kenne ich". Eine spezifische episodische Erinnerung ist nicht nötig.

Eine zweite Antwort lautet: Der Nutzen liegt darin, dass hier zwei unabhängige Prozesse unterschieden werden. Der kontrollierte Prozess erfordert Aufmerksamkeit, der vertrautheitsbasierte Prozess hingegen nicht, denn er geschieht automatisch. Für diese Annahmen spricht nach Yonelinas (2002), dass die Störung der Aufmerksamkeit durch eine Nebenaufgabe das kontrollierte Urteil mehr beeinträchtigt als das automatische. Diese Abhängigkeit von der Aufmerksamkeit beim kontrollierten Wiedererkennen zeigt sich sowohl, wenn man die Versuchspersonen während der Lernphase stört, als auch dann, wenn man sie während des Wiedererkennens stört.

Aus diesen Befunden folgt, dass Personen, die über eine weniger gute Kontrolle ihrer Aufmerksamkeit verfügen, beim retrieval-basierten Wiedererkennensurteil durch **Störungen** stärker beeinträchtigt werden sollten als Personen mit einer besseren Aufmerksamkeitskontrolle. Zu den Personen, die ein Aufmerksamkeitsdefizit aufweisen, gehören ältere im Vergleich zu jüngeren Menschen, aber auch Personen mit Schädigungen des Frontalhirns (Goschke 2002) oder Personen, deren episodisches Erinnern beeinträchtigt ist (Amnestiker). Sie fallen dadurch auf, dass sie schlechtere Leistungen in episodischen Behaltenstests wie dem Free Recall oder dem Cued Recall zeigen als Kontrollpersonen (Graf et al. 1984). Solche Personen unterscheiden sich dagegen wenig von Kontrollpersonen, wenn es um vertrautheitsbasiertes Wiedererkennen geht.

Zusammengefasst gilt, dass das **vertrautheitsbasierte Wiedererkennen** robuster und schneller ist als das retrieval-basierte. Das hilft Personen, deren retrieval-basiertes Wiederkennen eingeschränkt ist oder versagt. Der Preis, den diese Personen zahlen, ist allerdings, dass ihr Wiedererkennen fehleranfälliger ist.

8.9.2 Darbietungsfolge von Reizen als spezifische Form relationaler Information: die Item-Order-Hypothese

Bisher wurde beim Erinnern von Ereignissen nicht verlangt, diese zeitlich einzuordnen. Relationale Informationen bezogen sich stets auf Vernetzungen von Ereignissen nach semantischen Kriterien. Es ging um die Einordnung der Reize entlang semantischer Kategorien oder semantischer Wissensschemata. Ein Aspekt relationaler Beziehungen blieb dabei außen vor, nämlich die zufällige zeitliche Abfolge der Reizereignisse in der Lernphase. Ihr wurde keine Beachtung geschenkt. Sie kann aber wichtig sein, z. B. wenn man fragt, wer denn bei der gestrigen Feier Frau X gewesen ist und die Antwort erhält: „Es war der Gast, der als Vierter eingetroffen ist", oder wenn man seinen Schlüssel verloren hat und durch die zeitliche Rekonstruktion der Orte, an denen man nach dem letzten Schlüsselgebrauch gewesen ist, herausfinden will, wo man den Schlüssel verloren haben könnte und wo deshalb eine Suche sinnvoll ist. In beiden Fällen geht es darum, die **Abfolge von Ereignissen** zu erinnern.

Wieweit die Abfolge, in der die Wörter erscheinen, behalten wird, versucht man z. B. zu erfassen, in dem man die Reize vorgibt und ihre Positionen bei der Darbietung zuordnen lässt. Eine solche Abfolgerekonstruktion gelingt unter manchen Bedingungen besser als unter anderen. Zum Beispiel wird die Abfolge von häufigen Wörtern besser rekonstruiert als von seltenen. Gleichzeitig ist auch der Free Recall für häufige Wörter besser als für seltene (DeLosh und McDaniel 1996). Man könnte also meinen, dass Reize, die besser frei reproduziert werden können – hier: die häufigen Wörter – auch besser nach ihrer Abfolge rekonstruiert werden können. Das Interessante ist, dass beide Effekte vom **Versuchsplan** abhängen. Bietet man nämlich häufige und seltene Wörter gemischt in einer Liste, so ändert sich das Ergebnis. Das ist gemeint, wenn man sagt, „das Ergebnis hängt vom Versuchsplan ab". Dies ist zwar etwas komplizierter, aber wichtig. Es hat dazu geführt, dass Nairne et al. (1991) eine **Item-Order-Hypothese** zum Behalten der zeitlichen Abfolge von Reizen vorgestellt haben. Im Folgenden soll diese Hypothese genauer betrachtet werden.

Bisher wurde im Rahmen der Prozessmodelle nicht beachtet, dass die Wörter in unverbundenen Listen in zufälligen Nachbarschaftsbeziehungen stehen, die unabhängig von deren semantischer Bedeutung sind, und dass auch solche zufälligen Nachbarschaften enkodiert werden können. Hier sprechen wir von **abfolgerelationalen Prozessen**. Diese Prozesse werden im Free Recall i.d.R. nicht erfasst, da die Darbietungsfolge der Items für den Free Recall irrelevant ist; es zählt nur die Menge der erinnerten Items. Selbst dort, wo es um Cluster-Effekte geht, ist zwar das inhaltliche Clustering bedeutsam, aber die Abfolge innerhalb der Cluster sowie die Abfolge der Cluster selbst ist irrelevant. Die Darbietungsfolge von Wörtern kann aber besonders beim Erinnern kurzer Listen wirksam werden. Wovon das abhängt, wird im Rahmen der Item-Order-Hypothese diskutiert.

Im Folgenden soll die Item-Order-Hypothese von Nairne et al. (1991) am Beispiel von Listen seltener und häufiger Wörter erläutert werden. Angenommen, folgende Wörter würden verwendet (wir beschränken uns der Einfachheit halber auf je sechs Wörter):

- häufige Wörter: Haus, Sonne, Brot, Straße, Lampe, Garten
- seltene Wörter: Schlange, Dünger, Pfahl, Kante, Esche, Feder

Bietet man nur häufige oder nur seltene Wörter dar (reine Listen), dann beobachtet man, dass häufige Wörter besser erinnert werden als seltene. Mischt man dagegen häufige und seltene Wörter in einer Liste (gemischte Liste), so verschwindet der Vorteil der häufigen Wörter.

Zur Erklärung dieser Wechselwirkung schlagen Nairne et al. eine Theorie vor, die auf der Unterscheidung von itemspezifischer und abfolgerelationaler Information beruht. Die itemspezifische Information macht die Items von anderen Items unterscheidbar. Mit abfolgerelationaler Information beziehen sich Nairne et al. (1991) auf den Aspekt der Abfolge von Reizen. Dieser Aspekt ist neu. Er bringt neben semantischen Beziehungen die **zufällige Nachbarschaft der**

Reize bei der Darbietung ins Spiel. Die Wissenschaftler vermuteten, dass bestimmte Reize die Aufmerksamkeit stärker auf die itemspezifische Enkodierung richten und andere stärker auf die abfolgerelationale Enkodierung. Bezogen auf unser Beispiel heißt das: Seltene Wörter fördern besonders die itemspezifische Enkodierung und verhindern die relationale, häufige Wörter richten die Aufmerksamkeit dagegen gleichermaßen auf itemspezifische und relationale Enkodierung. Das begünstigt insgesamt den Free Recall häufiger Wörter gegenüber seltenen, da er sowohl auf relationaler wie itemspezifischer Information beruht.

Die Situation ändert sich bei gemischten Listen. In gemischten Listen wird die abfolgerelationale Enkodierung durch den **Wechsel** von häufigen und seltenen Wörtern in einer Liste beeinträchtigt, während die itemspezifische Enkodierung davon nicht beeinflusst wird. Mit anderen Worten: Am Vorteil der besseren itemspezifischen Enkodierung der seltenen Wörter ändert sich bei gemischten Listen nichts, aber die häufigen Wörter verlieren durch die Mischdarbietung ihre bessere Fähigkeit zur abfolgerelationalen Enkodierung. Diese gegenläufigen Einflüsse machen nach Nairne et al. deutlich, warum es Versuchsplaneffekte beim Free Recall gibt.

Bietet man häufige und seltene Wörter in einer Liste gemischt dar, so sollte deshalb der Vorteil der häufigen Wörter im Free Recall wegfallen. Dabei kann sich der Effekt im Free Recall sogar umkehren. Den Rückgang der abfolgerelationalen Enkodierung in gemischten Listen kann man direkt zeigen, wenn man einen **Abfolgerekonstruktionstest** durchführt. Bei diesem Test werden die Versuchspersonen aufgefordert, die in Zufallsfolge vorgegebenen Reize in die Reizfolge zu bringen, die diese bei der Darbietung hatten. Im beschriebenen Abfolgerekonstruktionstest sollte die Leistung der häufigen Wörter bei reinen Listen besser sein als bei seltenen Wörtern. In gemischten Listen sollte sie sich dagegen nicht unterscheiden und gleichzeitig für die häufigen Wörter schlechter sein als in der reinen Liste. Genau das konnten DeLosh und McDaniel (1996) beobachten. Deren Befunde zeigt ◘ Tab. 8.1.

Insgesamt stützen Befunde aus verschiedenen Untersuchungen die Item-Order-Hypothese. Die

◘ **Tab. 8.1** Free Recall und Abfolgerekonstruktion als Funktion der Worthäufigkeit (häufig, selten) und der Darbietung (rein, gemischt) nach DeLosh und McDaniel (1996)

	Häufig	Selten
Free Recall		
Reine Listen	,69	,53
Gemischte Listen	,56	,65
Abfolgerekonstruktion		
Reine Listen	,72	,54
Gemischte Listen	,6	,62

Verarbeitung der abfolgerelationalen Information erweist sich als abhängig vom Versuchsplan, und bei Leistungen im Free Recall muss dieser Aspekt berücksichtigt werden. Dadurch, dass sich ferner gezeigt hat, dass die kategoriale Organisation von Listen vom Versuchsplan unabhängig ist (Mulligan 1999, Exp. 6), wird die Unterscheidung zwischen semantisch-basierter relationaler Information und abfolgerelationaler Information zusätzlich gestützt. Festzuhalten bleibt, dass es notwendig ist, bei kürzeren Listen zwischen der Nutzung von semantischen Reizverbindungen und semantikfreien Abfolgerelationen zu unterscheiden.

Das Problem der abfolgerelationalen Enkodierung findet in der Literatur bisher wenig Beachtung. Es ist aber von grundlegender Bedeutung, weil wir im Prinzip in der Lage sein müssen, zeitliche Anordnungen von Reizen auch unabhängig von semantischen Beziehungen zu behalten. Wir müssen auf der einen Seite zeitliche Positionen diskriminieren, in denen Ereignisse erscheinen (1., 2., 3. Position usw.) sowie auf der anderen Seite die auftauchenden Sachverhalte (im obigen Beispiel die Wörter) speichern. Darüber hinaus müssen wir in der Lage sein, beides in der Erinnerung aufeinander zu beziehen.

Die Beziehungen zwischen den verschiedenen Arten der relationalen Information, den Eigenschaften der Listen, in denen sie vorkommen, und den Testverfahren, mit denen sie erfasst werden, sind in ◘ Abb. 8.7 zusammengefasst.

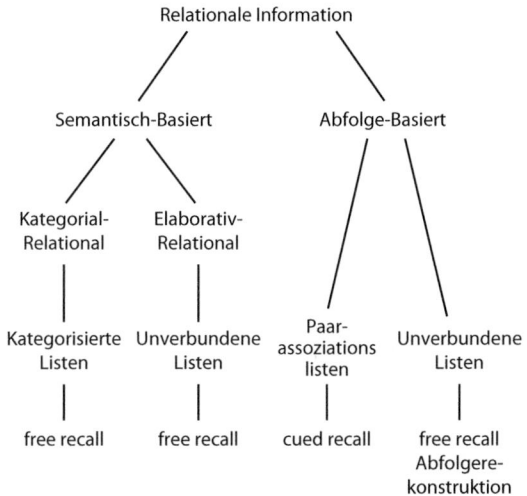

☐ **Abb. 8.7** Arten von relationaler Information und ihr Bezug zur Listenstruktur und zur Art des Behaltenstests

8.10 Fazit

Prozessmodelle beziehen sich auf episodisches Erinnern, d. h. auf semantisch interpretierte Ereignisse in einem raum-zeitlichen Kontext. Dieser Sachverhalt wird allerdings dadurch eingeschränkt, dass fast ausschließlich Wortlisten als Untersuchungsmaterial verwendet werden und der raum-zeitliche Kontext ein Experiment ist. Das bedeutet, in aller Regel müssen die Personen erinnern, was sich in dem experimentellen Kontext ereignet hat.

Das episodische Erinnern wird vornehmlich in **Experimenten mit Wortlisten** untersucht. Das sind eher spezifische, vom Alltag entfernte Situationen. Trotzdem hat der Prozessansatz unser Verständnis vom episodischen Gedächtnis deutlich weitergebracht.

Als wichtige Aspekte beim episodischen Erinnern wurden herausgestellt:

- Beim Enkodieren und Abrufen von Episoden sind die Verarbeitungsprozesse von Bedeutungen wichtig. Sie stehen im Zentrum.
- Bei der Enkodierung von Bedeutungen wird zwischen itemspezifischen Aspekten, die Reize unterscheidbar machen, und relationalen Aspekten, die Reize miteinander verbinden, unterschieden.
- Beim Abrufen, d. h. beim Erinnern ist es wichtig, die Enkodierprozesse zu reaktivieren. Der Erinnernde muss sich in die Enkodiersituation zurückversetzen. Je besser ihm das gelingt, umso besser seine Erinnerung. Dieser Aspekt wird als Prinzip der Enkodierspezifität bezeichnet.
- Die üblichen Testverfahren unterscheiden sich dadurch, wie weit sie das Reaktivieren der Enkodiersituation unterstützen. Wiedererkennen tut das mehr als freies Reproduzieren. Aber auch Hinweisreize sind für die Reaktivierung hilfreich.
- Die Vorstellung, dass Erinnern die Reaktivierung der Enkodiersituation bedeutet, hat auch den Blick auf das Vergessen ausgeweitet. Es wurde gezeigt, dass das Abrufen einzelner Ereignisse aus semantischen Kategorien das Abrufen anderer Ereignisse aus derselben Kategorie behindert. Ferner wurde gezeigt, dass man Vergessen auch gezielt beeinflussen kann. Dadurch wird der Gesamtprozess des Enkodierens und Abrufens verändert, was teils zu positiven, teils zu negativen Behaltenseffekten führt.

Durch die Fokussierung des Prozessansatzes auf Sprachreize und die Verarbeitung der Bedeutung blieben aber auch wichtige Aspekte des episodischen Gedächtnisses unbeachtet. Das gilt besonders für die **Oberflächeneigenschaften** von Reizen. Wenn man das Wort „Hund" hört oder liest, spielt die physikalische Beschaffenheit des Reizes eine geringe Rolle. Dies ist anders, wenn man einen konkreten Hund wahrnimmt. Dabei werden die äußeren Merkmale des Hundes sehr wohl wichtig. Es wird z. B. wichtig, ob der Hund frei herumläuft oder an der Leine ist, ob ich ihn von vorne auf mich zukommen sehe oder von hinten sehe, wie er sich entfernt, ob es ein großer oder ein kleiner Hund ist usw. Es ist sehr wahrscheinlich, dass unsere episodische Enkodierung des Hundes und die Erinnerung an ihn solche Aspekte einschließt. Wichtig ist, dass nonverbale Reize vielfältige Aspekte mit sich bringen, die Wörter nicht haben.

Nun ist es schwierig, Experimente zu organisieren, an denen reale Menschen, Tiere oder Objekte beteiligt sind. Das ist aber auch nicht nötig, um Oberflächenmerkmale von nonverbalen Reizen zu untersuchen. Bilder von Lebewesen und Objekte weisen genug Eigenschaften auf, die sie mit ihren realen Entsprechungen teilen und sie von Wörtern unterscheiden.

Die Einschränkungen, die Wörter als Reize mit sich bringen, werden leider in der Literatur zum Gedächtnis kaum diskutiert, obwohl man sie leicht untersuchen kann, z. B. anhand von Bildern und Wörtern mit gleicher Bedeutung (z. B. das Wort „Hund" mit einem Bild von einem Hund) sowie anhand von Bildvariationen bei konstanter Bedeutung (z. B. einen Hund aus zwei Blickwinkeln gesehen). Es gibt zwar in der Literatur vereinzelt solche Untersuchungen, aber in Lehrbüchern keine systematische Bearbeitung der Frage, wie solche und weitere Aspekte von Bildreizen unser episodisches Erinnern beeinflussen. Das soll im folgenden Kapitel nachgeholt werden. Noch weniger als die Untersuchung von Bildreizen findet man in Lehrbüchern zum Gedächtnis Untersuchungen von Handlungen, die neben Wahrnehmungsprozessen auch motorische Prozesse einschließen. Ausgehend von der Annahme, dass es bei der Untersuchung des episodischen Gedächtnisses nicht ausreicht, sich auf die Bedeutungsverarbeitung zu beschränken, soll gezeigt werden, dass man neben der Bedeutungsverarbeitung auch die Prozesse der Oberflächenverarbeitung und der motorischen Reaktionen berücksichtigen muss. Der Prozessansatz soll um den Aspekt, dass Enkodieren und Abrufen von Episoden über verschiedene Teilsysteme verläuft, erweitert werden. Deshalb steht im Mittelpunkt des nächsten Kapitels die Untersuchung des Gedächtnisses für Bildreize und einfache Handlungen.

? Kontrollfragen

1. Wovon hängt nach den Prozessmodellen das episodische Erinnern ab?
2. Was ist mit den Begriffen „itemspezifische Information" und „relationale Information" gemeint?
3. Wie erklärt der Ansatz der Verarbeitungstiefe unterschiedlich gute Behaltensleistungen für Wörter?
4. Wann spricht man von elaborativer Organisation?
5. Was ist die Grundidee hinter dem Prinzip der Enkodierspezifität?
6. Was ist die seriale Positionskurve (SPK), und wie wird sie erklärt?
7. Welche Arten von Vergessen werden in der Literatur unterschieden?
8. Was versteht man unter vertrautheits- und retrieval-basiertem Wiedererkennen?
9. Warum ist die Beachtung abfolgerelationaler Information wichtig?

Weiterführende Literatur

Baddeley, A., Eysenck, M. W., & Anderson M. C. (2009). *Memory* (Kap. 8–10). Hove, UK: Psychology Press.
Pohl, R. (2007). *Das autobiografische Gedächtnis* (Kap. 2). Stuttgart: Kohlhammer.
Radvansky, G. (2011). *Human memory* (Kap. 7). Boston: Allyn u. Bacon.

Systemmodelle: Sensorische und motorische Prozesse beim episodischen Erinnern

Johannes Engelkamp

9.1 Behalten als Funktion modalitätsspezifischer Prozesse – 171

9.2 Multimodale Ansätze außerhalb der Gedächtnispsychologie – 172
9.2.1 Multimodale Modelle in der Neuropsychologie – 172
9.2.2 Multimodale Modelle des Objekterkennens – 173

9.3 Ein multimodales Gedächtnismodell – 173
9.3.1 Grundzüge des multimodalen Modells – 174
9.3.2 Erwartete Effekte zum Behalten von Bildern und ihren Bezeichnungen – 175
9.3.3 Erwartete Effekte zum Behalten von Handlungsphrasen und deren Ausführung – 176
9.3.4 Zum Vergleich von gesehenen und selbstausgeführten Handlungen – 176

9.4 Behalten von Bildern – 177
9.4.1 Bildüberlegenheitseffekt und Hypothese der dualen Enkodierung – 177
9.4.2 Effekt der Bildkomplexität im Free Recall – 178
9.4.3 Effekt der Bildkongruenz beim Wiedererkennen – 178
9.4.4 Interferenzeffekte durch visuelle Ähnlichkeit und Doppelaufgaben – 178
9.4.5 Kategorial-relationale Information beim Behalten von Bildern und ihren Bezeichnungen – 182
9.4.6 Zusammenfassung zum Behalten von Bildern – 182

© Springer-Verlag Berlin Heidelberg 2017
J. Hoffmann, J. Engelkamp *Lern- und Gedächtnispsychologie*, Springer-Lehrbuch
DOI 10.1007/978-3-662-49068-6_9

9.5 **Behalten von Handlungen – 183**
9.5.1 Tu-Effekt – 183
9.5.2 Seriale Positionskurve nach Tun – 184
9.5.3 Wiedererkennen nach Tun – 185
9.5.4 Motorische Ähnlichkeit beim Behalten von Handlungen – 185
9.5.5 Kategorial-relationale Information beim Behalten von Handlungen – 186
9.5.6 Behalten von Handlungen nach Sehen und Tun mit realen Objekten und ohne reale Objekte – 186
9.5.7 Zusammenfassung zum Behalten von Handlungen – 187

9.6 **Implizites Behalten – 188**
9.6.1 Implizites vs. explizites Behalten – 188
9.6.2 Weitere Befunde zum impliziten Behalten – 189
9.6.3 Erweiterungen des multimodalen Gedächtnismodells – 191

9.7 **Fazit – 193**

Lernziele

- Was sind modalitätsspezifische Prozesse?
- Wie kann man zeigen, dass sie das Behalten beeinflussen?
- Unterscheiden sich die Prozesse beim Enkodieren, wenn es um sprachliche und nichtsprachliche Ereignisse geht?
- Beeinflussen auch motorische Prozesse beim Enkodieren und Abrufen das Behalten?
- Was unterscheidet das Erinnern an sprachliche und nichtsprachliche Reize?
- Warum findet die Untersuchung von Handlungen beim Erinnern so wenig Beachtung?
- Was unterscheidet explizites vom impliziten Behalten?

Beispiel

Wie viel Prozent der Bilder, die Sie sich z. B. in einem Museum angesehen haben, glauben Sie später wiedererkennen zu können? Notieren Sie die Zahl auf einem Zettel, ehe Sie weiterlesen. Diese Frage wurde in den späten 1960er- und frühen 1970er-Jahren systematisch untersucht. Hierzu bot man Versuchspersonen Serien von Dias dar, die in der Regel Bilder aus Zeitschriften und Katalogen zeigten. Shepard (1967) zeigte seinen Versuchspersonen z. B. 612 Farbdias für jeweils zehn Sekunden. Er prüfte deren Behalten im Wiedererkennenstest. Das verblüffende Ergebnis war, dass die Versuchspersonen die Dias mit 98 % praktisch perfekt wiedererkannten. Andere Forscher erhöhten daraufhin die Zahl der Bilder. Standing et al. (1970) zeigten ihren Versuchspersonen 2560 Bilder. Um die Personen nicht zu überfordern, zeigte man die Bilder verteilt über mehrere Tage in Darbietungsraten von einer Sekunde und von zehn Sekunden pro Bild. Auch sie testeten das Wiedererkennen an einer Zufallsstichprobe der Bilder. Bei der schnellen Darbietung erkannten die Personen 85 % der Bilder korrekt, bei der langsamen Darbietung 95 %. Daraufhin erhöhte Standing (1973) die Zahl der Bilder auf 10.000. Seine Versuchspersonen betrachteten täglich 2000 Bilder über fünf Tage. 48 Stunden nach der letzten Darbietung wurde das Wiedererkennen getestet. Noch immer lag die Wiedererkennensleistung bei 73 %. Es steht außer Frage: Unsere Fähigkeit, Bilder wiederzuerkennen, ist gewaltig und steht in einem großen Gegensatz zum Wiedererkennen von Wörtern. Die zu erinnernden Wortlisten sind selten länger als 30 bis 40 Wörter, ohne dass die Wiedererkennensleistungen perfekt sind. Trotz dieses eklatanten Unterschieds hat der Befund nicht dazu geführt, die gedächtnispsychologischen Konsequenzen zu diskutieren. Die zentrale Konsequenz, um die es in dem folgenden Kapitel geht, ist die Beachtung der Tatsache, dass unser Gedächtnis modalitätsspezifisch arbeitet.

9.1 Behalten als Funktion modalitätsspezifischer Prozesse

Die im vorigen Kapitel behandelten Prozessmodelle haben sich auf das Behalten inhaltlicher Informationen (der Semantik) konzentriert und im Wesentlichen das Behalten von Wörtern untersucht. Systemmodelle berücksichtigen neben der Semantik auch die äußere Darbietungsform der zu behaltenden Informationen und die Beteiligung motorischer Prozesse und untersuchen dementsprechend auch das Behalten von Bildern und Handlungen. Damit werden zwei **Einschränkungen** der Prozessmodelle aufgehoben, die vermutlich nicht beabsichtigt waren und eng miteinander verknüpft sind, die aber wichtige Aspekte unberücksichtigt lassen:

- Die erste Einschränkung betrifft das zu **lernende Material**. Es besteht praktisch nur aus Sprachreizen und dabei überwiegend aus Wortlisten. Nichtsprachliche Reize wie Objekte und Ereignisse oder deren bildliche Darstellungen sowie Handlungen wurden kaum beachtet. Das überrascht, denn im Alltag erinnern wir uns mindestens ebenso oft an Reize, die wir gesehen haben (z. B. an ein Hemd in einem Schaufenster oder daran, dass wir einen Brief eingeworfen haben), wie an sprachliche Ereignisse, über die wir gelesen oder gehört haben.
- Die zweite Einschränkung betrifft die **Theorie**. Die zentralen Prozesse sind semantischer Natur. Sie beziehen sich auf das semantische oder, wie man auch sagt, auf das konzeptuelle Gedächtnissystem. Die relationalen Prozesse verbinden Konzepte, und die itemspezifischen Prozesse diskriminieren zwischen Konzepten.

Modalitätsspezifische Unterscheidungen kommen praktisch nicht vor. Es wird z. B. nicht danach unterschieden, ob Reize verbal oder bildlich sind. Das verwundert, da seit dem 19. Jahrhundert bekannt ist, dass Bilder von Objekten besser erinnert werden als deren Bezeichnungen (Bildüberlegenheitseffekt, Kirkpatrick 1894).

Eine bedeutsame Ausnahme von dieser Position vertrat Paivio (1971). Er schrieb in seiner **Dual–Code-Theory** der Unterscheidung zwischen einem verbalen und einem nichtverbalen visuellen Gedächtnissystem eine zentrale Bedeutung zu. Für ihn geht der Bildüberlegenheitseffekt primär auf die duale Kodierung von bildhaften Reizen zurück. Er nahm an, dass Bilder automatisch implizit benannt und sowohl im nonverbalen wie im verbalen Gedächtnissystem verarbeitet, also dual enkodiert werden. Auch bei konkreten Wörtern, wie z. B. bei „Pferd", postulierte er eine starke Tendenz, sich die bezeichneten Gegenstände auch visuell vorzustellen, d. h. auch im nonverbalen visuellen System zu verarbeiten. Diese Tendenz zur dualen Enkodierung sollte aber schwächer sein als bei der Vorgabe von Bildern. Mit diesen Annahmen erklärte er nicht nur den Bildüberlegenheitseffekt, sondern auch, warum konkrete Wörter besser erinnert werden als abstrakte Wörter. Da abstrakten Wörtern eine konkrete nonverbale Referenz fehlt, werden sie nur im verbalen System verarbeitet.

Obwohl die Dual-Code-Theory in den 1970er-Jahren vielfach Beachtung fand und einige Forscher diesen Ansatz weiterentwickelt und modifiziert haben (Nelson 1979; Wippich 1980), wurde er in den 1980er-Jahren zunehmend verdrängt (Anderson 1980; Klatzky 1980; Roediger 1990).

Episodisches Erinnern ist im Kern **bedeutungsbasiert**. Wir erinnern uns an Episoden stets als semantische Ereignisse, z. B. an ein Gewitter, eine Hochzeit, ein Fußballspiel, eine Kathedrale usw. und nicht an uninterpretierte visuelle Erscheinungen. Dennoch bedeutet der Sachverhalt, dass wir die uns umgebende Welt in den Kategorien vertrauter Erscheinungen erinnern, nicht, dass wir die konkreten Erscheinungsformen dieser Episoden vergessen. Wir erinnern uns an das Gewitter, die Hochzeit, das Fußballspiel usw. auch als sinnliche sensumotorische Ereignisse. Es geht deshalb nicht um die Frage, ob wir semantische Informationen erinnern – natürlich tun wir das. Vielmehr geht es um die Frage, ob wir *nur* abstrakte semantische Informationen erinnern. Eine zentrale Annahme von Systemmodellen ist, dass wir Ereignisse als semantische Bedeutungsträger *und* als sinnliche Erfahrungen speichern und erinnern. Dafür, dass wir insbesondere visuelle Reize nicht nur als semantische Konzepte erinnern, spricht u. a. die enorme Behaltensleistung für Bilder, die Untersuchungen aus den 1970er-Jahren belegen.

Das folgende Kapitel verfolgt das Ziel, die Grundvorstellung der Systemansätze deutlich zu machen und empirische Belege dafür anzuführen, dass die Erscheinungsformen von Reizereignissen das Erinnern beeinflussen.

9.2 Multimodale Ansätze außerhalb der Gedächtnispsychologie

Grundsätzlich wird in Systemmodellen ein zentrales konzeptuelles System von präsemantischen Eingangs- und Ausgangssystemen unterschieden. Dabei kann die Reizverarbeitung direkt von einem Eingangs- zu dem korrespondierenden Ausgangssystem verlaufen oder über das konzeptuelle System vermittelt werden. Neuropsychologische Modelle thematisieren insbesondere die Verarbeitung von Sprachreizen, während Wahrnehmungsmodelle primär das Erkennen von Objekten fokussieren.

9.2.1 Multimodale Modelle in der Neuropsychologie

Der Systemgedanke für die menschliche Informationsverarbeitung wurde im Bereich der Neuropsychologie zur Erklärung von Sprachstörungen schon im 19. Jahrhundert vertreten und hat bis heute an Relevanz nichts verloren. So wurde für die Wortverarbeitung zwischen einem System für die Worterkennung, einem System für die Bedeutungsverarbeitung und einem System für die motorische Wortproduktion unterschieden (Lichtheim 1885). Diese Position findet sich in differenzierterer Form auch heute noch (Ellis und Young 1991). Die Grundvorstellung aller Systemmodelle besteht darin, ein zentrales konzeptuelles System und ein oder mehrere Eingangssysteme

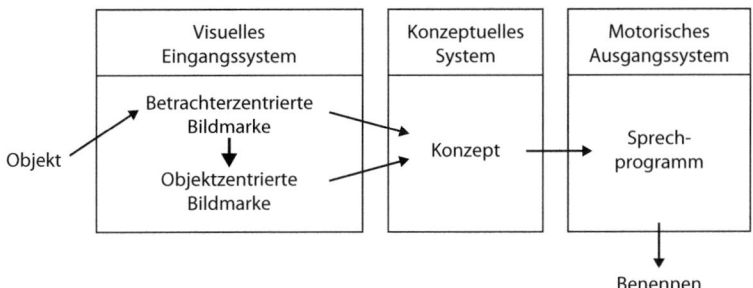

Abb. 9.1 Prozesse der Objekterkennung und Objektbenennung

sowie ein oder mehrere Ausgangssysteme zu unterscheiden. In der Neuropsychologie dient der Systemgedanke u. a. dazu, die Verarbeitung **sprachlicher Reize** bzw. ihrer Störungen (z. B. Lesestörungen) zu erklären. Differenzierungen der Grundvorstellung gibt es im Hinblick auf die sprachlichen Eingangssysteme. Neben einem konzeptuellen System wird zwischen einem visuellen und einem akustischen Eingangslexikon unterschieden. In diesen Eingangslexika werden ganze Wörter als Schrift- oder Lautbilder repräsentiert. Darüber hinaus werden ein Graphem- und ein Phonemsystem für die Repräsentation von Buchstaben und Sprachlauten sowie entsprechende Systeme für die Schreib- und Sprechprogramme für Wörter postuliert (McCarthy und Warrington 1990; Shallice 1988).

9.2.2 Multimodale Modelle des Objekterkennens

Auch wahrnehmungspsychologische Modelle, die sich mit dem Objekterkennen befassen (Humphreys und Bruce 1989; McCarty und Warrington 1990), beschränken sich faktisch auf die Sprachausgabe, d. h. in diesem Kontext auf die **Objektbenennung**. Eine Besonderheit bei der Objekterkennung besteht darin, dass hier eine betrachter-zentrierte Repräsentation und eine von der Betrachterperspektive abstrahierende, objektzentrierte Repräsentation unterschieden werden. Die betrachterzentrierte Repräsentation berücksichtigt die Perspektive, aus der ein Betrachter ein Objekt wahrnimmt (z. B. ob jemand ein Auto von vorne, von hinten, von oben usw. sieht). Die objektzentrierte Repäsentation abstrahiert von der spezifischen Perspektive. Sie mittelt gewissermaßen über die verschiedenen möglichen Betrachterperspektiven und repräsentiert so eine prototypische Sicht auf ein Objekt (Engelkamp und Zimmer 2006, Kap. 3).

Eine zweite theoretisch wichtige Unterscheidung ist die, dass beide genannten Repräsentationen Zugang zu dem visuellen Eingangssystem haben, in dem die Objektformen repräsentiert sind. Erst sie ermöglichen den Zugriff auf die Bedeutung, und erst von der Bedeutungsrepräsentation kommt man zur Objektbezeichnung (z. B. „Auto"). Ein Objekt zu benennen bzw. den Namen des Objektes aufzuschreiben setzt danach die Bedeutungsaktivation voraus. Die Vorstellungen der an der Objektbenennung beteiligten Prozesse sind in ◘ Abb. 9.1 veranschaulicht.

9.3 Ein multimodales Gedächtnismodell

Das multimodale Gedächtnismodell (Engelkamp 1990; Engelkamp und Zimmer 1994a) unterscheidet zwischen einem konzeptuellen System und nichtsemantischen Eingangs- und Ausgangssystemen. Diese Trennung legt nahe, die Prozesse in den verschiedenen Systemen unabhängig voneinander zu variieren und ihren Einfluss auf Erinnerungsleistungen zu messen.

Die Theorie erklärt den Bildüberlegenheitseffekt und den Tu-Effekt. Bilder von Objekten werden besser behalten als ihre Bezeichnungen. Das Behalten für Handlungen (wie „winken") ist besser, wenn sie motorisch ausgeführt werden, als wenn nur ihre Bezeichnung gehört oder gelesen wird.

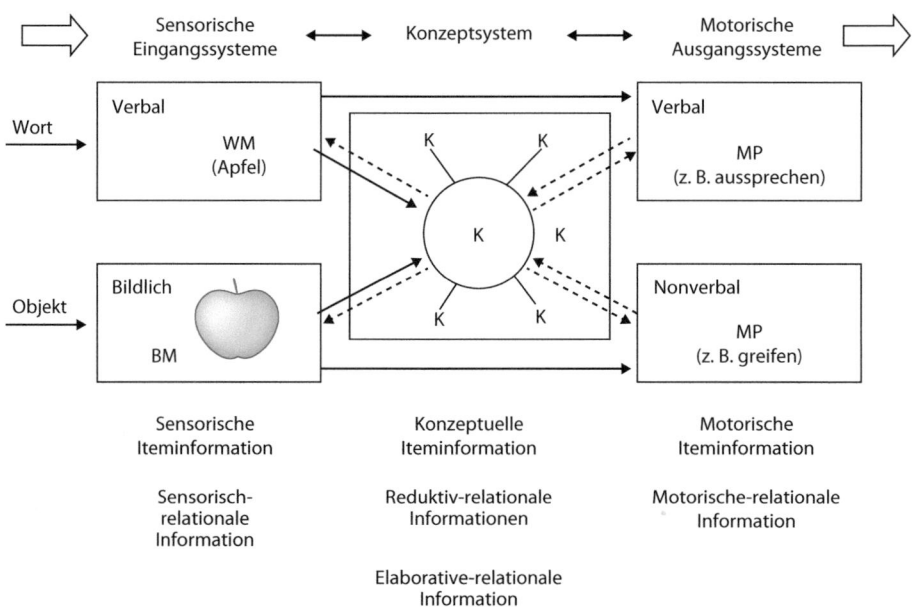

Abb. 9.2 Struktur- und Prozessannahmen des multimodalen Modells. *WM* Wortmarke, *BM* Bildmarke, *K* Konzept, *MP* motorisches Programm; *durchgezogene Pfeile* obligate Prozesse, *gestrichelte Pfeile* optionale Prozesse. (Aus Engelkamp und Zimmer 2006; mit freundl. Genehmigung)

9.3.1 Grundzüge des multimodalen Modells

◘ Abb. 9.2 zeigt das multimodale Gedächtnismodell im Überblick.

Das multimodale Gedächtnismodell unterscheidet wie andere Systemmodelle zwischen einem zentralen konzeptuellen System und zwischen Wahrnehmungssystemen auf der Eingangsseite sowie motorischen Systemen auf der Ausgangsseite.

- **Warum ist die Unterscheidung zwischen Eingangs- und Ausgangssystemen wichtig?**

Die Unterscheidung zwischen Eingangs- und Ausgangssystemen ist wichtig, weil es gedächtnispsychologisch ein Unterschied ist, ob Reize nur wahrgenommen werden oder ob darauf auch motorisch reagiert wird.

Die Einheiten der sensorischen Systeme heißen zur Unterscheidung von Konzepten **Marken**, die der motorischen Systeme **Programme**. An dieser Stelle sei angemerkt, dass Marken und Programme nicht als fest umrissene Repräsentationen gedacht sind. Wir benutzen die Begriffe nur der leichteren Kommunikation wegen. Hinter diesen Bezeichnungen stehen stets physiologische Prozesse, die von Situation zu Situation variieren. Sieht man von diesen Variationen ab, so bleibt so etwas wie eine abstrakte konstante Prozessgestalt übrig. Auf diese Konstanten wollen wir mit den Begriffen „Marken" und „Programme" verweisen.

- **Was steckt hinter der Annahme von Merkmalen und Komponenten?**

Marken bestehen aus sensorischen Merkmalen und Programme aus Komponenten. Die Annahme, dass die Einheiten des sensumotorischen Systems aus kleineren Einheiten zusammengesetzt sind, hat eine wichtige Implikation. Marken benutzen dieselben Merkmale und Programme dieselben Komponenten, sofern sie sich auf dieselben Eingangs- bzw. Ausgangssysteme beziehen. Je mehr Merkmale zwei Marken eines Systems teilen und je mehr Komponenten von zwei Programmen eines Systems geteilt werden, umso weniger gut sind die Marken bzw. Programme zu differenzieren, wenn sie kurz nacheinander aktiviert werden – es entsteht Interferenz. Das Ausmaß der Überlappung entspricht der physikalischen Ähnlichkeit von zwei Reizen oder zwei Bewegungen. Innerhalb eines Marken- oder auch eines Programmsystems ist die Ähnlichkeit zwischen den Einheiten größer als zwischen Systemen. Interferenz in den Eingangs- und Ausgangssystemen beruht danach nicht auf konzeptueller Information, sondern auf sensorischer und motorischer Information. Bei den Eingangssystemen beschränken wir uns auf die visuelle Sinnesmodalität, d. h. auf gesehene Wörter und Objekte, bei der motorischen auf das Aussprechen von Beschreibungen einzelner Handlungen (z. B. den Hut aufsetzen) und der motorischen Ausführung solcher Handlungsbeschreibungen.

- **Was impliziert die Annahme, dass Objekte und ihre Bezeichnungen die gleichen Konzepte aktivieren?**

Die Annahme, dass einfache, leicht benennbare Objektreize wie z. B. eine Tasse, egal ob sie als Bilder oder als Objekte gezeigt werden, dasselbe Konzept aktivieren wie ihre Bezeichnungen, bedeutet, dass die postulierten kategorial-relationalen Prozesse, wie sie in Cluster-Maßen zum Ausdruck kommen, sich nicht unterscheiden. Eine analoge Annahme wird für einfache Handlungen wie die Tasse abtrocknen und deren Bezeichnungen gemacht.

- **Was steckt hinter der Annahme automatischer und kontrollierter Prozesse?**

Nach der multimodalen Theorie ist für die Behaltensleistung zu beachten, ob die Reize sprachlicher oder nichtsprachlicher Natur sind und welche Reaktionen auf die Reize verlangt werden. Die Reize sind potenziell mit verschiedenen Systemen verbunden. Erst die verlangte Reaktion legt fest, welche Systeme benutzt werden. Die verlangten Reaktionen können unterschiedlich spezifisch sein. Prozesse, die bei allen Aufgaben zum expliziten Behalten (hier von Wörtern und Bildern) auftreten, gelten als obligat oder automatisch (in ◘ Abb. 9.2 *durchgezogene Pfeile*). Solche, die nur bei spezifischen Aufgabenanforderungen stattfinden wie die Benennung von Bildern oder die Bildung einer Vorstellung bei Wörtern, nennt man optional oder kontrolliert (in ◘ Abb. 9.2 *gestrichelte Pfeile*). Es muss deshalb für jeden Reiz und jede spezifische Aufgabe gefragt werden, welche Prozesse jeweils stattfinden. Allgemein wird angenommen,
dass das episodische Erinnern sowohl von den modalitätsspezifischen (einschließlich der motorischen Prozesse) als auch von den konzeptuellen Prozessen abhängt, die jeweils stattfinden.

- **Warum ist die Unterscheidung zwischen sprachlichen und nichtsprachlichen Informationen wichtig?**

Diese Unterscheidung ist u. a. wichtig, weil Wörter auf ihre Bedeutung nur verweisen, während Objekte und Handlungen ihre Bedeutung begründen (► Abschn. 5.5, semantisches Gedächtnis). Was ein Wort bedeutet, wissen wir erst, wenn wir das Wort mit der Bedeutung assoziiert haben. Was ein Auto ist bzw. bedeutet, lernen wir dagegen durch den Umgang mit Autos. Ein anderer Grund für die Unterscheidung von Wörtern und Objekten bzw. Bildern von Objekten ist, dass die Annahme einer automatischen dualen Enkodierung von Wörtern und Bildern vom multimodalen Modell nicht geteilt wird. Nach der multimodalen Theorie bewirkt der Anblick eines Objektes (z. B. eines Autos) nicht automatisch, dass auch seine Bezeichnung („Auto") enkodiert wird, wie auch umgekehrt die Wahrnehmung des Wortes „Auto" nicht automatisch das Bild eines Autos in uns aktiviert.

Im Folgenden spezifizieren und illustrieren wir einige Effekte, die nach den Annahmen des multimodalen Modells zu erwarten sind, erstens, wenn Bezeichnungen bzw. Bilder von Objekten zu behalten sind, und zweitens, wenn Handlungsphrasen (wie „die Mütze aufsetzen") zu behalten sind, abhängig davon, ob die Phrase nur gehört oder die bezeichnete Handlung auch ausgeführt wird.

9.3.2 Erwartete Effekte zum Behalten von Bildern und ihren Bezeichnungen

- **Was wird beim Vergleich von Wörtern und Bildern erwartet?**

Zunächst einmal wird der zum Kapitelbeginn geschilderte Bildüberlegenheitseffekt erwartet, weil Bilder sensorisch reicher sind als Wörter. Ferner wird ein Effekt dualer Enkodierung erwartet, da nach der multimodalen Theorie gilt, dass Wörter automatisch nur ihre Wortmarken und Bilder nur ihre Bildmarken aktivieren. Die explizite Instruktion, sich zu Objekten ihre Bezeichnungen vorzustellen bzw. Bilder gedanklich zu benennen, sollte deshalb die Behaltensleistungen gegenüber einer Situation ohne diese Aufforderungen anheben. Eine duale Enkodierung findet nicht automatisch statt.

- **Was wird beim Vergleich unterschiedlich komplexer Bilder erwartet?**

Bei Bildern von Objekten lässt sich die Komplexität der Reizoberfläche variieren. Die Strichzeichnung eines Apfels ist weniger komplex als ein Foto. Komplexere Bilder von Objekten sollten zu besserem Behalten führen als weniger komplexe. Ein solcher Befund spricht für die Gedächtniswirksamkeit von Reizoberflächen bei konstanter Bedeutung der Bildreize.

- **Was erwarten wir beim Vergleich von Bildern formähnlicher Objekte?**

Wenn die Oberfläche von Bildern enkodiert und gespeichert wird, sollten formähnliche Bildreize (z. B. ein Bleistift und ein Nagel) zu einer verminderten Gedächtnisleistung aufgrund visueller Interferenz führen, da sich ihre visuellen Merkmale überlappen.

Auf einem allgemeineren Niveau sollte auch gelten, dass die Enkodierung visueller Reize durch Zweitaufgaben, die ebenfalls das visuelle System beanspruchen, ebenfalls beeinträchtigt wird.

- **Was wird beim Vergleich von kategorial strukturierten Listen von Objekten und ihren Bezeichnungen erwartet?**

In ▶ Kap. 8 wurde gezeigt, dass die kategoriale Zusammengehörigkeit von Wörtern den Erinnerungsprozess im Free Recall organisiert und zu Clustereffekten führt. Da Bilder und ihre Bezeichnungen die gleichen Konzepte aktivieren sollen, sollten sie auch gleiche kategoriale Clustereffekte produzieren.

9.3.3 Erwartete Effekte zum Behalten von Handlungsphrasen und deren Ausführung

- **Was wird erwartet, wenn Handlungsphrasen ausgeführt werden?**

Da motorische Prozesse behaltenswirksam sein sollen, sollte die Ausführung von Handlungen bei Vorgabe von Handlungsphrasen das Behalten im Vergleich zum bloßen Hören der Handlungsphrasen verbessern, d. h. es sollte sich ein Tu-Effekt einstellen. Wenn dies ein Effekt der itemspezifischen Verarbeitung ist, sollte der Recency-Effekt der serialen Positionskurve im Free Recall, wenn er auf guter itemspezifischer Information beruht, nach Tun ausgeprägter sein als nach Hören.

- **Was wird erwartet, wenn Handlungsphrasen beim Enkodieren und im Behaltenstest ausgeführt werden?**

Wenn motorische Information für den Tu-Effekt kritisch ist, sollte die zusätzliche Ausführung im Test nach Tun zu einer Verstärkung des Tu-Effekts beim Wiedererkennen führen, da das Tun die motorischen Programme optimal reaktiviert. Es sollte sich ein motorischer Kongruenzeffekt zeigen.

- **Was wird erwartet, wenn beim Wiedererkennen motorisch ähnliche Distraktorreize auftreten?**

Wenn beim Wiedererkennen zu den Originalreizen motorisch und semantisch ähnliche Distraktorreize (z. B. die Soße durchmischen/die Farbe verrühren) aktiviert werden, sollte es gegenüber einer Kontrollbedingung zu vermehrten Fehlern im Wiedererkennenstest, also zu mehr falschen Alarmen kommen.

- **Was wird beim Vergleich kategorial strukturierter Listen von Handlungsphrasen unter Hören und Tun erwartet?**

Kategoriale Clustereffekte beruhen auf den Prozessen der Aktivationsausbreitung im konzeptuellen System (▶ Abschn. 8.3.1). Nach dem multimodalen Modell sollten sich die Konzepte für Handlungsphrasen nach Hören und Tun nicht unterscheiden. Deshalb sollten sich auch in kategorial organisierten Listen die Clustereffekte zwischen diesen Bedingungen nicht unterscheiden.

9.3.4 Zum Vergleich von gesehenen und selbstausgeführten Handlungen

- **Wie lässt sich zeigen, dass visuelle Wahrnehmungsprozesse und motorische Prozesse bei Handlungen zu unterscheiden sind?**

Bisher blieb außen vor, dass wir Handlungen nicht nur selbst ausführen, sondern die Ausführung auch an anderen Personen beobachten können. Nach der multimodalen Theorie aktiviert die Wahrnehmung von Handlungen anderer Personen Bildmarken. Deshalb ist auch beim Sehen von ausgeführten Handlungen ein positiver Effekt, ein sog. Seh-Effekt, gegenüber dem bloßen Hören der Phrasen zu erwarten. Sollte sich dieser Seh-Effekt in seiner Größe vom Tu-Effekt unterscheiden, so spräche das für die Verschiedenheit der zugrunde liegenden sensorischen bzw. motorischen Systeme.

Da in Handlungen auch Objekte benutzt werden, ist es interessant zu prüfen, ob die Verwendung realer Objekte das Behalten gegenüber dem bloßen Hören der Phrasen ebenfalls verbessert und ob sich solche Objekte-Effekte von den Seh- bzw. Tu-Effekten unterscheiden. Das würde zu einer Differenzierung des sensorischen Bildmarkensystems führen. Das multimodale Modell unterscheidet deshalb zwischen statischen und dynamischen Bildmarken.

Die Bedeutung des multimodalen Gedächtnismodells für das Erinnern wird im Folgenden am Beispiel der Darbietung von Bildern sowie am Beispiel der Ausführung einfacher Handlungen auf der Grundlage ihrer Beschreibungen in Handlungsphrasen wie „die Zigarette anzünden" dargelegt. Es zeigt sich, dass man viele modalitätsspezifische Effekte nicht oder nur schwer ohne die Annahme multimodaler Systeme erklären kann.

9.4 Behalten von Bildern

Das multimodale Modell erklärt folgende **Effekte** beim Behalten von Bildern:
- den positiven Einfluss der dualen Enkodierung auf das Behalten von Bildern und Wörtern;
- den Einfluss der Bildoberflächenkomplexität bei konstanter konzeptueller Bedeutung;
- Kongruenzeffekte beim Wiedererkennen; durch eine veränderte Oberfläche bei konstanter Reizbedeutung wird die Leistung beim Wiedererkennen beeinträchtigt;
- den negativen Einfluss der Nutzung desselben sensorischen Systems in Doppelaufgaben und bei visuell ähnlichen Reizen und
- den Befund, dass sich Organisationsmaße bei semantisch relatierten Listen für Bilder und ihre Bezeichnungen nicht unterscheiden; die automatische Aktivationsausbreitung ist in beiden Fällen gleich.

Im Folgenden wird anhand des Behaltens von Bildern gezeigt, dass die Markensysteme behaltenswirksam sind und dass sich Wort- und Bildlisten darin unterscheiden, welche Markensysteme sie automatisch aktivieren, und dass der Bildüberlegenheitseffekt zumindest auch auf Bildmarkeninformation beruht.

9.4.1 Bildüberlegenheitseffekt und Hypothese der dualen Enkodierung

Dass der Bildüberlegenheitseffekt ein robuster Effekt ist, haben die eingangs eingeführten Beispielsuntersuchungen gezeigt. Dass sensorische Informationen von Bildern hierbei im Spiel sind, wird im folgenden Abschnitt zur Bildkomplexität gezeigt. Zunächst wird gezeigt, dass die duale Enkodierung nicht die Ursache dieses Effektes ist. Bilder werden nicht automatisch dual enkodiert. Eine kontrollierte Aktivation von Wortmarken zu Bildern verbessert jedoch deren Behalten zusätzlich.

Würden Bilder automatisch implizit benannt, würde dies bedeuten, dass sie intern sprachliche Programme und dadurch Wortmarken aktivieren und dass die zusätzliche Darbietung von verbalen Bezeichnungen zu Bildern das Behalten nicht verbessert. Aus der multimodalen Theorie folgt dagegen, dass eine duale Enkodierung von Bildern mit der Aktivation von Bild- und Wortmarken das Behalten verbessert. Interessanterweise hat das Paivio (1974) selbst gezeigt, indem er Strichzeichnungen einfacher Objekte und Wörter bot. Das Behalten wurde im Free Recall gemessen. Hier interessiert nur die einmalige Darbietung der Bilder und die sofortige wiederholte Darbietung mit Modalitätswechsel, d. h. die Leistungen bei einmaliger Bilddarbietung und bei Bild/Wort- bzw. Wort/Bilddarbietung. Der Modalitätswechsel bedeutete, dass zu dem Bild auch die Wortmarke aktiviert wurde. Das sollte das Behalten verbessern, was sich auch bestätigen ließ. Der Free Recall für Bilder mit Modalitätswechsel war besser, als wenn nur das Bild gezeigt wurde (s. auch Bahrick und Boucher 1968).

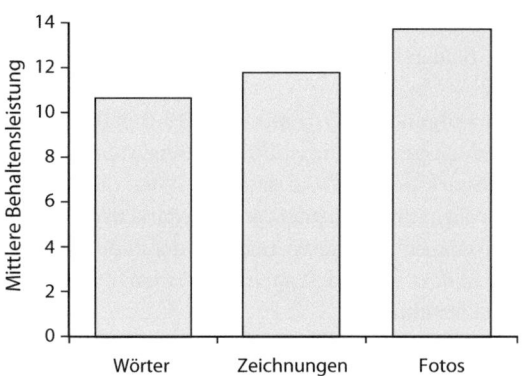

Abb. 9.3 Typischer Befund für das Behalten von Bildkomplexität (Wörter zum Vergleich). (Adaptiert nach Gollin und Sharps 1988; mit freundl. Genehmigung)

9.4.2 Effekt der Bildkomplexität im Free Recall

Wenn der Bildüberlegenheitseffekt auf die Aktivation der Bildmarken zurückgeht, sollte deren Komplexität das Behalten beeinflussen. Eben dies zeigt sich. In verschiedenen Experimenten wurden Objekte als Strichzeichnungen, als Schwarz-weiß-Fotos, als Farbfotos oder auch als reale dreidimensionale Objekte geboten, meist im Kontrast mit der Darbietung der Bildbezeichnungen (Gollin und Sharps 1988; Madigan und Lawrence 1980). Neben einem Bildüberlegenheitseffekt zeigte sich durchgängig ein mit der Bildkomplexität zunehmender Free Recall. Dieses typische Befundmuster ist schematisch in ◘ Abb. 9.3 dargestellt. Es spricht für die Gedächtniswirksamkeit von Bildmarken.

9.4.3 Effekt der Bildkongruenz beim Wiedererkennen

Die Situation für das **Wiedererkennen** ist etwas komplizierter, da die Wiedererkennensfähigkeit für Bilder sehr groß ist. Wenn die Bildmarken auch das Wiedererkennen stützen, sollten Bilder, bei denen die Reizoberfläche vom Enkodieren zum Testen konstant bleibt, besser wiedererkannt werden als Bilder, bei denen sie variiert wird. Das heißt, es sollte sich ein Kongruenzeffekt zeigen (▶ Exkurs).

> **Exkurs**
>
> **Paradigma zur Untersuchung vom Kongruenzeffekten bei Bildern**
>
> In Kongruenzexperimenten werden einfache Bildreize gezeigt, und das Wiedererkennen wird später in einer Alt-Neu-Entscheidung geprüft. Das Besondere an diesen Experimenten ist, dass die alten Bilder im Test entweder identisch zur Lernsituation oder leicht verändert dargeboten werden. Eine solche Veränderung betrifft z. B. die Seitenorientierung der Bilder. In solchen Untersuchungen werden die Bilder im Test kongruent oder inkongruent geboten.

In der Tat zeigt sich ein solcher Kongruenzeffekt. Zum Beispiel werden orientierungskorrekte Bilder besser wiedererkannt als seitenverkehrte. Dieser Effekt tritt sowohl auf, wenn die Orientierung der Reize explizit mit zu beachten ist, als auch dann, wenn die Bilder nur von neuen, vorher nicht gesehenen Bildern unterschieden werden sollen (Bartlett et al. 1980, 1987). Dieser Befund belegt, dass auch bedeutungsunabhängige sensorische Aspekte von Reizen gespeichert und erinnert werden. Andere Reizveränderungen betrafen die Größe und die Farbe von Bildern. Die Form des Bildes blieb stets unverändert. Auch hier zeigte sich konsistent, dass die größen- und farbidentischen Bilder schneller und besser als alt wiedererkannt wurden, als die größen- und farbveränderten Bilder. Dies gilt auch dann, wenn die Versuchspersonen die Bilder nur danach beurteilen sollten, ob die Bildinhalte, also die Bildkonzepte, alt oder neu sind (Cooper et al. 1992; Zimmer 1995; Zimmer und Steiner 2003). Zur Veranschaulichung sind in ◘ Tab. 9.1 die Befunde von Zimmer (1995) sowie Zimmer und Steiner (2003) wiedergegeben.

Auch das Wiedererkennen wird danach von der Bildmarkeninformation beeinflusst.

9.4.4 Interferenzeffekte durch visuelle Ähnlichkeit und Doppelaufgaben

Sowohl Befunde von Interferenzexperimenten mit Doppelaufgaben (Logie 1986) als auch Befunde zur visuellen Ähnlichkeit (Nelson 1979) zeigen, dass

9.4 · Behalten von Bildern

Tab. 9.1 Relative Häufigkeit des Wiedererkennens (Treffer) als Funktion der Kongruenz zwischen Lern- und Testsituation von Größe (Exp. 2) und Orientierung (Exp. 4 nach Zimmer 1995) und Farbe (Exp. 2 nach Zimmer und Steiner 2003)

	Kongruent	Inkongruent
Größe	,92	,86
Orientierung	,91	,84
Farbe	,8	,72

Marken im gleichen Eingangssystem einander stören und die Enkodierung der Reize behindern.

Visuell ähnliche Bilder wie Wörter sollten sich wechselseitig hemmen. Sieht man einen Reiz, so ist es notwendig, dass es schnell zu einer eindeutigen Wahrnehmung kommt. Dazu müssen andere Formen, die potenziell auch der Reiz sein könnten, gehemmt werden (McClelland und Rumelhart 1981). Angenommen, jemand sucht eine bestimmte Tasse, so muss er sie von anderen Tassen unterscheiden können. Das gelingt ihm nur, wenn er die Unterschiede fokussiert und die Ähnlichkeiten unterdrückt.

Generell sollen die Aktivationen von Bildmarken sich umso mehr stören, je mehr ihre Merkmale überlappen. Die Enkodierleistung sollte aber auch schon erschwert werden, wenn eine Nebenaufgabe dasselbe Teilsystem wie die Hauptaufgabe benutzt, wenn also z. B. zweimal Bilder zu verarbeiten sind (Doppelaufgaben). Dadurch wird die allgemeine Belastung des Systems erhöht (Baddeley und Lieberman 1980). Die Verarbeitung von Bildreizen sollte aber auch dadurch erschwert sein, dass man innerhalb einer Aufgabe Reize visuell in unterschiedlichem Ausmaß ähnlich macht (Homa und Viera 1988). In beiden Fällen sollten Interferenzeffekte auftreten.

- **Doppelaufgaben**

Experimente mit Doppelaufgaben führen je nach den zugrunde gelegten Annahmen zur dualen Enkodierung zu unterschiedlichen Vorhersagen. Wenn z. B. konkrete Wörter ihre Bildmarken automatisch aktivieren würden, aber abstrakte Wörter, die keine direkten Referenzobjekte haben, nicht, dann sollte eine Nebenaufgabe, die ebenfalls das Bildmarkensystem beansprucht, bei konkreten Wörtern die Leistung mehr herabsetzen als bei abstrakten Wörtern. Baddeley et al. (1975) haben diese Frage untersucht. In der Nebenaufgabe mussten die Personen einem Punkt, der sich über den Bildschirm bewegte, nachfahren. Es zeigt sich keine selektive Störung. Konkrete Wörter wurden doppelt so häufig erinnert wie abstrakte, aber die Störung senkte die Leistung für konkrete wie abstrakte Wörter gleichermaßen um 10 %. Dieser Befund spricht dagegen, dass konkrete Wörter automatisch Bildmarken aktivieren. Er spricht eher dafür, dass der Konkretheitseffekt ein konzeptueller Effekt ist.

Andere Befunde sollten sich zeigen, wenn man konkrete Wörter einmal verbal und einmal visuell-imaginal enkodieren lässt. Jetzt sollten sich selektive Interferenzeffekte zeigen. Dass das zutrifft, haben Baddeley und Lieberman (1980) sowie Logie (1986) gezeigt.

Baddeley und Lieberman (1980) ließen ihre Personen in einem Paarassoziationslernexperiment zehn Wörter lernen, die jeweils mit einer Ziffer von 1 bis 10 gepaart waren, z. B. 3 – Amsel. Unter einer verbalen Enkodierbedingung sollten die Personen die Ziffer-Wort-Paare durch Nachsprechen lernen. Sie sprachen z. B. 3 – Amsel, 7 – Stein usw. Unter einer visuellen Vorstellungsbedingung sollten sie die Ziffer-Wort-Paare durch eine Technik lernen, bei der jeder Ziffer durch einen Reim ein Wort zugeordnet ist (a one is a bun, a two is a shoe, a three is a tree usw.). Das durch den Reim zugeordnete Wort sollte zusammen mit dem Wort aus dem Ziffer-Wort-Paar zur Bildung einer gemeinsamen Vorstellung benutzt werden, bei dem Paar 3 – Amsel z. B. die Vorstellung, dass eine Amsel auf einem Baum sitzt. Es ist einsichtig, dass dieses Verfahren, um zehn Wortpaare zu lernen, mehr als den KZS beansprucht. Das Lernen der zehn Ziffer-Wort-Paare fand in der Kontrollbedingung ohne Störung statt. In einer Experimentalbedingung mussten die Paare unter einer visuellen Nachfahraufgabe gelernt werden. Die Personen mussten einen sich bewegenden Punkt mit dem Finger verfolgen. Es zeigte sich, dass die visuelle-räumliche Nachfahraufgabe die Behaltensleistung unter der verbalen Lernbedingung nicht beeinflusste, während sie unter der Vorstellungsbedingung das Behalten deutlich beeinträchtigte. Der Befund ist in **Tab. 9.2** dargestellt.

Tab. 9.2 Behalten in Prozent unter einer Kontroll- und einer Nachfahrbedingung als Funktion der Enkodierbedingung (verbales Lernen, visuelle Vorstellung) nach Baddeley und Lieberman (1980)

	Kontrolle (%)	Nachfahren
Verbales Wiederholen	50,0	49,5
Visuelles Vorstellen	67,3	57,5

Tab. 9.3 Prozentsatz richtig erinnerter Wörter als Funktion der Enkodierbedingung (verbal, visuell) und der Störbedingung (ohne Störung, Störung durch Bilder, Störung durch Wörter). (Nach Logie 1986, Exp. 4)

	Ohne Störung (%)	Bilder
Verbales Wiederholen	69,7	65,0
Visuelle Vorstellung	65,8	48,3
	Ohne Störung	Wörter
Verbales Wiederholen	69,7	57,1
Visuelle Vorstellung	69,5	68,3

Dass auch umgekehrt gilt, dass das Behalten unter der verbalen Enkodierbedingung durch eine verbale Störbedingung beeinträchtigt wird, hat Logie (1986) mit derselben Lernaufgabe gezeigt. Wie bei Baddeley und Lieberman mussten die Personen die Ziffer-Wort-Paare durch verbales Nachsprechen oder durch die Bildung interaktiver Vorstellungen lernen. Die verbale Störung bestand darin, dass die Personen parallel zum Lernen der Ziffer-Wort-Paare akustisch gebotene Wörter hörten. Als visuelle Störung benutzte er verschiedene Bedingungen, u. a. mussten die Personen Bilder einfacher Objekte nur wahrnehmen. Der Vergleich der Wort- und der Bildwahrnehmung zeigte, dass die Wortwahrnehmung das Behalten bei der verbalen Enkodierung im Vergleich zur Kontrollbedingung beeinträchtigte und die Bildwahrnehmung das Behalten bei einer visuell-imaginalen Enkodierung. Das heißt, es zeigte sich eine klare Wechselwirkung. Lernen durch visuelle Vorstellungen wird durch Bilder, aber nicht durch Wörter gestört, während Lernen durch verbales Enkodieren durch Wörter, aber nicht durch Bilder gestört wird. Die Befunde zeigt ◘ Tab. 9.3.

Solche Experimente machen deutlich, dass zwischen einem verbalen und einem visuell-räumlichen Code zu unterscheiden ist. Diese Schlussfolgerungen werden durch eine Untersuchung von Warren (1977) gestützt. Er beobachtete eine selektive Störung, wenn er Wörter und Bilder unter einer Kontroll- und einer visuellen Störbedingung (Nachfahren eines visuell gebotenen Punktes) verglich. Bilder wurden unter der Nachfahrbedingung schlechter erinnert als unter der Kontrollbedingung. Bei Wörtern gab es keinen solchen Unterschied. Diese und andere Befunde zur selektiven Interferenz sprechen für die Gedächtniswirksamkeit beider Eingangssysteme (verbal und nonverbal visuell).

- **Visuelle Reizähnlichkeit innerhalb einer Aufgabe**

Bisher wurden verschiedene Systeme (verbal vs. visuell) verglichen. Jetzt soll gezeigt werden, dass Ähnlichkeiten innerhalb eines Systems die Gedächtnisleistung beeinträchtigen. Visuell ähnliche Objektreize (z. B. Ball, Sonne, Ring) wie auch phonologisch ähnliche Sprachreize (z. B. Mund, Hund, Schlund) führen zu Interferenzeffekten. Gleichzeitig zeigen die unten geschilderten Experimente noch einmal, dass Bilder nicht automatisch benannt und Wörter nicht automatisch visuell enkodiert werden (▶ Exkurs).

Bei Bildreizen, die automatisch ihre Bildmarken aktivieren, senkt die visuelle Ähnlichkeit der Bilder den **Cued Recall** im Vergleich zu visuell unähnlichen Reizen. Bei Wörtern, die automatisch ihre Wortmarken aktivieren, aber keine Bildmarken, wirkte sich die visuelle Reizähnlichkeit ihrer Referenten nicht aus (Nelson et al. 1976). Wörter reagieren dagegen auf phonologische Ähnlichkeit, da ihre Wortmarken automatisch aktiviert werden. Schließlich sollten Bilder nicht auf die phonologische Ähnlichkeit ihrer Bezeichnungen reagieren. Entsprechend ist die Leistung für phonologisch ähnliche und unähnliche Reize gleich (Nelson und Brooks 1973).

9.4 · Behalten von Bildern

Exkurs

Paradigma zur Untersuchung visueller Reizähnlichkeit

In einem besonders von Nelson (s. 1979 für einen Überblick) verwendeten Paradigma wurde die Oberflächenähnlichkeit von Reizen manipuliert. Nelson ließ Reizpaare lernen und prüfte deren Behalten im Cued Recall. Dabei wurde der erste Paarling geboten, und der zweite musste erinnert werden. Das Besondere an seinem Vorgehen war, dass er die Stimulusreize, d. h. die ersten Paarlinge, die Wörter oder Bilder sein konnten, visuell oder auch phonologisch ähnlich machte. Im Falle der Bilder waren diese visuell ähnlich (z. B. wurden längliche Objekte wie ein Stift, ein Pinsel, ein Nagel usw. gezeigt). Im Falle der Wörter waren diese phonologisch ähnlich (wie z. B. Bahn, Zahn, Kahn usw.). Die zweiten Paarlinge waren immer Wörter, und sie waren nicht relatiert. Das Material ist in ◘ Abb. 9.4 illustriert.

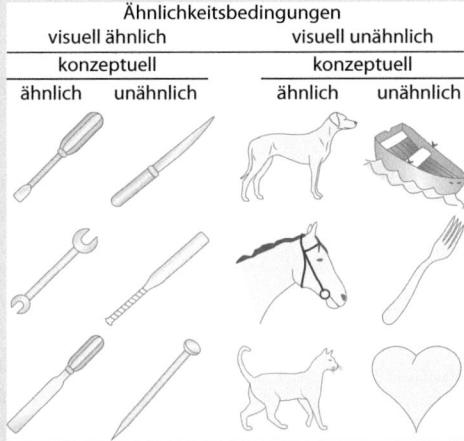

◘ **Abb. 9.4** Illustration zur Materialkonstruktion bei Nelson et al. (1976). (Aus Nelson, Reed und Walling 1976; Abdruck mit freundlicher Genehmigung der APA)

Diese Befunde belegen:
- Die phonologische Ähnlichkeit behindert die Enkodierung von Wörtern; die visuelle Ähnlichkeit behindert die Enkodierung von Bildern.
- Die phonologische Ähnlichkeit behindert Bilder nicht; die visuelle Ähnlichkeit behindert Wörter nicht.

Letzteres zeigt erneut, dass Bilder nicht automatisch Wortmarken und Wörter nicht automatisch Bildmarken aktivieren.

Dass die Ähnlichkeit von Bildern deren Behalten beeinträchtigt, wurde auch in Experimenten zum **Wiedererkennen** gezeigt. Bahrick und Boucher (1968) benutzten identische Konzepte (z. B. Tassen) in verschiedenen Oberflächenvarianten, indem sie deren Aussehen variierten. Zu jedem Reiz gab es im Test vier Distraktoren, die dem Original zunehmend visuell unähnlicher waren. Die Distraktorreize wurden um so häufiger fälschlich als richtig akzeptiert, je visuell ähnlicher sie dem Originalreiz waren.

Die visuelle Ähnlichkeit zwischen bildlichen Original- und Distraktorreizen bei identischen Konzepten wurde auch von Homa und Viera (1988) untersucht. Von jedem Konzept gab es vier Versionen. Das Objekt war als Farbfoto, als Schwarz-weiß-Foto, als Zeichnung mit Hintergrund und als Zeichnung ohne Hintergrund dargestellt. Jede Version wurde gleich oft als Original und die anderen drei Versionen gleich oft als Distraktoren verwendet. Das Wiedererkennen wurde nach unterschiedlichen Behaltensintervallen getestet, die bis zu zwölf Wochen reichten. Dies sind die wichtigsten Befunde: Die Reize wurden auch nach zwölf Wochen noch überzufällig wiedererkannt. Das Wiedererkennen für die Farbfotos war am besten und für die Zeichnungen ohne Hintergrund am schlechtesten. Die Wiedererkennensleistung war eine Funktion der physikalischen Ähnlichkeit. Die Fehler beim Wiedererkennen folgten der visuellen Ähnlichkeit der Distraktoren zum Original. Dieses Experiment belegt, dass wir visuelle Informationen bei konstanten Konzepten auch langfristig behalten und dass die Fehler der visuellen Ähnlichkeit folgen. Insgesamt sprechen die Befunde für eine Behaltenswirksamkeit der visuellen Oberfläche von Bildreizen.

9.4.5 Kategorial-relationale Information beim Behalten von Bildern und ihren Bezeichnungen

Nach der multimodalen Theorie aktivieren Bilder und ihre Bezeichnungen die gleichen Konzepte, und die Aktivationsausbreitung unterscheidet sich in beiden Fällen nicht. Entsprechend zeigen Experimente, dass die Organisationsmaße für Bilder und ihre Bezeichnungen sich bei kategorial strukturierten Listen nicht unterscheiden.

Gollin und Sharps (1988) haben den Einfluss der Reizmodalität auf Behalten und Organisation untersucht. Sie haben Bilder einfacher Objekte aus vier Kategorien (wie Früchte und Musikinstrumente und deren Bezeichnungen) in zufälliger Abfolge zum Lernen dargeboten. Die Versuchspersonen wurden dabei entweder über die benutzten Kategorien vorher informiert oder nicht. Nach der Darbietung der Reize folgte ein Free Recall. Die kategoriale Organisation wurde aus dem Free Recall errechnet. ◘ Tab. 9.4 zeigt die Befunde.

Wie zu erwarten, verbessert die Vorinformation über die kategoriale Struktur den Recall und die kategoriale Organisation im Recall. Wichtiger im vorliegenden Kontext ist, dass sich unter beiden Vorinformationsbedingungen ein **Bildüberlegenheitseffekt** im Recall zeigt und sich trotz des Bildüberlegenheitseffektes das Ausmaß der kategorialen Organisation zwischen Wörtern und Bildern nicht unterscheidet. Der letzte Befund zeigt, dass die

◘ **Tab. 9.4** Relative Behaltensleistung und Organisationsmaße (ARC) als Funktion der Reizmodalität (Wort, Bild) und der Vorinformation über die kategoriale Listenstruktur (ja, nein) nach Gollin und Sharps (1988)

Vorinformation	Reizmodalität	Free Recall	ARC Score
nein	Wort	,40	,49
nein	Bild	,60	,52
ja	Wort	,50	,71
ja	Bild	,68	,77

konzeptuelle Information bei einfachen Bildern und ihren Bezeichnungen vergleichbar verarbeitet wird.

Zusammen mit dem Bildüberlegenheitseffekt unterstützen die Befunde von Gollin und Sharps (1988) die Annahme, dass der Bildüberlegenheitseffekt auf sensorischer und nicht auf relational-kategorialer Information basiert (Ritchey 1980).

9.4.6 Zusammenfassung zum Behalten von Bildern

Es zeigt sich, dass Bilder anders und effizienter verarbeitet und behalten werden als Wörter. Will man diesen Effekt bei Vorgabe von **Objektbezeichnungen** nutzen, so muss man Personen anregen, sich die Objekte visuell vorzustellen. Objektbezeichnungen werden nicht automatisch dual enkodiert, ebenso wenig werden Objekte automatisch implizit benannt. Arbeitet man mit Bildern, so ist zu beachten, dass diese umso besser erinnert werden, je sensorisch reicher sie sind (Objekte werden besser als Fotos und diese besser als Zeichnungen erinnert). Wenn wir Bilder von Objekten sehen, verarbeiten wir z. B. ihre speziellen Orientierungen, ihre Größen und ihre Farben. Dass Bilder unser visuelles Eingangssystem nutzen, bedeutet auch, dass es zu Überlastungen des Systems kommen kann, wenn das System durch zwei visuelle Aufgaben gleichzeitig beansprucht wird und wenn die Objekte visuell ähnlich sind. In beiden Fällen kommt es zu Interferenzen. Visuelle Ähnlichkeit von Reizen erschwert ihre Diskrimination bereits beim Enkodieren, aber auch beim Wiedererkennen, wenn der gebotene Reiz im Test dem gesuchten Reiz ähnlich ist. Er wird dann leicht fälschlich als alt akzeptiert (Oates und Reder 2011). Schließlich zeigt sich, dass sich die konzeptuell-relationale Verarbeitung von Objekten und ihren Bezeichnungen nicht unterscheidet.

9.5 Behalten von Handlungen

Untersuchungen zum Behalten von Handlungen beruhen auf Darbietungen von Handlungsphrasen (wie „den Ball werfen"). Solche Phrasen werden entweder nur gehört bzw. gelesen, oder die bezeichneten Handlungen werden auch ausgeführt. Die Ausführung verbessert das Behalten. Man spricht vom Tu-Effekt (▶ Abschn. 9.3). Dieser Effekt wird auf die Aktivierung motorischer Programme zurückgeführt.

Handlungen sind schwieriger experimentell zu untersuchen als Bilder. Das geht u. a. darauf zurück, dass Handlungen in der Zeit dynamisch verlaufende Ereignisse sind. Zudem sind sie i.d.R. an Objekte gebunden (z. B. zum Abtrocknen braucht man etwas, das man abtrocknet; zum Musizieren braucht man ein Instrument). Damit man zu vergleichbaren Handlungen kommt, verwendet man Handlungsphrasen wie „die Tasse abtrocknen", „das Klavier spielen" oder „den Kaffee umrühren". Das bedeutet, man gibt immer eine Handlungsbeschreibung vor und bittet die Person, diese auszuführen. Beachtenswert ist, dass man eine Handlung nicht nur selbst ausführen kann, sondern diese auch als Fremdhandlung an einer anderen Person wahrnehmen kann (▶ Abschn. 9.5.6). Im Mittelpunkt stehen hier selbst ausgeführte Handlungen, die motorische Programme aktivieren (▶ Exkurs).

> **Exkurs**
>
> **Paradigma der Untersuchung des Tu-Effekts**
>
> Man arbeitet mit einfachen Handlungen. Um die Handlungsausführung kontrollieren zu können, bietet man die Reize als Phrasen wie „die Pfeife rauchen" oder „das Papier falten". Zur Handlungsausführung bietet man reale Objekte (z. B. Pfeife, Papier), oder man lässt die Handlungen pantomimisch ohne Objekte ausführen. In diesem Fall tun die Personen so, als ob sie eine Pfeife rauchen oder ein Papier falten. Aus praktischen Gründen arbeitet man in Experimenten meistens ohne reale Objekte. In der Regel werden die folgenden beiden Bedingungen verglichen: In der Hör-Bedingung hören oder lesen die Personen die Phrasen mit der Instruktion, sie zu behalten. In der Tu-Bedingung werden die Personen gebeten, die durch die Phrasen bezeichneten Handlungen auszuführen und zu behalten. Ein Vergleich beider Bedingungen ergibt einen robusten Handlungsüberlegenheitseffekt bzw. kurz einen Tu-Effekt (für einen Überblick s. Engelkamp 1997). Das zeigt: Ausgabesysteme, d. h. motorische Programme, sind an der Gedächtnisbildung beteiligt.

Das multimodale Modell erklärt folgende Befunde beim Behalten von Handlungsphrasen:
- den positiven Behaltenseffekt der Handlungsausführung beim Enkodieren;
- die unterschiedlichen Verläufe der serialen Positionskurve nach Hören und Ausführen der Handlungsphrasen;
- den Kongruenzeffekt beim Wiedererkennen, wenn Handlungen beim Enkodieren und Testen ausgeführt werden;
- den negativen Einfluss der motorischen Ähnlichkeit auf das Behalten und
- den Befund, dass sich die Organisationsmaße bei kategorial organisierten Listen für Handlunsphrasen nach Hören und Tun nicht unterscheiden.

9.5.1 Tu-Effekt

Nach dem multimodalen Modell aktivieren Handlungsphrasen automatisch die Wortmarken und Konzepte. Das gilt unter Hören und Tun. Durch die Instruktion, die Handlungen auszuführen, werden unter Tun zusätzlich motorische Programme aktiviert. Das heißt, der Tu-Effekt sollte mindestens auch durch motorische Information zustande kommen. Dafür sprechen Befunde zur serialen Positionskurve und zum Wiedererkennen.

In einem typischen Experiment zum Tu-Effekt bietet man eine Liste von meist unrelatierten Handlungsphrasen unter einer Hör- und einer Tu-Bedingung. Im Anschluss an die Listendarbietung folgt ein verbaler Free Recall. Dieses Vorgehen führt zu einem

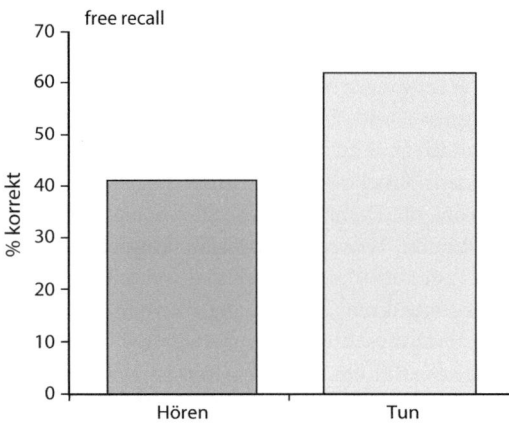

◘ Abb. 9.5 Typischer Tu-Effekt. (Engelkamp und Krumnacker 1980)

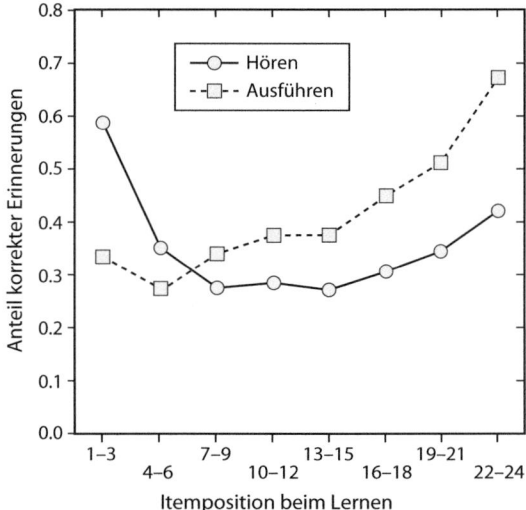

◘ Abb. 9.6 Typische seriale Positionskurve im Free Recall nach Hören und Ausführen von Handlungsphrasen. (Aus Seiler 2003; mit freundl. Genehmigung)

robusten Tu-Effekt analog zum Bildüberlegenheitseffekt (◘ Abb. 9.5).

Die Ursache für den Tu-Effekt wird auf dem Hintergrund der Unterscheidung zwischen itemspezifischer und relationaler Information meist der besseren itemspezifischen Enkodierung unter Tun als unter Hören zugeschrieben (für einen Überblick s. Engelkamp 1997, Abschn. 4.2.2 und Abschn. 6.2). Die Begründung für diese Interpretation wird darin gesehen, dass der Effekt auch beim Wiedererkennen auftritt und relationale Information beim Wiedererkennen eine geringe Rolle spielt. Sie wird aber auch in der spezifischen Form der serialen Positionskurve nach Tun gesehen.

9.5.2 Seriale Positionskurve nach Tun

Eine Untersuchung der serialen Positionskurve durch Zimmer et al. (2000) zeigte, dass unter Tun der Primacy-Effekt verschwindet und der Recency-Effekt verstärkt wird. Der Recency-Effekt nach Tun ist ausgedehnter als nach Hören. Der auf verbalem Lernen beruhende Recency-Effekt ist auf ein bis drei Items beschränkt (Greene 1992). Nach Tun zeigt sich der Recency-Effekt bei genügend langen Listen über mehr als zehn Items. Nach Zimmer et al. (2000) geht er auf eine extrem gute itemspezifische Information nach Tun zurück. Der typische Verlauf der serialen Positionskurven unter Hören und Tun ist in ◘ Abb. 9.6 dargestellt.

Wie man sieht, überkreuzen sich die Kurven. Während die ersten Items unter Hören besser erinnert werden als unter Tun, werden die letzten Items unter Tun besser erinnert als unter Hören. Anders formuliert zeigt sich unter Hören ein klarer Primacy-Effekt und ein schwacher Recency-Effekt, und unter Tun zeigt sich ein starker und ausgedehnter Recency-Effekt, aber kein Primacy-Effekt. Wenn eine vorwiegend itemspezifische Enkodierung für den Kurvenverlauf unter Tun verantwortlich ist, sollte eine itemspezifische Orientierungsaufgabe unter Hören zu einem ähnlichen Kurvenverlauf wie unter Tun führen. Dies ist, wie Seiler und Engelkamp (2003) zeigen konnten, auch der Fall. Die Interaktion beider Kurven verschwindet bei einer itemspezifischen Orientierungsaufgabe. Beide Kurven zeigen jetzt einen ausgedehnten Recency-Effekt, aber keinen Primacy-Effekt. Aber der Tu-Effekt bleibt trotzdem erhalten. Die seriale Positionskurve unter Tun verläuft höher als unter Hören. Dies zeigt, dass die itemspezifische Enkodierung durch eine entsprechende Orientierungsaufgabe zwar die Distinktivität der Items in der zweiten Listenhälfte erhöht, dass aber die durch Tun zur Verfügung gestellte itemspezifische Information nur unter Tun verfügbar ist. Das spricht dafür, dass die durch Tun verfügbare itemspezifische Information **motorischer Natur** ist.

9.5.3 Wiedererkennen nach Tun

Für eine besondere Wirksamkeit der motorischen itemspezifischen Information spricht auch, dass das Wiedererkennen nach Tun nahezu perfekt ist und dass die Wiedererkennensleistung durch eine Erhöhung der Listenlänge ähnlich wie bei Bildern kaum beeinträchtigt wird (Engelkamp et al. 1993). In sechs Untersuchungen zur Verarbeitungstiefe zeigte sich, dass die Wiedererkennensleistungen unter Tun bei tiefer Verarbeitung bei einer Listenlänge zwischen 12 und 96 Handlungsphrasen zwischen 87 % und 97 % korrekt variierten. Selbst bei einer flachen Verarbeitung, bei der die Personen beurteilen mussten, ob eine bestimmte Buchstabensequenz in der Phrase vorkam, lagen die Leistungen unter Tun noch zwischen 77 % und 94 % (s. Engelkamp 1997, S. 176–178).

Die Beteiligung der motorischen Information am Tu-Effekt wird auch durch Kongruenzeffekte beim Wiedererkennen gestützt. Wenn der Tu-Effekt auf die motorische Information der Bewegung beim Tun zurückgeht, dann sollte im Sinne des Prinzips der Enkodierspezifität die Wiederholung der Bewegung im Test zu einem Kongruenzeffekt beim Wiedererkennen führen. Die Ausführung der Handlung im Test sollte nur nach Tun wirksam sein, da das bloße Hören der Phrasen beim Lernen zu keiner Aktivation motorischer Programme führt, die im Test wieder verwendet werden könnte. Engelkamp et al. (1994) haben ein solches Experiment durchgeführt. Nach einer Lernphase unter Hören und Tun sollten die Versuchspersonen in einem Wiedererkennenstest entweder vor der Alt-Neu-Entscheidung die Handlung aufgrund der Vorgabe der Testphrase ausführen oder die Testphrase nur lesen. ◘ Tab. 9.5 zeigt den Befund.

Es zeigten sich erwartungsgemäß drei Effekte:
- Es zeigte sich unter verbaler Testung der übliche Tu-Effekt.
- Es zeigte sich unter Tun nach motorischer Testung ein Kongruenzeffekt. Nach Tun wird unter motorischer Testung mehr wiedererkannt als unter verbaler Testung.
- Es zeigte sich unter Hören kein Effekt der Testbedingung (Mulligan und Hornstein 2003).

◘ **Tab. 9.5** Wiedererkennen als Funktion der Enkodierbedingungen (Hören, Tun) und der Testmodalität (verbal, motorisch) nach Engelkamp et al. (1994)

Enkodierung	Test Verbal	Motorisch
Hören	,72	,71
Tun	,84	,93

Dieses Befundmuster stützt die Annahme, dass motorische Information zum Wiedererkennen nach Tun beiträgt. Sowohl Befunde zur serialen Positionskurve als auch zu motorischen Kongruenzeffekten beim Wiedererkennen belegen, dass der Tu-Effekt auf motorischer Information beruht.

9.5.4 Motorische Ähnlichkeit beim Behalten von Handlungen

Für die Beteiligung motorischer Information am Behalten von Handlungsphrasen nach Tun sprechen auch die negativen Einflüsse der motorischen Ähnlichkeit.

Für motorische Ähnlichkeit sollte gelten: Reize, die motorisch ähnlich sind, sollten sich unter Tun mehr stören als motorisch unähnliche Reize. Engelkamp und Zimmer (1994b) konstruierten hierzu Handlungspaare, die konzeptuell und motorisch ähnlich waren wie „den Tisch säubern/abwischen", und Paare, die konzeptuell und motorisch unähnlich waren wie „das Bett machen/anstreichen". Die Erwartung war, dass konzeptuell und motorisch ähnliche Reize im Vergleich zu konzeptuell und motorisch unähnlichen Reizen beim Wiedererkennen zu einem größeren Anstieg von falschen Alarmen nach Tun als nach Hören führen sollten. Die Hälfte der Personen lernte unter Hören, die Hälfte unter Tun. Die Hälfte der unter Hören und Tun gelernten Phrasen erschienen im Wiedererkennenstest als alt. Die andere Hälfte waren Distraktoren nach den oben genannten Kategorien. Wie erwartet stieg die Zahl der falschen Alarme nach Tun sehr viel stärker an als nach Hören, wenn der Distraktor konzeptuell und motorisch ähnlich war, als wenn der Distraktor zum Original konzeptuell und motorisch unähnlich war. Bei den unähnlichen Distraktoren kam praktisch unter Hören wie unter Tun kein falscher Alarm vor, bei ähnlichen Distraktoren gab es dagegen nach Tun sehr viel mehr falsche Alarme als nach Hören.

Tab. 9.6 Organisationsmaße (ARC) als Funktion der Vorinformation über die in der Liste verwendeten Kategorien (ohne, mit) und der Enkodierbedingungen (Hören, Tun) nach Engelkamp et al. (2005)

	Hören	Tun
Ohne Vorinformation	,28	,44
Mit Vorinformation	,53	,35

9.5.5 Kategorial-relationale Information beim Behalten von Handlungen

Durch Handlungen und ihre Bezeichnungen werden gleiche Konzepte aktiviert. Das zeigt sich in vergleichbaren Organisationswerten bei relatierten Listen, allerdings nur solange keine intentionalen Organisationsprozesse stattfinden. Kontrollierte relationale Enkodierprozesse gelingen unter Hören besser als unter Tun, da Tun die Enkodierprozesse stärker festlegt und auf itemspezifische Prozesse fokussiert. Unter Tun beruhen die Organisationswerte vorwiegend auf einer automatischen Aktivationsausbreitung und variieren wenig.

Die relationale Enkodierung von Handlungen und ihren Bezeichnungen entlang kategorialer Strukturen sollte sich unter Hören und Tun nicht unterscheiden. Unter beiden Bedingungen sollten dieselben Konzepte aktiviert werden, und diese Aktivation sollte sich unter beiden Bedingungen vergleichbar im konzeptuellen System entlang der kategorialen Strukturen ausbreiten. Das Resultat sollten vergleichbare **Organisationswerte** unter beiden Bedingungen sein. Tatsächlich wird unter Tun zwar mehr behalten als unter Hören, aber die Organisationswerte zwischen Hören und Tun unterscheiden sich nicht (Engelkamp et al. 2004, 2005). Vergleichbare Organisationswerte unter Hören und Tun von kategorial strukturierten Phrasen finden sich allerdings nur dann, wenn die kategorial-relationale Enkodierung automatisch abläuft.

Werden relationale Enkodierungen bewusst vorgenommen, ändert sich das Bild. Es zeigt sich, dass unter Hören je nach der Klarheit der Listenstruktur und abhängig von der Vorinformation über die Listenstruktur kontrollierte relationale Prozesse ins Spiel kommen, die die Organisationswerte verkleinern oder vergrößern, ohne dass der Tu-Effekt verschwindet. Unter Tun treten solche kontrollierten Prozesse weniger wahrscheinlich auf als unter Hören, da die Aufgabe, die Handlung auszuführen, die Verarbeitung zwangsläufig auf die Einzelhandlungen und ihre itemspezifische Information richtet. Beim Tun bleibt es bei den automatischen Aktivationsausbreitungsprozessen. Dieses Befundmuster ist in **Tab. 9.6** illustriert. Die Vorinformation wirkt sich bei Hören, aber nicht bei Tun auf die Organisationswerte aus. Festzuhalten ist, dass der Tu-Effekt im Free Recall unter allen Bedingungen erhalten blieb. Das stützt einmal mehr die Annahme, dass der Tu-Effekt wesentlich auf die extrem gute itemspezifische Enkodierung unter Tun zurückgeht und nicht auf guter relationaler Enkodierung beruht.

9.5.6 Behalten von Handlungen nach Sehen und Tun mit realen Objekten und ohne reale Objekte

Der Vergleich gesehener und selbst ausgeführter Handlungen mit und ohne Vorgabe realer Objekte sollte zwei getrennte Effekte zeigen. Das Behalten nach Tun sollte besser sein als das Behalten nach Sehen, und bei realen Objekten besser als ohne. Der Tu-Effekt würde danach nicht auf der Wahrnehmung der Handlung beruhen, und der Objekteffekt wäre unabhängig vom Wahrnehmen und Ausführen der Handlung.

Um dies zu prüfen, haben Engelkamp und Zimmer (1983) eine Liste von unverbundenen Handlungsphrasen unter zwei orthogonal variierten Bedingungen lernen lassen. Die Versuchspersonen

○ **Tab. 9.7** Das relative Behalten im Free Recall als Funktion der Enkodierbedingungen (Sehen, Tun) und der Verwendung realer Objekte (mit, ohne) nach Engelkamp und Zimmer (1983)

	Sehen	Tun
Mit realen Objekten	,39	,53
Ohne reale Objekte	,30	,45

sahen eine Person die Handlung ausführen (Sehen), oder sie führten die Handlung selbst aus (Tun). Unter beiden Handlungsbedingungen wurden entweder reale Objekte beim Handeln benutzt, oder die Handlungen wurden symbolisch ohne reale Objekte ausgeführt, d. h. die Person, die die Handlung ausführte, tat so, als ob sie z. B. eine Pfeife rauchte. Unter allen Bedingungen wurden die Handlungen als Handlungsphrasen vorgegeben. Im Free Recall zeigten sich zwei unabhängige Effekte. Das Behalten war mit realen Objekten besser als ohne, und das Behalten war nach Tun besser als nach Sehen. Die Befunde sind in ○ Tab. 9.7 veranschaulicht.

Die Befunde machen zweierlei deutlich:
- Die Auswirkungen des Sehens von Handlungen sind nicht dieselben wie die Auswirkungen eigenen Handelns. Der Tu-Effekt ist danach kein verkappter Seh-Effekt oder, wie manche glauben, ein Imagery-Effekt. Diese Schlussfolgerung wird durch Befunde an Schlaganfallpatienten gestützt, über die in der „Zeit" von Werner Siefer in dem Artikel „Die Zellen des Anstoßes" (Nr. 51, 16.12.2010) wie folgt berichtet wird: „Raffaela Rumiati vom neurowissenschaftlichen Forschungszentrum in Triest konnte zeigen, dass manche Patienten zwar bestimmte Objekte nicht mehr benutzen, aber dennoch diese Handlungen an anderen Personen erkennen konnten. Andere Patienten zeigten ein umgekehrtes Muster. Sie konnten zwar mit gegebenen Objekten Handlungen ausführen (z. B. mit dem Messer schneiden), aber diese Handlungen an anderen nicht mehr erkennen." Die Beobachtung verweist darauf, dass mit dem Erkennen und dem Ausführen von Handlungen wenigstens teilweise voneinander unabhängige Prozesse verbunden sind.
- Dem Sehen von Objekten liegen andere Prozesse zugrunde als dem Sehen von Handlungen. Der Bildüberlegenheitseffekt ist ein objektbezogener Effekt. Er geht auf die Aktivation von statischen Bildmarken zurück. Die Wahrnehmung von Handlungen aktiviert dagegen dynamische Bildmarken.

9.5.7 Zusammenfassung zum Behalten von Handlungen

Die Befunde zum Behalten von Handlungen zeigen, dass motorische Reaktionen auf entsprechende sprachliche Reize gegenüber dem bloßen Hören das Erinnern verbessern. Dies ist der Tu-Effekt. Er ist sehr robust. Handlungsphrasen sind zwar keine Ereignisse, die für unseren Alltag typisch sind, aber wir erfahren im Alltag sehr wohl sprachliche Handlungsanleitungen. Das ist z. B. der Fall, wenn der Arzt uns instruiert, was wir tun oder als Medikament einnehmen sollen, um wieder zu gesunden. Das ist aber auch der Fall, wenn wir Bauanleitungen von Möbeln oder Maschinen lesen, die uns sagen, was wir tun müssen, wenn wir einen Schrank oder eine Maschine zusammenbauen wollen. Auch hierbei sollte das Ausführen während der Instruktion oder des Lesens für die Erinnerung hilfreich sein. Die Erkenntnis, dass das unmittelbare Ausführen von Handlungen bei sprachlichen Instruktionen gedächtnisrelevant ist, wird durch die experimentellen Untersuchungen an einfachen Handlungsphrasen nahegelegt.

Die Befunde der geschilderten Experimente zeigen darüber hinaus, dass Ausführungen von Handlungen itemspezifische Enkodierprozesse fördern, indem sie unsere Aufmerksamkeit auf die Handlung, die wir gerade ausführen, fixieren. Sie verbessern den Free Recall und das Wiedererkennen für die Handlungen. Diese motorisch-itemspezifische Verarbeitung zeigt sich u. a. beim Free Recall in einem ausgedehnten Recency-Effekt der serialen Positionskurve, und sie zeigt sich beim Wiedererkennen u. a. dadurch, dass die Handlungsausführung beim Enkodieren und beim Abrufen, also auch beim Test, den Tu-Effekt zusätzlich vergrößert.

Das zusätzliche Ausführen im Test verbessert das Wiedererkennen im Vergleich zum bloßen Hören jedoch nur, wenn die Handlungen sich motorisch hinreichend unterscheiden. Das alles belegt zusammengenommen, dass die mit Reizen verbundenen motorischen Programme gedächtnispsychologisch wirksam sind und dass sich das episodische Erinnern nicht auf semantische Prozesse reduzieren lässt.

Die kategorial-relationalen Prozesse, die auf dem semantischen Gedächtnis basieren, beeinflussen die Organisation beim Abruf unabhängig von der motorisch-itemspezifischen Information, die die motorischen Prozesse verfügbar machen. Sie unterscheiden sich nicht nach Hören und Tun, solange sie automatisch ablaufen.

Schließlich zeigen die Untersuchungen, dass die Effekte der Wahrnehmung realer Objekte von den Effekten der Handlungsausführung zu trennen sind. Das visuelle System, das die Objekterkennung leistet, ist zu unterscheiden von dem visuellen System, das der Wahrnehmung von Handlungen zugrunde liegt, und dieses wiederum von dem motorischen System, das die Ausführung der Handlungen möglich macht.

9.6 Implizites Behalten

Explizites ist von implizitem Behalten zu unterscheiden. Implizites Behalten bezieht sich auf Behaltensleistungen, derer sich die „erinnernde" Person nicht bewusst ist. Solche Behaltensleistungen werden in impliziten Behaltenstests erfasst. Man unterscheidet perzeptuelle und konzeptuelle implizite Tests.

In diesem Teilkapitel soll gezeigt werden, was implizites Behalten bedeutet und wie es gemessen wird. Im Einzelnen wird gezeigt,
– dass implizite perzeptuelle und implizite konzeptuelle Behaltensleistungen unterschieden werden,
– dass perzeptuelle implizite Behaltenseffekte eingangssystemspezifisch sind,
– dass konzeptuelle implizite Behaltenseffekte auf konzeptueller Informationsverarbeitung beruhen,
– dass in perzeptuellen impliziten Behaltenstests bestimmte Oberflächeneigenschaften von Bildreizen wie Größe, Farbe und Orientierung nicht zu Kongruenzeffekten führen, wie man es nach dem Systemansatz zunächst erwarten würde.

– dass bei konzeptuellen impliziten Tests kein Bildüberlegenheitseffekt auftritt, obwohl sich ein klarer Bildüberlegenheitseffekt im Free Recall zeigt. Das passt nicht zu der Annahme, der Bildüberlegenheitseffekt sei ein konzeptueller Effekt. Aber es passt auch nicht zum Systemansatz.

Zu den beiden letzten Effekten wird eine Erklärung angeboten.

9.6.1 Implizites vs. explizites Behalten

Implizite Behaltenseffekte sind **Wiederholungseffekte**. Sie treten ohne Erinnerungsintention auf. Zunächst wurden perzeptuelle Wiederholungseffekte z. B. beim Erkennen oder Ergänzen von Wortfragmenten untersucht. Später wurden auch konzeptuelle Wiederholungseffekte z. B. beim Assoziieren von Exemplarnamen zu Kategorienbezeichnungen beobachtet.

- **Was ist implizites Behalten, und wie wird es gemessen?**

Bisher haben wir uns nur mit expliziten Erinnerungen befasst. Die Absicht, sich zu erinnern, war für die Behaltenstests konstitutiv. Neben dem bewussten Erinnern hat man in den 1980er-Jahren unbewusste Behaltensleistungen beobachtet, d. h. Behaltensleistungen, derer sich die „erinnernde" Person nicht bewusst ist, die sich aber in Verhaltensänderungen zeigen. Zunächst ging es dabei um perzeptuelle implizite Behaltenstests. Im Prinzip wurden dabei Wahrnehmungsleistungen gemessen; z. B. mussten kurzfristig gebotene Wörter erkannt oder Wortfragmente ergänzt werden. In impliziten Behaltenstests geht es immer um Behaltensleistungen, die ohne Erinnerungsabsicht zustande kommen. Im Kern geht es dabei um Wiederholungseffekte, da Reize erneut dargeboten werden. Der Experimentator prüft, ohne dass die Versuchsperson davon weiß, das Behalten von Listenitems dadurch, dass er sie erneut darbietet und prüft, ob die Versuchsperson bei der Wiederholung den Reiz besser bzw. schneller verarbeitet. Dies tut er z. B., in dem er die dargebotenen Reize unter erschwerten Bedingungen erkennen lässt und die Verbesserung im Vergleich zu einer

Kontrollbedingung bewertet. Implizites Behalten liegt z. B. vor, wenn alte Reize bei einer wiederholten Darbietung schneller oder öfter identifiziert werden als neue Reize.

Beispiele
Perzeptuelle implizite Behaltenstests
Die Lernphase ist generell beim impliziten Behalten vergleichbar mit der beim expliziten Behalten. Den Versuchspersonen wird z. B. eine Liste von Wörtern dargeboten, allerdings ohne die Instruktion, sich die Wörter zu behalten. Nur die Testphase ist anders. Für die Versuchspersonen ist es eine neue Aufgabe. Ihnen werden z. B. in einer Identifikationsaufgabe kurzzeitig Wörter dargeboten, die sie identifizieren sollen. Sie wissen nicht, dass das ein Behaltenstest ist. Ihnen wird z. B. gesagt: „Jetzt möchten wir untersuchen, wie gut Wörter unter erschwerten Bedingungen wahrgenommen werden können." Die Darbietungszeit wird dabei so kurz gewählt, dass die Wörter nur mit einer bestimmten Wahrscheinlichkeit erkannt werden. Die Wörter sind wie bei einem Wiedererkennenstest zur Hälfte alt und zur Hälfte neu. Neue Wörter wurden vorher noch nicht gezeigt. In einem solchen Identifikationstest zeigt sich, dass die alten Wörter häufiger identifiziert werden als die neuen (Jacoby 1983).
Ein anderer impliziter Behaltenstests ist der Wortstammergänzungstest. In einem Wortstammergänzungstest werden Wortstämme (z. B. Gart–) dargeboten und sollen spontan mit dem ersten Wort, das der Person einfällt, ergänzt werden. Alte Wörter, die man in der Lernphase gesehen hat, werden häufiger ergänzt als neue Wörter.

Ein interessanter Aspekt dieser perzeptuellen impliziten Behaltenstests besteht u. a. darin, dass Faktoren, die das explizite Behalten verbessern (wie die Verarbeitungstiefe), in perzeptuell impliziten Tests keine Wirkung zeigen, und dass Personen, die in expliziten episodischen Tests versagen (wie Amnestiker), in den perzeptuellen impliziten Tests normale Leistungen zeigen (Graf und Schacter 1985). Ferner zeigt sich, dass ein Wechsel der Reizmodalität (z. B. Wörter in der Lernphase und Bilder in der Testphase) den impliziten Behaltenseffekt zum Verschwinden bringen (Roediger und Weldon 1987).

Erst etwa zehn Jahre später wurden auch konzeptuelle implizite Behaltenstests durchgeführt. Sie zeigen u. a., dass Konzeptwiederholungen sich in konzeptuellen Assoziationstests niederschlagen.

Beispiel
Konzeptueller impliziter Behaltenstest
Man gibt z. B. Kategorienbezeichnungen vor und lässt dazu Exemplare generieren, z. B. „Möbelstück: Stuhl, Tisch, Schrank" usw. Man vergleicht dann die Wahrscheinlichkeit bestimmter Exemplarassoziationen nach einer vorangegangenen Darbietung des Exemplarnamens und ohne seine vorherige Darbietung.

Bei solchen konzeptuellen impliziten Tests zeigt sich, dass Exemplare mit höherer Wahrscheinlichkeit genannt werden, wenn sie in einer zuvor dargebotenen Wortliste vorkamen, als wenn sie nicht vorkamen. Außerdem wurde dieser konzeptuelle implizite Behaltenseffekt wie explizite Behaltenseffekte von der Verarbeitungstiefe beeinflusst. Ferner tritt er auch bei einem Wechsel der Reizmodalität auf. Bei perzeptuellen impliziten Tests zeigt sich kein Effekt nach Modalitätswechsel (Weldon und Coyote 1996).

- **Wie wird implizites Behalten erklärt?**

Ein Vorschlag zur Erklärung impliziter Behaltenseffekte bestand darin, explizite Behaltensleistungen auf konzeptuelle Verarbeitungsprozesse und implizite Behaltensleistungen auf perzeptuelle Prozesse zurückzuführen (Roediger 1990). Dieser Ansatz erwies sich aber spätestens mit dem Auftreten konzeptuell impliziter Effekte als unzureichend.
Im Folgenden soll unter Einbeziehung weiterer Effekte gezeigt werden, dass auch beim Erklären impliziter und expliziter Gedächtnisleistungen Systemansätze weiterführen.

9.6.2 Weitere Befunde zum impliziten Behalten

Die Befunde zum Vergleich von explizitem und implizitem Behalten stützen die Systemannahmen, sie zwingen allerdings auch zu deren Erweiterung. Gestützt werden die Annahmen u. a. durch den

Befund, dass perzeptuelle Wiederholungseffekte eingangssystemspezifisch sind. Die Wortergänzung wird durch die vorherige Darbietung von Wörtern, aber nicht durch die von Bildern verbessert. Umgekehrtes gilt für die Ergänzung von Bildfragmenten. Beim impliziten Behalten zeigen sich aber auch unerwartete Effekte. Es zeigen sich keine Kongruenzeffekte für Größe, Orientierung und Farbe bei perzeptuellen impliziten Tests, und es gibt keinen Bildüberlegenheitseffekt bei konzeptuellen impliziten Tests (Weldon und Coyote 1996; Zimmer 1995).

Die Forschung zum impliziten Behalten hat nicht nur zu Befunden geführt, die das multimodale Modell unterstützen, sondern hat auch Resultate zutage gefördert, die zu einer Erweiterung des Modells zwingen.

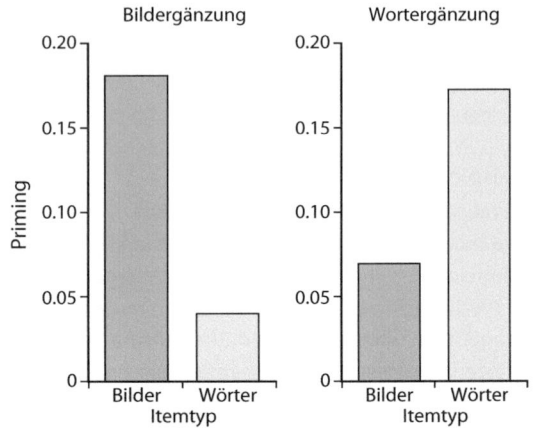

■ Abb. 9.7 Wiederholungseffekt (Priming) bei der Bildbzw. Wortergänzung in Abhängigkeit von der Reizmodalität (Bild/Wort) bei der Erstdarbietung. (Adaptiert nach Roediger und Weldon 1987)

- **Eingangssystemspezifische Wiederholungseffekte**

Ein zentraler Befund unterstützt das multimodale Modell. Er ist zwar nicht neu, aber seine theoretische Bedeutung wurde bisher nicht gesehen. Roediger und Weldon (1987) haben gezeigt, dass Wiederholungseffekte eingangssystemspezifisch sind, auch wenn sie diesen Schluss aus ihren Daten nicht gezogen haben. Sie haben ihren Versuchspersonen Bilder bzw. deren Bezeichnungen geboten und danach das Behalten im Free Recall, in einem Wortergänzungstest und in einem Bildergänzungstest gemessen. Im Free Recall haben sie den üblichen Bildüberlegenheitseffekt beobachtet. In den beiden impliziten Behaltenstests beobachteten sie modalitätsspezifische Wiederholungseffekte. Alte Wörter wurden dann häufiger ergänzt, wenn im Test Wortfragmente, aber nicht, wenn Bildfragmente zu ergänzen waren. Umgekehrt profitierten Bilder von der Wiederholung nur, wenn Bildfragmente, aber nicht wenn Wortfragmente zu ergänzen waren. Den Befund zeigt ■ Abb. 9.7.

Roediger und Weldon (1987) interessierte, dass der implizite Behaltenseffekt von perzeptuellen Reizeigenschaften abhing und der explizite Free-Recall-Test von konzeptueller Information. Deshalb betrachteten sie ihre Befunde als einen Beleg für den Ansatz, der implizites Behalten als Funktion perzeptueller Prozesse und explizites Behalten als Funktion konzeptueller Prozesse auffasst. Aus dem Befund, dass die Wiederholungseffekte für Bilder und Wörter modalitätsspezifisch und nicht crossmodal (d. h. wenn man von der ersten zur zweiten Darbietung die Modalität wechselt) wirksam sind, muss man jedoch schließen, dass die Effekte eingangssystemspezifisch sind und dass Wörter zwar ihre Wortmarken, aber nicht ihre Bildmarken und Bilder ihre Bildmarken, aber nicht ihre Wortmarken automatisch aktivieren. Das bedeutet: Man muss perzeptuell verbale und perzeptuell nonverbale bildliche Information unterscheiden. Genau das wird im multimodalen Modell getan. Diesen Befund kann das multimodale Modell nicht nur post hoc erklären, es sagt ihn auch voraus.

- **Implizite konzeptuelle Wiederholungseffekte**

Andere Befunde können vom multimodalen Modell nicht ohne Zusatzannahmen erklärt werden. Ein Effekt wurde von Weldon und Coyote (1996) berichtet. Sie haben geprüft, ob der Bildüberlegenheitseffekt auch in impliziten konzeptuellen Tests auftritt. Wenn der Bildüberlegenheitseffekt, wie z. B. von Roediger und Weldon (1987) angenommen wird, ein konzeptueller Effekt ist, dann sollte er zwar nicht in perzeptuellen Tests, wohl aber in konzeptuellen auftreten. Deshalb boten Weldon und Coyote (1996) ihren Versuchspersonen Wörter und Bilder. Sie führten konzeptuelle implizite Behaltenstests durch und prüften zusätzlich den Free Recall. Als konzeptuelle implizite Tests verwendeten sie den kategorialen Produktionstest und den Wort-Assoziationstest.

Beispiele
Konzeptuelle implizite Behaltenstests der kategorialen Produktion und der Wort-Assoziation
Im kategorialen Produktionstest werden Kategoriennamen vorgegeben, zu denen Exemplare zu generieren sind (z. B. zu Möbelstück: Stuhl, Tisch, Bank usw.).
In Wort-Assoziationstests lässt man Personen zu einem Wort, das mit dem Zielwort assoziiert ist (z. B. Wein mit Korkenzieher), das erste Wort nennen, das ihnen dazu einfällt. Konzeptuelle Wiederholungseffekte sollten in diesen Aufgaben auftreten, wenn Wörter kurz zuvor schon einmal konzeptuell verarbeitet wurden. Diese Wörter sollten dann im Produktionstest häufiger genannt und im Wort-Assoziationstest häufiger assoziiert werden als ohne vorherige Verarbeitung.

Die Befunde von Weldon und Coyote (1996) zeigt Tab. 9.8.
Obwohl sich kein Bildüberlegenheitseffekt bei konzeptuellen impliziten Tests zeigte, gab es einen klaren Bildüberlegenheitseffekt im Free Recall. Die impliziten Behaltenseffekte für Bilder und Wörter unterschieden sich nicht. Aus diesem Befundmuster schließen Weldon und Coyote (1996), dass konzeptuelle Information für den Bildüberlegenheitseffekt keine bedeutsame Rolle spielt, sonst hätte es einen konzeptuellen Bildüberlegenheitseffekt beim impliziten Testen geben müssen. Diesen Schluss würde das multimodale Modell teilen. Aber nach diesem Modell sollten bei Bildern auch Bildmarken und bei Wörtern auch Wortmarken gespeichert werden. Warum schlägt sich dann die größere Effizienz von Bildmarken gegenüber Wortmarken nicht in einem Bildüberlegenheitseffekt nieder? Warum werden modalitätsspezifische Informationen zwar gespeichert, aber im impliziten konzeptuellen Test nicht wirksam?

- **Implizite perzeptuelle Kongruenzeffekte**

Problematisch für das multimodale Modell ist auch folgender Befund: In Wiedererkennenstests hat sich konsistent gezeigt, dass die Leistung von der Oberflächenkongruenz zwischen Lern- und Testreizen beeinflusst wird, und zwar auch dann, wenn die Oberflächeninformation für die Testentscheidung nicht kritisch ist (▶ Abschn. 9.4.3). Größen-,

Tab. 9.8 Implizite Behaltenseffekte für Bilder und deren Bezeichnungen in impliziten konzeptuellen Tests. Das implizite Behalten wurde mit dem kategorialen Produktionstest für Wörter und mit dem Wortassoziationstest gemessen. Die Daten sind über Experimente gemittelt. (Nach Welden und Coyote 1996)

	Bilder	Wörter	Bildüberlegenheit
Kategoriale Produktion	,15	,13	,02
Wortassoziation	,08	,06	,02

Orientierungs- und Farbveränderungen vom Lernen zum Testen senken die Leistung im Wiedererkennen. Das passt sehr gut zu den Annahmen des multimodalen Modells, nach denen die Reizoberflächen gespeichert und erinnert werden. Aber auch hier bringen implizite Behaltenstests unerwartete Resultate. Nach dem multimodalen Modell sollten auch die impliziten perzeptuellen Tests bzw. gerade diese sensibel auf alle Oberflächenveränderungen reagieren. Genau das tun sie aber nicht, wie eine Vielzahl von Experimenten in den 1990er-Jahren gezeigt hat (Biederman und Cooper 1992; Zimmer 1995; Zimmer und Steiner 2003). Obwohl die Objektwiederholung konsistent zu impliziten Behaltenseffekten führte, blieben diese Effekte unbeeinflusst von Größen-, Orientierungs- und Farbveränderungen. Nur die Formveränderung erwies sich als kritisch für den Wiederholungseffekt. Das sollte nicht der Fall sein, wenn wir automatisch Reizoberflächen speichern und im Test nutzen. Wie sind diese unerwarteten Effekte zu erklären?

9.6.3 Erweiterungen des multimodalen Gedächtnismodells

Warum sich beim Wiedererkennen Kongruenzeffekte für Größe, Orientierung und Farbe zeigen, aber nicht bei impliziten perzeptuellen Tests, erklärt eine genaue Analyse der **Testanforderungen**. Wiedererkennen erfordert eine betrachterzentrierte Perspektive, in impliziten perzeptuellen Tests genügt die objektzentrierte Information (▶ Abschn. 9.2.2). Beim impliziten konzeptuellen Behalten tritt kein Bildüberlegenheitseffekt auf, weil hier nur konzeptuelle Prozesse gefordert und perzeptuelle irrelevant sind. Der ausbleibende Bildüberlegenheitseffekt belegt, dass dieser nicht auf konzeptueller Information beruht.

- **Warum gibt es bei impliziten perzeptuellen Tests keinen Kongruenzeffekteffekt für Größe, Orientierung und Farbe?**

Es ist deutlich, dass sich explizite und implizite Behaltenstests unterschiedlich verhalten. Da die Lernsituationen identisch sind, muss die Erklärung hierfür in der Testsituation liegen. Ein zentraler Unterschied zwischen expliziten und impliziten Tests besteht darin, dass explizite Behaltenstests auf einer Erinnerungsintention für eine Episode beruhen und implizite nicht. Die sich erinnernde Person versucht im expliziten Test bewusst, die Lernepisode zu reaktivieren. In impliziten Tests versucht die Testperson lediglich, eine ihr gestellte Aufgabe zu lösen, z. B. ein Reizfragment zu ergänzen oder zu einem Reiz frei zu assoziieren usw. Sie stellt keine Beziehung zu einer Lernepisode her und ist sich keiner solchen Beziehung bewusst. Nur die explizite Erinnerungsintention ruft eine ganz spezifische Episode wieder auf (z. B. „ich habe vorhin diesen Reiz gesehen"). Die Versuchsperson versucht gedanklich, in die spezifische Lernsituation, in der sie den Reiz wahrgenommen hat, zurückzukehren. Dazu gehört, dass sie die Situation aus derselben Perspektive zu betrachten versucht, die sie beim Lernen eingenommen hat. Deshalb sind Größe, Orientierung und Farbe des Reizes für die Leistung relevant. Dies erklärt den Kongruenzeffekt für diese Reizaspekte beim Wiedererkennen.

Ein solcher Versuch, in eine bestimmte Betrachtersituation gedanklich zurückzufinden, liegt bei impliziten Tests nicht vor. Hier versucht die Testperson lediglich, eine bestimmte Aufgabe zu lösen, z. B. unter erschwerten Wahrnehmungsbedingungen einen bestimmten Reiz zu identifizieren oder ein Reizfragment zu ergänzen usw. In solchen perzeptuellen Aufgaben ist es das Ziel, zu prüfen, ob der Wortreiz einer bestimmten Wortmarke und der Bildreiz einer bestimmten Bildmarke entspricht. Fällt der Vergleich positiv aus, so ist der Reiz identifiziert, und die Aufgabe ist beendet. Eine weitergehende Reizverarbeitung ist nicht wirksam. Die Leistung beruht hier auf einer perspektiveunabhängigen Identifikation des Reizes. Nur die betrachterzentrierte Verarbeitung berücksichtigt die spezifischen situativen Aspekte wie Größe, Orientierung und Farbe. Bei der objektzentrierten, perspektiveunabhängigen Verarbeitung geht es nur um die situationsunabhängigen Reizmerkmale (Humphreys und Bruce 1989, s. auch ▶ Abschn. 9.2.2, Abb. 9.1). Diese Annahmen erklären, warum formirrelevante Aspekte wie Größe, Orientierung und Farbe die Leistung in impliziten perzeptuellen Tests nicht beeinflussen.

Die Erweiterung der multimodalen Theorie besteht darin, dass Annahmen zu unterschiedlichen Verarbeitungsprozessen bei identischen Objektreizen in expliziten und impliziten Tests, also beim Abruf gemacht werden. Es ist zu beachten, dass in den Tests nur aufgabenrelevante Aspekte wirksam werden. In expliziten Tests muss die Lernepisode wieder hergestellt werden. In impliziten perzeptuellen Tests werden i.d.R. nur objektzentrierte Analyseergebnisse abgefragt.

- **Warum gibt es für implizite konzeptuelle Tests keinen Bildüberlegenheitseffekt?**

In impliziten konzeptuellen Tests wird gefordert, dass die Reizverarbeitung über die Markeninformation hinaus bis zur Konzeptverarbeitung fortgesetzt wird. Kritisch ist hierbei, dass die untersuchte Leistung ein Ausdruck konzeptueller Verarbeitungsprozesse ist. Nur Konzeptinformation ist hier aufgabenkritisch. Sind z. B. auf eine Kategorienbezeichnung Exemplare zu assoziieren, so startet der Prozess im konzeptuellen System, z. B. bei dem Konzept „Werkzeug". Da die Aufgabe verlangt, Exemplare zu einer Kategorie zu produzieren, würde die Person bei Vorgabe von „Werkzeug" Subkonzepte wie „Hammer", „Zange", „Feile" usw. aktivieren. Da bei der Darbietung der Lernliste bestimmte Konzepte aktiviert worden sind, sind diese aktivationsbereiter als andere Subkonzepte. Das führt dazu, dass die Wahrscheinlichkeit, dass Listenwörter, die zu der Kategorie gehören, beim kategorialen Produktionstest eher assoziiert werden als andere Wörter aus der Kategorie, die vorher nicht aktiviert worden sind. In diesem Fall ist die Aufgabe beendet, wenn die geforderten Konzepte produziert sind. Die den Konzepten zugrunde liegenden

Markeninformationen sind unkritisch. Sie werden nicht reaktiviert.

Bei der Erweiterung der Modellannahmen geht es ebenfalls um eine genauere Betrachtung der Testaufgabe. Implizite konzeptuelle Tests erfordern eine Verarbeitung von konzeptueller Information. Wie diese im Test aktiviert wird, ist unerheblich. Typischerweise lösen Wörter in konzeptuellen Tests die gewünschten konzeptuellen Verarbeitungsprozesse aus. Da die Aufgabenlösung auf konzeptueller Information beruht, sind die Erscheinungsformen der Reize in der Enkodiersituation unkritisch. Die konzeptuellen Effekte treten deshalb crossmodal auf. Da der Bildüberlegenheitseffekt auf modalitätsspezifische Bildinformation zurückgeht, tritt er in impliziten konzeptuellen Tests nicht auf.

9.7 Fazit

Was haben die Systemmodelle zu unserem Wissen über das episodische Erinnern beigetragen? Sie haben vor allem gezeigt, dass beim Enkodieren und Abrufen sowohl sensorische als auch motorische Prozesse berücksichtigt werden müssen. Es ist z. B. für unsere Erinnerung an die Wahrnehmung von Objekten förderlich, wenn sie viele sensorische Aspekte enthalten. Das zeigt sich u. a. darin, dass wir reale Objekte besser als Fotos der Objekte und diese besser als Strichzeichnungen der Objekte erinnern. Auch dass beim Wiedererkennen von Objekten die betrachterzentrierte Perspektive enkodiert wird, belegt die Wirksamkeit sensorischer Prozesse. Sie zeigt sich ferner in sensorischen Interferenzeffekten. Die visuelle Ähnlichkeit zwischen Reizen erschwert deren Unterscheidung und führt zu Fehlern.

Neben sensorischen Prozessen sind auch motorische Prozesse für das Erinnern relevant. Das zeigen Handlungsbeschreibungen. Die Ausführung der beschriebenen Handlungen fördert ihre Erinnerung im Vergleich zum bloßen Hören der Handlungsphrasen. Die motorischen Prozesse des Ausführens bewirken u. a. spezifische Effekte in der serialen Positionskurve im Free Recall und einen motorischen Kongruenzeffekt beim Wiedererkennen, wenn die Handlungen auch im Test ausgeführt werden.

Die Rolle der sensorischen und motorischen Prozesse für das explizite Behalten von Objekten und Handlungen macht deutlich, dass sich das episodische Erinnern nicht auf die Reaktivierun von Bedeutungen reduzieren lässt. Das bedeutet, wir verfügen nicht nur über ein konzeptuelles Gedächtnissystem für explizite Behaltensleistungen, sondern explizite Gedächtnisleistungen beruhen auf mehreren Gedächtnissystemen. Diese Idee steht hinter der Bezeichnung „Systemmodelle". Dieser Ansatz findet leider bis heute weder in der Forschung noch in Lehrbüchern Beachtung.

Der Systemansatz erlaubt, über die Erklärung expliziter Gedächtnisleistungen hinaus nicht nur Befunde zum impliziten Behalten zu erklären, sondern auch unterschiedliche Behaltenseffekte in impliziten und expliziten Behaltenstests. Liegt z. B. beim Wiedererkennen von Objekten eine Erinnerungsintention vor, dann wird die zu erinnernde Situation aus einer betrachterzentrierten Perspektive reaktiviert. In impliziten perzeptuellen Tests, in denen keine Erinnerungsintention vorliegt, werden Reize dagegen nur aus einer objektzentrierten Perspektive analysiert und ihre Form identifiziert. Das entspricht der gestellten Aufgabe. Darum ist hier die Reizform kritisch. In impliziten konzeptuellen Tests, in denen ebenfalls keine Behaltensintention vorliegt, ist es die Aufgabe, von einem gegebenen (anderen) Reiz dessen Konzept aufzusuchen und von hier andere Konzepte zu aktivieren. Dabei sind jene Konzepte im Vorteil, die kurz zuvor schon aktiviert worden sind. Das schlägt sich in konzeptuellen Wiederholungseffekten nieder. Werden in der Lernsituation Bilder als Reize benutzt, so sind auch hier nur die Konzeptwiederholungen kritisch. Die Marken werden nicht reaktiviert. Ein Bildüberlegenheitseffekt tritt nicht auf. Das bedeutet, dass man genau analysieren muss, welche Prozesse die Testaufgabe erfordert und welche Prozesse aus der Lernsituation dabei wiederholt werden (Engelkamp et al. 2001).

? Kontrollfragen

1. Was sind die Grundannahmen von Systemmodellen?
2. Welche Annahmen teilt das multimodale Gedächtnismodell mit den Prozessmodellen des episodischen Gedächtnisses, und was ist der entscheidende Unterschied?

3. Wie kann man prüfen, ob Bilder automatisch implizit benannt werden?
4. Wie kann man testen, ob die Bildoberfläche bei konstanter Bedeutung das Behalten beeinflusst?
5. Was versteht man unter Kongruenzeffekten beim Wiedererkennen von Bildreizen?
6. Was versteht man unter visuellen Interferenzeffekten?
7. Was spricht dafür, dass der Tu-Effekt auf einer besonders guten itemspezifischen Information beruht und dass diese auch motorischer Natur ist?
8. Was spricht dagegen, dass der Tu-Effekt ein verkappter Seh- bzw. Vorstellungseffekt ist?
9. Was sind implizite perzeptuelle und konzeptuelle Behaltenseffekte?
10. Warum gibt es in einem expliziten Wiedererkennenstest Kongruenzeffekte und in einem impliziten perzeptuellen Behaltenstest nicht?

Weiterführende Literatur

Ellis, A. W. & Young, A. W. (1991). *Einführung in die kognitive Neuropsychologie.* Bern: Huber.
Engelkamp, J., & Zimmer, H. D. (2006). *Lehrbuch der kognitiven Psychologie.* Göttingen: Hogrefe.
Mishkin, M. & Appenzeller, T. (1990). Die Anatomie des Gedächtnisses. In Spektrum der Wissenschaft, *Verständliche Forschung: Gehirn und Kognition* (S. 94–104). Heidelberg: Spektrum der Wissenschaft.
Oates, J. M., & Reder, L. M. (2011). Memory for pictures. In A. S. Benjamin (Ed.), *Successful remembering and successful forgetting* (pp. 447–461). New York: Psychology Press.

Episodisches Gedächtnis und Hirnforschung: Systeme als funktional differenzierte Hirnstrukturen

Johannes Engelkamp

10.1 Zum Aufbau des Gehirns – 196
10.1.1 Bildgebung und ereigniskorrelierte Potenziale als Verfahren zur Untersuchung der Hirntätigkeit – 196
10.1.2 Welche Funktionen haben verschiedene Hirnteile? – 197

10.2 Systeme als funktional differenzierte Hirnstrukturen – 200
10.2.1 Zwei zentrale funktionale Aspekte: Sprache und Gedächtnis – 200
10.2.2 Der Hippocampus als Grundlage des episodischen Erinnerns – 201
10.2.3 Differenzielle Gedächtnisfunktionen von MTL, Hippocampus und Amygdala – 202
10.2.4 Die Rolle des MTL beim vertrautheitsbasierten Wiedererkennen – 203
10.2.5 Die Rolle des MTL bei semantischen und episodischen Gedächtnisleistungen – 204
10.2.6 Die Rolle des Neokortex für episodisches Erinnern – 205

10.3 Fazit – 206

© Springer-Verlag Berlin Heidelberg 2017
J. Hoffmann, J. Engelkamp *Lern- und Gedächtnispsychologie*, Springer-Lehrbuch
DOI 10.1007/978-3-662-49068-6_10

Lernziele

- Unterstützt die Neurowissenschaft den Systemansatz?
- Auf welchen Hirnstrukturen beruht das episodische Gedächtnis?
- Unterstützt die Neurowissenschaft die Unterscheidung zwischen vertrautheitsbasiertem und retrievalbasiertem Wiedererkennen?
- Unterstützt die Neurowissenschaft die Unterscheidung zwischen einem semantischen und einem episodischen Gedächtnis?
- Welche Rolle spielt der Neokortex beim episodischen Erinnern?

Beispiel

Dass unser Gedächtnis hirnphysiologisch kein einheitliches System bildet, ist in den 1960er-Jahren eindrücklich durch den Patienten HM deutlich geworden. Bei ihm wurden, um ihn von seinen epileptischen Anfällen zu befreien, Teile des Temporallappens operativ entfernt. Das Ergebnis waren zwar weniger epileptische Anfälle, aber zu dem Preis massivster Gedächtnisstörungen. Sein Gedächtnis war schwer beeinträchtigt. HM konnte nicht mehr erinnern, was er sah und erlebte. Er wusste nicht mehr, ob er seine Kleider schon in die Wäsche gegeben hatte, am Morgen geduscht hatte oder den Betreuer gerade noch gesehen hatte usw. Das heißt, sein episodisches Gedächtnis war massiv gestört. Andere Funktionen seines Gedächtnisses waren dagegen noch funktionsfähig, z. B. sein prozedurales Gedächtnis (Milner 1966). Der Fall HM zeigt, dass unser Gedächtnis kein einheitliches System bildet.

10.1 Zum Aufbau des Gehirns

Alle Leistungen des gesunden Gehirns und ihre Störungen beim verletzten Gehirn, wie komplex sie auch sein mögen, beruhen letztlich auf den grundlegenden strukturellen Komponenten des Gehirns und ihren Funktionen (Bloom und Lazerson 1988, S. 5). Die Kenntnis dieser Komponenten und ihrer Funktionen liefert eine wichtige Erklärung für diese Leistungen. Die Tatsache, dass wir heute mehr über das Gehirn und seine Funktionen wissen, beruht wesentlich auf der Entwicklung der bildgebenden Verfahren. Bildgebende Verfahren machen die Hirntätigkeit unter dem Einfluss bestimmter Aufgaben sichtbar und helfen, besser zu verstehen, welche Funktionen bestimmte Teile des Gehirns haben. Statt von Teilen des Gehirns spricht man von Kortizes. Zum Beispiel versteht man jetzt besser,

- dass die sensorischen Kortizes unsere Sinneseinrücke aufnehmen und an die sensorischen Assoziationskortizes weiterleiten,
- dass der präfrontale Assoziationskortex die Verbindung zu den motorischen Kortizes herstellt, die schließlich unsere motorischen Handlungen steuern,
- dass der limbische Assoziationskortex mit der Hippocampusformation beim episodischen Erinnern eine zentrale Rolle spielt.

10.1.1 Bildgebung und ereigniskorrelierte Potenziale als Verfahren zur Untersuchung der Hirntätigkeit

Die Entwicklung der funktionalen Neurowissenschaften beruht auf der Entwicklung folgender beider Techniken: der Technik der Positronenemissionstomografie (PET) und der funktionalen Magnetresonanztomografie (fMRI). Diese Techniken erlauben es, zusammen mit der Messung von ereigniskorrelierten Potenzialen (EKP), die **Aktivität des Gehirns** bei verschiedenen kognitiven Aufgaben zu messen und bildlich darzustellen. Man spricht in diesem Zusammenhang allgemein von **bildgebenden Verfahren**.

Positronenemissionstomografie (PET)

Die Positronenemissionstomografie (PET) ist ein Verfahren, mit dem lokale Veränderungen der Gehirndurchblutung und des Gehirnstoffwechsels bei kognitiven Aufgaben wie dem Wahrnehmen, Erkennen, Lesen usw. sichtbar gemacht werden können. Das Ausmaß der Durchblutungsänderungen wird farblich in Schnittbildern des Gehirns dargestellt. Die Bilder entstehen durch die Emission von Strahlung (Positronen) aufgrund einer Injektion von Radioisotopen, die vom Gehirn wie köpereigene

Substanzen verarbeitet werden. Diese Strahlung kann mithilfe ringförmig um den Kopf angebrachter Detektoren sichtbar gemacht werden. Die Idee ist, dass aktivere Gehirnregionen mehr Radioisotope verstoffwechseln als weniger aktive Regionen (Kandel et al. 1996, Kap. 5).

Funktionelle Magnetresonanztomografie (fMRI)

Die Magnetresonanztomografie (MRI für „magnetic resonance imaging") oder Kernspintomografie basiert auf der Kenntnis, dass sich Wasserstoffatome (Protonen) in einem Magnetfeld wie rotierende Stabmagnete verhalten. Treffen nun Hochfrequenzradioimpulse auf die Protonen, werden diese aus ihrer vertikalen Richtung im Magnetfeld in eine horizontal ausgelenkte Kreiselbewegung gebracht. Beim Abschalten des Radioimpulses kehren die Protonen in ihre Ausgangslage zurück und geben dabei schwache radioaktive Wellen ab. Die zeitlichen Charakteristika dieser Radiowellen (Relaxationszeiten) lassen sich mit entsprechenden Empfängern registrieren. Lokale Sauerstoffanreicherungen im Blut führen zu veränderten Relaxationszeiten. Das bedeutet, mit der MRI-Technik lassen sich die Veränderungen der Sauerstoffsättigung des Blutes in Abhängigkeit von kognitiven Aufgaben messen. Man spricht von funktioneller MRI (fMRI), wenn die Veränderungen als Funktion von bestimmten Aufgaben untersucht werden. Eine Einschränkung der fMRI-Methode ist ihre relativ schwache zeitliche Auflösung, da Blutflussänderungen aus metabolischen Gründen nicht schneller als ein bis drei Sekunden nach der neuronalen Aktivierungserhöhung erfolgen können.

Ereigniskorrelierte Potenziale (EKP)

Ereigniskorrelierte Potenziale (EKP) sind kleine systematische Spannungsschwankungen im Elektroenzephalogramm (EEG), die einem diskreten Ereignis, z. B. einer visuellen Reizdarbietung oder einem kurzen Geräusch, vorhergehen oder nachfolgen. Diese Spannungsschwankungen können mit einer hohen zeitlichen Auflösung verfolgt werden. Allerdings ist ihre räumliche Auflösung, d. h. ihre Zuordnung zu bestimmten Gehirnregionen, gröber als bei den Methoden PET und fMRI. Deshalb ergänzen sich die beiden Verfahrenstypen.

Die EKP sind im Einzelsignal klein und kaum von der Hintergrundaktivität zu unterscheiden. Deshalb wiederholt man die Reizung mehrfach und mittelt anschließend die gemessene Hirnaktivität. Die Spannungsschwankungen im ereigniskorrelierten Potenzial werden als Komponenten bezeichnet. Sie weisen eine positive oder negative Polarität auf und werden über die Zeit dargestellt. So ist die P300 eine positive Welle, die nicht vor 300 ms nach der Reizung auftritt (Kolb und Wishaw 1996, Kap. 4).

Bei der intrakranialen EKP-Messung werden dem Patienten Tiefenelektroden in die Hippocampusformation und die Amygdala implantiert. Mit diesen Elektroden können EKP dieser Strukturen direkt aufgezeichnet werden.

Die PET-Technik wurde schon bald durch die fMRI ersetzt, da diese keine Injektion radioaktiver Substanzen erfordert und es erlaubt, die Aktivationsherde räumlich genauer zu bestimmen. Neben diesen beiden Techniken wurde auch die Messung der EKP so weiterentwickelt, dass sie es erlaubt, kleine Spannungsschwankungen aufgabenabhängig an bestimmten Stellen des Gehirns zu messen. Der Vorzug der EKP-Messung liegt in einer hohen zeitlichen Auflösung. Diese Techniken haben in den vergangenen ca. 20 Jahren dazu geführt, dass wir viel darüber gelernt haben, welche Teile des Gehirns zu welchen kognitiven Leistungen einen besonderen Beitrag leisten. Dabei hat sich gezeigt, dass das Gehirn außerordentlich arbeitsteilig funktioniert.

10.1.2 Welche Funktionen haben verschiedene Hirnteile?

Ehe wir an einigen Gedächtnisleistungen im Detail verdeutlichen, zu welchen Erkenntnissen die neurowissenschaftlichen Entwicklungen geführt haben, soll ein kurzer Überblick über die **funktionelle Anatomie** des Gehirns gegeben werden, d. h dazu, welche Funktion bestimmte Teile des Gehirns haben.

Betrachtet man das Gehirn von oben, so erkennt man, dass das Endhirn von vorne nach hinten in zwei vergleichbare Teile, in zwei Hemisphären, gegliedert ist. Grob gesagt existiert unser Endhirn in zwei gleichen Ausgaben, so als wollte die Natur uns durch eine Verdopplung des Gehirns gegen Verletzungen und Schäden absichern. Trotz grundsätzlicher Vergleichbarkeit sind die Hemisphären aber auch verschieden. Sie sind z. T. funktional spezialisiert. So ist die linke Hälfte bei Rechtshändern auf die Sprachverarbeitung und die rechte auf nichtsprachliche Prozesse wie die räumliche Informationsverarbeitung und das Gesichtserkennen spezialisiert (Kolb und Wishaw 1996, S. 171). Es ist allerdings zu berücksichtigen, dass die Spezialisierung relativ ist, da die beiden Hemisphären über ein dickes Faserbündel, das Corpus callosum, miteinander verbunden sind und miteinander kommunizieren.

◘ Abb. 10.1 gibt einen Überblick über die Gliederung der Hirnrinde anhand einer Hemisphäre. ◘ Abb. 10.1a zeigt die Hirnrinde von der Seite (links ist die Stirn und rechts das Hinterhaupt), ◘ Abb. 10.1b zeigt das Bild, das man erhält, wenn man einen Schnitt durch die Mitte des Kopfes von vorne nach hinten macht.

Betrachtet man die Oberfläche jeder einzelnen Hemisphäre, dann findet man drei primäre sensorische Kortizes. Am Hinterkopf befindet sich der Okzipitallappen mit dem primären visuellen Kortex. In ihm beginnt die Verarbeitung visuell wahrgenommener Reize im Endhirn. Im Schläfenbereich befindet sich der Temporallappen mit dem primären auditorischen Kortex. In seiner Nähe sind auch die Sprachzentren. In ihm beginnt die Verarbeitung akustischer Reize. Im Scheitelbereich des Kopfes liegt der Parietallappen mit dem primären somatosensorischen Kortex, der uns Informationen über unseren Körper vermittelt. Er informiert uns über Berührungs- und Druckreize und über Bewegungen unseres Körpers sowie über Schmerz und Temperatur. In den primären sensorischen Kortizes beginnt die sinnesspezifische Verarbeitung von Informationen. Die Informationen werden von hier in die Assoziationskortizes weitergeleitet. Direkt vor dem somatosensorischen Kortex liegt der primäre motorische und prämotorische Kortex. Er steuert unsere Körperbewegungen.

Zwischen und um die primären sensorischen und motorischen Kortizes befinden sich die **Assoziationskortizes**. In ihnen werden Informationen unterschiedlicher Modalitäten verknüpft. Diese Verknüpfungen beruhen auf Lernprozessen. In diesen Feldern werden Informationen integriert, die aus den primären sensorischen Feldern einlaufen. Der für die Motorik zuständige Assoziationskortex heißt präfrontaler Assoziationskortex. Er umfasst die vordere Hälfte des Endhirns. Aus dem präfrontalen Assoziationskortex werden Informationen an den primären motorischen und prämotorischen Kortex gesendet, die für motorische Handlungen benötigt werden. Der sensorische Assoziationskortex besteht aus dem sekundären visuellen, dem sekundären auditorischen und dem sekundären somatosensorischen Kortex. Er erstreckt sich über den Parietal-, Temporal- und Okzipitallappen und bedeckt den größten Teil der hinteren Hälfte der Kopfoberfläche. Der sensorische Assoziationskortex hat zahlreiche Verbindungen zum präfrontalen Assoziationskortex und gewährleistet, dass die motorischen Bewegungen an die durch die Sinne registrierte Umwelt angepasst werden. In ◘ Abb. 10.1a sind zusätzlich das Broca-(B-) und das Wernicke-(W-)Areal eingetragen. Das Broca-Areal bildet das motorische und das Wernicke-Areal das sensorische Sprachzentrum. Neben diesen beiden Assoziationsfeldern gibt es noch den limbischen Assoziationskortex, der sich in Teilen der Parietal-, Frontal- und Temporallappen befindet (◘ Abb. 10.1b). In ◘ Abb. 10.1b sind ferner das supplementär motorische Areal (SMA), das der Bewegungsplanung dient, und das Riechhirn (O) dargestellt. Der limbische Assoziationskortex ist hauptsächlich für Motivation, Emotion und Gedächtnis zuständig.

Zu dem limbischen Assoziationskortex gehören auch zwei in der Abbildung nicht dargestellte, tiefer liegende Strukturen des Endhirns. Sie liegen medial, d. h. zur Körpermitte orientiert. Das sind die Hippocampusformation und die Amygdala. Für diese beiden Strukturen interessieren wir uns besonders, weil sie von großer Bedeutung für das Gedächtnis sind. In der **Amygdala** werden emotionale Informationen verarbeitet. Die **Hippocampusformation** (◘ Abb. 10.2) besteht aus dem Hippocampus proper – wir sprechen kurz von „Hippocampus" – und dem Übergangskortex im mediobasalen Temporallappen (MTL), dem entorhinalen Kortex. Der Hippocampus erhält seinen Input aus dem entorhinalen Kortex im mediobasalen Temporallappen. Der MTL erhält Informationen aus den unimodalen und den multimodalen neokortikalen Assoziationsfeldern, u. a. aus dem inferioren temporalen Kortex, der für die visuelle Objekterkennung zuständig ist.

10.1 · Zum Aufbau des Gehirns

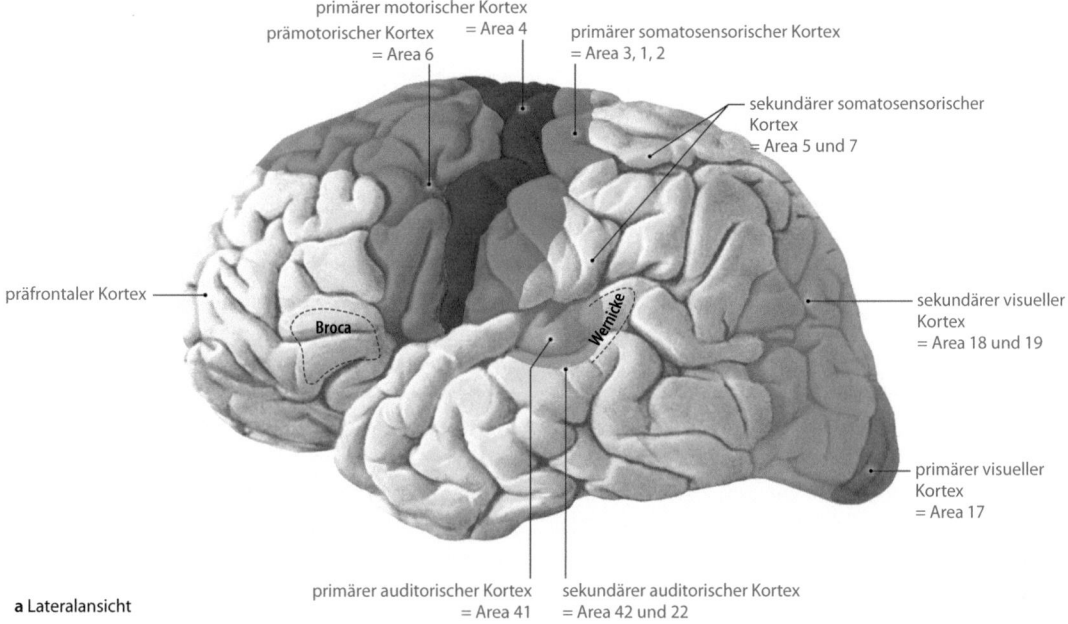

a Lateralansicht

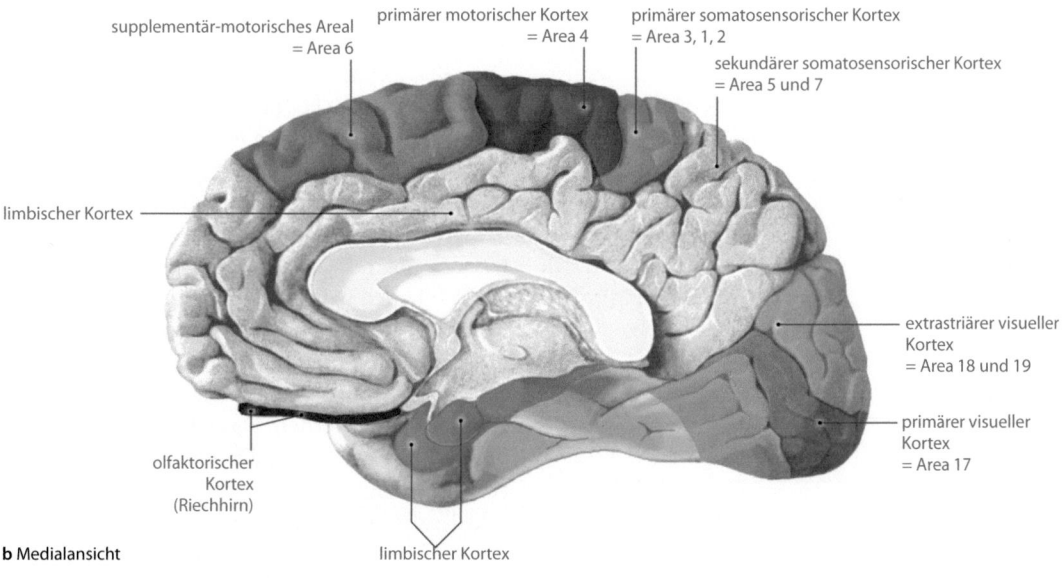

b Medialansicht

a Latnalansicht
b Medialansicht

Abb. 10.1 Funktionelle Gliederung der Hirnrinde: **a** Lateralansicht, **b** Medialansicht. (Adaptiert nach Tillmann 2009; mit freundl. Genehmigung von Prof. Dr. med. K., Zilles, C. und O. Vogt-Instituts für Hirnforschung, Heinrich-Heine-Universität Düsseldorf)

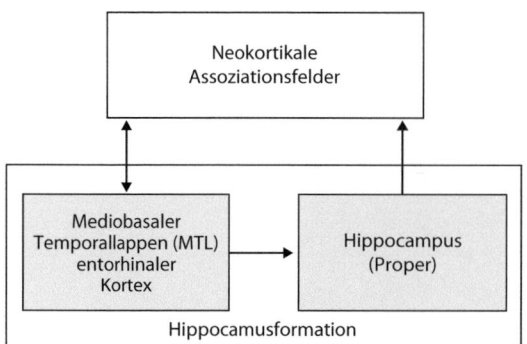

☐ **Abb. 10.2** Struktur der Hippocampusformation und ihrer Verbindungen mit dem Neokortex

Zur Erinnerung: Wenn wir vom „Hippocampus" sprechen ist der Hippocampus proper gemeint. Er ist direkt für das episodische Erinnern zuständig, die Amygdala ist es indirekt über die Emotionen.

Da die Gehirnstrukturen im medialen Temporallappen klein und dicht gepackt sind und zudem bei Bildgebungsverfahren sehr artefaktanfällig sind, sind die Erkenntnisse zur Gedächtnisrelevanz von Hippocampus und Amygdala auf weitere neurowissenschaftliche Methoden angewiesen. Hierzu gehören direkte chirurgische Eingriffe in diese Strukturen, aber auch die intrakraniale Registrierung von EKPs. Diese Methode wird an Epilepsie-Patienten im Rahmen der prächirurgischen Diagnostik eingesetzt, um zu klären, welche Folgen sich aus bestimmten epilepsiechirurgischen Eingriffen ergeben können.

10.2 Systeme als funktional differenzierte Hirnstrukturen

In der Neuroanatomie finden funktionale Aspekte der Sprach- und Gedächtnisprozesse zunehmend Beachtung. Dabei zeigt sich, dass unser Gehirn funktional differenziert arbeitet. Besondere Aufmerksamkeit haben im Kontext des episodischen Gedächtnisses dabei der Hippocampus und der mediobasale Temporallappen (MTL) gefunden. Aber auch die spezifischen Funktionen der sensorischen und motorischen Areale im Neokortex wurden in den letzten Jahren im Zusammenhang mit episodischen Gedächtnisleistungen untersucht.

10.2.1 Zwei zentrale funktionale Aspekte: Sprache und Gedächtnis

Die neurowissenschaftliche Forschung der letzten 20 Jahre hat dazu geführt, dass die Neuroanatomie stärker unter **funktionalen Aspekten** betrachtet wird. So wird darauf hingewiesen, dass die zwei Hemisphären des Gehirns funktional spezialisiert sind. Visuell-räumliche Informationen werden tendenziell eher in der rechten, sprachliche Informationen bei Rechtshändern eher in der linken Hemisphäre verarbeitet.

Eine andere generelle Erkenntnis ist die, dass die Informationsverarbeitung im Neokortex **hierarchisch organisiert** ist und von den primären sensorischen Kortizes zu den Assoziationskortizes verläuft. Nahe an den Sinnesorganen werden einzelne Reizaspekte analysiert und repräsentiert. In den Assoziationskortizes werden verschiedene Aspekte zu immer spezifischeren Repräsentationen integriert. Dadurch wird u. a. gewährleistet, dass die Körperbewegungen an die spezifischen Bedingungen der aktuellen Umwelt angepasst werden.

Dass eine solche funktionale Betrachtung der Neuroanatomie mit den in ▶ Kap. 9 entwickelten Systemgedanken direkt korrespondiert, sei am Beispiel des Nachsprechens von gehörten Wörtern und des lauten Lesens von geschriebenen Wörtern illustriert (▶ Abschn. 7.3.6).

Wir haben in der Einführung zum Aufbau des Gehirns gesehen, dass neuroanatomisch das **Broca-Areal** als motorisches Sprachzentrum und das **Wernicke-Areal** als sensorisches Sprachzentrum unterschieden werden. Das bedeutet: Jedes Wort, das gesprochen wird, aktiviert im Broca-Zentrum ein motorisches Programm, das die motorische Realisation im primären motorischen Kortex steuert. Beim Hören kommt der Reiz über das Ohr zuerst in das primäre Hörzentrum und von hier in das sensorische Sprachzentrum, das Wernicke-Areal, wo das entsprechende Wort aktiviert wird, und erst von dort in das motorische Sprachzentrum, das Broca-Areal. Insgesamt sind vier Systeme beteiligt:

- das primäre Hörzentrum,
- das sensorische Sprachzentrum (Wernicke-Areal),

- das motorische Sprachzentrum (Broca-Areal) und
- der primäre motorische Kortex.

Liest man ein Wort, so ist nur der erste Teil des Weges durch die Systeme anders als beim Hören. Das Wort kommt hier zuerst in den primären visuellen Kortex und von dort ins Wernicke-Areal. Die weitere Verarbeitung entspricht der beim Hören von Wörtern (Geschwind 1986).

Im Kontext der episodischen Gedächtnisforschung hat die Hippocampusformation besondere Aufmerksamkeit erfahren. Sie besteht aus dem mediobasalen Temporallappen (MTL) und dem Hippocampus. Beide nehmen im Hinblick auf Gedächtnisleistungen unterschiedliche Funktionen wahr. Diesen beiden Strukturen gilt unser besonderes Interesse, da sie grundlegende Funktionen beim Erwerb von neuen Gedächtnisinhalten haben. Neben den beiden Strukturen spielt noch die Amygdala für das episodische Erinnern eine Rolle. Sie verarbeitet den emotionalen Aspekt von Reizereignissen. Wir werden zuerst auf die generelle Bedeutung des Hippocampus für das episodische Erinnern eingehen, danach auf funktionale Unterschiede von MTL, Hippocampus und Amygdala und schließlich beziehen wir sensorische und motorische neokortikale Strukturen und ihre Rolle beim episodischen Gedächtnis in die Betrachtung ein.

Die neurochirurgische Forschung hat deutlich gemacht, dass unser Gedächtnis keine einheitliche Struktur ist. Zumindest das deklarative und das prozedurale Gedächtnis beruhen auf verschiedenen Hirnstrukturen. Dem episodischen Erinnern liegt offensichtlich die Aktivität im Hippocampus und in der Amygdala zugrunde. Erinnern beruht demnach auf dem komplexen Zusammenspiel verschiedener Hirnstrukturen, wobei der Hippocampus und die Amygdala eine Schlüsselrolle einnehmen. Das prozedurale Gedächtnis ist dagegen von diesen Strukturen weitgehend unabhängig.

10.2.2 Der Hippocampus als Grundlage des episodischen Erinnerns

Die Tatsache, dass die operative Entfernung des mediobasalen Temporallappens und insbesondere des Hippocampus bei epileptischen Patienten in den 1960er-Jahren schwerste Beeinträchtigungen des episodischen Erinnerns zur Folge hatte, hat auf die zentrale Bedeutung dieser Strukturen für das episodische Gedächtnis aufmerksam gemacht. Zusammen mit der Feststellung, dass nach einer solchen Operation die Leistungen des prozeduralen Gedächtnisses weitgehend intakt blieben, wurde deutlich, dass wir nicht über ein einheitliches Gedächtnis verfügen, sondern dass unser Gedächtnis aus einem **System von verschiedenen Gedächtnissen** besteht.

Wir werden die Funktion verschiedener Hirnstrukturen für das episodische Erinnern vorwiegend am Beispiel visuell wahrgenommener Objekte erläutern. Das **visuelle Erkennen** von Objekten ist hirnanatomisch und hirnphysiologisch ein komplexer Vorgang. Man kann grob sagen, dass die auf das Auge treffende Information über viele Schritte entlang der Sehbahn bis in den primären visuellen Kortex geleitet wird und von dort in den sensorischen Assoziationskortex. Dort wird sie zu einem Wahrnehmungserlebnis zusammengefügt (s. Engelkamp und Zimmer 2006, Kap. 2). Was für die visuelle Wahrnehmung gilt, gilt analog für die anderen Sinnesmodalitäten.

Was muss geschehen, dass ein Wahrnehmungserlebnis als episodischer Gedächtnisinhalt gespeichert und behalten wird? Bis in die 1970er-Jahre hat man lediglich zwischen einem Kurzzeit- und einem Langzeitgedächtnis unterschieden (▶ Kap. 7). Letzteres wurde als ein einheitliches Gedächtnissystem angesehen. Das änderte sich erst, als man begann, Patienten mit schweren epileptischen Anfällen Teile des Temporallappens zu entfernen, um sie von ihren Anfällen zu befreien (Milner 1966; ▶ Abschn. 7.3.1, s. auch das Beispiel zur Einleitung in dieses Kapitel). Betroffene Patienten hatten nach Entfernung der Temporallappen zwar weniger epileptische Anfälle, dafür wiesen sie aber massive Gedächtnisstörungen auf. Das episodische Erinnern war schwer beeinträchtigt. Sie konnten sich nicht länger an das erinnern, was sie sahen und erlebten. Sie konnten neue wahrgenommene Ereignisse nicht mehr speichern und behalten. Ein solcher **episodischer Gedächtnisverlust** trat immer dann auf, wenn der Hippocampus als Teil des Temporallappens beschädigt war. Bei näherer Betrachtung zeigte sich aber auch, dass nicht das ganze Gedächtnis zerstört war. Das heißt, das Gedächtnis ist kein einheitlicher Speicher, in dem alle Arten von Inhalten gespeichert und aus dem sie wieder abgerufen werden können, sondern es ist ein System von verschiedenen Gedächtnissen. Geht man von der Unterscheidung zwischen einem deklarativen und einem prozeduralen Gedächtnis aus (Squire 1987), dann zeigt sich, dass insbesondere das prozedurale Gedächtnis auch nach einer Temporallappenentfernung weitgehend intakt bleibt. Das gilt für den Erwerb motorischer Fertigkeiten ebenso wie für das implizite Behalten (▶ Abschn. 9.6). Gestört ist dagegen das **deklarative Gedächtnis**. Dabei ist die Situation im Hinblick auf das semantische Gedächtnis weniger klar als hinsichtlich des episodischen Gedächtnisses. Letzteres ist eindeutig beeinträchtigt. Ein intakter Hippocampus ist eine wesentliche Voraussetzung für episodische Gedächtnisleistungen.

10.2.3 Differenzielle Gedächtnisfunktionen von MTL, Hippocampus und Amygdala

Neben der Rolle des Hippocampus ist auch die Rolle der Amygdala für das episodische Gedächtnis wichtig. Zerstörungen beider Hirnstrukturen haben gravierendere Folgen für das episodische Gedächtnis als die bloße Zerstörung des Hippocampus. Es zeigte sich, dass der Hippocampus besonders den räumlichen Ort von Reizen und die Amygdala die emotionale Färbung von Reizen speichert und der mediobasale Temporallappen (MTL) primär für das Behalten der Objektinformation zuständig ist. Der Hippocampus situiert Objekte raum-zeitlich, die der mediobasale Temporallappen ohne Kontextinformation speichert.

Mishkin (z. B. Mishkin und Appenzeller 1990) hat die Ausfälle bei Schädigungen des mediobasalen Temporallappens (MTL), des Hippocampus und der Amygdala an Menschen und Affen untersucht. Er ist zu dem Schluss gekommen, dass der Hippocampus und die Amygdala für den Gedächtnisverlust verantwortlich sind. Dass neben dem Hippocampus auch die Amygdala kritisch ist, folgerte er daraus, dass bei Affen die Entfernung des Hippocampus bei Weitem nicht so schwere Gedächtnisstörungen hervorrief wie die gemeinsame Entfernung von Hippocampus und Amygdala. Die Affen mussten in Untersuchungen lernen, einen von zwei Gegenständen auszuwählen, um eine Belohnung zu finden. Diese war bei dem Gegenstand zu finden, den sie vorher nicht gesehen hatten. Die Affen mussten also den vorher gesehenen Gegenstand erinnern, um die Aufgabe lösen zu können. Der Behaltenstest wurde verzögert dargeboten. Diese Aufgabe konnten Affen nach Zerstörung des Hippocampus und der Amygdala nicht mehr lösen.

Post-mortem-Untersuchungen der Gehirne von Amnestikern zeigten, dass auch beim Menschen die Schwere der Gedächtnisstörung vom Ausmaß der gemeinsamen Schädigung von Hippocampus und Amygdala abhängt. Heute weiß man, dass die Amygdala vor allem das Erinnern emotional gefärbter, insbesondere emotional negativer Ereignisse beeinflusst (Dolan 2002; Le Doux 1999).

Schon Mishkin und Appenzeller (1990) nahmen aufgrund tierexperimenteller Studien an, dass der Hippocampus darauf spezialisiert ist, insbesondere räumliche Informationen zu verarbeiten und zu speichern, während der mediobasale Temporallappen für die Verarbeitung von Objektinformation und deren Speicherung zuständig ist. Meunier et al. (1993) ließen Affen mit verschiedenen Temporallappenschädigungen Aufgaben zum visuellen Erkennen durchführen. Tiere mit MTL-Schädigungen waren am stärksten beeinträchtigt. Diese Befunde lassen vermuten, dass die Mängel beim Wiedererkennen visueller Objekte auf Schädigungen im MTL und nicht auf Hippocampusschädigungen beruhen (Kolb und Wishaw 1996, Kap. 16).

Petri und Mishkin (1994) unterscheiden zwischen den Funktionen der Amygdala (für die Verarbeitung emotionaler Information zuständig), des Hippocampus (für die Verarbeitung räumlicher Informationen zuständig) und des mediobasalen Schläfenlappens (MTL; für das Erkennen von Objekten zuständig). Offensichtlich können Hippocampus und Amygdala einander ersetzen, wenn Gegenstände wiederzuerkennen sind, aber nicht, wenn räumliche Beziehungen behalten werden müssen. Der Hippocampus scheint auf die Verarbeitung räumlicher Informationen spezialisiert zu sein. Das konnte an Tier und Mensch gezeigt werden. Nur das Ausmaß der Hippocampusschädigung korreliert mit dem Gedächtnis für den Ort von Objekten. Darüber hinaus fand man, dass für die raumzeitliche Situierung von Objektreizen besonders der rechtsseitige Hippocampus zuständig ist, während der linksseitige mehr für sprachliche Reize und deren situative Neuheit zuständig ist.

Weitere Einsichten zur Rolle der medialen Temporallappenstrukturen bei episodischen Gedächtnisleistungen stammen von Untersuchungen mit intrakranialen Elektroden – das sind Elektroden, die man in das Gehirn einführt, statt sie an der Kopfoberfläche anzubringen (▶ Abschn. 10.1). Grunwald und Beck (2003) untersuchten das Behalten von Wörtern an Patienten mit unilateralen Temporallappenepilepsien mit intrakranialen Elektroden. Sie gingen von der Überlegung aus, dass wir ein Wort, das wir sehen, als „bemerkenswert" wahrnehmen müssen, um uns daran zu erinnern. Es muss uns gewissermaßen auffallen, um bewusst enkodiert zu werden. Ein Wort, das unsere Aufmerksamkeit auf sich zieht, wird besser erinnert. Wenn wir eine Liste von Wörtern sehen, erinnern wir nicht die Wörter an sich. Sie sind uns bereits vorher bekannt. Was wir erinnern, ist, dass sie in der Lernliste aufgetreten sind, d. h. ihre situative Neuheit. Grunwald und Beck nehmen an, dass besonders der linke Hippocampus zu der Entdeckung von dieser Neuheit und damit zum episodischen Erinnern von Sprachreizen beiträgt (s. auch Ranganath und Rainer 2003). Der rechte Hippocampus wäre dann eher für das episodische Erinnern nichtsprachlicher Reize und der linke für das Erinnern sprachlicher Reize zuständig.

10.2.4 Die Rolle des MTL beim vertrautheitsbasierten Wiedererkennen

Dass der MTL und der Hippocampus beim Erinnern verschiedene Funktionen haben, zeigt sich u. a. beim **Wiedererkennen**. Der MTL ist beim vertrautheitsbasierten Wiedererkennen beteiligt. Dies kommt in frontalen Alt-Neu-Effekten im EKP zum Ausdruck. Aktivationen des Hippocampus bilden dagegen die Grundlage für retrievalbasiertes Wiedererkennen und lassen sich mittels parietalen Alt-Neu-Effekten abbilden (▶ Exkurs). Der MTL ist zudem auch für den Erwerb von semantischem Wissen zuständig.

Auch in einem anderen Kontext wird gefordert, dass der Hippocampus und die angrenzenden mediobasalen Temporallappenstrukturen im Bezug auf das Gedächtnis verschiedene Funktionen haben, nämlich bei der Untersuchung von vertrautheitsbasierten und retrievalbasierten, d. h. kontextbasierten Wiedererkennensleistungen in EKP-Studien (Mecklinger 2000; ▶ Exkurs).

> **Exkurs**
>
> **Alt-Neu-Effekt im EKP**
>
> Beim Alt-Neu-Effekt wird untersucht, was mit „alten", zuvor gelernten im Vergleich zu neuen Wörtern beim Wiedererkennen im EKP geschieht. Alte Wörter zeigen über ein größeres Zeitfenster, d. h. über mehrere 100 Millisekunden (ms), einen positiveren Potenzialverlauf als neue Wörter. Dieser Verlaufsunterschied variiert auf der Zeitachse und in Abhängigkeit davon, an welcher Kopfelektrode er gemessen wird. Zwischen 300 und 500 ms nach Reizdarbietung zeigt sich der Alt-Neu-Effekt am ausgeprägtesten über mittleren frontalen Gehirnarealen, zwischen 400 und 700 ms ist er über parietalen Regionen am stärksten ausgeprägt.

Der Alt-Neu-Effekt im EKP zeigt, dass alte Wörter einen positiveren Potenzialverlauf zeigen als neue Wörter. Dieser ist allerdings davon abhängig, in welchem Zeitfenster nach der Reizdarbietung gemessen wird. Es zeigt sich, dass Manipulationen der Vertrautheit in Wiedererkennensurteilen mit dem frühen frontalen Alt-Neu-Effekt und Manipulationen des retrievalbasierten Wiedererkennens mit dem späten parietalen Alt-Neu-Effekt einhergehen. Die **Vertrautheit** im Wiedererkennenstest misst man dabei z. B. mittels Know-Antworten, bei denen die Versuchspersonen sich auf ihren Vertrautheitseindruck verlassen sollen. Das retrievalbasierte Wiedererkennen misst man u. a. über Remember-Antworten, die definitionsgemäß auf kontextbasiertem Erinnern beruhen (z. B. Smith 1993; ▶ Abschn. 8.9.1).

Ein anderer methodischer Zugang setzt direkt am Enkodieren der Reize an. Wenn ein Wort erinnert werden soll, muss es auch bewusst enkodiert werden. Eine solche **bewusste Enkodierung**, bei der die Versuchspersonen instruiert werden, sich das Wort zu merken, kontrastiert man mit einer Instruktion, bei der die Versuchspersonen aufgefordert werden, bestimmte Wörter aktiv zu vergessen, d. h. nicht zu behalten (▶ Abschn. 8.7.3). Zu behaltende Reize sollten bewusst enkodiert und erinnert werden, deshalb sollten sich parietale Alt-Neu-Effekte zeigen.

Zu vergessende Reize sollten weniger bewusst enkodiert werden. Sie sollten im Test nur vertraut wirken. Deshalb sollten sich hierbei keine parietalen Alt-Neu-Effekte zeigen. Beide Annahmen treffen zu (Ullsperger et al. 2000).

Über diese Zusammenhänge hinaus gibt es Evidenzen dafür, dass der Hippocampus für ein bewusstes Erinnern und Wiedererkennen bedeutsam ist, und der mediobasale Temporallappen dem vertrautheitsbasierten Wiedererkennen zugrunde liegt (z. B. Gunwald und Beck 2003; Mayes et al. 2004; Mecklinger 2000).

Mayes et al. (2004) berichten über eine Patientin, die unter einer selektiven bilateralen Hippocampusläsion ohne erkennbare andere Schädigungen litt. Diese Patientin zeigte einen stark beeinträchtigten Free Recall bei einem relativ normalen Wiedererkennen für Reize, solange dieses sich nicht auf neue Assoziationen zwischen unrelatierten Reizaspekten bezog, die keine semantische Basis hatten. Das heißt, das Wiedererkennen von solchen neuen Verbindungen, z. B. zwischen Objekten und ihren zufälligen Orten oder zwischen Wörtern und ihren zufälligen Listenpositionen, war ebenfalls stark beeinträchtigt. Dieses Befundmuster wird damit erklärt, dass bei der Patientin das nichtbeeinträchtigte Wiedererkennen von Reizen auf Vorgängen im MTL beruht, während der Recall und das Wiedererkennen neuer, nicht semantisch gestützter Verbindungen einen intakten Hippocampus erfordert, über den die Patientin nicht verfügte.

Mayes et al. (2004) formulieren damit eine Bedingung, unter der nur retrievalbasiertes Wiedererkennen erfolgreich ist. Nur der Hippocampus ist in der Lage, neue, semantisch nicht verbundene Reize bereits nach einmaliger Darbietung zu verknüpfen (s. hierzu auch Norman und O´Reilly 2003).

10.2.5 Die Rolle des MTL bei semantischen und episodischen Gedächtnisleistungen

Der mediobasale Temporallappen bildet auch die Grundlage für den Erwerb semantischen, d. h. dekontextualisierten Wissens. Patienten mit Hippocampusschädigungen sind zwar nicht mehr zu episodischen Erinnerungen fähig, können aber noch semantisches Wissen erwerben. Der MTL erlaubt offensichtlich den Erwerb semantischen Wissens auch dann, wenn der Hippocampus beschädigt ist. Das episodische und semantische Gedächtnis sind offenbar voneinander unabhängiger als man lange geglaubt hat. Zur Erklärung wird vorgeschlagen, dass wir über **zwei komplementäre Gedächtnissysteme** verfügen: über ein schnell lernendes (Hippocampus) und über ein langsam lernendes (MTL). Beide Systeme sind zwar von einander unabhängig, aber sie interagieren auch.

Die mediobasale Temporallappenstruktur (MTL) bildet offensichtlich nicht nur die Grundlage für vertrautheitsbasiertes Wiedererkennen, sondern auch für den Erwerb semantischen Wissens.

Baddeley et al. (2001) berichten z. B. über einen Patienten, dessen Hippocampus um 50 % reduziert war. Der mediale Schläfenlappen außerhalb des Hippocampus war jedoch nicht beschädigt. Dieser Patient zeigte beim freien Reproduzieren in verbalen und visuellen Gedächtnisaufgaben sehr schlechte Leistungen, wogegen sein unmittelbares Wiedererkennen normal war und ebenso seine Leistungen in semantischen Gedächtnistests. Der Patient konnte nicht nur semantisches Wissen abrufen, er konnte auch neues semantisches Wissen erwerben. Dies zeigte sich in Aufgaben, in denen durch wiederholte Darbietung des Lernmaterials eine Dekontextualisierung der Lernerfahrung stattfand.

Ähnlich berichten Tulving (2002) und Hayman et al. (1993) über einen Patienten, der nach Entfernung seines Hippocampus unfähig war, irgendwelche Episoden zu erinnern, aber dennoch in der Lage war, neue semantische Informationen in wiederholten Lerndurchgängen zu erwerben, z. B. konnte er Assoziationen zwischen Wörtern über mehrere Durchgänge lernen, obwohl er sich nicht erinnern konnte, wo er diese erlernt hatte.

Vargha-Khadem et al. (1997) untersuchten neben dem oben bereits erwähnten Patienten von Baddeley et al. (2001) noch zwei andere Patienten, die in jungen Jahren (der eine bei Geburt und der andere mit vier Jahren) einen bilateralen Hippocampusschaden erlitten hatten, also zu einem Zeitpunkt, als sie noch wenig semantisches Wissen erworben hatten. Beide waren weitgehend unfähig, episodische Ereignisse zu erinnern, z. B. was sie im Fernsehen gesehen oder am Telefon gehört hatten. Trotzdem besuchten beide normale Schulen, und ihre Sprachentwicklung, ihre Wortkenntnis sowie ihre Fähigkeit zu lesen und zu schreiben waren altersgemäß.

Es scheint so zu sein, dass der **mediobasale Temporallappen (MTL)** den Erwerb semantischen Wissens ermöglicht, auch wenn der Hippocampus verletzt ist. Der MTL genügt, um semantisches Wissen zu erwerben und vertrautheitsbasierte Wiedererkennensurteile zu fällen, er reicht aber nicht, um episodisches, kontextbezogenes Erinnern zu ermöglichen. Die Befunde sprechen damit für eine gewisse Unabhängigkeit des semantischen und episodischen Gedächtnisses und gegen die lange Zeit in der Gedächtnisforschung vertretene Auffassung, das episodische Gedächtnis bilde das „Eingangstor" zum semantischen Gedächtnis. Die Befunde sprechen also gegen die Vorstellung, dass am Anfang das episodische Erinnern stehen muss und dass das semantische Wissen dadurch entsteht, dass der Lernkontext vergessen wird, während das Wissen über die Reizbedeutung bleibt.

Eine Ausformulierung der Idee, dass Gedächtnisleistungen auf zwei verschiedenen Gedächtnissystemen beruhen können, findet sich bei McClelland et al. (1995) sowie O´Reilly und Norman (2002). Sie postulieren zwei komplementäre Gedächtnissysteme, ein langsam und ein schnell lernendes System. Das langsam lernende basiert auf synaptischen Veränderungen im Neokortex durch wiederholte Lernerfahrungen. Es bildet dekontextualisierte semantische Gedächtnisrepräsentationen direkt im Neokortex. Das schnelle Gedächtnissystem beruht auf dem Hippocampus und bildet bereits nach einmaliger Reizerfahrung komprimierte Gedächtnisrepräsentationen aus. Diese komprimierten Repräsentationen sind mit neokortikalen Repräsentationen verknüpft und ermöglichen deren Reaktivierung. Sie funktionieren wie Hinweise auf neokortikale Repräsentationen. Wenn die komprimierten Repräsentationen verloren gehen, können die neokortikalen dennoch bestehen bleiben. Danach kann semantisches Wissen ohne und mit Hippocampusbeteiligung erworben werden. Das schnelle System funktioniert unabhängig von dem langsamen. Man darf davon ausgehen, dass der MTL am langsamen Lernen beteiligt ist und eine wichtige Rolle dabei spielt. Nach Norman und O´Reilly (2003) ist der MTL auch für das vertrautheitsbasierte Wiedererkennen verantwortlich. Damit konnte gezeigt werden, wie man sich den Erwerb semantischen Wissens und vertrautheitsbasiertes Wiedererkennen auch ohne episodisches Gedächtnis vorstellen kann.

10.2.6 Die Rolle des Neokortex für episodisches Erinnern

Das Behalten sensorischer und motorischer Information geht mit der Aktivation in spezifischen neokortikalen Arealen einher. Das Behalten von Orts- und Objektinformation involviert nicht nur den Hippocampus bzw. den MTL, sondern führt auch zur Aktivation in unterschiedlichen neokortikalen Arealen. Andere Untersuchungen zeigen, dass perzeptuelle und konzeptuelle Primingeffekte auf verschiedenen neokortikalen Hirnstrukturen beruhen. Experimente zum Behalten einfacher Handlungen zeigen, dass das motorische Enkodieren mit einer erhöhten Aktivität in den motorischen Hirnarealen einhergeht. Die Aktivation motorischer Areale im Neokortex zeigt sich sowohl beim Enkodieren als auch beim Abrufen. Sensorische und motorische neokortikale Strukturen bilden einen Teil unserer episodischen Gedächtnisspuren (Nilsson et al. 2000; Nyberg et al. 2003).

Im Folgenden soll über Befunde berichtet werden, die zeigen, dass neokortikale Strukturen Teile der Gedächtnisrepräsentationen bilden, die beim Enkodieren und Abrufen von Reizen aktiv beteiligt sind.

Die Rolle der sensorischen Kortizes

Smith und Jonides (1997) haben die Frage, ob Objekt- und Ortsinformation in verschiedenen Hirnarealen gespeichert werden, untersucht. Ihre Personen sahen zwei Objekte, denen ein Hinweisreiz folgte. Die Versuchspersonen mussten nach dem Hinweisreiz angeben, ob dieser dieselbe Position oder dieselbe Form hatte wie eines der beiden zuvor gezeigten Objekte. Obwohl die Reize beim Lernen identisch waren, zeigten PET-Messungen Unterschiede. Bei räumlichen Aufgaben waren Teile der rechten Hemisphäre aktiv, bei der visuellen Aufgabe Teile der linken Hemisphäre. Mecklinger und Pfeifer (1996) konnten im gleichen Paradigma mit EKP-Messungen zeigen, dass die Aufgabenstellung – „Behalte, wo die Objekte sind" versus „Behalte die Objekte" – bereits während des Behaltensintervalls topografisch verschiedene Hirnareale aktivierten. Bei der Ortsaufgabe waren parietale und bei der Objektaufgabe frontale Bereiche aktiv (Cabeza und Nyberg 2000; Mecklinger 1999).

Persson und Nyberg (2000) berichten von erhöhter Hirnaktivität in beiden parietalen Kortizes, wenn Versuchspersonen instruiert wurden, die Position zu lernender Wörter zu behalten, sowohl während der Lern- als auch während der Testphase (Köhler et al. 1998; Moscovitch et al. 1995).

Der Erwerb von Orts- und Objektinformation unterscheidet sich nicht nur dadurch, dass erstere den Hippocampus involviert und für letztere der MTL genügt, das Behalten von Ortsinformation geht auch mit topografisch anderen neokortikalen Aktivationsprozessen einher als das Behalten von Objektinformation.

Eine Beteiligung **sensorischer Prozesse** am verbalen Erinnern wurde von Nyberg et al. (2003) gezeigt. Sie präsentierten in der Lernphase Paare aus Wörtern und akustischen Reizen (z. B. dem Klingen einer Glocke). In einem Wiedererkennenstest mit visuell gebotenen Wörtern zeigte sich eine erhöhte Hirnaktivität in den auditiven Bereichen des Temporallappens auch dann, wenn die Versuchspersonen nicht aufgefordert waren, den akustischen Reiz zu erinnern und dieser explizit als irrelevant für den Behaltenstest erklärt wurde. Weitere Evidenz dafür, dass auditive Information auf der Basis visueller Bezeichnungen zu Aktivationen im auditorischen sensorischen Kortex führt, geben Wheeler et al. (2000). Nyberg et al. (2003) betrachten den Befund als eine starke Evidenz dafür, dass sensorische Informationen einen Teil der Gedächtnisspur bilden (für einen Überblick s. Nyberg 2006).

Die Rolle des motorischen Kortex

Dass visuelle Prozesse an Enkodier- und Abrufprozessen im Gedächtnis beteiligt sind, wird seit einiger Zeit gesehen. Dass **motorische Prozesse** die Gedächtnisleistung unterstützen, wird dagegen erst in jüngster Zeit wahrgenommen. Nilsson et al. (2000) haben in einer PET-Studie gezeigt, dass sich eine erhöhte Aktivität in den motorischen Hirnarealen beim Abruf nach Tun im Vergleich zum Abruf nach Hören von Handlungsphrasen beobachten ließ. Dieser Befund stützt die Annahme, dass motorische Prozesse am Handlungsausführungseffekt (Tu-Effekt) beteiligt sind. Nyberg et al. (2001) führten diese Untersuchungen weiter. Da Nilsson et al. (2000) die Hirnaktivität beim Enkodieren nicht gemessen haben, lässt sich nicht sagen, ob die gleichen motorischen Areale, die beim Enkodieren aktiv sind, beim Abrufen reaktiviert werden. Nyberg et al. (2001) maßen deshalb die Hirnaktivität beim Enkodieren und Abrufen. Der Wiedererkennenstest war bei ihnen nach Hören und Tun verbal. Sie konnten zeigen, dass Handlungen, die beim Enkodieren ausgeführt wurden, sowohl beim Enkodieren als auch beim verbalen Abrufen von motorischen Hirnaktivitäten begleitet waren.

Mecklinger et al. (2004) zeigten in einer fMRI-Studie, dass bereits die **Intention**, wahrgenommene reale Objekte zu behalten, die man mit den Händen manipulieren konnte, Regionen im ventro-lateralen prämotorischen Kortex aktivierten, während dies bei Objekten, die man nicht mit den Händen manipulieren konnte, nicht der Fall war. In diesem Fall war der linke inferiore frontale Gyrus aktiviert. Auch für motorische Informationen gilt aufgrund der genannten Befunde, dass diese einen Teil der Gedächtnisspur bilden.

Zusammengenommen zeigen die Befunde, dass der sensorische wie der motorische Neokortex am Enkodieren und am Abrufen von Informationen auch in episodischen Tests beteiligt ist und deren Erinnern in spezifischer Weise beeinflusst.

10.3 Fazit

Die Betrachtung der neurowissenschaftlichen Grundlagen des episodischen Gedächtnisses zeigt, dass die Hirnforschung die psychologischen Systemmodelle des episodischen Gedächtnisses unterstützt. Unser Gedächtnis ist kein einheitliches System, sondern eher ein Systemverbund. Gedächtnisleistungen entstehen durch das Zusammenspiel einer Vielzahl von Gehirnstrukturen.

Eine erste funktionale Differenzierung verschiedener Hirnstrukturen läuft entlang der **Dimension sprachlich-nicht sprachlich**. Nach Kandel et al.

(1996) ist die linke Hirnhälfte bei Rechtshändern eher auf sprachliche Reizverarbeitung spezialisiert, die rechte eher auf nichtsprachliche Reize. Ferner zeigt sich, dass Aktivität im linken, aber nicht im rechten Hippocampus verbales Erinnern vorhersagt und dass rechtsseitige Temporallappenepilepsien mit Störungen visuell-räumlicher Erinnerungsleistungen einhergehen (z. B. Grunwald und Beck 2003). Die Unterscheidung zwischen sprachlichen und nichtsprachlichen Informationen ist auch eine klare Trennlinie im multimodalen Gedächtnismodell. Diese Trennung wird z. B. dadurch motiviert, dass Wortreize die kategoriale Zuordnung festlegen, Bilder jedoch nicht, oder dadurch, dass implizite Wiederholungseffekte eingangssystemspezifisch sind, d. h. auf verbale bzw. bildliche Reize beschränkt bleiben (▶ Abschn. 9.6.1), oder dadurch, dass der sensorische Reichtum bildlicher Reize das Erinnern unterstützt (▶ Abschn. 9.4.2). Es überrascht, dass in vielen, insbesondere formalen Gedächtnismodellen diesem Aspekt keine Beachtung geschenkt wird (z. B. Buchner und Brandt 2002).

Auch die Annahme des multimodalen Modells, dass die selektive Zuwendung und bewusste Verarbeitung von Reizen die zentrale Grundlage für episodisches Erinnern bildet, wird durch die neurowissenschaftliche Forschung gestützt. Sie lokalisiert diese Zuwendung in der Hippocampusformation. Ihre bilaterale Zerstörung macht Menschen unfähig, Episoden zu erinnern (z. B. Grunwald und Beck 2003; Kolb und Wishaw 1996, Kap. 17). Die Gehirnforschung zeigt darüber hinaus, dass der MTL und der Hippocampus gemeinsam zu dieser Leistung beitragen. Der MTL leistet primär die Enkodierung der dekontextualisierten Gedächtniseinheiten, d. h. ihre Verfügbarkeit unabhängig vom situativen Kontext, wie sie z. B. beim perzeptuellen Wiederholungspriming getestet wird. Die Einbindung in den situativen Kontext leistet der Hippocampus. Erst er ermöglicht das episodische Erinnern. Dieser hirnphysiologischen funktionalen Unterscheidung zwischen MTL und Hippocampus entspricht weitgehend die psychologische Unterscheidung zwischen nichtintendierten impliziten Behaltensleistungen (wie beim Wiederholungspriming) und expliziten Erinnerungsleistungen (wie z. B. beim Free Recall). Die Unterscheidung bedeutet auch, dass der MTL eher die automatische kontextfreie Aktivierung von Gedächtniseinheiten bewirkt, während der Hippocampus ihre kontrollierte Einbindung in raumzeitliche Kontexte leistet. Wir haben in ▶ Abschn. 9.3 gesehen, dass die automatische Aktivierung von Gedächtniseinheiten und ihre kontrollierte Elaboration auch im multimodalen Gedächtnismodell eine wichtige Rolle spielen.

Nur das explizite Behalten beruht auf der hippocampalen Aktivität. Der Hippocampus leistet die bewusste Zuwendung zu Reizen. Aber er ist nur zum Teil der Ort, an dem die Gedächtnisinhalte gespeichert werden. Diese werden auch im Endhirn (Neokortex) gespeichert. Hierbei spielen sensorische und motorische Areale des Neokortex eine bedeutsame Rolle. In den sensorischen Neokortizes werden mithilfe der hippocampalen Formation die Wahrnehmungsinhalte und im motorischen Neokortex die motorischen Handlungen gespeichert. Die aufgabenspezifischen sensorischen und motorischen Prozesse, die beim Enkodieren stattfinden, werden so integriert, dass später die Aktivierung von Teilmustern genügt, um sie insgesamt zu reaktivieren (Nyberg 2006). Damit wird auch die zentrale Annahme des multimodalen Gedächtnismodells, dass sensorische und motorische Prozesse neben konzeptuellen zum episodischen Erinnern beitragen (Engelkamp und Zimmer 2006, Kap. 5), durch die neurowissenschaftliche Forschung gestützt.

Auch wenn die Ergebnisse der neurowissenschaftlichen Gedächtnisforschung nicht Punkt für Punkt den Annahmen der gedächtnispsychologischen Systemmodelle entsprechen, wird doch deutlich, dass Gedächtnistheorien, die auf Systemdifferenzierungen verzichten, dem Funktionieren des menschlichen Gehirns nicht gerecht werden.

Eine zentrale Annahme der psychologischen Gedächtnisforschung findet allerdings **keine direkte Parallele** in der Hirnforschung. Das ist die Annahme konzeptueller Information und eines zentralen konzeptuellen Systems, die in psychologischen Theorien weit verbreitet ist. Sie erhält ihr besonderes Gewicht dadurch, dass sie u. a. zwischen sensorischen Eingangs- und motorischen Ausgangssystemen vermittelt (Engelkamp und Zimmer 2006, Kap. 5). Die konzeptuelle Information ist Träger der kategorialen Bedeutung, die von sensorischen und motorischen Modalitäten abstrahiert. Es überrascht, dass gerade dieser prominente Informationstyp psychologischer

Theorien keine direkte Entsprechung in der Hirnforschung findet. Allerdings spricht einiges dafür, dass die konzeptuelle Information neurowissenschaftlich gesehen eher im vorderen als im hinteren Teil des Neokortex verarbeitet wird. Etwas anders formuliert: Die Information wird umso abstrakter, je mehr sich die Verarbeitung von den primären sensorischen Kortizes, wo die Informationsverarbeitung beginnt, über die Assoziationskortizes nach vorne zum Stirnbereich ausbreitet. Vieles spricht also dafür, dass der präfrontale Kortex an der semantischen Informationsverarbeitung beteiligt ist. Vielleicht ist das konzeptuelle System in den psychologischen Modellen zu umfassend konzipiert und enthält zu unterschiedliche Inhalte, als dass eine bestimmte Gehirnstruktur als alleiniger oder vornehmlicher Träger dieser Information infrage kommt.

❓ Kontrollfragen

1. Was versteht man unter funktioneller Anatomie des Gehirns, und wie wird sie untersucht?
2. Was geschieht im Broca- und Wernicke-Areal, wenn eine Person ein Wort hört und es nachsprechen soll?
3. Woher weiß man, dass der Hippocampus für das Funktionieren des episodischen Gedächtnisses entscheidend ist?
4. Welche Funktion hat der mediobasale Temporallappen (MTL) für das Behalten?
5. Wie tragen der Hippocampus und der MTL gemeinsam zu der episodischen Erinnerung bei, ein bestimmtes Objekt zu einer bestimmten Zeit an einem bestimmten Ort gesehen zu haben?
6. Was versteht man unter dem Alt-Neu-Effekt im ereigniskorrelierten Potenzial (EKP)?
7. Inwiefern unterstützen Alt-Neu-Effekte im EKP die Unterscheidung zwischen vertrautheits- und retrievalbasiertem Wiedererkennen?
8. Man nimmt an, dass der MTL für den Erwerb semantischen, dekontextualisierten Wissens zuständig ist. Welche Befunde stützen diese Annahme?
9. Was spricht dafür, dass auch der Neokortex an episodischen Gedächtnisleistungen beteiligt ist?

Weiterführende Literatur

Kolb, B. & Whishaw, J. Q. (1996). *Neuropsychologie*. Heidelberg: Spektrum Akademischer Verlag.

Kupfermann, I. & Kandel, E. (1996). Lernen und Gedächtnis. In E. R. Kandel, J. H. Schwartz & T. M. Jessell (Hrsg.), *Neurowissenschaften* (Kap. 35). Heidelberg: Spektrum Akademischer Verlag.

Nyberg, L. (2006). Functional imaging studies of intentional and incidental reactivation: Implications for the binding problem. In H. D. Zimmer, A. Mecklinger & U. Lindenberger (Eds.), *Handbook of binding and memory* (pp. 517–526). Oxford: Oxford University Press.

Serviceteil

Literatur – 210

Stichwortverzeichnis – 221

© Springer-Verlag Berlin Heidelberg 2017
J. Hoffmann, J. Engelkamp *Lern- und Gedächtnispsychologie*, Springer-Lehrbuch
DOI 10.1007/978-3-662-49068-6

Literatur

Alcock, J. (1996). Das Verhalten der Tiere aus evolutionsbiologischer Sicht. Stuttgart: Fischer.

Anderson, J. R. (1980). Cognitive psychology and its implication. New York: Freeman.

Anderson, M. C. (2009). Chapters 8, 9, 10. In A. D. Baddeley, W. M. Eysenck & M. C. Anderson (Eds.), Memory. Hove: Psychology Press.

Anderson, M. C., Bjork, R. A., & Bjork, E. L. (1994). Remembering can cause forgetting: Retrieval dynamics in long-term memory. Journal of Experimental Psychology, 20, 1063–1087.

Anderson, M. C., Green, C., & McCulloch, K. C. (2000). Similarity and inhibition in long-term memory: Evidence for a two factor theory. Jounal of Experimental Psychology, 26, 1141–1159.

Asendorpf, J. (2002). Self-awareness, other-awareness, and secondary representation. In A. N. Meltzoff & W. Prinz (Eds.), The imitative mind: Development, evolution, and brain bases (pp. 63–73). Cambridge: Cambridge University Press.

Atkinson, R. C., & Juola, J. F. (1974). Search and decision processes in recognition memory. In D. H. Krantz, R. C. Atkinson & P. Suppes (Eds.), Comporary developments in mathematical psychology. San Francisco: Freeman.

Atkinson, R. C., & Shiffrin, R. M. (1968). Human memory: A proposed system and its control processes. In K. W. Spence & J. T. Spence (Eds.), The psychology of learning and motivation: Advances in research and theory (Vol. 2). New York: Academic Press.

Baddeley, A. D. (1966). Short-term memory for word sequences as a function of acoustic, semantic and formal similarity. Quarterly Journal of Experimental Psychology, 18, 362–365.

Baddeley, A. D. (1986). Working memory. Oxford: Oxford University Press.

Baddeley, A. D. (1997). Human memory. Hove: Psychology Press.

Baddeley, A. D. (2000). The episodic buffer: A new component of working memory? Trends in Cognitive Sciences, 4, 417–423.

Baddeley, A. D. (2009). Working memory. In A. D. Baddeley, W. M. Eysenck & M. C. Anderson (Eds.), Memory. Hove: Psychology Press.

Baddeley, A. D., Eysenck, M. W., & Anderson, M. C. (2009). Memory. Hove: Psychology Press.

Baddeley, A. D., Grant, S., Wight, E., & Thomson, N. (1975). Imagery and visual working memory. In P. M. A. Rabbitt & S. Dornic (Eds.), Attention and performance. London: Academic Press.

Baddeely, A. D., & Hitch, G. (1974). Working memory. In G. A. Bower (Ed.), Recent advances in learning and motivation (Vol. 8). New York: Academic Press.

Baddeley, A. D., & Hitch, G. (1977). Recency re-examined. In S. Dornic (Ed.), Attention and performance (Vol. VI). Hillsdale, NJ: Lawrence Erlbaum.

Baddeley, A. D., & Lieberman, K. (1980). Spatial working memory. In R. Nickerson (Ed.), Attention and performance (Vol. VIII). Hillsdale, NJ: Lawrence Erlbaum.

Baddeley, A. D., & Logie, R. H. (1999). The multiple-component model. In A. Miyake & P. Shah (Eds.), Models of working memory. Cambridge UK: Cambridge University Press.

Baddeley, A. D., Papagno, C., & Vallar, G. (1988). When long-term learning depends on short-term storage. Journal of Memory and Language, 27, 275–283.

Baddeley, A. D., Thomson, N., & Buchanan, M. (1975). Word length and the structure of short-term memory. Journal of Verbal Learning and Verbal Behavior, 14, 575–589.

Baddeley, A., Vargha-Khadem, F., & Mishkin, M. (2001). Preserved recognition in a case of developmental amnesia: implications for the acquisition of semantic memory? Journal of Cognitive Neuroscience, 13, 357–369.

Bahrick, H. P. (1970). Two-phase model for prompted recall. Psychological Review, 77, 215–222.

Bahrick, H. P., & Boucher, B. (1968). Retention of visual and verbal codes of the same stimuli. Journal of Experimental Psychology, 78, 417–422.

Barsalou, L. W. (1999). Perceptual symbol systems. Behavioral and Brain Sciences, 22, 577–660.

Bartlett, F. C. (1932). Remembering: A study in experimental and social psychology. Cambridge: University Press.

Bartlett, J. C., Gernsbacher, M. A., & Till, R. E. (1987). Remembering left-right orientation of pictures. Journal of Experimental Psychology, 13, 27–35.

Bartlett, J. C., Till, R. E., & Levy, J. C. (1980). Retrieval characteristics of compex pictures: Effects of verbal encoding. Journal of Verbal Learning and Verbal Behavior, 19, 430–449.

Basden, B. H., & Basden, D. R. (1996). Directed forgetting: Further comparisons of item and list methods. Memory, 4, 633–653.

Bauer, P., & Mandler, J. (1989). One thing follows another: Effects of temporal structure on 1- to 2-year-olds recall of events. Developmental Psychology, 25, 197–206.

Bauer, P., & Travis, L. (1993). The fabric of an event: Different sources of temporal invariance differentially affect 24-month-olds recall. Cognitive Development, 8, 319–341.

Bäuml, K.-H. (2001). Konkurrenz und Suppression als Vergessensmechanismen beim episodischen Erinnern. Psychologische Rundschau, 52, 96–103.

Belli, R. F. (1998). The structure of autobiographical memory and the event history calendar: Potential improvements in the quality of retrospective reports in surveys. Memory, 6, 383–406.

Literatur

Berlyne, D. E. (1950). Novelty and curiosity as determinants of exploratory behavior. British Journal of Psychology, 41, 68–80.

Berlyne, D. E. (1958). The present status of research on exploratory and related behavior. Journal of Individual Psychology, 14, 121–126.

Biederman, I., & Cooper, E. E. (1992). Size invariance in visual object priming. Journal of Experimental Psychology, 18, 121–133.

Biederman, I., Glass, A. L., & Stacy, E. W. (1973). Scanning for objects in real world scenes. Journal of Experimental Psychology, 97, 22–27.

Bjork, R. A. (1970). Positive forgetting: The noninterference of items intentionally forgotten. Journal of Verbal Learning and Verbal Behavior, 9, 255–268.

Bjork, R. A. (1989). Retrieval inhibition as an adaptive mechanism in human memory. In H. L. Roediger & F. I. M. Craik (Eds.), Varieties of memory and consciousness. New York: Erlbaum.

Bjork, R. A. (2011). On the symbiosis of remembering, forgetting, and learning. In A. S. Benjamin (Ed.), Successful remembering and successful forgetting (pp. 1–22). New York: Psychology Press.

Bjork, R. A., & Whitten, W. B. (1974). Recency-sensitive retrieval processes. Cognitive Psychology, 6, 173–189.

Bloom, E. F., & Lazerson, A. (1988). Brain, mind, and behavior. New York: Freeman.

Bolles, R. C. (1973). The comparative psychology of learning: The selection association principle and some problems with general laws of learning. In G. Bermant (Ed.), Perspectives in animal behavior. Glenview, IL.: Scott, Foresman & Co.

Bourne, L. E., & Restle, F. (1959). Mathematical theory of concept identification. Psychological Review, 66, 278–296.

Bousfield, W. A. (1953). The occurrence of clustering in the recall of randomly arranged associates. Journal of General Psychology, 49, 229–240.

Bower, G. H., Black, J. B., & Turner, T. J. (1979). Scripts in text comprehension and memory. Cognitive Psychology, 11, 177–220.

Bower, G. H., & Clark, M. C. (1968). Narrative stories as mediators for serial learning. Psychonomic Science, 14, 181–182.

Brass, M., Bekkering, H., Wohlschläger, A., & Prinz, W. (2000). Compatibility between observed and executed finger movements: Comparing symbolic, spatial, and imitative cues. Brain and Cognition, 44, 124–143.

Brewer, W. F., & Treyens, C. (1981). The role of schemata in memory for places. Cognitive Psychology, 13, 207–230.

Brooks, L. R. (1978). Nonanalytic concept formation and memory for instances. In E. Rosch & B. B. Lloyd (Eds.), Cognition and categorization (pp. 169–211). Hillsdale, NJ: Erlbaum.

Brown, A. L. (1989). Analogical learning and transfer. What develops? In S. Vosniadou & A. Ortony (Eds.), Similarity and analogical reasoning (pp. 369–412). Cambridge: Cambridge University Press.

Bruner, J. (1987). Wie das Kind sprechen lernt. Bern: Huber.

Bruner, J. S., Goodnow, J. J., & Austin, G. A. (1956). A study of thinking. New York: Wiley.

Buchner, A., & Brandt, M. (2002). Gedächtniskonzeptionen und Wissensrepräsentationen. In J. Müsseler & W. Prinz (Hrsg.), Allgemeine psychologie. Heidelberg: Spektrum.

Buchner, A., Erdfelder, E., & Vaterrodt-Plünnecke, B. (1995). Toward unbiased measurement of conscious and unconscious memory processes within the process dissociation framework. Journal of Experimental Psychology: General, 124, 137–160.

Bühler, K. (1918). Die geistige Entwicklung des Kindes. Jena: Fischer.

Bühler, K. (1934). Sprachtheorie. Jena: Fischer.

Butz, M. V., Herbort, O., & Hoffmann, J. (2007). Exploiting redundancy for flexible behavior: Unsupervised learning of a modular sensorimotor control architecture. Psychological Review, 114, 1015–1046.

Byrne, R. W. (2002). Seeing actions as hierarchically organized structures: Great ape manual skills. In A. N. Meltzoff & W. Prinz (Eds.), The imitative mind: Development, evolution, and brain bases (pp. 122–142). Cambridge: Cambridge University Press.

Byrne, R. W. (2005). Detecting, understanding, and explaining imitation by animals. In S. Hurley & N. Chater (Eds.), Perspectives on imitation: From neuroscience to social science - Mechanisms of imitation and imitation in animals (Vol. 1, pp. 225–242). Cambridge, MA: Bradford.

Byrne, R. W., & Byrne, J. M. E. (1993). Complex leaf gathering skills of mountain gorillas (Gorilla g. beringei) variability and standardization. American Journal of Primatology, 31, 241–261.

Byrne, R. W., & Russon, A. E. (1998). Learning by imitation: A hierarchical approach. Behavioral and Brain Sciences, 21, 667–721.

Cabeza, R., & Nyberg, L. (2000). Imaging cognition II: An empirical review of 275 PET and fMRI studies. Journal of Cognitive Neuroscience, 12, 1–47.

Chaffin, R., & Herrmann, D. J. (1984). The similarity and diversity of semantic relations. Memory and Cognition, 12, 134–141.

Chan, J. (2009). When does retrieval induce forgetting and when does it induce facilitation? Implications for retrieval inhibition, testing effect, and text processing. Journal of Memory and Language, 61, 153–170.

Christmann, U. (1989). Modelle der Textverarbeitung: Textbeschreibung als Textverstehen. Münster: Aschendorff.

Cohen, G. (1996). Memory in the real world. Hove: Psychology Press.

Collins, A. M., & Loftus, E. F. (1975). A spreading activation theory of semantic processing. Psychological Review, 82, 407–428.

Collins, A. M., & Quillian, M. R. (1969). Retrieval time from semantic memory. Journal of Verbal Learning and Verbal Behavior, 8, 240–247.

Colwill, R. M., & Rescorla, R. A. (1985). Instrumental responding remains sensitive to reinforcer devaluation after extensive training. Journal of Experimental Psychology: Animal Behavior Processes, 11, 520–536.

Colwill, R. M., & Rescorla, R. A. (1990). Effect of reinforcer devaluation on discriminative control of instrumental behavior. Journal of Experimental Psychology: Animal Behavior Processes, 16, 40–47.

Conrad, R. (1964). Acoustic confusion in immediate memory. British Journal of Psychology, 55, 75–84.

Conway, M. A. (2003). Commentary: Cognitive affective mechanisms and processes in autobiographicl memory. Memory, 11, 217–224

Conway, M. A., Pleydell-Pearce, C. W., & Whitecross, S. E. (2001). The neuroanatomy of autobiographical memory: A slow cortical potential studyof autobiographical memory retrieval. Journal of Memory and Language, 45, 493–524.

Cooper, L. A., Schacter, D. L., Ballesteros, S., & Moore, C. (1992). Priming and recognition of transformed three-dimensional objects: Effects of size and reflection. Journal of Experimental Psychology, 18, 43–58.

Cowan, N. (1999). An embedded-processes model of working memory In A. Miyake & P. Shah (Eds.), Models of working memory: Mechanisms of active maintenance and executive control. Cambridge: Cambridge University Press.

Craik, F. I. M., & Lockhart, R. S. (1972). Levels of processing: A framework for memory research. Journal of Verbal Learning and Verbal Behavior, 11, 671–684.

Craik, F. I. M., & Tulving, E. (1975). Depth of processing and the retention of words in episodic memory. Journal of Experimental Psychology: General, 104, 268–294.

Craik, F. I. M., & Watkins, M. J. (1973). The role of rehearsal in short-term memory. Journal of Verbal Learning and Verbal Behavior, 12, 599–607.

De Groot, A. D. (1965). Thought and choice in chess. The Hague: Mouton.

DeLosh, E. L., & McDaniel, M. A. (1996). The role of order information in free recall: Application to the word-frequency effect. Journal of Experimental Psychology, 22, 1136–1146.

Dickinson, A. (1994). Instrumental conditioning. In N. J. Mackintosh (Ed.), Animal learning and cognition (pp. 45–79). San Diego, CA: Academic Press.

Dolan, R. J. (2002). Emotion, cognition, and behavior. Science, 298, 1191–1194.

Dudai, Y. (2004). The neurobiology of consolidations, or, how stable is the engram. Annual Review of Psychology, 55, 51–86.

Durgin, F. H. (2000). The reverse Stroop effect. Psychonomic Bulleting & Review, 7, 121–125.

Ellis, A. W., & Young, A. W. (1989). Human cognitive neuropsychology. Hillsdale, NJ: Erlbaum.

Ellis, A. W., & Young, A. W. (1991). Einführung in die kognitive Neuropsychologie. Bern: Huber.

Ellis, N. C., & Hennely, R. A. (1980). Abilingual word-length effect: Implications for intelligence testing and the relative ease of mental calculation in Welsh and English. British Journal of Psychology, 71, 43–52.

Elsner, B., & Hommel, B. (2001). Effect anticipation and action control. Journal of Experimental Psychology, 27, 229–240.

Engelkamp, J. (1990). Das menschliche Gedächtnis. Göttingen: Hogrefe.

Engelkamp, J. (1997). Das Erinnern eigener Handlungen. Göttingen: Hogrefe.

Engelkamp, J., & Krumnacker, H. (1980). Imaginale und motorische Prozesse beim Behalten verbalen Materials. Zeitschrift für experimentelle und angewandte Psychologie, 27, 511–533.

Engelkamp, J., Seiler, K. H., & Zimmer, H. D. (2004). Memory for actions: Item and relational information in categorized lists. Psychological Research, 69, 1–10.

Engelkamp, J., Seiler, K. H., & Zimmer, H. D. (2005). Differential relational encoding of categorical information in memory for action events. Memory & Cognition, 33, 371–379.

Engelkamp, J., & Zimmer, H. D. (1983). Zum Einfluß von Wahrnehmen und Tun auf das Behalten von Verb-Objekt-Phrasen. Sprache & Kognition, 2, 117–127.

Engelkamp, J., & Zimmer, H. D. (1994a). The human memory. A multi-modal approach. Seattle: Hogrefe & Huber.

Engelkamp, J., & Zimmer, H. D. (1994b). Motor similarity in subject-performed tasks. Psychological Research, 57, 47–53.

Engelkamp, J., & Zimmer, H. D. (2006). Lehrbuch der Kognitiven Psychologie. Göttingen: Hogrefe.

Engelkamp, J., Zimmer, H. D., & Biegelmann, U. (1993). Bizarreness effects in verbal tasks and in subject-performed tasks. European Journal of Cognitive Psychology, 5, 393–415.

Engelkamp, J., Zimmer, H. D., Mohr, G., & Sellen, O. (1994). Memory of self-performed tasks: Self-performing during recognition. Memory & Cognition, 22, 34–39.

Engelkamp, J., Zimmer, H. D., & Vega, M. de (2001). Pictures and words in memory: The role of visual-imaginal information. In M. Denis, C. Cornoldi, R. H. Logie, M. de Vega & J. Engelkamp (Eds.), Imagery, language and visuo-spatial thinking. Philadelphia, PA: Psychology Press.

Eysenck, M. W., & Keane, M. T. (2010, [1]2005). Cognitive psychology: A student's handbook. Hove: Psychology Press.

Fadiga, L., Fogassi, L., Pavesi, G., & Rizzolatti, G. (1995). Motor facilitation during action observation: A magnetic stimulation study. Journal of Neurophysiology, 73, 2608–2611.

Fischler, I., & Bloom, P. A. (1979). Automatic and attentional processes in the effects of sentence contexts on word recognition. Journal of Verbal Learning and Verbal Behavior, 18, 1–20.

Fisher, R. P., & Craik, F. I. M. (1977). Interaction between encoding and retrieval operations in cued recall. Journal of Experimental Psychology, 3, 701–711.

Fisher, R. P., Geiselmann, R. E., & Amador, M. (1990). Field test of the cognitive interview: Enhancing the recollection of actual victims and whitnesses of crime. Journal of Applied Psychology, 74, 722–727.

Fogassi, L., Gallese, V., Fadiga, L., & Rizzolatti, G. (1998). Neurons responding to the sight of goal-directed hand/arm actions in the parietal area PF (7b) of the macaque monkey. Society for Neuroscience Abstracts, 24, 257ff.

Friedman, A. (1979). Framing pictures: The role of knowledge in automatized encoding and memory for gist. Journal of Experimental Psychology: General, 108, 316–355.

Gallese, V., Fadiga, L., Fogassi, L., & Rizzolatti, G. (1996). Action recognition in the premotor cortex. Brain, 119, 593–609.

Gallo, D. A. (2010). False memories and fantastic beliefs: 15 years of the DRM illusion. Memory and Cognition, 38, 833–848.

Garcia, J., & Koelling, R. A. (1966). Relation of cue to consequence in avoidance learning. Psychonomic Science, 4, 123–124.

Gardiner, J. M. (1988). Recognition failures and free-recall failures: Implications for the relation between recall and recognition. Memory & Cognition, 16, 446–451.

Gathercole, S. E., & Baddeley, A. (1989). Evaluation of the role of phonological STM in the development of vocabulary in children: A longitudinal study. Journal of Memory and Language, 28, 200–213.

Gathercole, S. E., & Baddeley, A. (1990). Phonological memory deficits in language-disordered children: Is there a causal connection? Journal of Memory and Language, 29, 336–360.

Gattis, M., Bekkering, H., & Wohlschläger, A. (2002). Goal-directed imitation. In A. N. Meltzoff & W. Prinz (Eds.), The imitative mind: Development, evolution, and brain bases (pp. 183–205). Cambridge: Cambridge University Press.

Geiselman, R. E., Bjork, R. A., & Fishman, D. L. (1983). Disrupted retrieval in directed forgetting: A link with posthypnotic amnesia. Journal of Experimental Psychology: General, 112, 58–72.

Geschwind, N. (1986). Aufgabenteilung in der Großhirnrinde. In N. Geschwind (Hrsg.), Wahrnehmung und visuelles system. Heidelberg: Spektrum der Wissenschaft.

Gibson, J. J. (1979). The ecological approach to visual perception. Boston: Houghton.

Glanzer, M., & Cunitz, A. R. (1966). Two storage mechanisms in free recall. Journal of Verbal Learning and Verbal Behavior, 5, 351–360.

Gluck, M. A., & Bower, G. H. (1988). Evaluating an adaptive network model of human learning. Journal of Memory and Language, 27, 166–195.

Goede, K., & Klix, F. (1969). Learning dependent formation of strategies in the classification of objects. Proceedings, XIV International Congress of Psychology. London: BSP.

Godden, D., & Baddeley, A. D. (1975). Context dependent memory in two natural environments: On land and under water. British Journal of Psychology, 66, 325–331.

Godden, D., & Baddeley, A. D. (1980). When does context influence recognition memory? British Journal of Psychology, 71, 99–104.

Gollin, E. S., & Sharps, M. J. (1988). Facilitation of free recall by categorical blocking depends on stimulus type. Memory & Cognition, 16, 539–544.

Goschke, T. (2002). Volition und kognitive Kontrolle. In J. Müsseler & W. Prinz (Eds.), Allgemeine psychologie (S. 271–335). Heidelberg: Spektrum.

Graf, P., & Schacter, D. L. (1985). Implicit and explicit memory for new associations in normal and amnesic subjects. Journal of Experimental Psychology, 11, 501–518.

Graf, P., Squire, L. R., & Mandler, G. (1984). The information that amnesic patients do not forget. Journal of Experimental Psychology, 10, 164–178.

Greene, R. L. (1992). Human memory. Hillsdale, NJ: Erlbaum.

Greenwald, A. G. (1970). Sensory feedback mechanisms in performance control: With special reference to the ideomotor mechanism. Psychological Review, 77, 73–99.

Grunwald, T., & Beck, H. (2003). Epilepsie und Gedächtnis. Nürnberg: Novartis Pharma.

Güntürkün, O. (1996). Lernprozesse bei Tieren. In J. Hoffmann & W. Kintsch (Hrsg.), Lernen, Kognition. Enzyklopädie der Psychologie (Bd. 7, S. 85–130). Göttingen: Hogrefe.

Hannigan, S. L., & Reinitz, M. T. (2001). A demonstration and comparison of two types of inference-based memory errors. Journal of Experimental Psychology, 27, 931–940.

Harley, T. A. (1995). The psychology of language. From data to theory. Hove: Psychology Press.

Harlow, H. F. (1953). Mice, monkeys, men, and motives. Psychological Review, 60, 23–32.

Harris, R. J., & Monaco, G. E. (1976). Psychology of pragmatic implication: Information processing between the lines. Journal of Experimental Psychology: General, 107, 1–22.

Hayman, C. A., MacDonald, C. A., & Tulving, E. (1993). The role of repetition and associative interference in new semantic learning in amnesia. A Case experiment. Journal of Cognitive Neuroscience, 5, 375–389.

Heckhausen, H., & Beckmann, J. (1990). Intentional action and action slips. Psychological Review, 97, 36–48.

Heimann, M. (2002). Notes on individual differences and the assumed elusiveness of neonatal imitation. In A. N. Meltzoff & W. Prinz (Eds.), The imitative mind: Development, evolution, and brain bases (pp. 74–84). Cambridge: Cambridge University Press.

Hendrick, L. (1943). The discussion of the 'instinct to master'. Psychoanalytic Quarterly, 12, 561–565.

Herrmann, D. J., & Chaffin, R. (1986). Comprehension of semantic relations as a function of the definition of relations. In F. Klix & H. Hagendorf (Eds.), Human memory and cognitive capabilities: Mechanisms and performances (Part A, pp. 311–320). Amsterdam: North Holland.

Herrnstein, R. J. (1990). Levels of stimulus control. Cognition, 37, 133–166.

Herrnstein, R. J., Loveland, D. H., & Cable, C. (1976). Natural concepts in pigeons. Journal of Experimental Psychology: Animal Behavior Processes, 2, 285–311.

Herwig, A., Prinz, W., & Waszak, F. (2007). Two modes of sensorimotor integration in intention-based and stimulus-based actions. Quarterly Journal of Experimental Psychology, 60, 1540–1554.

Herwig, A., & Waszak, F. (2009). Intention and attention in ideomotor learning. Quarterly Journal of Experimental Psychology, 62, 219–227.

Hintzman, D. J. (1986). "Schema abstraction" in a multiple-trace memory model. Psychological Review, 93, 411–428.

Hiroto, D. S., & Seligman, M. E. P. (1975). Generality of learned helplessness in man. Journal of Personality and Social Psychology, 31, 311–327.

Hitch, G. J., Halliday, M. S., Schaafstal, A. M., & Schraagen, J. M. C. (1988). Visual working memory in young children. Memory & Cognition, 16, 120–132.

Hoffmann, J. (1982). Representation of concepts and the classification of objects. In F. Klix, J. Hoffmann & E. van der

Meer (Eds.), Cognitive research in psychology (pp. 72–89). Amsterdam: North Holland.

Hoffmann, J. (1986). Die Welt der Begriffe - Psychologische Untersuchungen zur Organisation des menschlichen Wissens. Weinheim: PVU.

Hoffmann, J. (1990). Über die Integration von Wissen in die Verhaltenssteuerung. Schweizerische Zeitschrift für Psychologie, 49, 250–265.

Hoffmann, J. (1993). Unbewußtes Lernen - eine besondere Lernform? Psychologische Rundschau, 44, 75–89.

Hoffmann, J. (1993). Vorhersage und Erkenntnis: Die Funktion von Antizipationen in der menschlichen Verhaltenssteuerung und Wahrnehmung. Göttingen: Hogrefe.

Hoffmann, J. (1994). Die visuelle Identifikation von Objekten. In W. Prinz & B. Bridgeman (Hrsg.), Wahrnehmung. Enzyklopädie der Psychologie (Bd. 1, S. 391–456). Göttingen: Hogrefe.

Hoffmann, J. (2003). Anticipatory behavioral control. In M. Butz, O. Sigaud & P. Gerard (Eds.), Anticipatory behavior in adaptive learning systems (S. 44–65). Heidelberg: Springer.

Hoffmann, J. (2009). ABC: A psychological theory of anticipative behavioral control. In G. Pezzola, M. Butz, O. Sigaud & G. Baldassarre (Eds.), Anticipatory behavior in adaptive learning systems. From psychological theories to artificial cognitive systems (pp. 10–30). Heidelberg: Springer.

Hoffmann, J., Berner, M., Butz, M. V., Herbort, O., Kiesel, A., Kunde, W., & Lenhard, A. (2007). Explorations of Anticipatory Behavioral Control (ABC): A report from the Cognitive Psychology Unit of the University of Würzburg. Cognitive Processing, 8, 133–142.

Hoffmann, J., & Klein, R. (1988). Kontexteffekte bei der Benennung und Entdeckung von Objekten. Sprache und Kognition, 7, 25–39.

Hoffmann, J., & Knopf, M. (1996). Der Erwerb formaler Schlüsselqualifikationen und der Aufbau inhaltsspezifischen Wissens. In F. E. Weinert (Hrsg.), Psychologie des Lernens und der Instruktion. Enzyklopädie der Psychologie, Pädagogische Psychologie (Bd. 2, S. 49–87). Göttingen: Hogrefe.

Hoffmann, J., & Kunde, W. (1999). Location-specific target expectancies in visual search. Journal of Experimental Psychology: Human Perception and Performance, 25, 1127–1141.

Hoffmann, J., & Sebald, A. (1996). Reiz- und Reaktionsmuster in seriellen Wahlreaktionen. Zeitschrift für Experimentelle Psychologie, XLIII, 40–86.

Hoffmann, J., & Sebald, A. (2000). Lernmechanismen zum Erwerb verhaltenssteuernden Wissens. Psychologische Rundschau, 51, 1–9.

Hoffmann, J., & Sebald, A. (2005). Local contextual cuing in visual search. Experimental Psychology, 52, 31–38.

Hoffmann, J., Sebald, A., & Stöcker, C. (2001). Irrelevant response effects improve serial learning in serial reaction time tasks. Journal of Experimental Psychology: Learning, Memory, and Cognition, 27, 470–482.

Hoffmann, J., & Ziessler, M. (1982). Begriffe und ihre Merkmale. Zeitschrift für Psychologie, 190, 46–77.

Hoffmann, J., & Ziessler, M. (1986). The integration of visual and functional classifications in concept formation. Psychological Research, 48, 69–78.

Homa, D., & Viera, C. (1988). Long-term memory for pictures under conditions of thematically related foils. Memory & Cognition, 16, 411–421.

Hommel, B. (1998). Perceiving one´s own action - and what it leads to. In J. S. Jordan (Ed.), Systems theory and apriori aspects of perception (pp. 143–179). Amsterdam: Elesevier.

Hommel, B. (2000). The prepared reflex: Automaticity and control in stimulus-response translation. In S. Monsell & J. Driver (Eds.), Control of cognitive processes. Attention and Performance XVIII. Cambridge, MA: MIT Press.

Hommel, B. (2003). Planning and representing intentional action. The Scientific World Journal, 3, 593–608.

Hommel, B. (2004). Coloring an action: Intending to produce color events eliminates the Stroop effect. Psychological Research, 68, 74–90.

Horton, K. D., & Petruk, R. (1980). Set differentiation and depth of processing in the directed forgetting paradigm. Journal of Experimental Psychology, 6, 599–610.

Hulme, C., Maughan, S., & Brown, G. D. A. (1991). Memory for familiar and unfamiliar words: Evidence for a long-term memory contribution to short-term memory span. Journal of Memory and Language, 30, 685–701.

Humphreys, G. W., & Bruce, V. (1989). Visual cognition. Hillsdale, NJ: Erlbaum.

Hunt, R. R. & Einstein, G. O. (1981). Relational and item-specific information in memory. Journal of Verbal Learning and Verbal Behavior, 20, 497–514.

Hunt, E. B., Marin, J. & Stone, P. J. (1966). Experiments in induction. New York: Wiley.

Hyde, T. S., & Jenkins, J. J. (1969). Differential effects of incidental tasks on the organization of recall of a list of highly associated words. Journal of Experimental Psychology, 83, 472–481.

Jacoby, L. L. (1983). Perceptual enhancement: Persistent effects of an experience. Journal of Experimental Psychology, 9, 21–38.

Jacoby, L. L. (1991). A process dissociation framework: Separating automatic from intentional uses of memory. Journal of Memory and Language, 30, 513–541.

James, W. (1981, [1]1890). The principles of psychology (Vol. 1 & 2). New York: Holt.

Jenkins, J. G., & Dallenbach, K. M. (1924). Obliviscence during sleep an waking. American Journal of Psychology, 35, 605–612.

Kalnins, I. V., & Bruner, J. S. (1973). The coordination of visual observation and instrumental behavior in early infancy. Perception, 2, 307–314.

Kamin, L. J. (1969). Predictability, surprise, attention, and conditioning. In B. A. Campbell & R. M. Church (Eds.), Punishment and aversive behavior (pp. 279–296). New York: Appleton Century Crofts.

Kandel, E. R., Schwartz, J. H., & Jessel, T. M. (1996). Neurowissenschaften. Berlin: Spektrum.

Kästner, E. (2010). Als ich ein kleiner Junge war (14. Auflage). München: dtv.

Kawai, M. (1965). Newly acquired pre-cultural behavior of the natural troop of Japanese monkeys on Koshima Islet. Primates, 6, 1–30.

Kenealy, P. M. (1997). Mood-stat-dependent retrieval: The effects of induced mood on memory reconsidered. Quarterly Journal of Experimental Psychology, 50A, 290–317.

Kintsch, W. (1970). Models for free recall and recognition. In D. A. Norman (Ed.), Models of human memory. New York: Academic Press.

Kintsch, W., & Keenan, J. M. (1973). Reading rate and retention as a function of the number of propositions in the base structure of sentences. Cognitive Psychology, 5, 257–274.

Kintsch, W., & Mandel, T. S., & Kozminsky, E. (1977). Summarizing scrambled stories. Memory & Cognition, 5, 150–159.

Kintsch, W., Welsch, D., Schmalhofer, F., & Zimny, S. (1990). Sentence memory: A theoretical analysis. Journal of Memory & Language, 29, 133–159.

Kirkpatrick, E. A. (1894). An experimental study of memory. Psychological Review, 1, 602–609.

Kirsch, W., Sebald, A., & Hoffmann, J. (2010). RT patterns and chunks in SRT tasks: A reply to Jiménez (2008). Psychological Research, 74, 352–358.

Klatzky, R. L. (1980). Human memory. San Francisco: Freeman.

Klein, S. B., Loftus, J., Kihlstrom, J. F., & Aseron, R. (1989). Effects of item-specific and relational information on hypermnesic recall. Journal of Experimental Psychology, 15, 1192–1197.

Klix, F. (1984). Über Erkennungsprozesse im menschlichen Gedächtnis. Zeitschrift für Psychologie, 192, 18–46.

Klix, F. (1986). On recognition processes in human memory. In F. Klix & H. Hagendorf (Eds.), Human memory and cognitive capabilities: Mechanisms and performances (Part A, pp. 321–338). Amsterdam: North Holland.

Klix, F. (1992). Die Natur des Verstandes. Göttingen: Hogrefe.

Klix, F., van der Meer, E., Preuß, M., & Wolf, M. (1987). Über Prozeß- und Strukturkomponenten der Wissensrepräsentation beim Menschen. Zeitschrift für Psychologie, 195, 39–61.

Knuf, L., Aschersleben, G., & Prinz, W. (2001). An analysis of ideomotor action. Journal of Experimental Psychology: General, 130, 779–798.

Koch, I., & Hoffmann, J. (2000). Patterns, chunks, and hierarchies in serial reaction time tasks. Psychological Research, 63, 22–35.

Koch, I., & Kunde, W. (2002). Verbal response-effect compatibility. Memory and Cognition, 30, 1297–1303.

Köhler, S., Moskovitch, M., Winocour, G., Houle, S., & McIntosh, A. R. (1998). Networks of domain-specific and general regions involved in episodic memory for spatial location and object identity. Neuropsychologia, 36, 129–142.

Kolb, B., & Whishaw, I. Q. (1996). Neuropsychologie. Heidelberg: Spektrum.

Kruschke, J. K. (2005). Category learning. In K. Lamberts & R. L. Goldstone (Eds.), The handbook of cognition (Vol. 7, pp. 183–201). London: Sage.

Kunde, W. (2001). Response-effect compatibility in manual choice reaction tasks. Journal of Experimental Psychology: Human Perception and Performance, 27, 387–394.

Kunde, W. (2003). Temporal response-effect compatibility. Psychological Research, 67, 153–159.

Kunde, W. (2006). Antezedente Effektrepräsentationen in der Verhaltenssteuerung. Psychologische Rundschau, 57(1), 34–42.

Kunde, W., & Hoffmann, J. (2005). Selecting spatial frames of reference for visual target localization. Experimental Psychology, 52, 201–212.

Kunde, W., Koch, I., & Hoffmann, J. (2004). Anticipated action effects affect the selection, initiation and execution of actions. The Quarterly Journal of Experimental Psychology. Section A: Human Experimental Psychology, 57A, 87–106.

Kunde, W., Lozo, L., & Neumann, R. (2011). Effect-based control of facial expressions. Evidence from action-effect compatibility. Psychonomic Bulletin & Review, 18, 820–826.

LeDoux, J. E. (1999). Fear and the Brain: Where have we been and where are we going? Biological Psychiatry, 44, 1229–1238.

Levelt, W. J. M. (1989). Speaking. From intention to articulation. Cambridge, MA: MIT Press.

Lichtheim, L. (1885). On aphasia. Brain, 7, 433–584.

Linton, L. (1975). Memory for real-world events. In D. A. Norman & D. E. Rumelhart (Eds.), Explorations in cognition (pp. 376–404). San Francisco: Freeman.

Logie, R. H. (1986). Visuo-spatial processes in working memory. Quarterly Journal of Experimental Psychology, 38A, 229–247.

Logie, R. H. (1995). Visuo-spatial working memory. Hove: Erlbaum.

Lotze, H. (1852). Medicinische Psychologie oder Physiologie der Seele. Leipzig: Weidmann'sche Buchhandlung.

Madigan, S., & Lawrence, V. (1980). Factors effecting item recovery and reminiscence in free recall. American Journal of Psychology, 93, 489–504.

Mandler, G. (1967). Organization and memory. In K. W. Spence, & J. T. Spence (Eds.) The psychology of learning and motivation (Vol. 1). New York: Academic Press.

Mandler, J. M., & Ritchey, G. H. (1977). Long-term memory for pictures. Journal of Experimental Psychology: Human Learning and Memory, 3, 386–396.

Markman, E. M. (1990). Constraints children place on word meanings. Cognitive Science, 14, 57–77.

Markman, E. M. (1991). The whole-object, taxonomic, and mutual exclusivity assumptions as initial constraints on word meanings. In S. A. Gelman & J. P. Byrnes (Eds.), Perspectives on language and thought - interrelations in development (pp. 72–106). Cambridge: Cambridge University Press.

Markman, E. M., & Hutchinson, J. E. (1984). Children's sensitivity to constraints on word meaning: Taxonomic versus thematic relations. Cognitive Psychology, 16, 1–27.

Markman, E. M., & Wachtel, G. F. (1988). Children's use of mutual exclusivity to constrain the meaning of words. Cognitive Psychology, 20, 121–157.

Mayes, A. R., Holdstock, J. S., Isaac, C. L., Montaldi, D., Grigor, J., Gummer, A., Cariga, P., Downes, J. J., Tsivilis, D., Gaffan, D., Gong, Q., & Norman, K. A. (2004). Associative recognition in a patient with selective hippocampal lesions and relatively normal item recogntion. Hippocampus, 14, 763–784.

Mazur, J. E. (2006). Lernen und Verhalten. München: Pearson.

McCarthy, R. A., & Warrington, E. K. (1990). Cognitive neuropsychology: A clinical introduction. San Diego: Academic Press.

McClain, L. (1983). Effects of response type and set size on Stroop color-word performance. Perceptual & Motor Skills, 56, 735–743.

McClelland, J. L., Naughton, B. L., & O´Reilly, R. (1995). Why there are complementary learning systems in the hippocampus and neocortex: Insights from the successes and failures of connectionist models of learning and memory. Psychological Review, 102, 419–457.

McClelland, J. L., & Rumelhart, D. E. (1981). An interactive activation model of context effects in letter perception. An account of basic findings. Psychological Review, 88, 375–407.

McClelland, J. L., & Rumelhart, D. E. (1986). Parallel distributed processing (Vol. 2). Cambridge, MA: MIT Press.

McDaniel, M. A., Einstein, G. O., & Lollis, T. (1988). Qualitative and quantitative considerations in encoding difficulty effect. Memory & Cognition, 16, 8–14.

McDermott, K. B. (1997). Primimg on perceptual implicit memory tests can be achieved through presentation of associates. Psychonomic Bulletin and Review, 4, 582–586.

Mecklinger, A. (1999). Das Erinnern von Orten und Objekten. Göttingen: Hogrefe.

Mecklinger, A. (2000). Interfacing mind and brain: A neurocognitive model of recognition memory. Psychophysiology, 37, 565–582.

Mecklinger, A., Gruenewald, C., Weiskopf, N., & Doeller, C. F. (2004). Motor affordance and its role for visual working memory: Evidence from fMRI studies. Experimental Psychology, 51, 269–280.

Mecklinger, A., & Pfeifer, E. (1996). Event-related potentials reveal topographical and temporal distinct neuronal activation patterns for spatial and object working memory. Cognitive Brain Research, 4, 211–224.

Meer, E. van der (1986). What is invariant in event-related knowledge representation? In F. Klix & H. Hagendorf (Eds.), Human memory and cognitive capabilities: Mechanisms and performances (Part A, pp. 339–352). Amsterdam: North Holland.

Meltzoff, A. N. (1995). Understanding the intentions of others: Re-enactment of intended acts by 18-month-old children. Developmental Psychology, 31, 838–850.

Meltzoff, A. N., & Moore, M. K. (1977). Imitation of facial and manual gestures by human neonates. Science, 198, 75–85.

Meltzoff, A. N., & Moore, M. K. (1983). Newborn infants imitate adult facial gestures. Child Development, 54, 702–709.

Meltzoff, A. N., & Moore, M. K. (1989). Imitation in newborn infants: Exploring the range of gestures imitated and the underlying mechanisms. Developmental Psychology, 25, 954–962.

Metzger, R. L., & Antes, J. R. (1983). The nature of processing early in picture perception. Psychological Research, 45, 267–274.

Meunier, M., Bachevalier, J., Mishkin, M., & Murray, E. A. (1993). Effects of visual recognition of combined and separate ablations of the entorhinal and perirhinal cortex in rhesus monkeys. Journal of Neuroscience, 13, 5418–5432.

Meyer, D. E., & Schvaneveldt, R. W. (1971). Facilitation in recognising pairs of words: Evidence of a dependence between retrieval operations. Journal of Experimental Psychology, 90, 227–234.

Meyers, L. S., & Rhoades, R. W. (1978). Visual search of common scenes. Quarterly Journal of Experimental Psychology, 30, 297–310.

Miller, M. B. & Wolford, G. L. (1999). The role of criterion shift in false memory. Psychological Review, 106, 398-405.

Miller, R. R., Barnet, R. C. & Grahame, N. J. (1995). Assessment of the Rescorla-Wagner model. Psychological Bulletin, 117, 363-386.

Milner, B. (1966). Amnesia following operation on the temporal lobes. In C. W. M. Whitty & O. L. Zangwill (Eds.), Amnesia. London: Butterworths.

Minsky, M. (1975). A framework for representing knowledge. In P. H. Winston (Ed.), The psychology of computer vision (pp. 211–277). New York: McGraw Hill.

Mishkin, M., & Appenzeller, T. (1990). Die Anatomie des Gedächtnisses. Gehirn und Kognition. Heidelberg: Spektrum der Wissenschaft.

Morris, C. D., Bransford, J. D., & Franks, J. J. (1977). Levels of processing versus transfer approproiate processing. Journal of Verbal Learning and Verbal Behavior, 16, 519–533.

Moscovitch, M., Kapur, S., Köhler, S., & Houle, S. (1995). Distinct neural correlates of visual long-term memory for spatial location and object identity: A positron emission tomography study in humans. Proceedings of the National Academy of Sciences, USA, 92, 3721–3725.

Müller, G. E., & Pilzecker, A. (1900). Experimentelle Beiträge zur Lehre vom Gedächtnis. Zeitschrift für Psychologie, 1, 1–288.

Mulligan, N. W. (1999). The effects of perceptual interference at encodimg on organization and order: Investigating the roles of item-specific and relational information. Journal of Experimental Psychology, 25, 54–69.

Mulligan, N. W. (2001). Generation and hypermnesia. Journal of Experimental Psychology, 27, 436–450.

Mulligan, N. W., & Hornstein, S. L. (2003). Memory for actions: Self-performed tasks and the reenactment effect. Memory & Cognition, 31, 412–421.

Murdock, B. B. (1965). Effects of a subsidiary task on short-term memory. British Journal of Psychology, 56, 413–419.

Müsseler, J. (Hrsg.) (2008). Allgemeine psychologie (2. Aufl.). Berlin: Springer.

Nairne, J. S., Riegler, G. L., & Serra, M. (1991). Dissociative effects of generation on item and order retention. Journal of Experimental Psychology, 17, 702–709.

Nattkemper, D., & Prinz, W. (1997). Stimulus and response anticipation in a serial reaction task. Psychological Research, 60, 98–112.

Navon, D. (1977). Forest before trees: The precedence of global features in visual perception. Cognitive Psychology, 9, 353–383.

Nelson, D. L. (1979). Remembering pictures and words: Appearance, significance and name. In L. Cermak & F. I. M. Craik (Eds.), Levels of processing in human memory. Hillsdale, NJ: Erlbaum.

Nelson, D. L., & Brooks, D. H. (1973). Independence of phonetic and imaginal features. Journal of Experimental Psychology, 97, 1–7.

Nelson, D. L., Reed, V. S., & Walling, J. R. (1976). Pictorial superiority effect. Journal of Experimental Psychology, 2, 523–528.

Nelson, K. (1974). Concept, word, and sentence: Interrelations in acquisition and development. Psychological Review, 81, 267–285.

Nilsson, L. G., Nyberg, L., Klingberg, T., Aberg, C., Persson, J., & Roland, P. E. (2000). Activity in motor areas while remembering action events. NeuroReport, 11, 2199–2201.

Nissen, M. J., & Bullemer, P. (1987). Attentional requirements of learning: Evidence from performance measures. Cognitive Psychology, 19, 1–32.

Norman, K. A., & O´Reilly (2003). Modeling hippocampal and neocortical contributions to recognition memory: A complementary-learning-systems approach. Psychological Review, 110, 611–646.

Nyberg, L. (2006). Functional imaging studies of intentional and incidental reactivation: Implications for the binding problem. In H. D. Zimmer, A. Mecklinger & U. Lindenberger (Eds.), Binding in episodic memory: A neurocognitive approach. Oxford: Oxford University Press.

Nyberg, L., Marklund, P., Persson, J., Cabeza, R., Forkstam C., Petersson, K. M., & Ingvar, M. (2003). Common prefrontal activations during working memory, episodic memory, and semantic memory. Neuropsychologia, 41, 371–377.

Nyberg, L., Petersson, K. M., Nilsson, L.G., Sandblom, J., Aberg, C., & Ingvar, M. (2001). Reactivation of motor brain areas during explicit memory for actions. NeuroImage, 14, 521–528.

Oates, J. M., & Reder, L. M. (2011). Memory for pictures. In A. S. Bejamin (Ed.), Successful remembering and successful forgetting (pp. 447–461). New York: Psychology Press.

O´Reilly, R. C., & Norman, K. A. (2002). Hippocampal and neocortical contributions to memory: Advances in the complemntary learning systems framework. Trends in Cognitive Sciences, 6, 505–510.

Osgood, C. E. (1953). Method and theory in experimental psychology. New York: Oxford University Press.

Owens, J., Bower, G. H., & Black, J. B. (1979). The "soap opera" effect in story recall. Memory and Cognition, 7, 185–191.

Paivio, A. (1971). Imagery and verbal processes. New York: Holt, Rinehard & Winston.

Paivio, A. (1974). Spacing of repetitions in the incidental and intentional free recall of pictures and words. Journal of Verbal Learning and Verbal Behavior, 13, 497–511.

Pastötter, B., & Bäuml, K. H. (2010). Amount of postcue encoding predicts amount of directed forgetting. Journal of Experimental Psychology, 36, 54–65.

Pavlov, I. P. (1904). Nobel Lecture: Physiology of digestion. Stockholm: www.nobelprize.org.

Payne, D. G. (1987). Hypermnesia and reminiscence in recall: A historical and empirical review. Psychological Bulletin, 101, 5–27.

Pearce, J. M. (1997). Animal learning and cognition (2nd ed.). Hove: Psychology Press.

Perruchet, P., & Amorim, M. A. (1992). Conscious knowledge and changes in performance in sequence learning: Evidence against dissociation. Journal of Experimental Psychology: Learning, Memory, and Cognition, 18, 785–800.

Persson, J., & Nyberg, L. (2000). Conjunction analysis of cortical activations common to encoding and retrieval. Microscopy Research and Technique, 51, 39–44.

Peterson, L. R., & Peterson, M. J. (1959). Short-term retention of individual verbal items. Journal of Experimental Psychology, 58, 193–198.

Petri, H. L., & Mishkin, M. (1994). Behaviorism, cognitivism and the neuropsychology of memory. American Scientist, 82, 30–37.

Pfister, R., Janczyk, M., & Kunde, W. (2010). Los, beweg dich! - Aber wie? Ideen zur Steuerung menschlicher Handlungen. Mind Magazine, 4.

Pfister, R., Kiesel, A., & Hoffmann, J. (2011). Learning at any rate: Action-effect learning for stimulus-based actions. Psychological Research, 75, 61–65.

Pinker, S. (1994). The language instinct. London: Penguin Books.

Plihal, W., & Born, J. (1997). Effects of early and late nocturnal sleep on declarative and procedural memory. Journal of Cognitive Neuroscience, 9, 534–547.

Pohl, R. (2007). Das autobiographische Gedächtnis. Stuttgart: Kohlhammer.

Posner, M. I., & Keele, S. W. (1968). On the genesis of abstract ideas. Journal of Experimental Psychology, 77, 353–363.

Posner, M. I., & Keele, S. W. (1970). Retention of abstract ideas. Journal of Experimental Psychology, 83, 304–308.

Potter, M. C., & Lombardi, L. (1990). Regeneration in short-term recall of sentences. Journal of Memory and Language, 19, 289–299.

Prinz, W. (1987). Ideomotor action. In H. Heuer & A. F. Sanders (Eds.), Perspectives on perception and action (pp. 47–76). Hillsdale, NJ: Erlbaum.

Prinz, W. (1998). Die Reaktion als Willenshandlung. Psychologische Rundschau, 49, 10–20.

Prinz, W. (2002). Experimental approaches to imitation. In A. N. Meltzoff & W. Prinz (Eds.), The imitative mind: Development, evolution, and brain bases (pp. 143–162). Cambridge: Cambridge University Press.

Prinz, W. (2005). An ideomotor approach to imitation. In S. Hurley & N. Chater (Eds.), Perspectives on imitation: From neuroscience to social science: Vol. 1: Mechanisms of imitation and imitation in animals (pp. 141–156). Cambridge, MA: MIT Press.

Racsmámy, M., Conway, M. A., & Demeter, G. (2010). Consolidation of episodic memories during sleep: Long-term effects of retrieval practice. Psychological Science, 21, 80–85.

Radvansky, G. (2011). Human Memory. Boston: Allyn & Bacon.

Ranganath, C., & Rainer, G. (2003). Neural mechanisms for detecting and remembering novel events. Nature Reviews Neuroscience, 4, 193–202.

Reber, A. S. (1989). Implicit learning and tacit knowledge. Journal of Experimental Psychology: General, 118, 219–235.

Reber, A. S. (1993). Implicit learning and tacit knowledge. An essay on the cognitive unconsciousness. New York: Oxford University Press.

Reed, J., & Johnson, P. (1994). Assessing implicit learning with indirect tests: Determining what is learned about sequence structure. Journal of Experimental Psychology: Learning, Memory, and Cognition, 20, 585–594.

Reinert, G. (1985). Schemata als Grundlage der Steuerung von Blickbewegungen bei der Bildverarbeitung. In O. Neumann (Hrsg.), Perspektiven der Kognitionspsychologie (S. 113–146). Heidelberg: Springer.

Remillard, G. (2003). Pure perceptual-based sequence learning. Journal of Experimental Psychology: Learning, Memory, and Cognition, 29, 518–527.

Rescorla, R. A. (1968). Probability of shock in the presence and absence of CS in fear conditioning. Journal of Comparative and Physiological Psychology, 66, 1–5.

Rescorla, R. A., & Wagner, A. R. (1972). A theory of Pavlovian conditioning: Variations in the effectiveness of reinforcement and non-reinforcement. In A. H. Black & W. F. Prokasy (Eds.), Classical conditioning II: Current research and theory (pp. 64–99). New York: Appleton.

Ritchey, G. H. (1980). Picture superiority in free recall: The effects of organization and elaboration. Journal of Experimental Child Psychology, 29, 460–474.

Rizley, R. C., & Rescorla, R. A. (1972). Associations in second order conditioning and sensory preconditioning. Journal of Comparative and Physiological Psychology, 81, 1–11.

Rizzolatti, G., Camarda, R., Fogassi, L., Gentilucci, M., Luppino, G., & Matelli, M. (1988). Functional organization of inferior area 6 in the macaque monkey: II. Area F5 and the control of distal movements. Experimental Brain Research, 71, 491–507.

Rizzolatti, G., & Fadiga, L. (1998). Grasping objects and grasping action meanings: The dual role of monkey rostroventral premotor cortex (area F5). In G. R. Bock & J. A. Goode (Eds.), Sensory guidance of movement (Vol. 25, pp. 81–103). Novartis Foundation Symposium 218, Chichester: Wiley.

Rizzolatti, G., Fadiga, L., Fogassi, L., & Gallese, V. (2002). From mirror neurons to imitation: Facts and speculations. In A. N. Meltzoff & W. Prinz (Eds.), The imitative mind: Development, evolution, and brain bases (pp. 247–266). Cambridge: Cambridge University Press.

Rochat, P., & Striano, T. (1999). Emerging self-exploration by 2-month-old infants. Developmental Science, 2, 206–218.

Roediger, H. L. (1990). Implicit memory: Retention without remembering. American Psychologist, 45, 1043–1056.

Roediger, H. L., Balota, D. A., & Watson, J. M. (2001). Spreading activation and arousal of false memories. In H. L. Roediger, J. S. Nairne, J. Neath & A. M. Suprenant (Eds.), The nature of remembering. Washington, D. C.: American Psychological Association.

Roediger, H. L., & McDermott, K. B. (1995). Creating false memories: Remembering words not presented in lists. Journal of Experimental Psychology, 21, 803–814.

Roediger, H. L., & Weldon, M. S. (1987). Reversing the picture superiority effect. In M. McDaniel & M. Pressley (Eds.), Imagery and related mnemonic processes. New York: Springer.

Romaiguere, P., Hasbroucq, T., Possamai, C. A., & Seal, J. (1993). Intensity to force translation: A new effect of stimulus response compatibility revealed by analysis of response time and electromyographic activity of a prime mover. Cognitive Brain Research, 1, 197–201.

Rosch, E. (1975). Cognitive representations of semantic categories. Journal of Experimental Psychology: General, 104, 192–233.

Rosch, E., & Mervis, C. B. (1975). Family resemblances: Studies in the internal structure of categories. Cognitive Psychology, 7, 573–605.

Rosch, E., Mervis, C. B., Gray, W. D., Johnson, D. M., & Boyes-Braem, P. (1976). Basic objects in natural categories. Cognitive Psychology, 8, 382–439.

Rosenzweig, M. R., Leiman, A. L., & Breedlove, S. M. (1999). Biological Psychology: An introduction to behvioral, cognitive, and clinical Neuroscience (Second Edition). Sunderland, MA: Sinauer.

Rubin, D. C., & Wenzel, A. E. (1996). One hundred years of forgetting: A quantitative description of retention. Psychological Bulletin, 103, 734–760.

Rubin, D. C., Wetzler, S. E., & Nebes, R. D. (1986). Autobiographical memory across the life span. In D. C. Rubin (Ed.), Autobiographical memory. Cambridge: Cambridge University Press.

Rumelhart, D. E., & McClelland, J. L. (1986). Parallel distributed processing: Explorations in the microstructure of cognition (Vol. 1). Cambridge, MA: MIT Press.

Rummer, R. (2003). Das kurzfristige Behalten von Sätzen. Psychologische Rundschau, 54, 93–102.

Rundus, D. (1971). Analysis of rehearsal processes in free recall. Journal of Experimental Psychology, 89, 63–77.

Sahakyan, L., & Kelley, C. M. (2002). A contuextual change account of the directed forgetting effect. Journal of Experimental Psycholgy, 28, 1064–1072.

Salamé, P., & Baddeley, A. D. (1987). Noise, unattended speech and short-term memory. Ergonomics, 30, 1185–1193.

Schank, R. C., & Abelson, R. P. (1977). Scripts, plans, goals, and understanding. Hillsdale, NJ: Erlbaum.

Schwartz, B. L. (2002). Tip-of-the-tongue states: Phenomenology, Mechanism, and lexical retrieval. Mahwah, New Jersey: Erlbaum.

Seiler, K. H. (2003). Gedächtnis für Handlungen – Rolle relationaler und itemspezifischer Information. Hamburg: Kovac.

Seiler, K. H., & Engelkamp, J. (2003). The role of item-specific information for the serial position curve in free recall. Journal of Experimental Psychology, 29, 954–964.

Seligman, M. E. P. (1970). On the generality of the laws of learning. Psychological Review, 77, 406–418.

Seligman, M. E. P. (1975). Helplessness: On depression, development and death. San Francisco: Freeman.

Seligman, M. E. P., & Maier, S. F. (1967). Failure to escape traumatic shock. Journal of Experimental Psychology, 74, 1–9.

Servan-Schreiber, E., & Anderson, J. R. (1990). Learning artificial grammars with competitive chunking. Journal of Experimental Psychology: Learning, Memory, and Cognition, 16, 592–608.

Seward, J. P. (1949). An experimental analysis of latent learning. Journal of Experimental Psychology, 39, 177–186.

Shallice, T. (1988). From neuropsychology to mental structure. Cambridge: Cambridge University Press.

Shanks, D. R. (2010). Learning: From association to cognition. Annual Review of Psychology, 61, 273–301.

Shanks, D. R., & St. John, M. F. (1994). Characteristics of dissociable human learning systems. Behavioral and Brain Sciences, 17, 367–447.

Shepard, R. N. (1967). Recognition memory for words, sentences, and pictures. Journal of Verbal Learning and Verbal Behavior, 6, 156–163.

Siefer, W. (2010) Die Zellen des Anstoßes. (16.12.2010). Zeit, Nr. 51.

Siqueland, E. R., & DeLucia, C. A. (1969). Visual reinforcement of non-nutritive sucking in human infants. Science, 165, 1144–1146.

Slamecka, N. J. (1968). A methodological analysis of shift paradigms in human discrimination learing. Psychological Bulletin, 69, 423–438.

Smith, E. E., & Jonides, J. (1997). Working memory: A view from neuroimaging. Cognitive Psychology, 33, 5–42.

Smith, M. E. (1993). Neurophysiological manifestations of recollection experience during recognition memory judgements. Journal of Cognitive Neuroscience, 5, 1–13.

Solomon, R. L., & Wynne, L. C. (1953). Traumatic avoidance learning: Acquisition in normal dogs. Psychological Monographs, 67, 354.

Squire, L. R. (1987). Memory and brain. New York: Oxford University Press.

Stadler, M. A. (1993). Implicit serial learning: Questions inspired by Hebb (1961). Memory and Cognition, 21, 819–827.

Standing, L. G. (1973). Learning 10.000 pictures. Qarterly Journal of Experimental Psychology, 25, 297–222.

Standing, L. G., Conezio, J., & Haber, N. (1970). Perception and memory for pictures: Single-trial learning of 2500 visual stimuli. Psychonomic Science, 19, 73–74.

Stanovich, K. E., & West, R. F. (1981). The effect of sentence context on ongoing word recognition: Test of a two-process theory. Journal of Experimental Psychology: Human Perception and Performance, 7, 658–672.

Stasio, T., Herrmann, D. J., & Chaffin, R. (1985). Relation similarity as a function of agreement between relation elements. Bulletin of the Psychonomic Society, 23, 5–8.

Stock, A., & Hoffmann, J. (2002). Intentional fixation of behavioural learning, or how R-O learning blocks S-R learning. European Journal of Cognitive Psychology, 14, 127–153.

Stock, A., & Stock, C. (2004). A short history of ideo-motor action. Psychological Research, 68, 176–188.

Stroop, J. R. (1935). Studies of interference in serial verbal reactions. Journal of Experimental Psychology, 18, 643–662.

Tanaka, J. W., & Taylor. M. (1991). Object categories and expertise: Is the basic level in the eye of the beholder. Cognitive Psychology, 23, 457–482.

Thorndike, E. L. (1898). Animal intelligence. An experimental study of the associative processes in animal. Psychological Monographs, 2 (4, whole No. 8).

Tillmann, B. (2009). Atlas der Anatomie. 2. Aufl. Heidelberg: Springer.

Tinbergen, N. (1952). Instinktlehre. Berlin: Parey.

Tolman, E. C. (1932). Purposive behavior in animals and men. New York: Appleton.

Tomasello, M., & Carpenter, M. (2005). Intention reading and imitative learning. In S. Hurley & N. Chater (Eds.), Perspectives on imitation: From neuroscience to social science - Imitation, human development, and culture (Vol. 2, pp. 133–148). Cambridge, MA: Bradford.

Trabasso, T., & Bower, G. H. (1966). Presolution dimensional shifts in concept identification: A test of the sampling with replacement axiom in all-or-none models. Journal of Mathematical Psychology, 3, 163–173.

Trapold, M. A. (1970). Are expectancies based on different reinforcing events discriminably different? Learning and Motivation, 1, 129–140.

Tulving, E. (1985). How many memory systems are there? American Psychologist, 40, 385–398.

Tulving, E. (2002). Episodic memory: From mind to brain. Annual Review of Psychology, 53, 1–25.

Tulving, E., & Thomson, D. M. (1973). Encoding specificity and retrieval processes in episodic memory. Psychological Review, 80, 352–373.

Ucross, C. G. (1989). Mood state-dependent memory: A meta-analysis. Cognition & Emotion, 3, 139–167.

Ullsperger, M., Mecklinger, A., & Müller, U. (2000). An electropysiological test of directed forgetting: Differential encoding or retrieval inhibition. Journal of Cognitive Neuroscience, 12, 924–940.

Urcuioli, P. J. (2005). Behavioral and associative effects of differential outcomes in discrimination learning. Learning and Behavior, 33, 1–21.

Vargha-Khadem, F., Gadian, D. G., Watkins, K. E., Connelly, A., Van Paesschen, W., & Mishkin, M. (1997). Differential effects of early hippocampal pathology on episodic and semantic memory. Science, 277, 376–380.

Verschoor, S. A., Weidema, M., Biro, S., & Hommel, B. (2010). Where do action goals come from? Evidence for spontaneous action-effect binding in infants. Frontiers in Psychology, 1, 201.

Wagenaar, W. A. (1986). My memory: A study of autobiographical memory over six years. Cognitive Psychology, 18, 225–252.

Waldmann, M. (1990). Schema und Gedächtnis: Das Zusammenwirken von Raum- und Ereignisschemata beim Gedächtnis für Alltagssituationen. Heidelberg: Asanger.

Waldmann, M. R. (2008). Kategorisierung und Wissenserwerb. In J. Müsseler (Hrsg.), Allgemeine psychologie (Bd. 9, S. 378–427). Berlin: Springer.

Warren, M. W. (1977). The effects on recall-concurrent visual-motor distraction on picture and word recall. Memory & Cognition, 5, 362–370.

Watson, J. B. (1913). Psychology as a behaviorist views it. Psychological Review, 20, 158–177.

Waxman, S., & Gelman, R. (1986). Preschooler's use of superordinate relations in classification. Cognitive Development, 1, 139–156.

Weldon, M. S., & Coyote, K. C. (1996). Failure to find the picture superiority effect in implicit conceptual memory tests. Journal of Experimental Psychology, 22, 670–686.

Wheeler, M. E., Petersson, S. E., & Buckner, R. L. (2000). Memory`s echo; Vivid remembering reactivates sensory-specific cortex. Proceedings of the Natioanl Academy of Siences, USA, 97, 11125–11129.

White, R. W. (1959). Motivation reconsidered: The concept of competence. Psychological Review, 66, 297–333.

Wickens, D. D. (1972). Characteristics of word encoding. In A. W. Melton & E. Martin (Eds.), Coding processes in human memory. New York: Wiley.

Winston, M. E., Chaffin, R., & Herrmann, D. (1987). A taxonomy of part-whole relations. Cognitive Science, 11, 417–444.

Wippich, W. (1980). Bildhaftigkeit und Organisation: Untersuchungen zu einer differenzierten Organisationshypothese. Darmstadt: Steinkopff.

Wittgenstein, L. (1953). Philosophical investigations. New York: Macmillan.

Wixted, J. T. (2004). The psychology and neuroscience of forgetting. Annual Review of Psychology, 5, 235–269.

Yonelinas, A. P. (1994). Receiver- operating characteristis in recognition memory: Evidence for a dual-process model. Journal of Experimental Psychology, 20, 1342–1354.

Yonelinas, A. P. (2002). The nature of recollection and familiarity: A review of 30 years of research. Journal of Memory and Language, 46, 441–517.

Ziessler, M. (1995). Die Einheit von Wahrnehmung und Motorik. Frankfurt: Lang.

Ziessler, M. (1998). Response-effect learning as a major component of implicit serial learning. Journal of Experimental Psychology: Learning, Memory, and Cognition, 24, 962–978.

Ziessler, M. Nattkemper, D., & Frensch, P. A. (2004). The role of anticipation and intention for the learning of effects of self-performed actions. Psychological Research, 68, 163–175.

Zilles, K., & Rehkämper, G. (1993). Funktionelle Neuroanatomie. Berlin: Springer.

Zimmer, H. D. (1984). Blume oder Rose? Unterschiede in der visuellen Informationsverarbeitung bei Experten und Laien. Archiv für Psychologie, 136, 343–361.

Zimmer, H. D. (1995). Size and orientation of objects in explicit and implicit memory: A reversal of the dissociation between perceptual similarity and type of test. Psychological Research, 57, 260–273.

Zimmer, H. D., Helstrup, T., & Engelkamp, J. (2000). Pop-out into memory: A retrieval mechanism that is enhanced with the recall of subject-performed tasks. Journal of Experimental Psychology, 26, 658–670.

Zimmer, H. D., & Steiner, A. (2003). Colour specificity in episodic and in perceptual object recognition with enhanced colour impact. European Journal of Cognitive Psychology, 15, 349–370.

Stichwortverzeichnis

A

ABC-Theorie 63, 66
Abfolge von Reizen 165
Abfolgerekonstruktionstest 166
abfolgerelationale Prozesse 165
abrufinduziertes Vergessen 157
Abrufprozesse 161
Abrufübung 157
Abrufwettstreits 157
affordances 85
AG (Arbeitsgedächtnis) 124
Aktivation von
   Gedächtnisinhalten 133
Alt-Neu-Effekt im EKP 203
Alt-Neu-Urteil 163
Amnesie 161
Amygdala 198, 202
Anatomie des Gehirns 197, 208
anschauliche Prototypen 91
Antizipation 63, 65
Antizipationsbedürfnis 39, 50
Appetenzverhalten 33
Appetenzzustand 33
Arbeitsgedächtnis (AG) 124, 132–133
artikulatorische Unterdrückung 127
Assoziation 80
Assoziationen 99
Assoziationskortizes 198
assoziative Blockierung 158
assoziatives Lernen 25
assoziatives Verlernen 158
Aufmerksamkeit und
   Gedächtnis 133
Augenzeugenberichte 155
autobiografisches Gedächtnis 161
automatische
   Aktivationsausbreitung 144

B

Basiskonzept 86
Basisniveau 86
bedingte Reaktion 12
bedingten Reflex 13
Behaltenstest 114
Behaviorismus 3, 11
bewegungsdeterminierte
   Imitationen 67
Beziehungen 143

bildgebende Verfahren 196
Bildkomplexität 178
Bildüberlegenheitseffekt 177, 190
Blockierung 22, 28, 44
Broca-Areal 200

C

chunk 62, 64–65
Chunking 62
Clustering-Effekt 144
Cued Recall 180

D

Deese-Roediger-McDermott-
   Paradigma (DRM-Paradigma) 153
Devaluationstechnik 35
Devaluierung (Entwertung) 35
differential outcome 34
differenzielles Enkodieren 159
Diskriminationslernen 19
diskriminative Funktion 139
Doppelaufgaben 178
DRM-Paradigma (Deese-Roediger-
   McDermott-Paradigma) 153
duale Enkodierung 177

E

Effektgesetz 16
egozentrischer Ort 89
elaborative Organisation 146
Enkodierspezifität 147
Entdeckensmerkmale 89
Episode 112
Episoden 154
episodisches Erinnern 116, 172
episodisches Gedächtnis 112
ereigniskorrelierte Potenziale
   (EKP) 197
Erinnerung 103
Erinnerungen 65
Erinnerungstest 114
erlernte Hilflosigkeit 23
Exemplarrepräsentationen 92
Experiment 114
Experte 87
explizites Behalten 116

F

falsche Erinnerungen 153
Familienähnlichkeit 91
Fitness 11
Frame 102
Frames 145
freie Wortassoziationen 99
freies Erinnern (Free
   Recall) 149
freies Erinnern (free recall) 178
funktional äquivalent 84
funktionale Äquivalenz 83, 105
funktionelle
   Magnetresonanztomografie
   (fMRI) 197

G

Gedächtnis 2
Gedächtnisausfälle 113
Gedächtnisergänzungen 103
Gedächtniskapazität 133
Generalisierung 14
Generierungs-Rekognitions-
   Theorien 149
Gewohnheit 48
globale Erscheinung 90
globale Formen 90
globale Gestalt 90
globale Merkmale 87, 103
Glücksspiel 46

H

Habituation 22
Habituierung 134
Handlung 101
Handlungen 97, 183
handlungsrelevante
   Merkmale 88
Handlungsschemata 101
Hand-zum-Ohr-Aufgabe 70
Hinweisreize 148, 154
Hippocampus 198, 200–201
Hippocampusformation 198
Hybridrepräsentationen 92
Hypermnesie 151
Hypothese 82

I

ideomotorischen Bewegungen 68
ideomotorisches Prinzip 55
Imitation 67
Imitationsbewegungen 71
impliziter Behaltungstest 188
implizites Behalten 188
Instinkte 32
Instinktives Verhalten 32
Instrumentelle Konditionierung 16
instrumentelles Konditionieren 16, 19, 25
intentionales Lernen 142
Interferenz 123, 154, 174
Interferenzexperimente 130, 156
Intervallverstärkung 17
Itemmethode 159
Item-Order-Hypothese 165
itemspezifische Enkodierprozesse 139

K

kategoriale Organisation 143, 182
Kernspintomografie 197
Klassifikation 105
klassische Konditionierung 12
Klassisches Mehrspeichermodell 121
Kommunikation 95
konditionierte Hemmung 14, 28
konditionierte Verstärkung 18
Kongruenzeffekt 191
Konsolidierung 161
Kontextreiz 148
Kontiguität 15
Kontingenz 15
Kontingenz 64
Kontralateralfehler 70
Konzept 4, 79, 81
Konzeptbildung 21, 80, 83
Konzeptbildungsalgorithmen 82
Konzepte 21, 65, 99
konzeptuelle Kategorien 106
konzeptuelle Repräsentationen 108
Kurzzeitspeicher (KZS) 121, 123–124
KZS (Kurzzeitspeicher) 121

L

Langzeitspeicher (LZS) 121
latente Hemmung 22, 29
latentes Lernen 37, 50
Lautgestalt 127
law of effect 16

Lerndispositionen 25
Lernen 2, 161
– inzidentelles Lernen 51
– ohne Belohnung 37
– serielles Lernen 57, 61
– von Effektfolgen 61
– von Reaktionsfolgen 60
– von Reizfolgen 60
Lernprozess 3
Lerntheorie 3
Lexikalitätseffekt 128
linguistische Kategorien 105
Listenmethode 159
Löschungsresistenz 18
LZS (Langzeitspeicher) 121

M

Marken 174
Mediationstheorie 80
mediobasale Temporallappen (MTL) 198, 200–202, 204–205
Mehrwegemodelle 128
Merkmal 80, 88
merkmalsbasierte Prototypen 91
Merkmalsrepräsentation 88
motorische Ähnlichkeit 185
motorische Information 176
multimodales Gedächtnismodell 173, 191

N

Nachsprechen 120, 127
N&B-Folge 57
Nennkonzept 89
Neokortex 205
Netzwerk 81
Neuropsychologie 172
Nominalismus 79

O

OA (Orientierungsaufgaben) 140
Objekte 80
Objekterkennen 173
Objektidentifikation 86
Objektklassen 85
Objektkonzept 83–84, 88
Objektmarken 105
Objektzusammenfassung 84
Organisationsansatz 143
Orientierungsaufgaben (OA) 140
Orientierungsreaktion 22
Overshadowing 28

P

Patterning 20, 28
Peterson-Peterson-Technik 122
phonologische Schleife (PL) 127–128
phonologische Schleife (PL) XE PL (phonologische Schleife) 125
Positronenemissionstomografie (PET) 196
Preparedness 24
Primacy-Effekt 151
primärer Verstärker 18
Primärgedächtnis 121
Priming 100
Priming-Effekt 100
proaktive Hemmung 123
Programme 174
Propositionen 145
prospektives Gedächtnis 132
Prototypen 91
prozedurales Gedächtnis 5
Prozess 5
Prozess-Dissoziations-Prozedur 164

Q

Quellenverwechselung 154
Quotenverstärkung 17

R

Reaktionsfolge 60
Reaktivierung 116
Realismus 79
Recency-Effekt 151
reduktive Organisation 146
Reflex 49
Regelhaftigkeiten 62
Reize 116
Reizfolgen 60
Reizkategorien 21
Reizkombinationen 20
Reiz-Reaktions-Beziehung 3
Reiz-Reaktions-Kompatibilität 51
Rekognizieren 149
Relation 98–99
– innerbegrifflich 99
– zwischenbegrifflich 99
relationale Enkodierprozesse 139
Remember-Know-Methode 163
Reminiszenz 151
Reproduzieren 100
Rescorla-Wagner-Modell (RWM) 25

Stichwortverzeichnis

retrieval-basiertes
  Wiedererkennen 163
rückwärts gerichtete
  Konditionierung 14

S

Schemata 98, 101, 104
Schemawissen 145
Schlüsselreize 32
sekundärer Verstärker 19
Sekundärgedächtnis 121
semantisches Gedächtnis 5, 202
semantisches Priming 100, 144
sensorische Information 177
sensorische Vorkonditionierung 38
seriale Positionskurve 151, 183
serielles Wahlreaktionsexperiment
  (SWR-Experiment) 56
simultane Konditionierung 14
Situationsabhängigkeit 46
Situations-Verhaltens-Effekt-Tripel 64
Skinner-Box 16
Skript 104
Skripts 145
Sortieraufgabe 150
Spiegelneuronen 71
Sprache 56, 94, 105
Spracherwerb 94, 97
Sprachzentrum 200
stilles Wiederholen 122
Stroop-Effekt 49
SWR-Experiment (serielles
  Wahlreaktionsexperiment 56
Szene 102

T

Taxonomie 85
Teillistenabruf 157
Testanforderungen 191
Theorie 115
Transfer-appropriate Processing 148
Trigramm 122
Tu-Effekt 183
Typikalität 91

U

unbedingter Reflex 12
Unterscheidungsmerkmale 89
unwillkürliches Verhalten 43

V

Verarbeitungstiefe 140, 142
Vergessen 154, 156–157, 159
Verhaltensbereitschaft 23
Verhaltens-Effekt-Beziehungen 36, 44
Verhaltens-Effekt-Verbindungen 63
Verhaltenserfahrung 84
Verhaltensmöglichkeit 85
Verhaltensplanung 66
Verhaltenssequenzen 56
Verifikation 100
Vermeidungslernen 23
Verschleierungsaufgaben 142
Verstärkungspläne 17
Versuchsplan 165

vertrautheitsbasiertes
  Wiedererkennen 163, 204
visuelle Ähnlichkeit 178
visuell-räumlicher
  Kurzzeitspeicher 129
vorbereiteter Reflex 50
Vorhersagefunktion 15
vorwärts gerichtete
  Konditionierung 14

W

Wernicke-Areal 200
Wiedererkennen 149, 155, 163, 178, 185, 203
Wiederholen (Rehearsal) 125
Wiederholen („rehearsal") 122
Wiederholungseffekte 188
willkürliches Verhalten 43
Wissen 107
Wissensschemata 145
Wortbedeutung 95, 128, 140
Wortmarken 99, 106, 175
Wortoberfläche 128

Z

zieldeterminierte Imitationen 69
Zielorientiertheit 3
Zielzustand 44
Zuordnung 80
Zwei-Listen-Paradigma 164

MIX
Papier aus verantwortungsvollen Quellen
Paper from responsible sources
FSC® C105338

If you have any concerns about our products,
you can contact us on
ProductSafety@springernature.com

In case Publisher is established outside the EU,
the EU authorized representative is:
**Springer Nature Customer Service Center GmbH
Europaplatz 3, 69115 Heidelberg, Germany**

Printed by Libri Plureos GmbH
in Hamburg, Germany